“十二五”职业教育国家规划教材

经全国职业教育教材审定委员会审定

数控车削加工一体化教程

第2版

主　编　韩鸿鸾　董　先

副主编　房德涛　姜　义　王吉明

参　编　柳　鹏　崔海军　李春戬

主　审　张玉东

U0255933

机械工业出版社

CHINA MACHINE PRESS

本书是“十二五”职业教育国家规划教材，是根据《教育部关于“十二五”职业教育教材建设的若干意见》及教育部新颁布的《高等职业学校专业教学标准（试行）》，同时参考数控车工与数控程序员职业资格标准，在第1版的基础上修订而成的。本书分FANUC系统、SIEMENS系统数控车床与车削中心两部分，共包含轴类零件的加工、孔类零件与槽类零件的加工、螺纹与非圆曲线特形面的加工、在车削中心上对复合件的加工等六个模块。本书在每个任务的讲解过程中，均采用任务驱动教学法，在工作任务→任务目标→任务准备→任务实施→任务扩展→任务巩固的过程中，把相关知识点潜移默化地传授给学生，力求使学生做到举一反三、触类旁通。为便于教学，本书配套有电子教案等教学资源，选择本书作为教材的教师可登录www.cmpedu.com网站，注册、免费下载。

本书可作为高等职业院校、技师学院、高级技工学校机电专业、数控专业的教材，也可以作为数控车工、数控程序员岗位培训教材，还可以作为企业数控机床操作与编程人员的参考书。

图书在版编目（CIP）数据

数控车削加工一体化教程/韩鸿鸾，董先主编. —2版. —北京：机械工业出版社，2014.5（2023.8重印）

“十二五”职业教育国家规划教材

ISBN 978-7-111-47241-4

Ⅰ.①数… Ⅱ.①韩… ②董… Ⅲ.①数控机床—车床—车削—加工工艺—高等职业教育—教材 Ⅳ.①TG519.1

中国版本图书馆CIP数据核字（2014）第147707号

机械工业出版社（北京市百万庄大街22号 邮政编码100037）

策划编辑：汪光灿 责任编辑：王莉娜

责任校对：刘怡丹 封面设计：张 静

责任印制：郜 敏

中煤（北京）印务有限公司印刷

2023年8月第2版第3次印刷

184mm×260mm · 22.5印张 · 548千字

标准书号：ISBN 978-7-111-47241-4

定价：66.00元

电话服务	网络服务
客服电话：010-88361066	机 工 官 网：www.cmpbook.com
010-88379833	机 工 官 博：weibo.com/cmp1952
010-68326294	金 书 网：www.golden-book.com
封底无防伪标均为盗版	机工教育服务网：www.cmpedu.com

第2版前言

本书是按照教育部《关于开展“十二五”职业教育国家规划教材选题立项工作的通知》，经过出版社初评、申报，由教育部专家组评审确定的“十二五”职业教育国家规划教材，是根据《教育部关于“十二五”职业教育教材建设的若干意见》及教育部新颁布的《高等职业学校专业教学标准（试行）》，同时参考数控车工与数控程序员职业资格标准，在第1版的基础上修订而成的。

本书在内容处理上主要有以下几点说明。①删减：对于第1版中有，但在实际过程中用处不太大，或在其他相关课程中已经介绍的内容做了删减处理。②重排：对于第1版中的有些知识进行了部分重排，使其更贴近实际。③合并：对于第1版的知识，进行了适当的合并，使其在应用时更为方便。④简化：对于第1版的内容进行了简化，使其更适合教学。⑤替换：对于第1版有，并且经常应用的内容，与第1版相比，已经有了更新或更合适的内容，就用新内容替换了原先的内容。⑥增加：增加了一些经常应用、具有代表性的内容，比如增加了在线检测的内容。

全书共六个模块，由威海职业学院韩鸿鸾、董先任主编，房德涛、姜义、王吉明任副主编，由豪顿华工程有限公司（英国）张玉东主审。具体分工如下：威海职业学院韩鸿鸾编写模块一，威海职业学院董先编写模块四，威海职业学院房德涛与山东推土机厂崔海军编写模块三，威海职业学院姜义编写模块二，威海职业学院王吉明与天诺数控有限公司李春戬编写模块五，威海职业学院柳鹏编写模块六。全书由韩鸿鸾统稿。

本书经全国职业教育教材审定委员会审定。教育部专家在评审过程中对本书提出了很多宝贵的建议，在此对他们表示衷心的感谢！

编写过程中，编者参阅了国内外有关教材和资料，并且得到了全国数控网络培训中心、常州技师学院、临沂技师学院、东营职业学院、烟台职业学院、华东数控有限公司、山东推土机厂、联桥仲精机械有限公司和豪顿华工程有限公司的有益指导，在此一并表示衷心的感谢！

由于编者水平有限，书中不妥之处在所难免，恳请读者批评指正。

编　者

第1版前言

数控技术越来越广泛的应用，给传统制造业的生产方式、产品结构、产业结构带来了深刻的变化，也给机电类专业人才的培养带来了新的挑战。为适应高等职业教育的改革，推动高职机电类专业教学的发展，培养与我国现代化建设相适应的、在机械制造业中从事一体化技术应用的人才，为此编写了本教材。

本书在编写中贯穿了“以职业标准为依据、以企业需求为导向、以职业能力为核心”的理念，依据国家职业标准，结合企业实际，反映岗位需求，突出了新知识、新技术、新工艺、新方法，注重对职业能力的培养。

本书分为FANUC系统数控车床与车削中心、SIEMENS系统数控车床与车削中心两部分，共包含轴类零件的加工、孔类零件与槽类零件的加工、螺纹与非圆曲线特形面的加工、在车削中心上对复合件的加工等六个模块。本书在每个任务的讲解过程中均采用任务驱动教学法，在工作任务→任务目标→任务准备→任务实施→任务扩展→任务巩固的过程中，把相关知识点潜移默化地传授给学生，力求使学生做到举一反三、触类旁通。

本书由韩鸿鸾、高小林任主编，李秀英、房德涛任副主编，崔海军、荣志军、李春戬参加了本书的编写工作。其中，模块一由高小林编写，模块二由李秀英编写，模块三由房德涛编写，模块四由韩鸿鸾编写，模块五由荣志军编写，模块六由崔海军、李春戬编写。全书由韩鸿鸾统稿，由张玉东主审。

本书在编写过程中借鉴了国内外同行的最新资料与文献，在此一并致以衷心的感谢。

由于编者水平有限，谬误欠妥之处在所难免，恳请读者指正并提出宝贵意见。

编　者

目 录

第一部分

FANUC系统数控车床与车削中心

模块一　轴类零件的加工

任务一　圆柱零件的加工

工作任务

圆柱类工件如图 1-1 所示，其毛坯为 ϕ50mm × 90mm 的 45 钢，试编写其数控车削加工程序并进行加工。

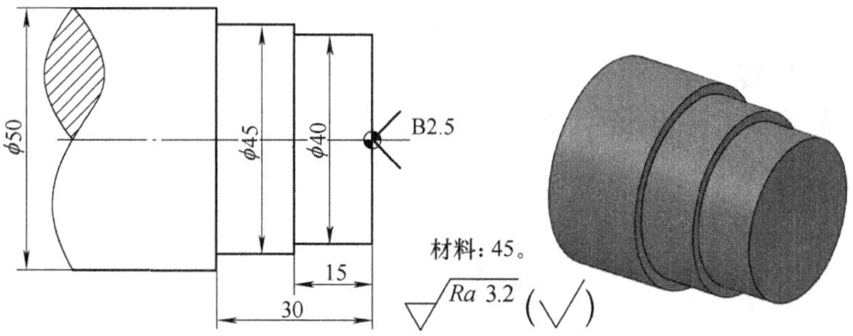

图 1-1　圆柱类工件的零件图

该零件数控加工程序的编制工作较为简单，只需掌握数控编程规则、常用指令的指令格式等理论知识及简单的 G00 及 G01 指令即可完成。

任务目标

一、知识目标

1）掌握数控加工的定义与内容。
2）掌握数控编程的种类。
3）掌握数控编程的步骤。
4）了解编程规则。
5）了解数控车床的加工对象。
6）掌握外圆车削的加工工艺。
7）掌握数控车床的坐标系。
8）了解数控加工程序的格式与组成。

二、技能目标

1）掌握 G01、G90、G94 指令的应用方法。
2）掌握 FANUC 系统数控车床的操作方法。
3）掌握圆柱零件的程序编制方法。
4）掌握刀具位置补偿的应用。
5）了解机夹可转位刀片及其代码的编制方法。

任务准备

一、数控加工

1. 数控加工的定义

数控加工是一种在数控机床上进行自动加工零件的工艺方法。数控加工的实质是：数控机床按照事先编制好的加工程序并通过数字控制过程，自动地对零件进行加工。

2. 数控加工的内容

一般来说，数控加工流程如图 1-2 所示，主要包括以下几方面的内容。

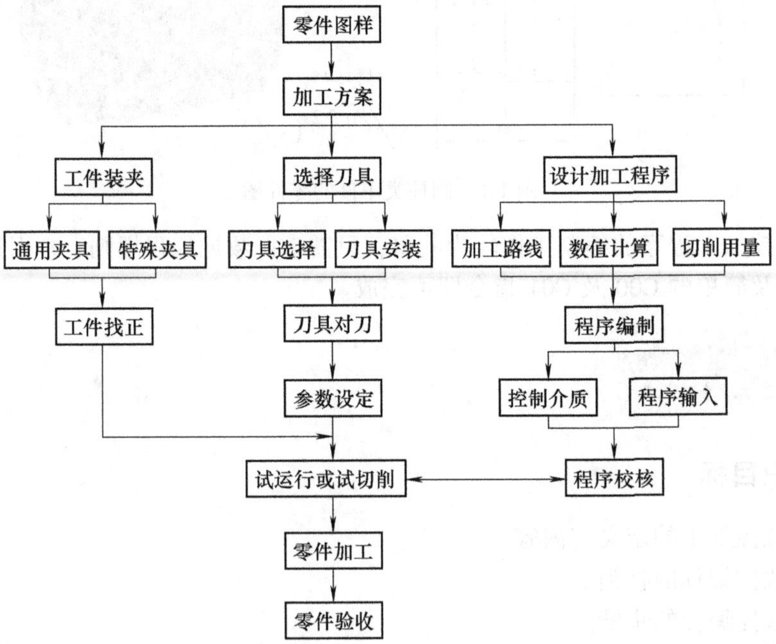

图 1-2　数控加工流程图

（1）分析图样，确定加工方案　对所要加工的零件进行技术要求分析，选择合适的加工方案，再根据加工方案选择合适的数控加工机床。

（2）工件的定位与装夹　根据零件的加工要求，选择合理的定位基准，并根据零件批量、精度及加工成本选择合适的夹具，完成工件的装夹与找正。

（3）刀具的选择与安装　根据零件的可加工性与结构工艺性，选择合适的刀具材料与刀具种类，完成刀具的安装与对刀，并将对刀所得参数正确设定在数控系统中。

（4）编制数控加工程序　根据零件的加工要求，对零件进行编程，并经初步校验后将这些程序通过控制介质或手动方式输入机床数控系统。

（5）试切削、试运行并校验数控加工程序　对所输入的程序进行试运行，并进行首件的试切削。试切削一方面用来对加工程序进行最后的校验，另一方面用来校验工件的加工精度。

（6）数控加工　当试切的首件经检验合格并确认加工程序正确无误后，便可进入数控加工阶段。

（7）工件的验收与质量误差分析　工件入库前，先进行工件的检验，并通过质量分析，找出误差产生的原因，得出纠正误差的方法。

3. 数控车床的加工对象

数控车削加工是数控加工中应用最多的加工方法之一。由于数控车床具有加工精度高、能作直线和圆弧插补，以及在加工过程中能自动变速的特点，因此其工艺范围比普通车床要宽得多。针对数控车床的特点，最适合数控车削加工的零件主要有精度要求较高、表面粗糙度值要求较小的轴和套类零件，精度要求较高、表面粗糙度值要求较小的盘类零件，表面形状复杂的回转体零件和带特殊螺纹或轮廓的回转体零件等，如图 1-3 所示。

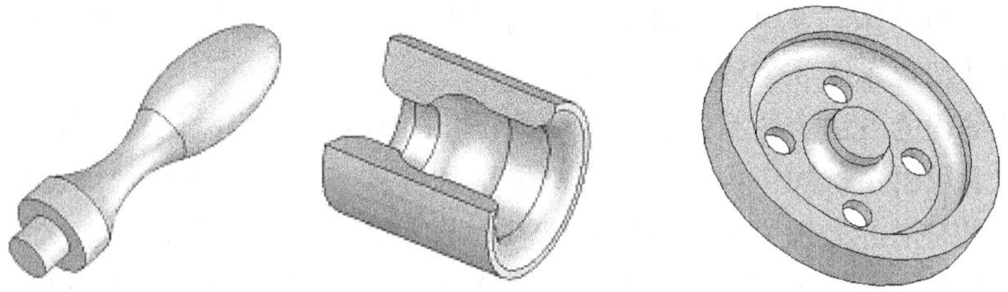

a)　　b)

c)　　d)

图 1-3　适合数控车削加工的零件

a）轴套类零件　b）盘类零件　c）形状复杂的回转体零件　d）带特殊轮廓的回转体零件

二、数控编程

1. 数控编程的定义

为了使数控机床能根据零件加工的要求进行动作，必须将这些要求以机床数控系统能识别的指令形式告知数控系统。这种数控系统可以识别的指令称为程序，制作程序的过程称为数控编程。

数控编程的过程不仅仅指编写数控加工指令的过程，还包括从零件分析到编写加工指令再到制成控制介质以及程序校核的全过程。

在编程前首先要进行零件的加工工艺分析，确定加工工艺路线、工艺参数、刀具的运动轨迹、位移量、切削参数（切削速度、进给量、背吃刀量）及各项辅助功能（换刀、主轴正反转、切削液开关等）；然后根据数控机床规定的指令及程序格式编写加工程序单；再把这一程序单中的内容记录在控制介质上（如 CF 卡、移动存储器和硬盘），检查正确无误后采用手工输入方式或计算机传输方式将其输入到数控机床的数控装置中，从而指挥机床加工零件。

2. 数控编程的分类

数控编程可分为手工编程和自动编程两种。

（1）手工编程　手工编程是指编制加工程序的全过程，即图样分析、工艺处理、数值计算、编写程序单、制作控制介质和程序校验，都是由手工来完成的。

手工编程不需要计算机、编程器、编程软件等辅助设备，只需要有合格的编程人员即可完成。手工编程具有编程快速及时的优点，但其缺点是不能进行复杂曲面的编程。手工编程比较适合批量较大、形状简单、计算方便、轮廓由直线或圆弧组成的零件的加工。对于形状复杂的零件，特别是具有非圆曲线、列表曲线及曲面的零件，采用手工编程则比较困难，最好采用自动编程的方法进行编程。

（2）自动编程　自动编程是指通过计算机自动编制数控加工程序的过程。

自动编程的优点是效率高，程序正确性好。自动编程由计算机替代人完成复杂的坐标计算和书写程序单的工作，可以解决许多手工编程无法完成的复杂零件的编程难题，但其缺点是必须具备自动编程系统或编程软件。

实现自动编程的方法主要有语言式自动编程和图形交互式自动编程两种。前者是通过高级语言的形式表示出全部加工内容，计算机采用批处理方式，一次性处理、输出加工程序；后者是采用人机对话的处理方式，利用 CAD/CAM 功能生成加工程序。

CAD/CAM 软件编程与加工的过程为：图样分析、工艺分析、三维造型、生成刀具轨迹、后置处理生成加工程序、程序校验、传输程序并进行加工。

当前常用的数控车床自动编程软件有 Mastercam X5 数控车床编程软件（编程界面见图 1-4）和 CAXA 数控车床编程软件（编程界面见图 1-5）等。

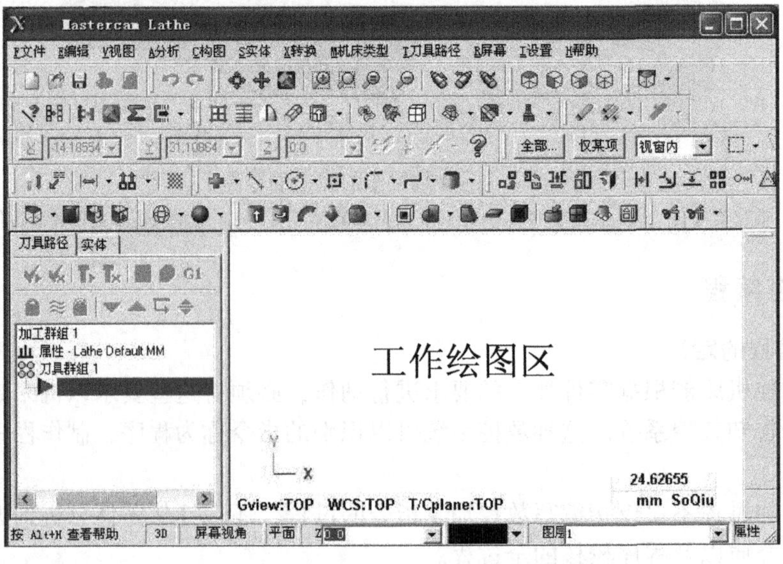

图 1-4　Mastercam X5 数控车床自动编程界面

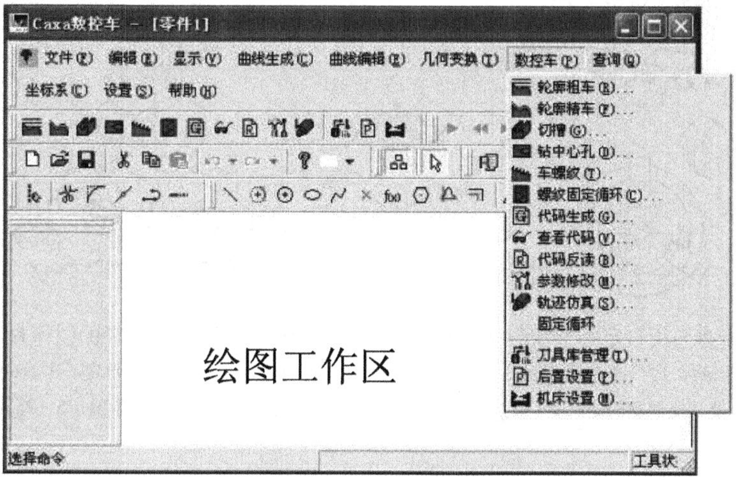

图 1-5 CAXA 数控车床自动编程界面

3. 数控车床编程的特点

根据数控车床的特点，数控车床编程具有如下特点。

(1) 混合编程　在一个程序段中，根据图样上标注的尺寸，可以采用绝对或增量方式编程，也可采用两者混合编程。在 SIEMENS（西门子）系统中用 G90/G91 指令来指定绝对尺寸与增量尺寸，而在某些数控系统（如 FANUC）中则规定直接用地址符 U、W 分别指定 X、Z 坐标轴上的增量值。

(2) 径向尺寸以直径量表示　由于被车削零件的径向尺寸在图样标注和测量时均采用直径尺寸表示，所以在直径方向编程时，X（U）通常以直径量表示。如果要以半径量表示，则通常要用相关指令在程序中进行规定。

(3) 径向加工精度高　为提高工件的径向尺寸精度，X 向的脉冲当量取 Z 向的 1/2。

(4) 固定循环简化编程　由于车削加工时常用棒料或锻料作为毛坯，加工余量较多，为了简化编程，数控系统采用了不同形式的固定循环，便于进行多次重复循环切削。

(5) 刀尖圆弧半径补偿　在数控编程时，常将车刀刀尖看做一个点，而实际的刀尖通常是一个半径不大的圆弧。为了提高工件的加工精度，在编制采用圆弧形车刀的加工程序时，常采用 G41 或 G42 指令来对车刀的刀尖圆弧半径进行补偿。

(6) 采用刀具位置补偿　数控车床的对刀操作及工件坐标系的设定通常采用刀具位置补偿的方法进行。

三、圆柱零件的加工工艺

1. 夹具

自定心卡盘夹持工件时一般不需要找正，装夹速度较快。把它略加改进，还可以方便地装夹方料和其他形状的材料，如图 1-6 所示，同时还可以装夹小直径的圆棒料，如图 1-7 所示。

单动卡盘适用于装夹形状不规则或大型的工件，夹紧力较大，装夹精度较高，不受卡爪磨损的影响，但装夹不如自定心卡盘方便。装夹圆棒料时，如在单动卡盘内放上一块 V 形块（图1-8），装夹就快捷多了。

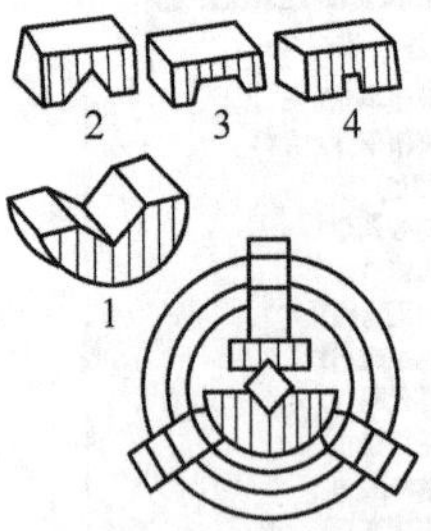

图1-6　自定心卡盘与用自定心卡盘装夹方料

1—带V形槽的半圆体　2—带V形槽的矩形件

3、4—带其他形状的矩形件

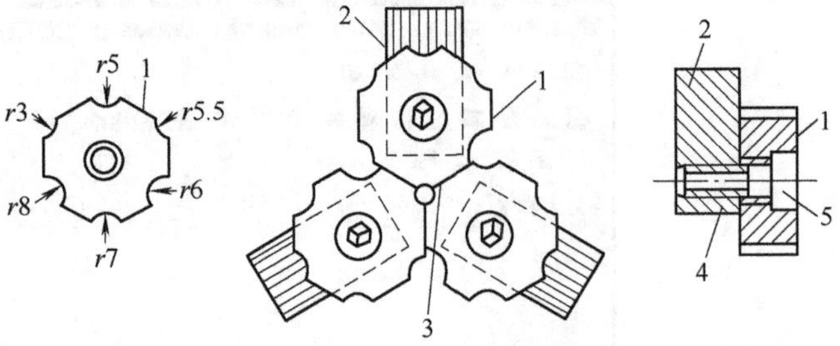

图1-7　装夹小直径的圆棒料

1—附加软六方卡爪　2—自定心卡盘的卡爪

3—垫片　4—凸起定位键　5—螺栓

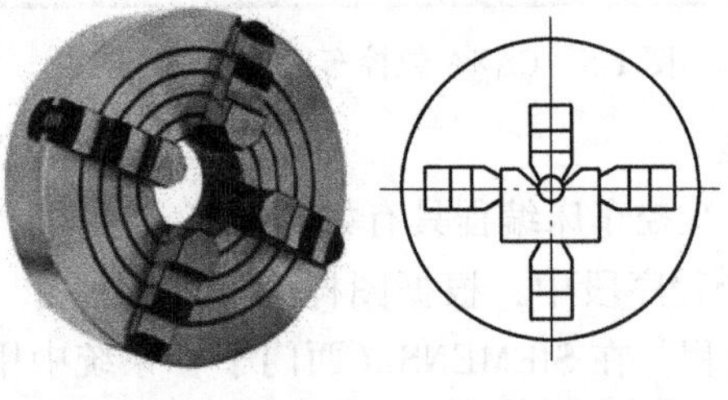

图1-8　单动卡盘放V形块装夹圆棒料

在夹持大直径的工件时要用到多爪卡盘，图1-9所示就是常见的八爪单动卡盘（图中仅装了四个爪）。

在数控车床上常用动力卡盘夹持工件。动力卡盘多为自动定心卡盘，配以不同的动力装置（气缸、液压缸或电动机），便可组成气动卡盘、液压卡盘或电动卡盘。这种卡盘动作迅速，卡爪移动量小，适于在大批量生产中使用。楔形套式动力卡盘如图1-10所示。

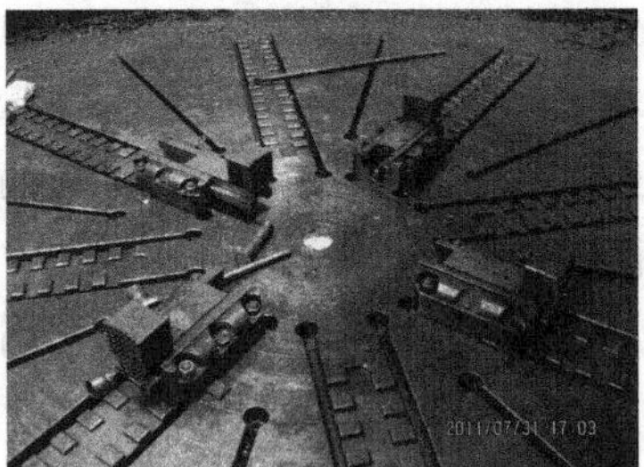

图1-9　八爪单动卡盘

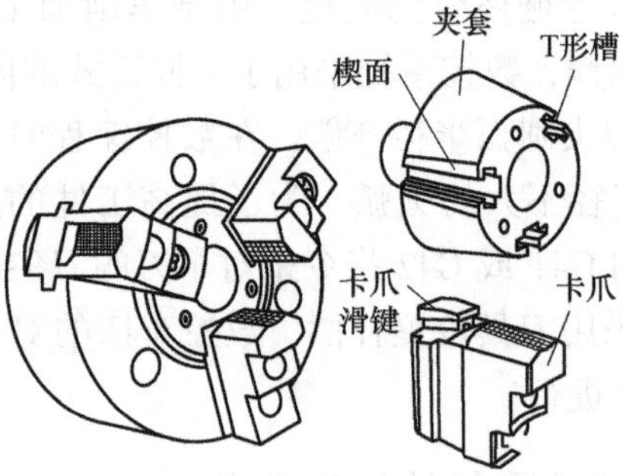

图1-10　楔形套式动力卡盘

2. 刀具

（1）刀杆　可转位刀片外圆刀杆有两种基本类型：带有模压断屑槽的可转位刀片（见图1-11）和采用单独断屑块的可转位刀片（见图1-12）。可转位刀片外圆刀杆主要由以下部分组成。

1）刀体：一般用于安放可转位刀片及需要的所有部件。

2）刀垫：用来支撑可转位刀片。

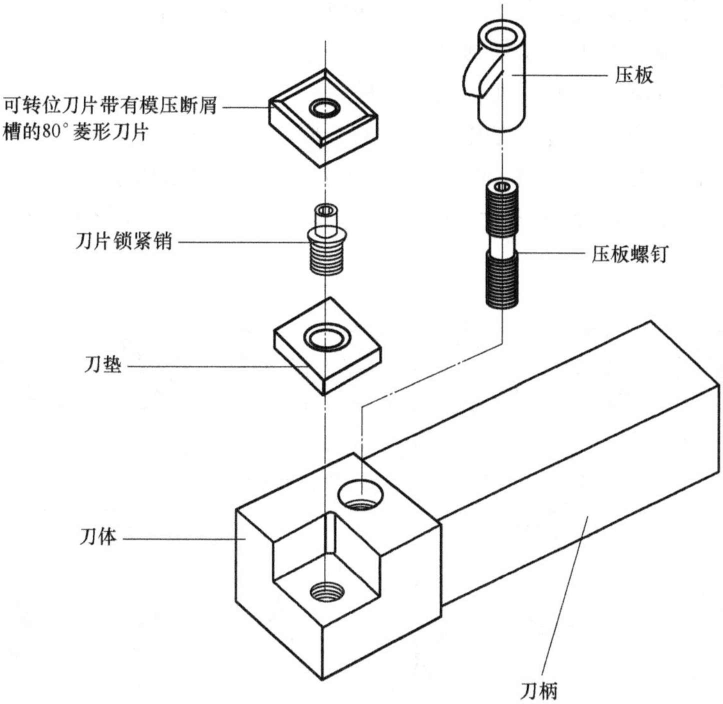

图 1-11　采用模压断屑槽刀片的刀杆

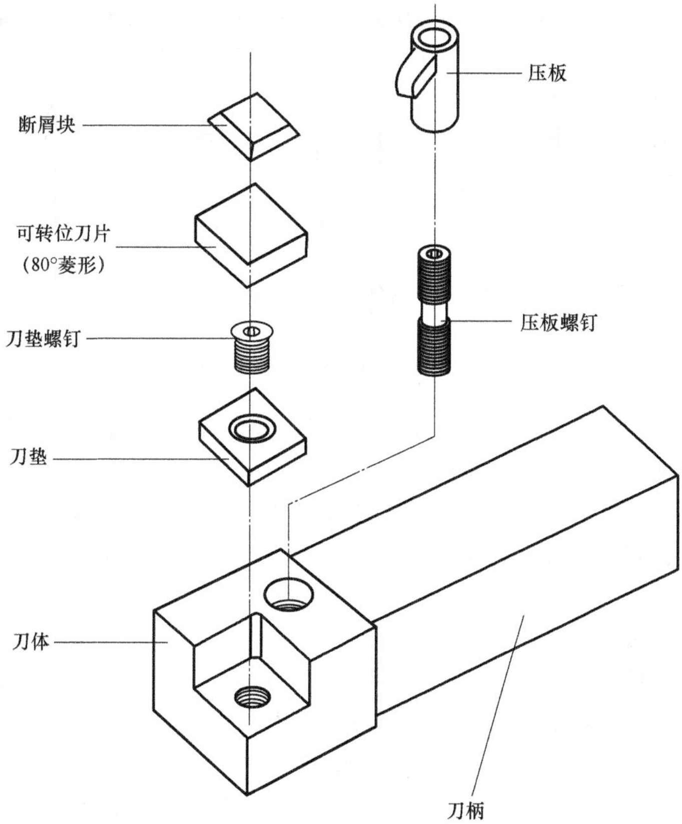

图 1-12　采用单独断屑块刀片的刀杆

3）刀片锁紧销：用于夹紧刀垫，并将可转位刀片锁定到对应的位置。

4）压板螺钉：用于将压板压紧到可转位刀片上。

5）压板：用于将可转位刀片夹紧在刀杆槽中。

6）断屑块：用于使由可转位刀片切除掉的金属卷曲并断开。

（2）外圆刀杆刀片的几何形状与特征　图 1-13 说明了通常用于 CNC 车床的各种类型的刀杆与刀片设计，还说明了各种刀片几何形状的强度。此外，还介绍了右切刀杆、左切刀杆及左右切刀杆。

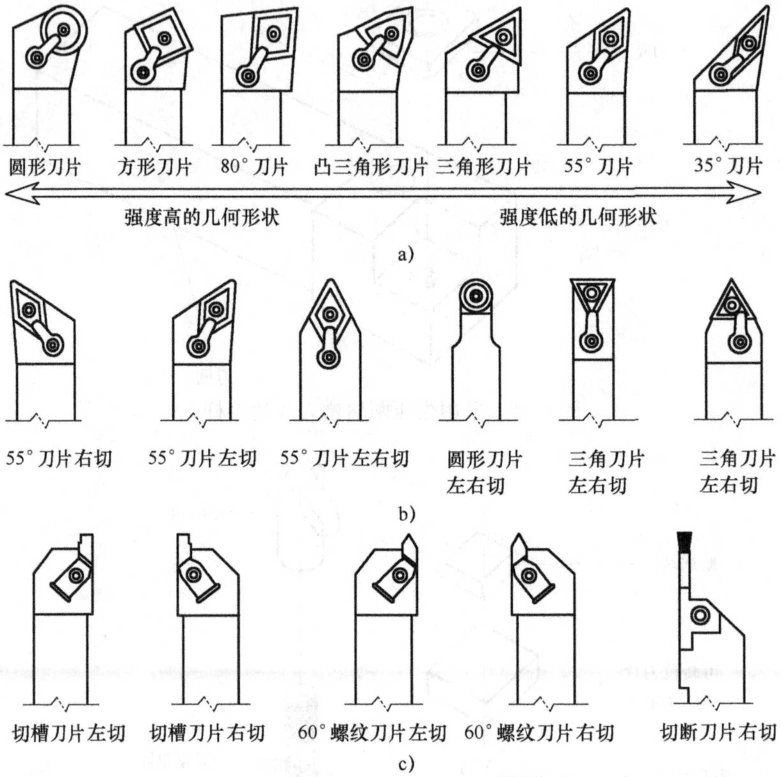

图 1-13　刀杆刀片的几何形状说明

（3）刀具前倾角与刀杆标识　图 1-14 说明了正前倾角、零前倾角及负前倾角的特征与特性，同时还说明了各种前倾角的角度。外圆刀杆用标准的标号系统标识（见图 1-15）。标准标号系统用来标记刀柄的尺寸、刀片的尺寸与形状、刀杆切削方向、夹紧系统及刀杆切削特征。刀柄的宽度和高度一般尺寸相同（即方形），其尺寸范围为 1/2 ~ 1. 1/2in；刀杆的总长度（OAL）范围一般为 2. 5 ~ 8. 0in，并以 1in 为增量递增。

3. 进给路线的确定

进给路线泛指刀具从对刀点（或机床参考点）开始运动起，直至返回该点并结束加工程序所经过的路径，包括切削加工的路径及刀具引入、切出等非切削空行程。

（1）车外圆的进给路线　车外圆的进给路线如图 1-16 和图 1-17 所示。

（2）车削端面和台阶的进给路线　车端面和台阶的加工工艺与普通车削加工类似。但是，数控车削中起刀点不同时，其进给路线也不同，如图 1-18 所示。

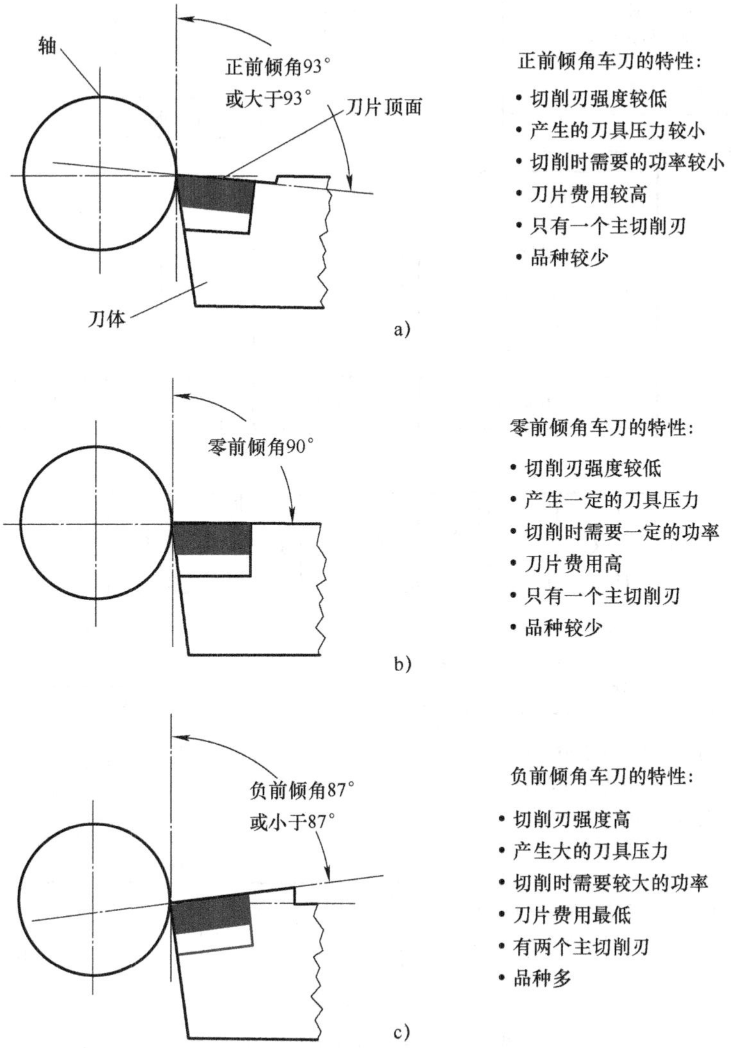
轴
正前倾角93°
或大于93°
刀片顶面
刀体
a)
正前倾角车刀的特性:
• 切削刃强度较低
• 产生的刀具压力较小
• 切削时需要的功率较小
• 刀片费用较高
• 只有一个主切削刃
• 品种较少
零前倾角90°
b)
零前倾角车刀的特性:
• 切削刃强度较低
• 产生一定的刀具压力
• 切削时需要一定的功率
• 刀片费用高
• 只有一个主切削刃
• 品种较少
负前倾角87°
或小于87°
c)
负前倾角车刀的特性:
• 切削刃强度高
• 产生大的刀具压力
• 切削时需要较大的功率
• 刀片费用最低
• 有两个主切削刃
• 品种多

图 1-14　刀杆刀片前倾角的特征与特性

a）正前倾角车刀　b）零前倾角车刀　c）负前倾角车刀

4. 切削用量的确定

（1）背吃刀量 a_p 的确定　背吃刀量应根据机床、工件和刀具的刚度来确定。在刚度允许的条件下，应尽可能使背吃刀量等于工件的加工余量，这样可以减少进给次数，提高生产率。为了保证加工表面质量，可留少许精加工余量，一般为 0.2～0.5mm。

（2）主轴转速 n 的确定　车削加工的主轴转速 n 应根据允许的切削速度 v_c 和工件直径 d 来选择，按式 $v_c = \pi dn/1000$（m/min）计算。切削速度 v_c 的单位为 m/min，其值由刀具的使用寿命决定，计算时可参考切削用量手册选取。对有级变速的经济型数控车床，须按车床说明书选择与所计算转速 n 接近的转速。

（3）进给速度 v_f 的确定　进给速度 v_f 是数控机床切削用量中的重要参数，其值的大小直接影响表面粗糙度值和车削效率，主要根据零件的加工精度和表面粗糙度要求以及刀具、工件的材料性质选取。最大进给速度受机床刚度和进给系统的性能限制。

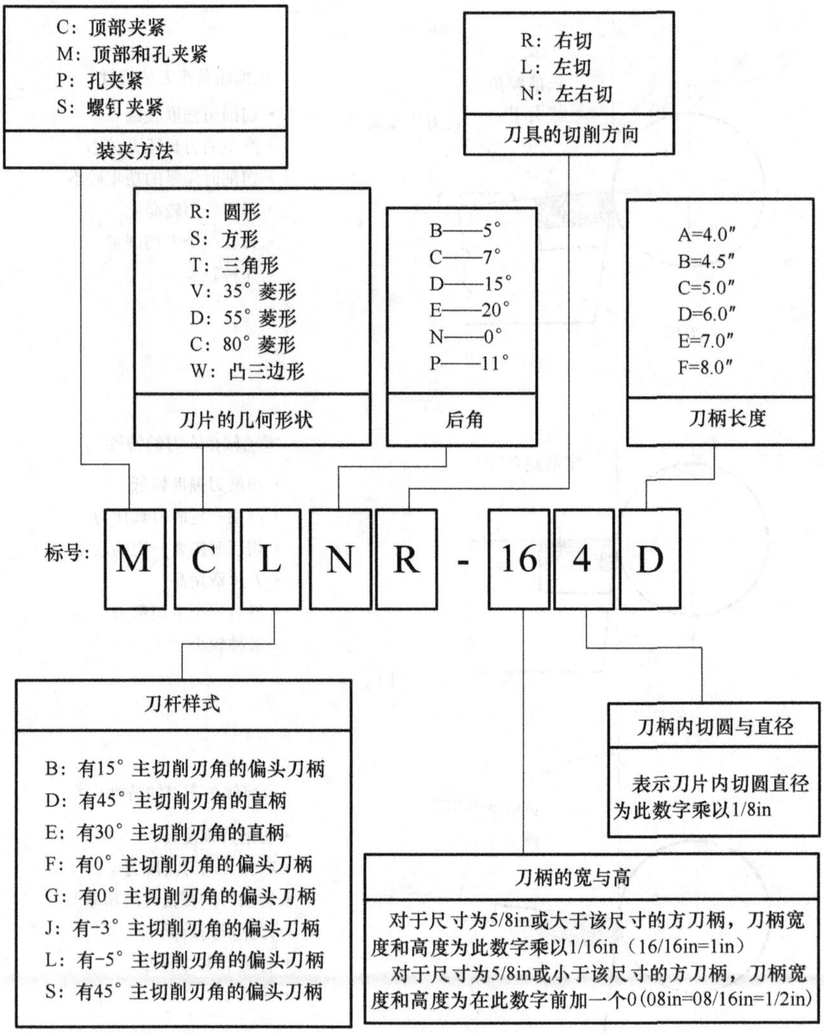

图 1-15 外圆刀杆标号系统

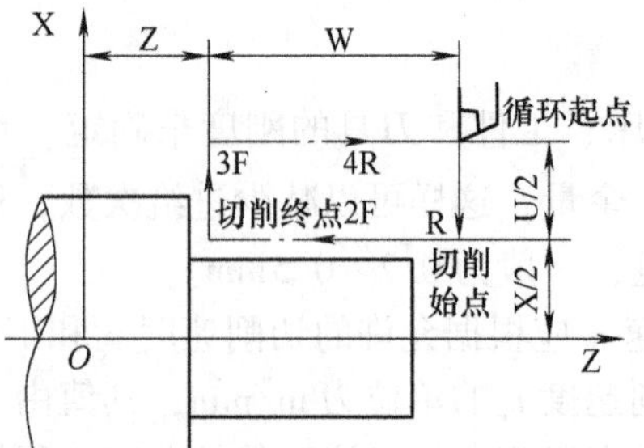

图 1-16 车外圆的进给路线（一）

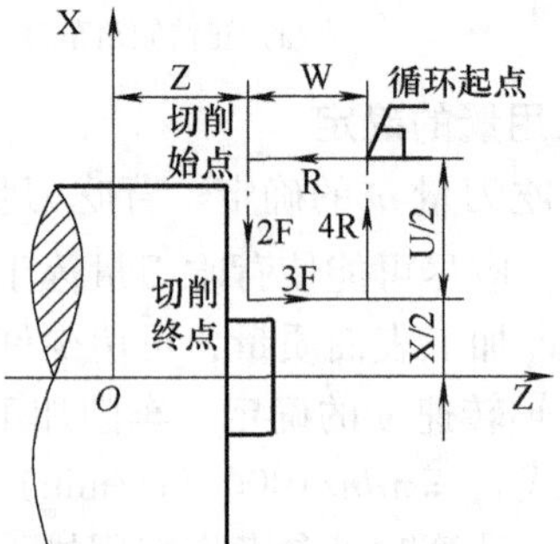

图 1-17 车外圆的进给路线（二）

计算进给速度时，查阅切削用量手册选取每转进给量 f，然后按式 $v_f = nf$（mm/min）计算进给速度。确定进给速度的原则如下：

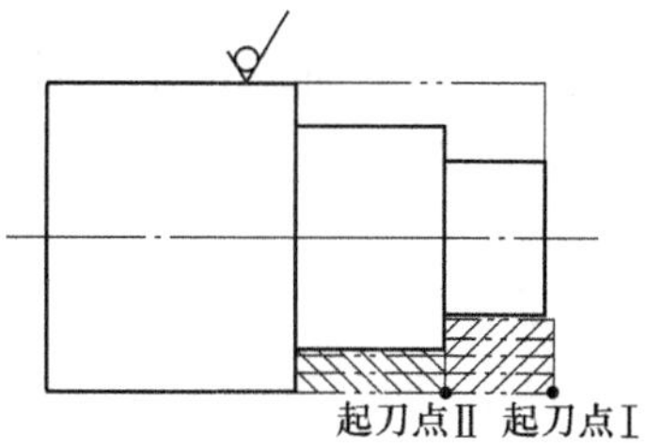

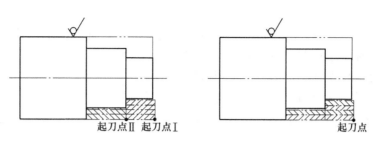

图 1-18　台阶轴的车削起刀点及进给路线

1）当工件的质量要求能够得到保证时，为提高生产率，可选择较高的进给速度，一般在 100～200mm/min 范围内选取。

2）在切断、加工深孔或用高速钢刀具加工时，宜选择较低的进给速度，一般在 20～50mm/min 范围内选取。

3）当加工精度要求较高、表面粗糙度值要求较小时，进给速度应选小些，一般在 20～50mm/min 范围内选取。

4）刀具空行程时，特别是远距离"回参考点"时，可以设定该机床数控系统设定的最高进给速度。

四、数控车床坐标系

1. 机床坐标系

（1）机床坐标系的定义　在数控机床上加工零件，机床的动作是由数控系统发出的指令来控制的。为了确定机床的运动方向和移动距离，就要在机床上建立一个坐标系，这个坐标系就称为机床坐标系，也称为标准坐标系。

（2）机床坐标系中的规定　数控车床的加工动作主要分为刀具的运动和工件的运动两部分，因此在确定机床坐标系的方向时规定：永远假定刀具相对于静止的工件运动。

对于机床坐标系的方向，统一规定增大工件与刀具间距离的方向为正方向。

数控机床的坐标系采用符合右手定则规定的笛卡儿坐标系。如图 1-19a 所示，大拇指的方向为 X 轴的正方向，食指指向 Y 轴的正方向，中指指向 Z 轴的正方向；图 1-19b 则规定了旋转轴 A、B、C 转动的正方向。对工件旋转的主轴（如车床主轴），其正转方向（$+C'$）与 $+C$ 方向相反。

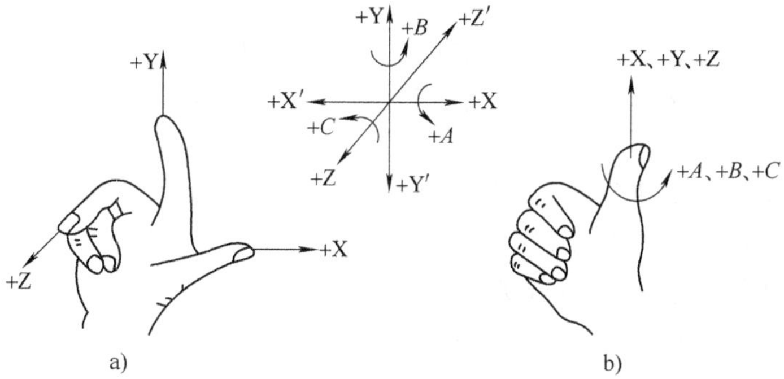

图 1-19　右手笛卡儿坐标系

（3）机床坐标系的方向

1）Z 坐标方向。Z 坐标的运动由主要传递切削动力的主轴所决定。对任何具有旋转主轴的机床，其主轴及与主轴轴线平行的坐标轴都称为 Z 坐标轴（简称 Z 轴）。根据坐标系正方向的确定原则，刀具远离工件的方向为该轴的正方向。

2）X 坐标方向。X 坐标一般为水平方向并垂直于 Z 轴。对工件旋转的机床（如车床），X 坐标方向规定在工件的径向上且平行于车床的横导轨，同时也规定其刀具远离工件的方向为 X 轴的正方向。

确定 X 坐标方向时，要特别注意前置刀架式数控车床（见图 1-20a）与后置刀架式数控车床（见图 1-20b）的区别。

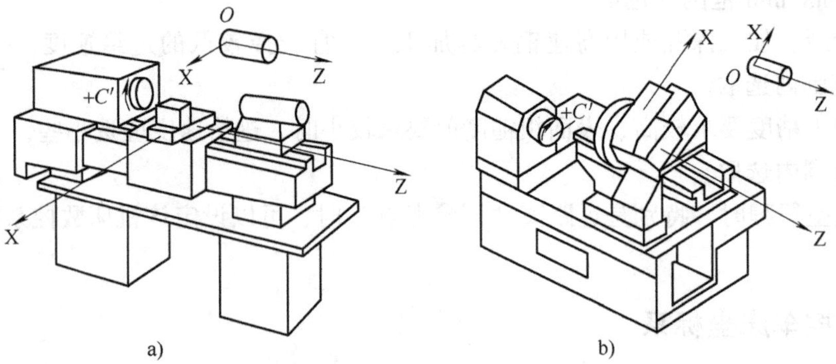

图 1-20 数控车床的坐标系

a）前置刀架式数控车床的坐标系 b）后置刀架式数控车床的坐标系

3）Y 坐标方向及确定各轴的方法。Y 坐标垂直于 X、Z 坐标轴。按照笛卡儿坐标系确定机床坐标系中的各坐标轴时，应根据主轴先确定 Z 轴，然后确定 X 轴，最后确定 Y 轴。

>> **提示**

一般数控车床没有 Y 轴方向的移动，只有在车削中心上具有 Y 轴，+Y 方向根据图 1-19 确定。

虽然数控车床上都有绕 Z 轴的旋转运动（主运动），但并不是所有数控车床上都有 *C* 轴，只有在车削中心上具有 *C* 轴，其正方向的确定如图 1-19 和图 1-20 所示。

（4）机床原点 机床原点（亦称机床零点）是机床上设置的一个固定的点，即机床坐标系的原点。它在机床装配、调试时就已设定好，一般情况下不允许用户进行更改，因此它是一个固定的点。

机床原点又是数控机床进行加工或位移的基准点，有些数控车床将机床原点设在卡盘中心处（见图 1-21a），还有些数控机床将机床原点设在刀架位移的正向极限点位置（见图 1-21b），这时机床原点与机床参考点重合（在数控车床上比较少见）。

（5）机床参考点 机床参考点是数控机床上一个特殊位置的点。通常，数控车床的第一参考点一般位于刀架正向移动的极限点位置，并由机械挡块来确定其具体位置。机床参考点与机床原点的距离由系统参数设定，其值可以是零。如果其值为零，则表示机床参考点和

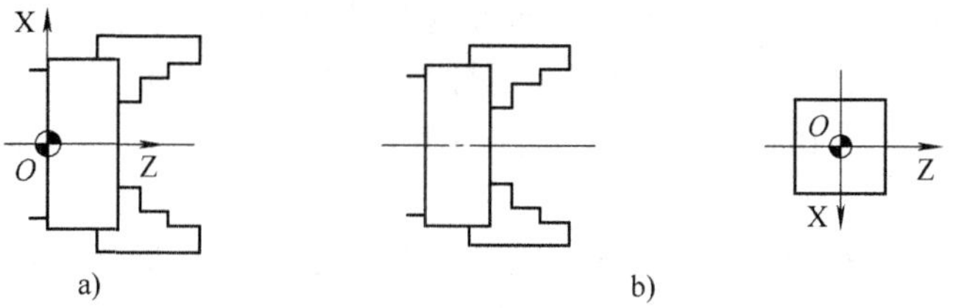

图 1-21　机床原点的位置

a）机床原点位于卡盘中心　b）机床原点位于刀架位移的正向极限点

机床零点重合。

对于大多数数控机床，开机第一步总是先手动使机床返回参考点（即所谓的机床回零）。当机床处于参考点位置时，系统显示屏上的机床坐标系显示系统参数中设定的数值（即参考点与机床原点的距离值）。开机回参考点的目的就是为了建立机床坐标系，即通过参考点当前的位置和系统参数中设定的参考点与机床原点的距离值（见图 1-22 中的 a 和 b）来反推出机床原点的位置。机床坐标系一经建立后，只要机床不断电，将永远保持不变，且不能通过编程来使它改变。

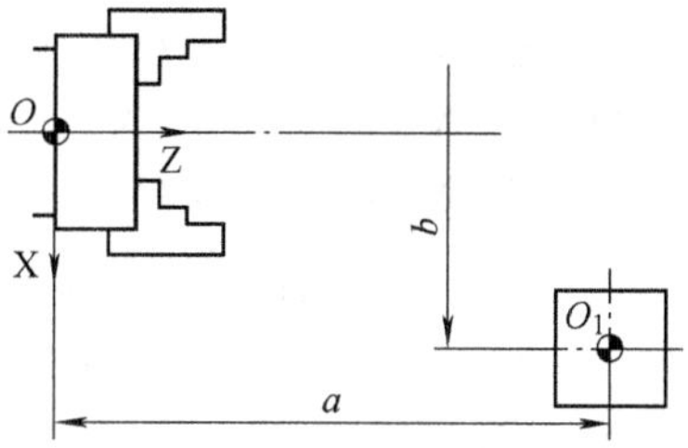

图 1-22　机床原点与参考点

O—机床原点　O_1—机床参考点

a—Z 向距离参数值　b—X 向距离参数值

提示　当前有很多数控车床，开机后已不需要回参考点即可直接进行操作。

1）自动参考点返回。该功能是用于接通电源已进行手动参考点返回后，在程序中需要返回参考点时使用的自动参考点返回功能。

自动参考点返回时需要用到如下指令。

G28　X（U）＿；　　X 向回参考点。

G28　Z（W）＿；　　Z 向回参考点。

G28　X（U）＿　Z（W）＿；　　刀架回参考点。

其中 X（U）、Z（W）坐标设定值为指定的某一中间点，但此中间点不能超过参考点，如图 1-23 所示。

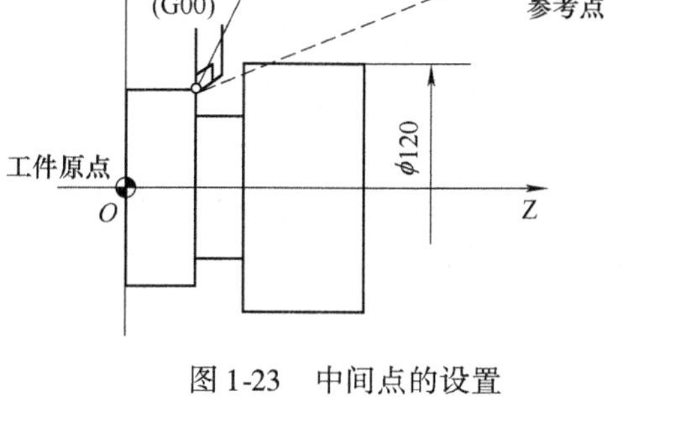

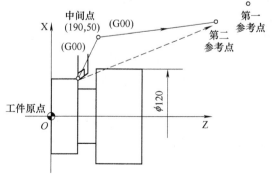

图 1-23　中间点的设置

系统在执行G28　X（U）__；时，X向快速向中间点移动，到达中间点后，再快速向参考点定位，到达参考点后，X向参考点指示灯亮，说明参考点已到达。

G28　Z（W）__；的执行过程与X向回参考点完全相同，只是Z向到达参考点时，Z向参考点的指示灯亮。

G28　X（U）__　Z（W）__；是上面两个过程的合成，即X、Z同时各自回其参考点，最后以X向参考点与Z向参考点的指示灯都亮而结束。

返回机床的这一固定点功能用来在加工过程中检查坐标系的正确与否和建立机床坐标系，以确保精确地控制加工尺寸。

有些机床设置有第二等多个参考点，其指令如下：

G30　P2　X（U）__　Z（W）__；　　第二参考点返回，P2可省略；
G30　P3　X（U）__　Z（W）__；　　第三参考点返回；
G30　P4　X（U）__　Z（W）__；　　第四参考点返回。

第二、第三和第四参考点返回中的X（U）、Z（W）的含义与G28中的相同。

2）参考点返回校验指令G27。G27指令用于加工过程中检查是否准确地返回参考点，其指令格式如下：

G27　X（U）__；　　X向参考点校验。
G27　Z（W）__；　　Z向参考点校验。
G27　X（U）__　Z（W）__；　　参考点校验。

执行G27指令的前提是机床在通电后必须返回过一次参考点（手动返回或用G28返回）。

执行完G27指令后，如果机床准确地返回参考点，则面板上的参考点返回指示灯亮，否则机床将出现报警。

在G27指令中，X、Z表示参考点的绝对坐标值，U、W表示到参考点所移动的距离（增量坐标值）。

3）从参考点返回指令G29。G29指令使刀具以快速移动速度，从机床参考点经过G28指令设定的中间点，快速移动到G29指令设定的返回点，其程序段格式为：

G29　X（U）__　Z（W）__；

其中，X、Z值为返回点在工件坐标系中的绝对坐标值，U、W为返回点相对于参考点的增量坐标值。当然，在从参考点返回时，可以不用G29指令而用G00或G01指令，但此时不经过G28指令设置的中间点，而直接运动到返回点，如图1-24所示。

2. 工件坐标系

（1）工件坐标系的定义　机床坐标系的建立保证了刀具在机床上的正确运动，但是，加工程序的编制通常是针对某一工件并根据零件图样进行的。为了便于尺寸的计算与检查，加工程序的坐标原点一般都尽量与零件图样的尺寸基准相一致。这种针对某一工件并根据零件图样建立的坐标系称为工件坐标系（亦称编程坐标系）。

（2）工件坐标系原点　工件坐标系原点亦称编程原点，该点是指工件装夹完成后，选择工件上的某一点作为编程或工件加工的基准点。工件坐标系原点在图中以符号“◕”表示。

数控车床工件坐标系原点的选取如图1-25所示，X向一般选在工件的回转中心，而Z

向一般选在完工工件的右端面（O 点）或左端面（O'点）。采用左端面作为 Z 向工件原点时，有利于保证工件的总长；而采用右端面作为 Z 向工件原点时，则有利于对刀。

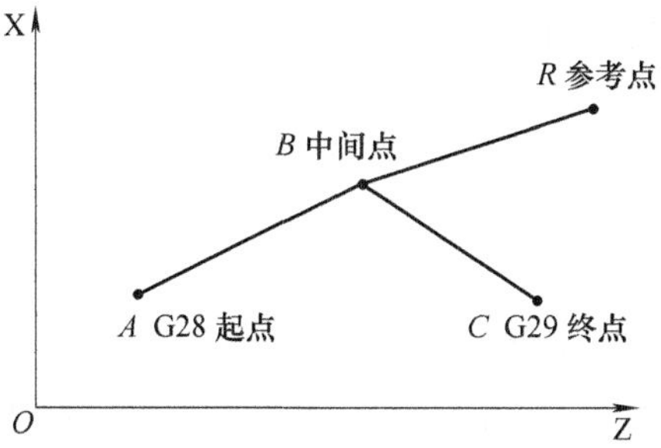

图 1-24　G28 指令与 G29 指令的关系

G28：A→B→R　G29：R→B→C

G01/G00：R→C

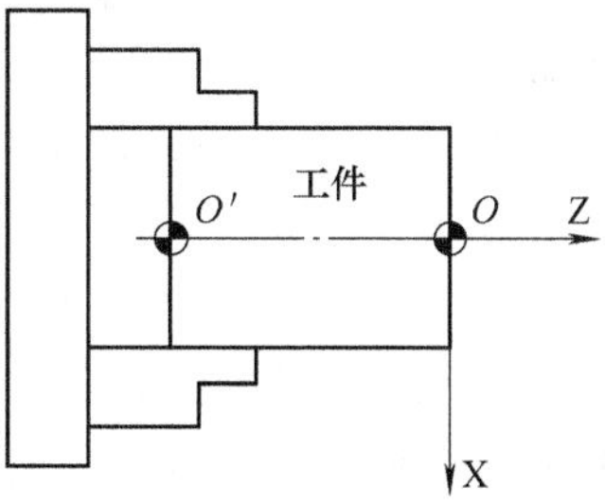

图 1-25　工件坐标系原点的选取

O—机床原点　O′—机床参考点

（3）工件坐标系的设置

1）工件坐标系零点偏置指令（G54 ~ G59）。

① 指令格式：

G54（或 G55 ~ G59 的其他指令）；　（程序中设定工件坐标系零点偏移指令）

G53；　（程序中取消工件坐标系设定指令，即选择机床坐标系）

② 指令说明：工件坐标系零点偏置指令的实质是通过对刀找出工件坐标系原点在机床坐标系中的绝对坐标值，并将这些值通过机床面板操作输入到机床偏置存储器（参数）中，从而将机床原点偏移至该点，如图 1-26 所示。

通过零点偏置设定的工件坐标系，只要不对其进行修改、删除操作，该工件坐标系将永久保存，即使机床关机，其坐标系也将保留。

零点偏置的数据，可以设定 G54 等多个：在 FANUC 系统中可设置 G54 ~ G59 共 6 个能通过系统参数设定的偏置指令；在编程及加工过程中可以通过 G54 等指令对不同的工件坐标系进行选择，如图 1-27 及其程序所示。

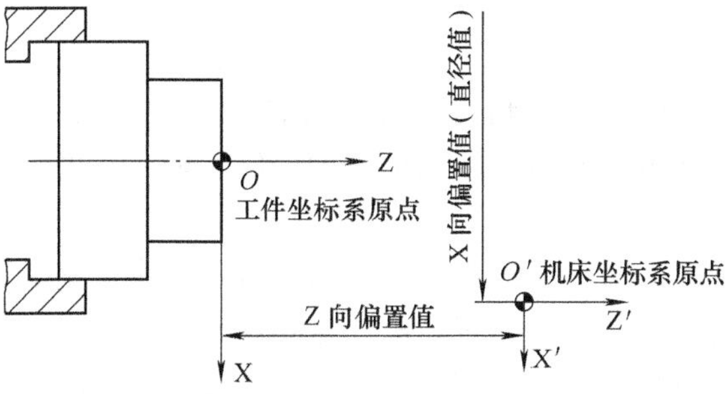

图 1-26　工件坐标系零点偏置

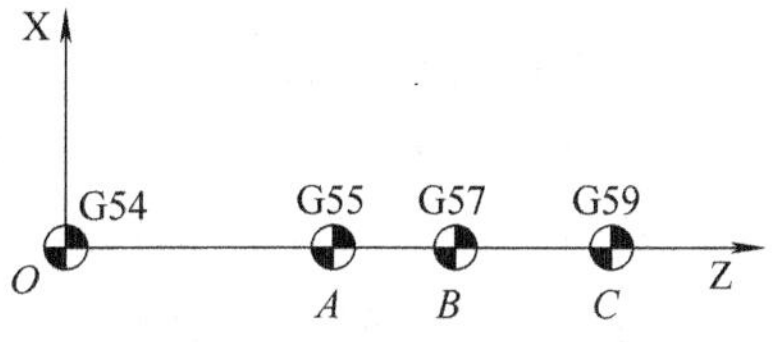

图 1-27　工件零点偏置的选择

O0050；

…

G54　G00　X0　Z0；　（选择与机床坐标系重合的 G54 坐标系，快速定位到 O 点）

```
M98   P100;
G55   X0   Z0;          (选择 G55 坐标系，重新快速定位到 A 点)
M98   P100;
G57   X0   Z0;          (选择 G57 坐标系，重新快速定位到 B 点)
M98   P100;
G59   X0   Z0;          (选择 G59 坐标系，重新快速定位到 C 点)
M98   P100;
M02;                    (程序结束)
```

执行该程序，刀具将在各个坐标系的原点间移动并执行子程序的内容。

2）FANUC 系统工件坐标系设定指令（G50）。工件坐标系除了用 G54 ~ G59 指令来进行选择与设定外，还可以通过工件坐标系设定指令 G50 来进行设定。

① 指令格式：

G50　X__　Z__；

X__　Z__　为刀具当前位置相对于新设定的工件坐标系的新坐标值。

② 指令说明：通过 G50 设定的工件坐标系，由刀具的当前位置及 G50 指令后的坐标值反推得出。如图 1-28所示，将工件坐标系设为 O 点和 O_1 点的程序分别如下：

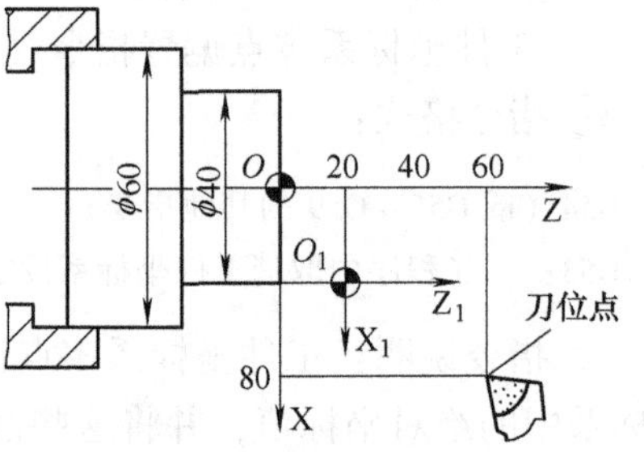

图 1-28　用 G50 设定工件坐标系

把工件坐标系原点设为 O 点的程序：G50 X80.0 Z60.0；

把工件坐标系原点设为 O_1 点的程序：G50 X40.0 Z40.0；

采用 G50 指令设定的工件坐标系不具有记忆功能，当机床关机后，设定的坐标系即消失。

在执行该指令前，必须将刀具的刀位点先通过手动方式准确移动到新坐标系的指定位置，其操作步骤较繁琐，还可能影响其定位精度。因此，在实际加工中，最好不用 G50 指令来设定工件坐标系，而采用 G54 等指令或刀具长度补偿功能来设定工件坐标系。

五、数控编程规则与数控加工程序的格式

1. 数控编程规则

（1）小数点编程　数控编程时，数字单位以米/寸制为例分为两种：一种是以毫米/英寸（mm/in）为单位，另一种是以脉冲当量即机床的最小输入单位为单位。现在大多数机床常用的脉冲当量为0.001mm/P。

对于数字的输入，有些系统可省略小数点，有些系统则可以通过系统参数来设定是否可以省略小数点，而大部分系统小数点则不可省略。对于不可省略小数点编程的系统，当使用小数点进行编程时，数字以毫米（mm）［寸制为 in；角度为（°）］为输入单位；而当不用小数点编程时，则以机床的最小输入单位作为输入单位。在应用小数点编程时，数据后边可以写“.0”，如 X50.0；也可以直接写“.”，如 X50.。

（2）米制、寸制编程 G21/G20 指令　坐标功能字是使用米制还是寸制，多数系统用准备功能字来选择。FANUC 系统采用 G21/G20 来进行米制、寸制的切换，其中 G21 表示米

制，G20 表示寸制。

（3）平面选择指令 G17/G18/G19　当机床坐标系及工件坐标系确定后，对应地就确定了三个坐标平面，即 XY 平面、ZX 平面和 YZ 平面（见图 1-29），可分别用 G17（XY 平面）、G18（ZX 平面）和 G19（YZ 平面）表示这三个平面。

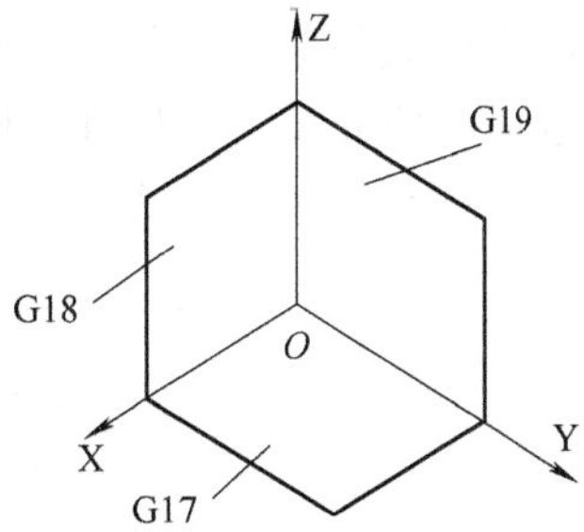

图 1-29　平面选择指令

2. 数控加工程序的格式

每种数控系统根据其系统本身的特点与编程的需要，都有一定的程序格式。对于不同的数控系统，其程序格式也不尽相同。因此，编程人员在按数控程序的常规格式进行编程的同时，还必须严格按照系统说明书的格式进行编程。

一个完整的程序由程序开始（一般为程序号）、程序内容和程序结束三部分组成，如下面的程序所示：

```
O0001;                                   程序号（程序开始）
 N10   G99   G40   G21;      ┐
 N20   T0101;                │
 N30   G00   X100.0   Z100.0;│
 N40   M03   S800;           ├  程序内容
       …                     │
 N200   G00   X100.0   Z100.0;┘
 N210   M30;                             程序结束
```

1）程序号。每一个存储在系统存储器中的程序都需要指定一个程序号以相互区别，这种用于区别零件加工程序的代号称为程序号。因为程序号是加工程序开始部分的识别标记（又称为程序名），所以同一数控系统中的程序号（名）不能重复。程序号写在程序的最前面，必须单独占一行。

FANUC 系统程序号的书写格式为“O××××”，其中 O 为地址符，其后为 4 位数字，数值为 0000～9999，在书写时数字前的零可以省略不写，如 O0020 可写成 O20。

2）程序内容。程序内容是整个加工程序的核心，由多个程序段组成，每个程序段由一个或多个指令构成，表示数控机床中除程序结束外的全部动作。

3）程序结束。程序结束部分由程序结束指令构成，必须写在程序的最后。可以作为程序结束标记的 M 指令有 M02 和 M30，它们代表零件加工程序的结束。为了保证最后程序段的正常执行，通常要求 M02/M30 单独占一行。

此外，子程序结束的结束标记因不同的系统而异，如 FANUC 系统中用 M99 表示子程序结束后返回主程序；而在 SIEMENS 系统中则通常用 M17、M02 或字符“RET”作为子程序的结束标记。

3. 程序段的组成

（1）程序段的基本格式　程序段是程序的基本组成部分。每个程序段由若干个数据字构成，而数据字又由表示地址的英文字母、特殊文字和数字构成，如 X30.0 和 G50 等。

程序段格式是指一个程序段中字、字符、数据的排列、书写方式和顺序。通常情况下，程序段格式有字—地址程序段格式、使用分隔符的程序段格式、固定程序段格式三种。后两种程序段格式除在线切割机床中的“3B”或“4B”指令中还能见到外，已很少使用了。因此，这里主要介绍字—地址程序段格式。

字—地址程序段格式如下：

N__	G__	X__ Y__ Z__	F__	S__	T__	M__	LF
程序段号	准备功能	尺寸字	进给功能	主轴功能	刀具功能	辅助功能	结束标记

例如：N50 G01 X30.0 Z30.0 F100 S800 T01 M03；

（2）程序段的组成

1）程序段号。程序段号加上若干个程序字就可组成一个程序段。程序段号由地址符“N”开头，其后为若干位数字。

在大部分系统中，程序段号仅作为“跳转”或“程序检索”的目标位置指示。因此，它的大小及次序可以颠倒，也可以省略。程序段在存储器内以输入的先后顺序排列，而程序的执行是严格按信息在存储器内的先后顺序一段一段地执行的，也就是说程序执行的先后次序与程序段号无关。但是，当程序段号省略时，该程序段将不能作为“跳转”或“程序检索”的目标程序段。

程序段号也可以由数控系统自动生成。程序段号的递增量可以通过“机床参数”进行设置，增量值一般设定为10。

2）程序段内容。程序段的中间部分是程序段的内容。程序段内容应具备六个基本要素，即准备功能字、尺寸功能字、进给功能字、主轴功能字、刀具功能字和辅助功能字，但并不是所有程序段都必须包含所有功能字，有时一个程序段内仅包含其中一个或几个功能字。

在程序段中表示地址的英文字母可分为尺寸字地址和非尺寸字地址两种。表示尺寸字地址的有X、Y、Z、U、V、W、P、Q、I、J、K、A、B、C、D、E、R、H共18个英文字母；表示非尺寸字地址的有N、G、F、S、T、M、L、O 8个英文字母。

六、指令介绍

1. 准备功能

准备功能字的地址符是**G**，所以又称为**G**功能、**G**指令或**G**代码。它的作用是建立数控机床的工作方式，为数控系统插补运算、刀补运算和固定循环等做好准备。

G指令中的数字一般是两位正整数（包括00）。随着数控系统功能的增加，G00 ~ G99已不够使用，所以有些数控系统的**G**功能字中的后续数字已采用**3**位数。G功能有模态G功能和非模态G功能之分。非模态G功能只在所规定的程序段中有效，程序段结束时被注销；模态G功能是指一组可相互注销的G功能，其中某一G功能一旦被执行，则一直有效，直到被同一组的另一G功能注销为止。

（1）快速点定位指令（G00） 书写格式如下：

G00 X/U __ Z/W __；

1）X/U __ Z/W __为目标点坐标。

2）G00 指令一般作为空行程。

3）G00 可以单坐标运动，也可以两坐标运动。两坐标运动时，刀具先 1∶1 两坐标联动，然后单坐标运动，如图 1-30a 所示，*O*→*B*→*A*，就是 G00　X20. 0　Z30. 0 的运动轨迹。

4）G00 指令后不需给定进给速度，进给速度由参数设定。

5）G00 的实际速度受机床操作面板上的倍率开关控制。

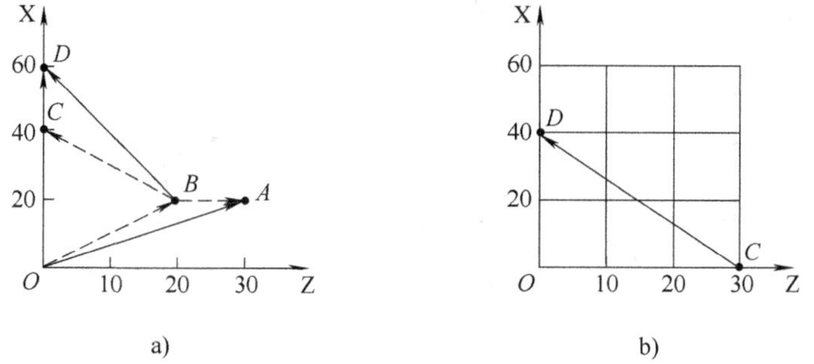

图 1-30　G00/G01 指令

（2）直线插补指令（G01）　书写格式如下：

G01　X/U＿　Z/W＿　C/R＿　F＿；

1）X/U＿　Z/W＿为目标点坐标。

2）G01 指令一般作为加工行程。

3）G01 可以单坐标运动，也可以两坐标联动，如图 1-30b 所示，*C*→*D* 就是 G01　X40. 0　Z0 的运动轨迹。

4）F＿为进给速度，可以是每分钟进给模式，也可以是每转进给模式。

① 用 F 指令刀具的每分钟进给量，如图 1-31a 所示，在车床上常用 G98 指定。

② 用 F 指令主轴的每转进给量，在车床上通常以 G99 指定（见图 1-31b）。

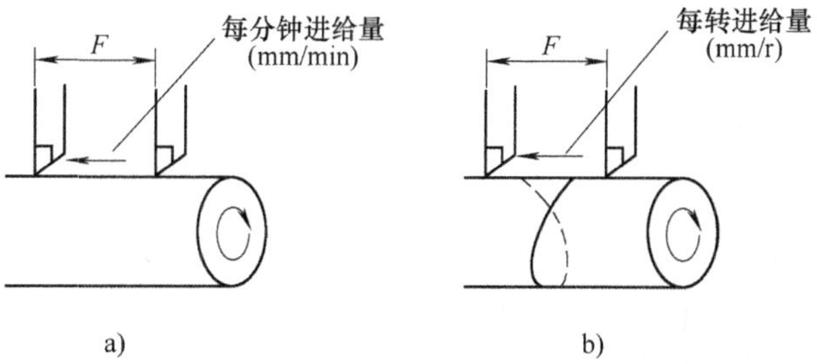

图 1-31　车削进给模式设置

a）每分钟进给模式　b）每转进给模式

5）倒棱/倒圆编程。使用倒棱功能可以简化倒棱程序。

① 45°倒棱指令格式为：

G01　Z（W）bC ± i；　　　（Z→X，如图 1-32a 所示）

G01　X（U）bC ± k；　　　（X→Z，如图 1-32b 所示）

b 点的移动可用绝对或增量指令，进给路线为 *A*→*D*→*C*。

② 1/4 圆角倒圆指令格式为：

G01 Z (W) b R ± r; (Z→X，如图 1-32c 所示)
G01 X (U) b R ± r; (X→Z，如图 1-32d 所示)

b 点的移动可用绝对或增量指令，进给路线为 *A*→*D*→*C*。

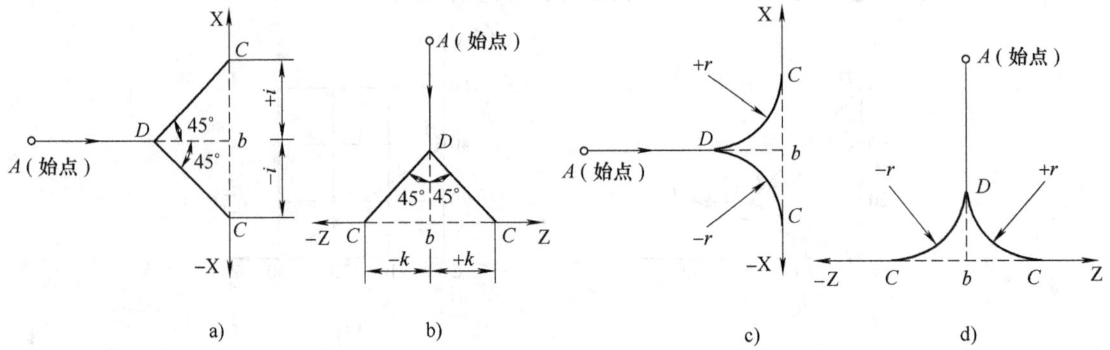

图 1-32 倒棱与倒圆

使用 G01 指令倒棱（见图 1-33），其程序如下：

```
…
N0010  G01  Z-12.0  C2.0  F0.4;
N0020  X50.0  C-3.0;
N0030  Z-22.0;
…
```

使用 G01 指令倒圆（见图 1-34），其程序如下：

```
…
N0010  G01  Z-15.0  R3.0  F0.4;
N0020  X55.0  R-4.0;
N0030  Z-30.0;
…
```

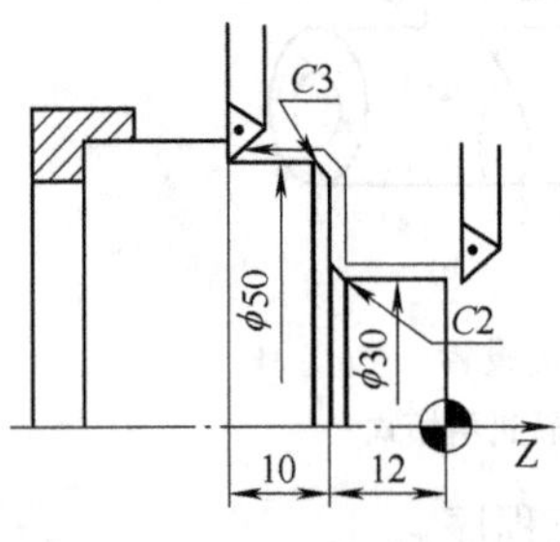

图 1-33 G01 指令倒棱

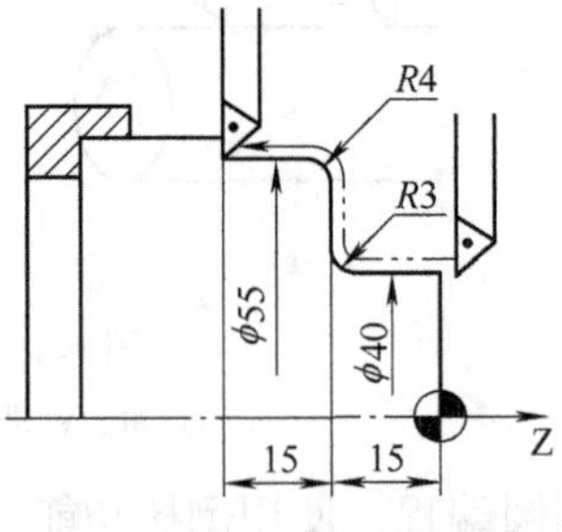

图 1-34 G01 指令倒圆

值得注意的是，有的 FANUC 系统（如 FANUC－TB）在倒棱与倒圆时要求输入正值，并在前面写上一个“，”，其进给方向由数控系统确定。在这种情况下，以上两程序如下：

倒棱（见图 1-33）：

```
…
N0010  G01  Z-12.0,  C2.0  F0.4;
N0020  X50.0,  C3.0;
N0030  Z-22.0;
…
```

倒圆（见图 1-34）：

```
…
N0010  G01  Z-15.0,  R3.0  F0.4;
N0020  X55.0,  R4.0;
N0030  Z-30.0;
…
```

6）车锐角。由 G01 指令派生了一个指令 G09，其格式与 G01 指令完全相同。使用 G09 指令可使直线接直线车削时形成一个锐角（见图 1-35a），而用 G01 指令时形成一个小圆角（见图 1-35b）。

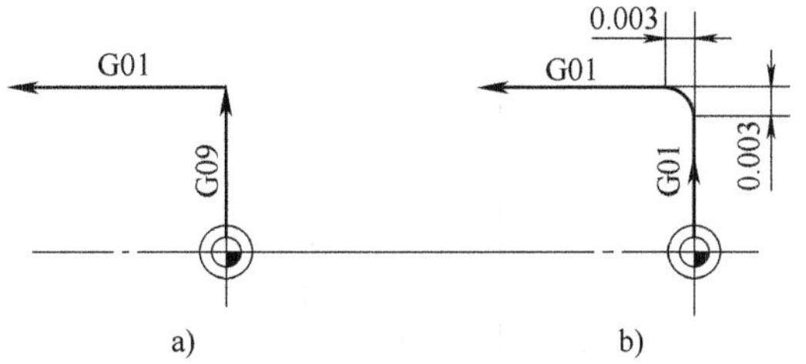

图 1-35 G09-G01 与 G01-G01

（3）外圆切削循环指令（G90） 书写格式为：

G90 X/U __ Z/W __ F __;

说明：本指令的意义是在刀具起点与指定的终点间形成一个封闭的矩形。刀具从起点先按 X 方向进给走一个矩形循环，其中第一步和最后一步为 G00 动作方式，中间两步为 G01 动作方式，指令中的 F 字只对中间两步作用。如图 1-16 所示，按刀具进给方向，第一步为 G00 方式动作；第二步切削工件外圆；第三步切削工件端面；第四步按 G00 方式快速退刀回起点。

例 1-1 用 G90 方式将图 1-36 所示工件加工成形。其加工程序如下：

```
O4003;
N10  G54  T0101;
N20  G0  X31.  Z1.  S800  M03;      快速走刀至循环起点
N30  G90  X26.  Z-24.9  F0.3;       X方向背吃刀量单边
                                    量 2mm，端面留余
                                    量 0.1mm 精加工
```

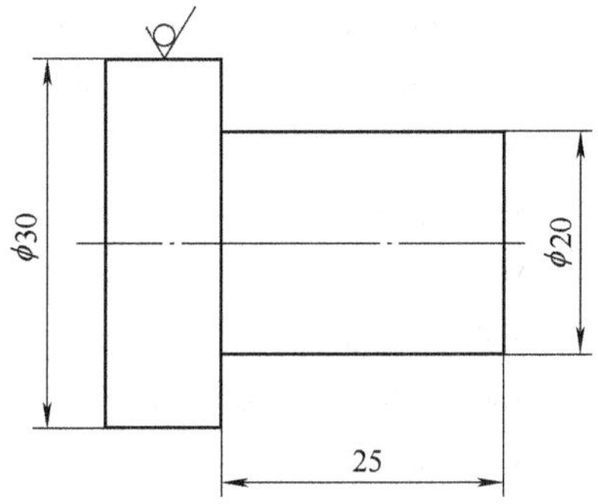

图 1-36 G90 外圆加工程序示例

```
N40   X22.;                              G90 模态，X 向背吃刀量至 22mm
N50   X20.5;                             X 向单边余量 0.25mm 精加工
N70   X20.   Z-25.   F0.2   S1200;       精车
N80   G28   X100.   Z100.   M05;
N90   M30;
```

（4）端面切削循环指令（G94） 书写格式为：

G94 X（U）_ Z（W）_ F_；

说明：本指令主要用于加工长径比较小的盘类工件，其车削特点是利用刀具的端面切削刃作为主切削刃。G94 区别于 G90，它是先沿 Z 方向快速进给，再车削工件端面，退刀光整外圆，再快速退刀回起点。按刀具走刀方向，第一步为 G00 方式动作快速进给；第二步切削工件端面；第三步 Z 退刀切削工件外圆；第四步 G00 方式快速退刀回起点，如图 1-17 所示。

例 1-2 加工如图 1-37 所示的零件。

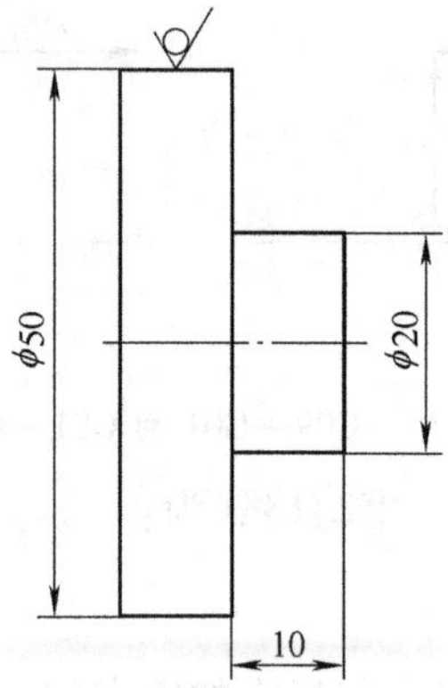

图 1-37 G94 端面加工示例

其加工程序如下：

```
O4007;
N10   G54   T0101;
N20   G0   X52.   Z1.   S500   M03;
N30   G94   X20.2   Z-2.   F0.2;         粗车第一刀，Z 向背吃刀量 2mm
N40   Z-4.;
N50   Z-6.;
N60   Z-8.0;
N70   Z-9.8;
N80   X20.   Z-10.   S900;               精加工
N90   G28   X100.   Z100.;
N100   M30;
```

2. 辅助功能

辅助功能字也称 M 功能、M 指令或 M 代码。M 指令是控制机床在加工时做一些辅助动作的指令，如主轴的正反转、切削液的开关等。辅助功能 M 代码及含义见附录，这里只对主要辅助功能进行简介。

（1）M00 程序暂停　执行 M00 功能后，机床的所有动作均被切断，机床处于暂停状态。重新启动程序后，系统将继续执行后面的程序段。

例如：

```
N10  G00  X100.0  Z200.0;
N20  M00;
N30  X50.0  Z110.0;
```

执行到 N20 程序段时，进入暂停状态，重新启动后将从 N30 程序段开始继续执行。当进行尺寸检验、排屑或插入必要的手工动作时，用此功能很方便。

说明：

1）M00 须单独设一程序段。

2）如在 M00 状态下按复位键，则程序将回到开始位置。

（2）M01 选择停止　在机床的操作面板上有一个“自动运行状态控制”开关，当该开关转到“ON”位置时，程序中如遇到 M01 代码时，其执行过程与 M00 相同；当该开关转到“OFF”位置时，数控系统对 M01 不予理睬。

```
例如：N10  G00  X100.0  Z200.0;
      N20  M01;
      N30  X50.0  Z110.0;
```

如“自动运行状态控制”开关转到断开位置，则当系统执行到 N20 程序段时，不影响原有的任何动作，而是接着执行 N30 程序段。

此功能通常用来进行尺寸检验，而且 M01 应作为一个程序段单独设定。

（3）M02 程序结束　主程序结束，切断机床所有动作，并使程序复位。M02 必须单独作为一个程序段设定。

（4）M03/M04/M05 主轴正转/反转/停止　M03 为起动主轴正转（逆时针）功能，如图 1-38a所示；M04 为起动主轴反转（顺时针）功能，如图 1-38b 所示；车削中心上旋转方向的确定如图 1-38c 所示；M05 使主轴停止转动。

（5）M08/M09 切削液开/关　M08 使切削液开，有的数控机床用 M07 使切削液开，有的数控机床 M07、M08 都使切削液开，只是 M07 使 1 号切削液（水状切削液）开；M08 使 2 号切削液（雾状切削液）开；M09 使切削液关。M00、M01 和 M02 也可以将切削液关掉。

（6）M30 复位并返回程序开始

说明：

1）在记忆（MEMORY）方式下操作时，此指令表示程序结束，机床停止运行，并且程序自动返回开始位置。

2）在记忆重新启动（MEMORY START）方式下操作时，机床先是停止自动运行，而后又从程序的开头再次运行。

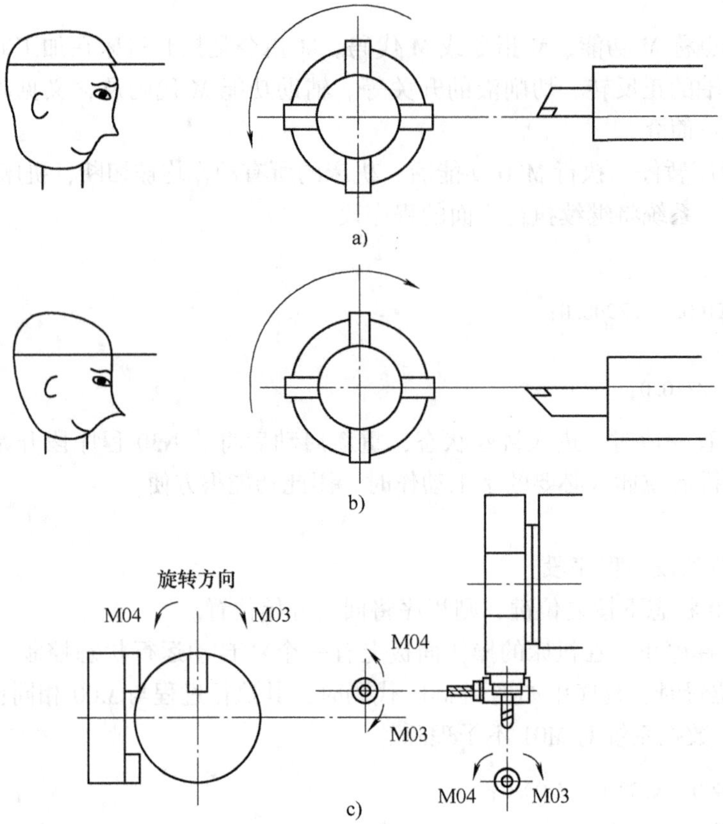

图 1-38　主轴正、反转

a）主轴正转　b）主轴反转　c）车削中心上旋转方向的确定

七、刀具位置补偿

1. 刀具补偿功能的定义

在数控编程过程中，为使编程工作更加方便，通常将数控刀具的刀尖假想成一个点，该点称为刀位点或刀尖点。在编程时，一般不考虑刀具的长度与刀尖圆弧半径，只需考虑刀位点与编程轨迹重合。但在实际加工过程中，由于刀尖圆弧半径与刀具长度各不相同，在加工中会产生很大的加工误差。因此，实际加工时必须通过刀具补偿指令，使数控机床根据实际使用的刀具尺寸，自动调整各坐标轴的移动量，确保实际加工轮廓和编程轨迹完全一致。数控机床根据刀具实际尺寸，自动改变机床坐标轴或刀具刀位点位置，使实际加工轮廓和编程轨迹完全一致的功能，称为刀具补偿（系统画面上为“刀具补正”）功能。

数控车床的刀具补偿分为刀具偏移补偿（亦称刀具长度补偿或刀具位置补偿）和刀尖圆弧半径补偿两种。

2. 刀位点的概念

所谓刀位点是指编制程序和进行加工时，用于表示刀具特征的点，也是对刀和加工的基准点。数控车刀的刀位点如图 1-39 所示。尖形车刀的刀位点通常是指刀具的刀尖；圆弧形车刀的刀位点是指圆弧刃的圆心；成形刀具的刀位点也通常指刀尖。

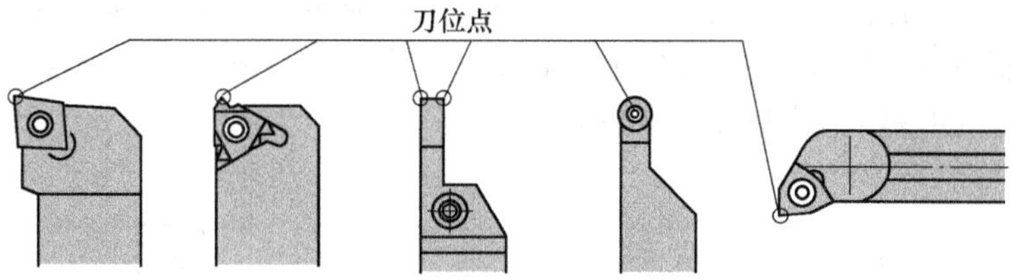

图 1-39　数控车刀的刀位点

3. 刀具偏移补偿

（1）刀具偏移的含义　刀具偏移是用来补偿假定刀具长度与基准刀具长度之长度差的功能。车床数控系统规定 X 轴与 Z 轴可同时实现刀具偏移。

刀具偏移分为刀具几何偏移和刀具磨损偏移两种。由于刀具的几何形状不同和刀具安装位置不同而产生的刀具偏移称为刀具几何偏移，由刀具刀尖的磨损产生的刀具偏移则称为刀具磨损偏移（又称磨耗，系统画面显示为“磨耗”）。以下叙述的刀具偏移主要指刀具几何偏移。

刀具偏移示例如图 1-40 所示。以 1 号刀作为基准刀具，工件原点采用 G54 设定，则其他刀具与基准刀具的长度差值（短用负值表示）及转刀后刀具从刀位点到 *A* 点的移动距离见表 1-1。

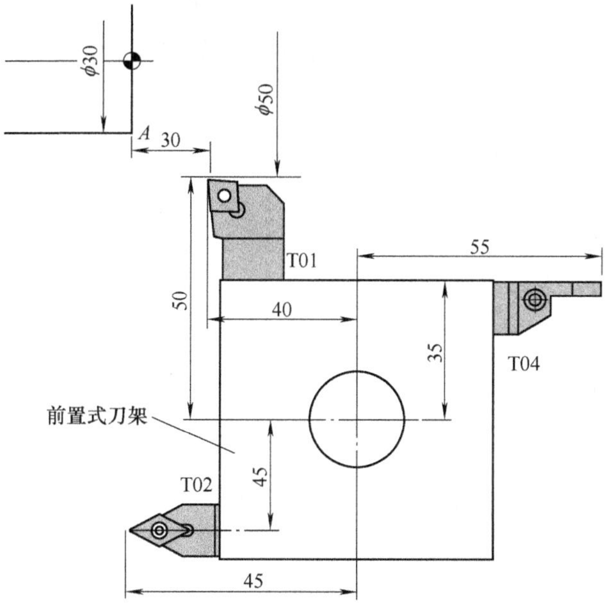

图 1-40　刀具偏移补偿功能示例

表 1-1　刀具偏移补偿示例　（单位：mm）

项目 \ 刀具	T01（基准刀具）		T02		T04	
	X（直径）	Z	X（直径）	Z	X（直径）	Z
长度差值	0	0	-10	5	10	-5
刀具移动距离	20	30	30	25	10	35

当转为 2 号刀后，由于 2 号刀在 X 直径方向比基准刀具短 10mm，而在 Z 方向比基准刀

具长5mm。因此，与基准刀具相比，2 号刀具的刀位点从转刀点移动到 *A* 点时，在 X 方向要多移动 10mm，而在 Z 方向要少移动 5mm。4 号刀具移动的距离计算方法与 2 号刀具相同。

刀具位置补偿的进给路线如图 1-41 所示。

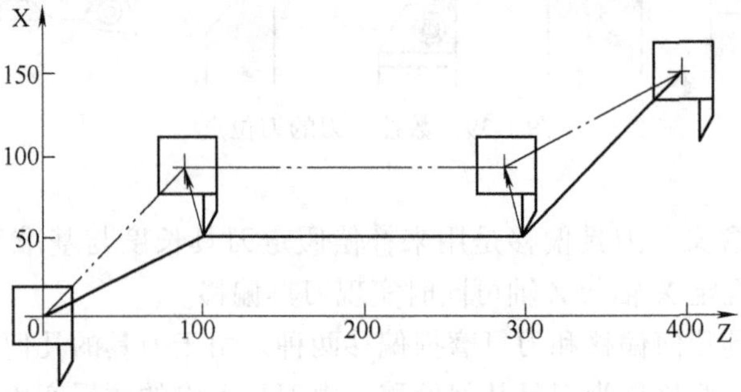

图 1-41　刀具位置补偿的进给路线

（2）刀具位置补偿的指令

1）指令方式为：

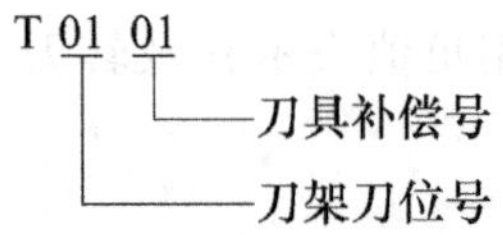

在字母 T 后接 4 位数字来表示 T 功能，前两位表示刀架的刀位号，后两位表示刀具的补偿号。例如：

刀位号		补偿号	
T01	△△	T△△	01
T12	△△	T△△	12

T△△00 表示取消△△号刀上的刀具补偿。

2）程序举例：

```
G54   X250.0   Z180.0;
G00   X100.0   Z1.0;
G01   X200.0   F0.3;
T0100;                          取消刀补
M02;
```

3）说明。

① 加工完成之后要将刀补取消，刀补号 00 为取消刀具位置补偿。

② 坐标系变换之后，补偿坐标及补偿值也需改变。

③ 刀具补偿号中记录的是刀位点相对于刀架相关点或标准刀的两个尺寸，有的系统另设一存储器存入刀位点需微调的数值，此值试切后手动输入。

用 T 代码对刀具进行补偿，一般是在换刀指令后第一个含有移动指令（G00、G01 等）的程序段中进行，而取消刀具的补偿则是在加工完该刀的工序后，返回换刀点的程序段中执行的。

4. 刀具偏移的应用

利用刀具偏移功能，可以修整因对刀不正确或刀具磨损等原因造成的工件加工误差。例如：加工外圆表面时，如果外圆直径比要求的尺寸大了 0.2mm，此时只需将刀具偏移存储器中的 X 值减小 0.2mm，并用原刀具及原程序重新加工该零件，即可修整该加工误差。同样，如出现 Z 方向的误差，其修整办法与之相同。

任务实施

一、加工准备

1. 选择数控机床

加工本任务工件时，选用的机床为 CK6140（FANUC 0i 系统数控车床，刀架为前置刀架）。

2. 选择刀具及切削用量

加工本任务工件时，需同时加工外圆和端面，故选择如图 1-42 所示的硬质合金端面、外圆车刀。加工过程中的切削用量推荐值如下：粗加工时，主轴转速取 $n = 1000\text{r/min}$；进给速度取 $v_f = 0.1 \sim 0.2\text{mm/r}$；背吃刀量取 $a_p = 1 \sim 2\text{mm}$；精加工时，$n = 1500\text{r/min}$；$v_f = 0.05 \sim 0.1\text{mm/r}$；$a_p = 0.1 \sim 0.3\text{mm}$。

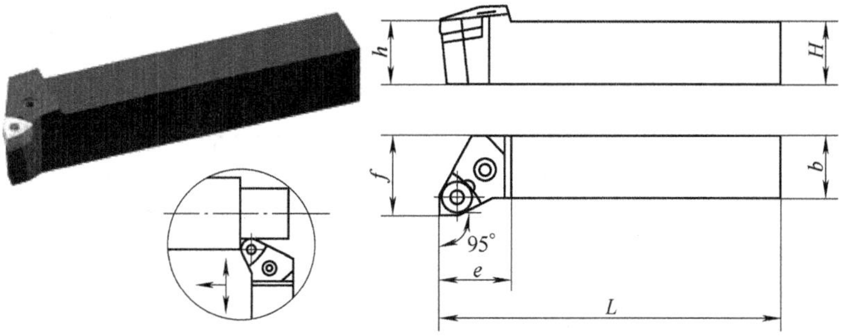

图 1-42　95°端面、外圆车刀

二、设计加工路线

加工本任务工件时，采用分层切削的方式进行加工，其切削轨迹如图 1-43 所示，先粗加工，再精加工，精加工余量为 0.3mm。

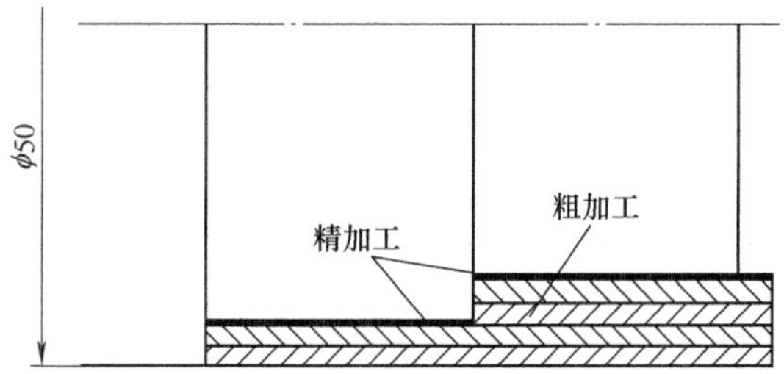

图 1-43　切削轨迹

三、编写加工程序

加工外圆柱面的参考程序见表1-2。

表1-2 加工外圆柱面的参考程序

FANUC 0i 系统程序	程序说明
O0010;	程序号
G99 G40 G21;	程序初始化
G28 U0 W0;	回参考点后换刀
T0101;	
M03 S1000;	主轴正转，刀具定位
G00 X52.0 Z2.0 M08;	
G01 Z0 F0.2;	加工端面
X0;	
Z2.0;	
G00 X47.8;	第一次分层切削
G01 Z-30.0;	
X52.0;	
G00 Z2.0;	
X45.6;	第二次分层切削
G01 Z-30.0;	
X52.0;	
G00 Z2.0;	
X43.0;	第三次分层切削
G01 Z-15.0;	
X47.0;	
G00 Z2.0;	
X40.6;	第四次分层切削
G01 Z-15.0;	
X47.0;	
G00 Z2.0;	
M03 S1500 F0.1;	换精加工转速和进给量
G00 X40.0;	精加工
G01 Z-15.0;	
X45.0;	
Z-30.0;	
X52.0;	
G00 Z2.0;	
G28 U0 W0;	退刀
M05;	
M30;	程序结束

注：本任务中省略了程序段号的输入，程序段号由手工输入时自动生成。

四、FANUC 0i 数控车床的操作

1. 系统控制面板

FANUC 0i 车床数控系统的控制面板主要由 CRT/LCD 单元、MDI 键盘和功能软键组成，如图 1-44 所示。图 1-45 所示为 FANUC 0i 车床数控系统的 MDI 操作面板，各键的名称和功能见表 1-3。

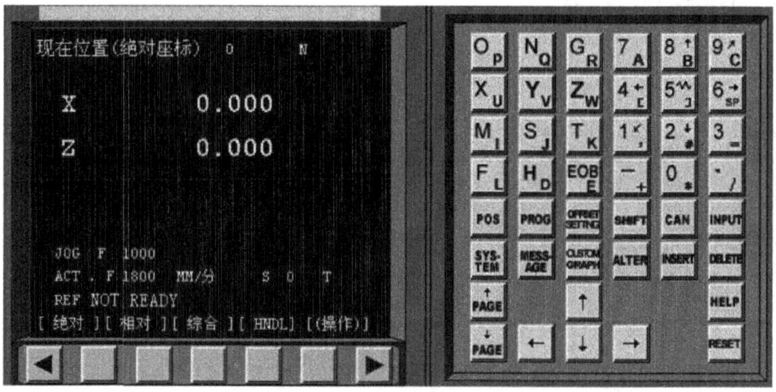

图 1-44 FANUC 0i 车床数控系统的控制面板

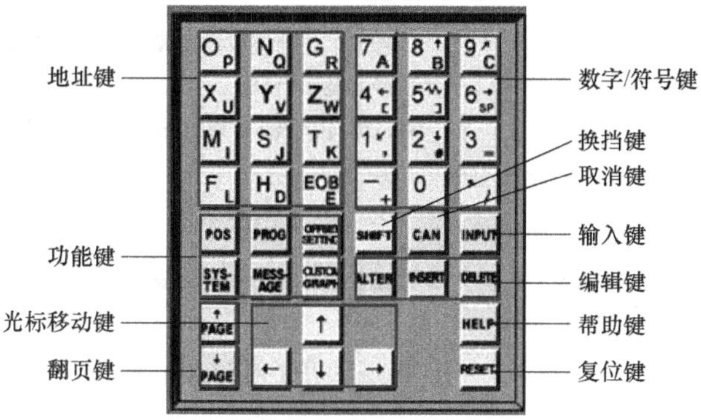

图 1-45 MDI 操作面板

表 1-3 操作面板上各键的名称和功能

名　称	按　键	功　能
复位键		按  键可使 CNC 复位，用以清除报警等
帮助键		按  键显示如何操作机床，如 MDI 键的操作，可在 CNC 发生报警时提供报警的详细信息（帮助功能）
功能键	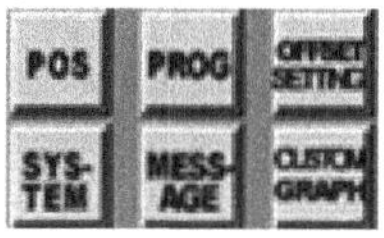	：数控程序显示与编辑页面键。在编辑方式下，用于编辑、显示存储器内的程序；在手动数据输入方式下，用于输入和显示数据；在自动方式下，用于显示程序指令 ：坐标位置显示页面键。位置显示有绝对、相对和综合三种方式，用［PAGE］键选择

（续）

名　称	按　键	功　能
功能键	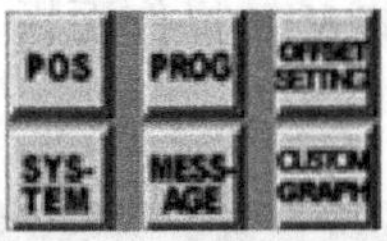	[OFFSET SETTING]：参数输入页面键。按第一次进入坐标系设置页面，按第二次进入刀具补偿参数页面。进入不同的页面以后，用［PAGE］键切换 [CUSTOM GRAPH]：图形参数设置页面键，用来显示图形画面 [MESS-AGE]：信息页面键，用来显示提示信息 [SYS-TEM]：系统参数页面键，用来显示系统参数
地址/数字键	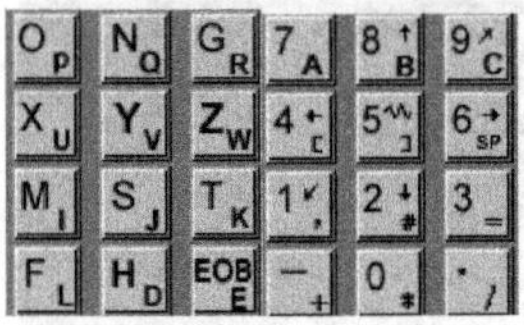	按这些键可输入字母、数字以及其他字符
换挡键		在有些键的顶部有两个字符，按［SHIFT］键来选择字符。当一个特殊字符“$\hat{E}$”在屏幕上显示时，表示键面右下角的字符可以输入
输入键		当按了地址键或数字键后，数据被输入到缓冲器，并在 CRT 显示器上显示出来。为了把键入到输入缓冲器中的数据复制回寄存器，按［INPUT］键。这个键与［INPUT］软键作用相同
取消键		按［CAN］键可删除已输入到缓冲器里的最后一个字符或符号
程序编辑键		[ALTER]：字符替换键；[INSERT]：字符插入键；[DELETE]：字符删除键
光标移动键		[→]：用于将光标朝右或前进方向移动。在前进方向光标按一段短的单位移动 [←]：用于将光标朝左或倒退方向移动。在倒退方向光标按一段短的单位移动 [↓]：用于将光标朝下或前进方向移动。在前进方向光标按一段大尺寸单位移动 [↑]：用于将光标朝上或倒退方向移动。在倒退方向光标按一段大尺寸单位移动
翻页键		[↑PAGE]：用于在屏幕上朝前翻一页 [↓PAGE]：用于在屏幕上朝后翻一页
回车换行键		结束一行程序的输入并且换行

2. **机床操作面板**

图 1-46 所示为配备 FANUC 0i 车床数控系统的机床操作面板，面板上各按钮的名称及功能见表 1-4。

图 1-46　机床操作面板

表 1-4　机床操作面板上各按钮的名称及其功能

名　称	按　钮	功能说明
主轴减速按钮		控制主轴减速
主轴加速按钮		控制主轴加速
主轴停止按钮		在手动/手轮模式下，按下该按钮可实现主轴停止
主轴手动允许按钮		在手动/手轮模式下，按下该按钮可实现手动控制主轴
主轴正转按钮		在手动/手轮模式下，按下该按钮，主轴正转
主轴反转按钮		在手动/手轮模式下，按下该按钮，主轴反转
超程解除按钮		系统超程解除
手动换刀按钮		在手动/手轮模式下，按下该按钮将手动换刀
回参考点 X 按钮		在回参考点模式下，按下该按钮，X 轴将回零
回参考点 Z 按钮		在回参考点模式下，按下该按钮，Z 轴将回零
X 轴负方向移动按钮		在手动模式下，按下该按钮将使得刀架向 X 轴负方向移动
X 轴正方向移动按钮		在手动模式下，按下该按钮将使得刀架向 X 轴正方向移动
Z 轴负方向移动按钮		在手动模式下，按下该按钮将使得刀架向 Z 轴负方向移动
Z 轴正方向移动按钮		在手动模式下，按下该按钮将使得刀架向 Z 轴正方向移动
回原点模式按钮		按下该按钮将使得系统进入回参考点模式
手轮 X 轴选择按钮		在手轮模式下选择 X 轴
手轮 Z 轴选择按钮		在手轮模式下选择 Z 轴

（续）

名　称	按　钮	功能说明
快速按钮		在手动连续情况下使得刀架移动处于快速方式
自动模式按钮		按下该按钮使得系统处于自动运行模式
JOG 模式按钮		按下该按钮使得系统处于手动模式，可手动连续移动机床
编辑模式按钮		按下该按钮使得系统处于编辑模式，用于直接通过操作面板输入数控程序和编辑程序
MDI 模式按钮		按下该按钮使得系统处于 MDI 模式，手动输入并执行指令
手轮模式按钮		按下该按钮使得刀架处于手轮控制状态下
循环保持按钮		在自动模式下，按下该按钮使得系统进入保持（暂停）状态
循环启动按钮		在自动模式下，按下该按钮使得系统进入循环启动状态
机床锁定按钮		在手动模式下，按下该按钮将锁定机床
空运行按钮		在自动模式下，按下该按钮将使得机床处于空运行状态
跳段按钮		在自动模式下，按下该按钮后，数控程序中的注释符号“/”有效
单段按钮		在自动模式下，按下该按钮后，运行程序时每次执行一条数控指令
进给选择旋钮		此旋钮用来调节进给倍率
手动/手轮进给倍率按钮	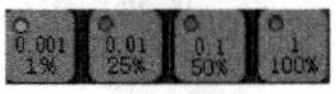	在手动模式下，调整快速进给倍率；在手轮模式下，调整手轮操作时的进给速度倍率
急停按钮		按下急停按钮，使机床移动立即停止，并且所有的输出（如主轴的转动等）都会关闭
手摇脉冲发生器		在手轮模式下，旋转手摇脉冲发生器，刀架沿指定的坐标轴移动，移动距离的大小与手轮进给倍率有关
电源开启按钮		开启系统电源
电源关闭按钮		关闭系统电源

3. 数控车床的手动操作

（1）开、关机操作

1）机床起动。打开机床总电源开关→按下控制面板上的电源开启按钮→开启急停按钮。

2）机床的关停。按下急停按钮→按下控制面板上的电源关闭按钮→关掉机床电源总开关。

（2）回参考点操作

1）按回参考点按钮，系统进入回参考点模式。

2）为了减小速度，选择小的快速移动倍率。

3）按下回参考点相应的进给轴按钮，直至刀具回到参考点。刀具以快速移动速度移动到减速点，然后按参数中设定的 F_c 速度移动到参考点，如图 1-47 所示。当刀具返回到参考点后，返回参考点完成灯（LED）点亮。

4）另一坐标轴也执行同样的操作。

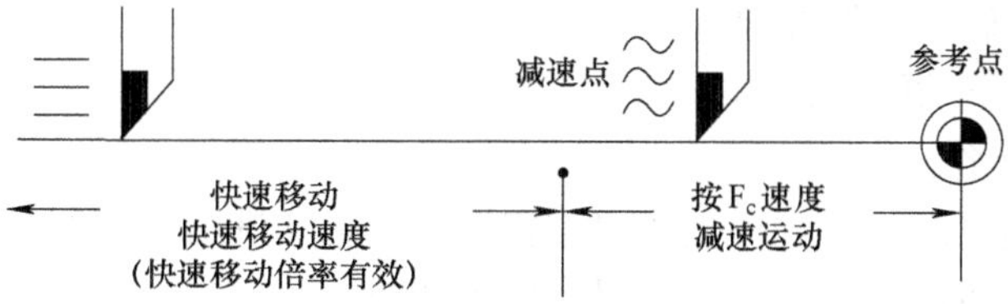

图 1-47　手动回参考点过程

>>> **工作经验**

1）当滑板上的挡块距离参考点开关的距离不足 30mm 时，首先要用［JOG］按钮使滑板向参考点的负方向移动，直至距离大于 30mm 停止点动，然后回机床参考点。

2）返回参考点时，为了保证数控车床及刀具的安全，外轮廓加工时一般要先回 X 轴再回 Z 轴，内轮廓加工时一般要先回 Z 轴再回 X 轴。

（3）手动连续进给（JOG 进给）　操作步骤如下：

1）选择手动模式，系统进入手动模式。

2）按下选定进给轴移动按钮，刀具沿选定坐标轴及选定方向移动，刀具按参数设定的进给速度移动，按钮一释放机床就停止。

3）手动连续进给速度可由进给速度倍率调整。

4）在按下进给轴和方向选择开关期间，按了快速移动按钮，刀具将按快速移动速度运动。在快速移动期间，快速移动倍率有效。

>>> **注意**

在按下进给轴和方向选择开关期间，将方式开关切换到 JOG 进给方式，则 JOG 进给无效。为了使 JOG 进给有效，首先要进入 JOG 进给方式，再按进给轴和方式选择开关。

（4）手轮进给　操作步骤如下：

1）选择手轮（HANDEL）模式，系统进入手轮操作模式。

2）选择一个机床要移动的轴。

3）选择合适的手轮进给倍率。

4）旋转手轮，机床沿选择轴移动。旋转手轮 360°，机床移动距离相当于 100 个刻度的距离。

（5）刀架的转位　装卸刀具、测量切削刀具的位置以及对工件进行试切削时，都要靠手动操作实现刀架的转位。在手动模式下，单击刀具选择按钮，则回转刀架上的刀台逆时针转动一个刀位。

（6）主轴手动操作　手动操作时要使主轴起动，必须用 MDI 方式设定主轴转速。当方式选择开关处于“手动”位置时，可手动控制主轴的正转、反转和停止，调节主轴转速修调开关或，可对主轴转速进行倍率修调；按手动操作按钮 CW、 CCW 和

STOP，可控制主轴正转、反转和停止。

（7）数控车床安全功能的操作

1）急停按钮的操作。

① 在遇到紧急情况时，应立即按急停按钮，则主轴和进给全部停止。

② 按钮按下后，机床被锁住，电动机电源被切断。

③ 排除故障因素后，急停按钮复位，机床操作正常。

>> **工作经验** 按下急停按钮时，会产生自锁，但通常旋转急停按钮即可释放。当机床故障排除，急停按钮旋转复位后，一定要先进行回参考点操作，然后进行其他操作。

2）超程释放操作。当机床移动到工作区间极限时，会压住限位开关，数控系统会产生超程报警，此时机床不能工作。一般数控车床采用软件超程保护和硬件保护方式，软件超程必须使机床回零后有效，其解除过程如下（软件超程解除不用按下超程解除按钮）：

手动方式→按下超程解除按钮→按下与超程方向相反的点动按钮或用手摇脉冲发生器向相反方向转动，使机床脱离极限位置而回到工作区间→按复位键。

4. 手动数据输入（MDI）操作

手动数据输入方式用于在系统操作面板上输入一段程序，然后按下循环启动键来执行该段程序。其操作步骤如下：

1）选择手动数据（MDI）模式，系统进入 MDI 模式。

2）按下系统功能键［PROG］键，液晶屏幕左上角显示“MDI”字样，如图 1-48 所示。

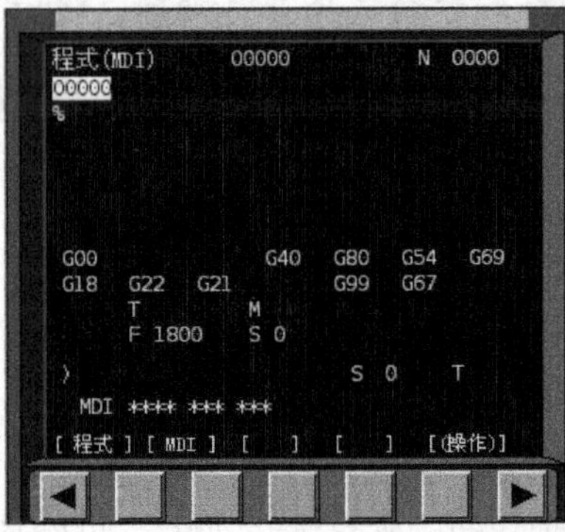

图 1-48 MDI 操作界面

3）输入要运行的程序段。

4）按下循环启动键，数控车床自动运行该程序段。

5. 对刀

（1）T 指令对刀 用 T 指令对刀，采用的是绝对刀偏法，实质就是在某一把刀的刀位点与工件原点重合时，找出刀架的转塔中心在机床坐标系中的坐标，并把它存储到刀补寄存器中。采用 T 指令对刀前，应注意回一次机床参考点（零点）。其操作步骤如下：

1）手动方式中试切端面，沿 X 轴正方向退刀，不要移动 Z 轴，停止主轴，如图 1-49

所示。

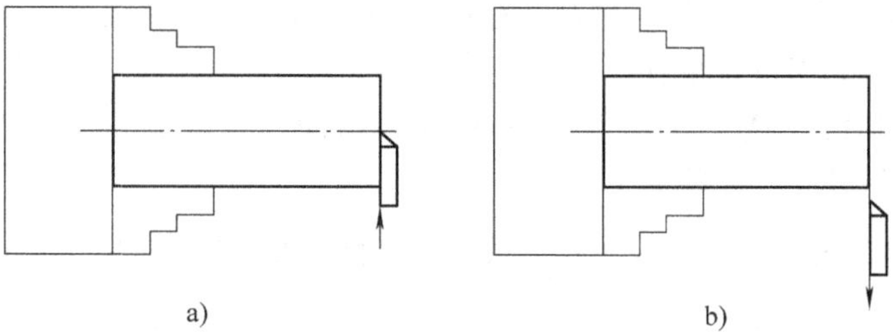

a)　　　　　　b)

图 1-49　Z 向对刀

a）沿 X 负向试切端面　b）沿 X 正向退刀

2）测量工件坐标系的零点至端面的距离 β（或 0）。

3）按下 MDI 键盘中的［OFFSET］/［SETTING］键，按补正和形状软键，进入图 1-50a 所示的刀具偏置参数窗口。

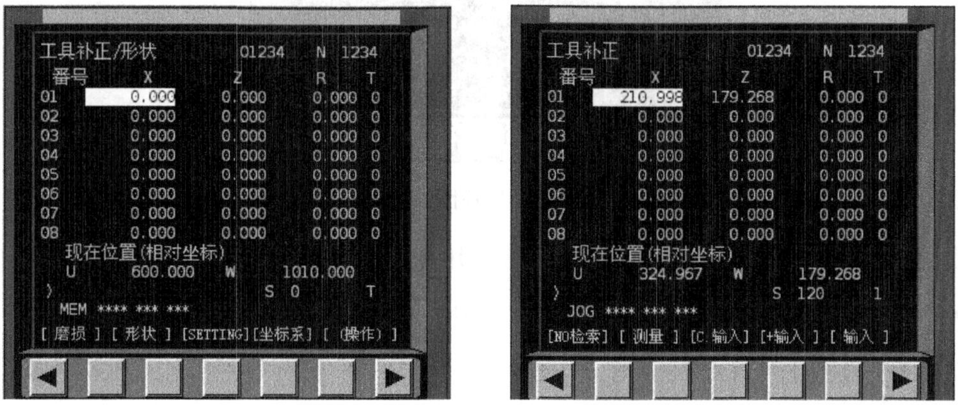

a)　　　　　　b)

图 1-50　刀具偏置参数窗口

4）移动光标键，选择与刀具号对应的刀补参数，输入 Zβ（或 0），按测量［MESURE］软键，会自动存入 Z 向刀具偏置参数。

5）试切工件外圆，沿 Z 方向退刀，不要移动 X，如图 1-51 所示。停止主轴，测量被车削部分的直径 D，输入 XD。按测量软键［MESURE］，X 向刀具偏置参数即自动存入，结果如图 1-50b 所示。

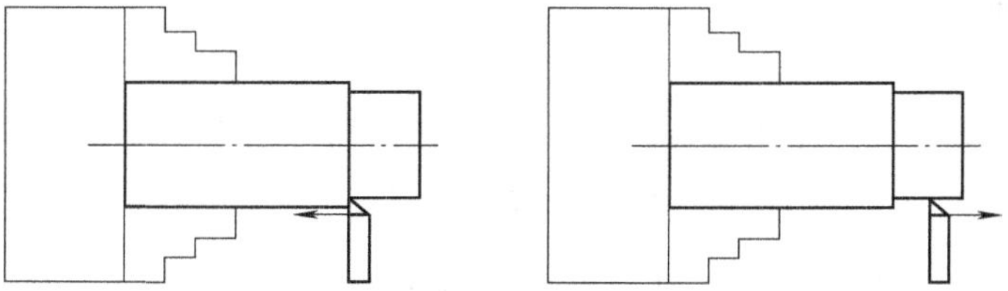

a)　　　　　　b)

图 1-51　X 向对刀

a）沿 Z 轴负方向试车削外圆　b）沿 Z 轴正方向退刀

6）其他刀具按照相同的方法设定即可。

（2）车床刀具补偿参数　车床的刀具补偿参数包括刀具的磨损量补偿参数和形状补偿参数，两者之和构成车刀偏置量补偿参数。

1）输入磨损量补偿参数。刀具使用一段时间后磨损，会使产品尺寸产生误差，因此需要对刀具设定磨损量补偿，步骤如下：

① 在 MDI 键盘上单击 OFFSET SETTING 键，进入刀具磨损补偿参数设定界面，如图 1-52 所示。

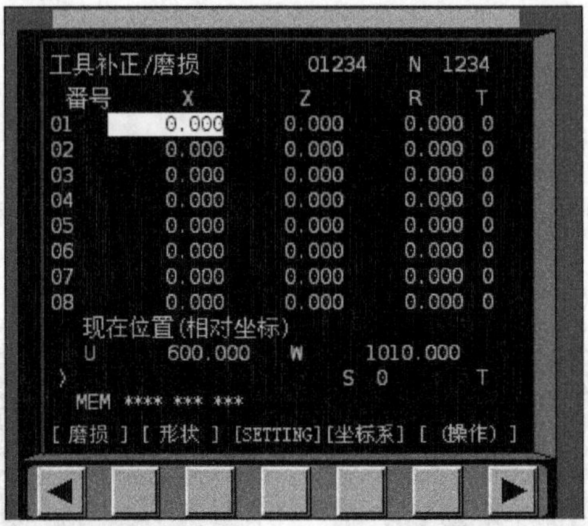

图 1-52　刀具磨损补偿参数设定界面

② 用方位键 ↑、↓ 选择所需的番号，并用 ←、→ 键确定所需补偿的值。单击数字键，输入补偿值到输入域。按输入软键或按 INPUT 键，参数输入到指定区域。按 CAN 键可逐字删除输入域中的字符。

2）输入形状补偿参数。在 MDI 键盘上单击 OFFSET SETTING 键，进入形状补偿参数设定界面，如图 1-53所示。用方位键 ↑、↓ 选择所需的番号，并用 ←、→ 键确定所需补偿的值。单击数字键，输入补偿值到输入域。按软键"输入"或按 INPUT 键，参数输入到指定区域。按 CAN 键可逐字删除输入域中的字符。

3）输入刀尖半径和方位号。分别把光标移到"R"和"T"处，按数字键输入半径或方位号，按输入键完成输入，如图 1-53 所示。

6. 数控程序处理

（1）数控程序管理

1）新建一个 NC 程序。单击操作面板上的编辑按钮，编辑状态指示灯变亮，进入编辑状态。单击 MDI 键盘上的 PROG 按钮，CRT 界面转入编辑页面。利用 MDI 键盘输入"O ×"（×为程序号，但不可以与已有程序号重复），按 INSERT 键程序号被输入，按下 EOB E 键，再按下 INSERT 键，则程序结束符"；"被输入，CRT 界面上显示一个空程序，可以通过 MDI 键盘开始程序输入。输入一段代码后，按下 EOB E 键和 INSERT 键，输入域中的内容显示在 CRT 界面上，然

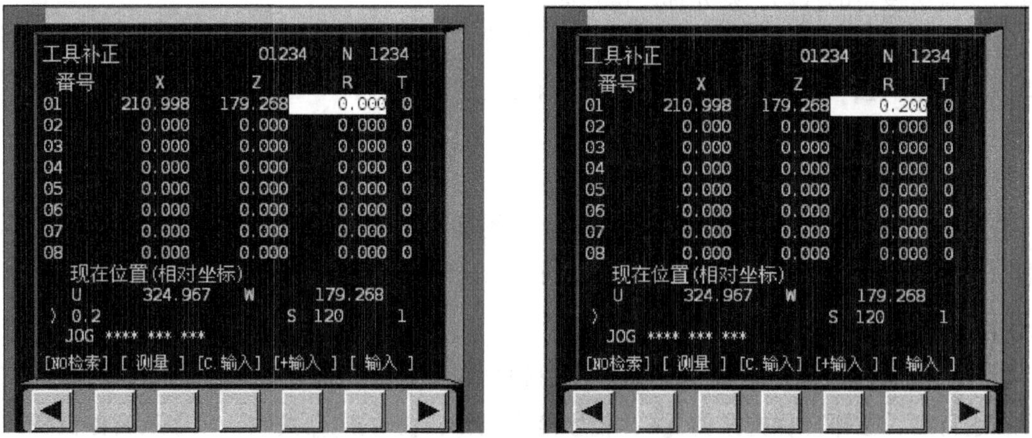

图 1-53 形状补偿参数设定界面

后将光标移到下一行，可以进行其他程序段的输入，直到全部程序输完为止。

2）选择一个数控程序。单击 MDI 键盘上的 PROG 按钮，CRT 界面转入编辑页面。利用 MDI 键盘输入“O×”（×为数控程序目录中显示的程序号），按 ↓ 键开始搜索，搜索到后“O××××”显示在屏幕首行程序号的位置，NC 程序显示在屏幕上。

3）删除一个数控程序。单击操作面板上的编辑按钮，编辑状态指示灯变亮，进入编辑状态。利用 MDI 键盘输入“O×”（×为要删除的数控程序在目录中显示的程序号），按 DELETE 键，程序即被删除。

4）删除全部数控程序。单击操作面板上的编辑按钮，编辑状态指示灯变亮，进入编辑状态。单击 MDI 键盘上的 PROG 按钮，CRT 界面转入编辑页面。利用 MDI 键盘输入“O－9999”，按 DELETE 键，全部数控程序即被删除。

（2）编辑程序　可以直接用 FANUC 0i 系统的 MDI 键盘输入数控程序。

单击操作面板上的编辑按钮，编辑状态指示灯变亮，进入编辑模式。单击 MDI 键盘上的 PROG 按钮，CRT 界面转入编辑页面。选定了一个数控程序后，此程序显示在 CRT 界面上，可对数控程序进行编辑操作。

1）移动光标。按 ↑PAGE 和 ↓PAGE 键翻页，按方位键 ↑、↓、←、→ 移动光标。

2）插入字符。先将光标移到所需位置，单击 MDI 键盘上的数字/字母键，将代码输入到输入域中，按插入键（INSERT）把输入域的内容插入到光标所在代码的后面。

3）删除输入域中的数据。按取消键（CAN）删除输入域中的数据。

4）删除字符。先将光标移到所需删除字符的位置，按删除键（DELETE）删除光标所在位置的代码。

5）查找。输入需要搜索的字母或代码，按［↓］键开始在当前数控程序中光标所在位置后进行搜索（代码可以是一个字母或一个完整的代码，例如“N0010”和“M”等）。如果此数控程序中有所搜索的代码，则光标停留在找到的代码处；如果此数控程序中光标所在位置后没有所搜索的代码，则光标停留在原处。

6）替换。先将光标移到所需替换字符的位置，将替换成的字符通过 MDI 键盘输入到输入域中，按 ALTER 键，输入域的内容替代光标所在位置的代码。

7. 自动加工方式

（1）自动/连续方式

1）自动加工流程。检查机床是否回零。若未回零，先将机床回零。导入数控程序或自行编写一段程序，单击操作面板上的自动运行按钮，使其指示灯变亮，再单击操作面板上的按钮，程序开始执行。

2）中断运行。数控程序在运行过程中可根据需要暂停、停止、急停和重新运行。数控程序在运行时，按循环保持按钮，程序停止执行，再单击按钮，程序从暂停位置开始执行。数控程序在运行时，按下急停按钮，数控程序中断运行，继续运行时，先将急停按钮松开，再按按钮，余下的数控程序从中断行开始作为一个独立的程序执行。

（2）自动/单段方式　检查机床是否回零。若未回零，先将机床回零，再导入数控程序或自行编写一段程序。单击操作面板上的自动运行按钮，使其指示灯变亮，然后单击操作面板上的单节按钮，再单击操作面板上的按钮，程序开始执行。

> **注意**
>
> 1）自动/单段方式执行每一行程序均需单击一次按钮。
>
> 2）可以通过主轴倍率旋钮和进给倍率旋钮来调节主轴旋转的速度和移动的速度。
>
> 3）按 RESET 键可将程序重置。

（3）运行轨迹　NC 程序导入后，可检查运行轨迹。单击操作面板上的自动运行按钮，使其指示灯变亮，转入自动加工模式，单击 MDI 键盘上的 PROG 按钮，单击数字/字母键，输入“O×”（×为所需要检查运行轨迹的数控程序号），按 ↓ 键开始搜索。找到程序后，程序显示在 CRT 界面上。先单击 CUSTOM GRAPH 按钮，进入检查运行轨迹模式，再单击操作面板上的循环启动按钮，即可观察数控程序的运行轨迹。

任务扩展

一、机夹可转位刀片及代码

硬质合金可转位刀片的国家标准采用了 ISO 国际标准，其产品型号的表示方法、品种规格、尺寸系列、制造公差以及测量方法等，都和 ISO 标准相同。另外，为适应我国的国情，还在国际标准规定的 9 个号位之后加一短横线，再用一个字母和一位数字表示刀片断屑槽的形式和宽度。因此，我国可转位刀片的型号共用 10 个号位的内容来表示主要参数的特征。按照规定，任何一个型号的刀片都必须使用前 7 个号位，后 3 个号位在必要时才使用，但对于车刀片，第 10 号位属于标准要求标注的部分。不论有无第 8、9 两个号位，第 10 号位都必须用短横线“—”与前面的号位隔开，并且其字母不得使用第 8、9 两个号位已使用过的（E、F、T、S、R、L、N）字母。第 8、9 两个号位如只使用一位，则写在第 8 号位上，中间不需空格。

可转位刀片的型号表示方法如图 1-54 所示，10 个号位表示的内容见表 1-5。

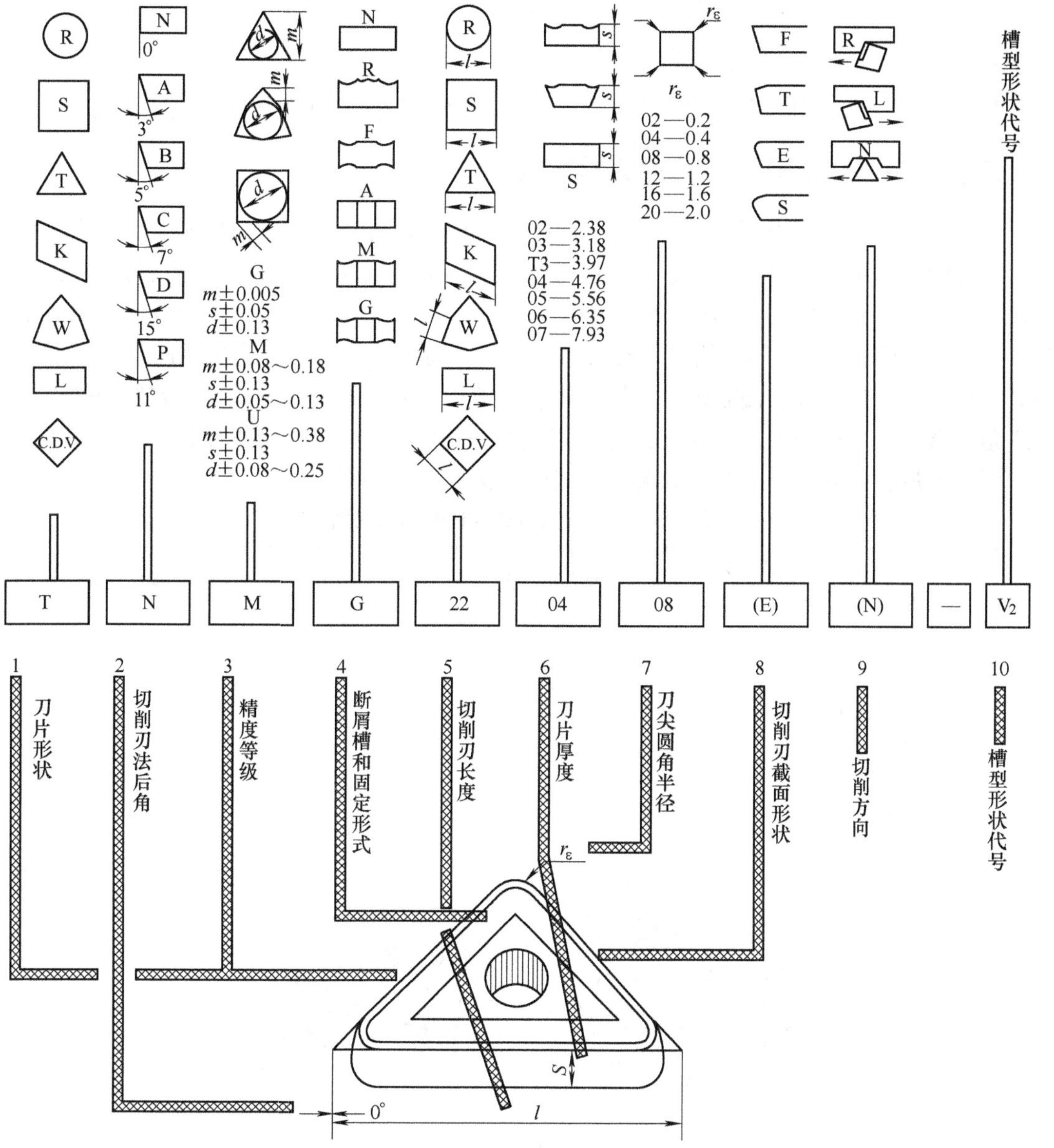

图 1-54 可转位刀片的型号表示方法

表 1-5 可转位刀片 10 个号位表示的内容

位号	表示内容	代表符号	备注
1	刀片形状	一个英文字母	具体含义应查有关标准
2	刀片主切削刃法后角	一个英文字母	
3	刀片尺寸精度	一个英文字母	
4	刀片固定方式及有无断屑槽	一个英文字母	
5	刀片主切削刃长度	两位数	
6	刀片厚度，主切削刃到刀片定位底面的距离	两位数	
7	刀尖圆角半径或刀尖转角形状	两位数或一个英文字母	
8	切削刃形状	一个英文字母	
9	刀片切削方向	一个英文字母	
10	刀片断屑槽形式及槽宽	一个英文字母及一个阿拉伯数字	

二、机夹可转位车刀刀片的夹紧方式

机夹可转位车刀有外圆车刀、内孔车刀、端面车刀、仿形车刀、切槽车刀和螺纹车刀等。车刀的用途不同，刀片的夹紧方式也有所不同。国际标准把夹紧方式规定为 4 种：上压式（标准代号 C）、杠杆式（代号 S）、螺钉式（代号 P）和复合式（代号 M）。各国对于这 4 种夹紧方式所采用的具体结构虽然有所不同，但大同小异。我国普遍采用的是上压式、钩销式、杠杆式、杠销式、偏心销式、压孔式、楔销式和复合式夹紧方式。为方便根据不同的加工范围选择最合适的夹紧方式，已将它们按照适应性分为 1 ~ 3 个等级，参见表 1-6，其中 3 级表示最合适的选择。杠杆式装夹方式的结构如图 1-55 所示。

表 1-6 各种夹紧方式合适的加工范围

加工范围 \ 夹紧方式	杠杆式	楔块上压式	螺栓上压式
可靠夹紧/紧固	3	3	3
仿形加工/易接近性	2	3	3
重复性	3	2	3
仿形加工/轻负荷加工	2	3	3
断续加工	3	2	3
外圆加工	3	1	3
内圆加工	3	3	3

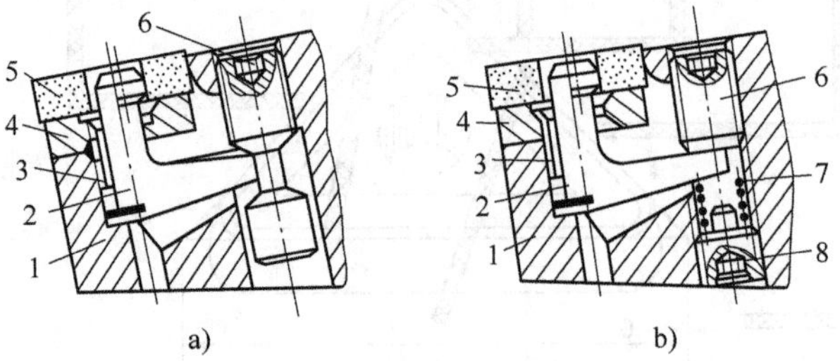

图 1-55 杠杆式装夹方式的结构

a）压紧螺钉中部的斜面使杠杆摆动的装夹结构 b）压紧螺钉下端面使杠杆摆动的装夹结构

1—刀杆 2—杠杆 3—弹簧套 4—刀垫 5—刀片 6—压紧螺钉 7—弹簧 8—调节螺钉

[任务巩固]

1. 数控加工的内容有哪些?
2. 什么是数控编程? 数控编程分为哪几种?
3. 手工编程的步骤是什么?
4. 数控车削编程的特点是什么?
5. 什么是进给路线?
6. 写出与数控机床回参考点有关的指令。
7. 数控程序由哪几部分组成?
8. 程序段由哪几部分组成?
9. 在数控车床上或仿真系统上练习数控车床的操作。
10. 在数控车床上加工图 1-56 所示零件。

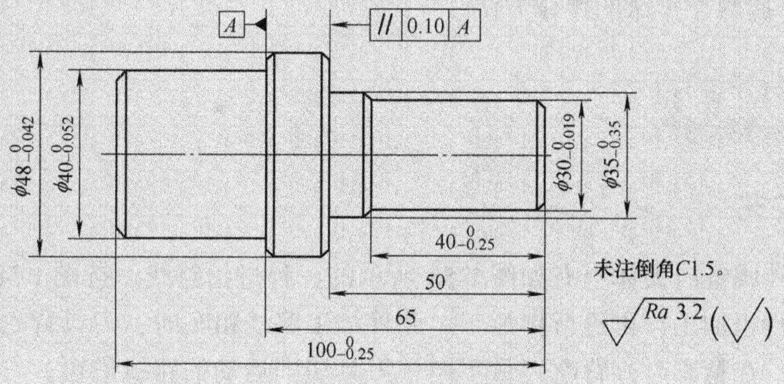

图 1-56 零件图

任务二 圆锥零件的加工

工作任务

编写图 1-57 所示圆锥零件的数控加工程序，并进行加工。

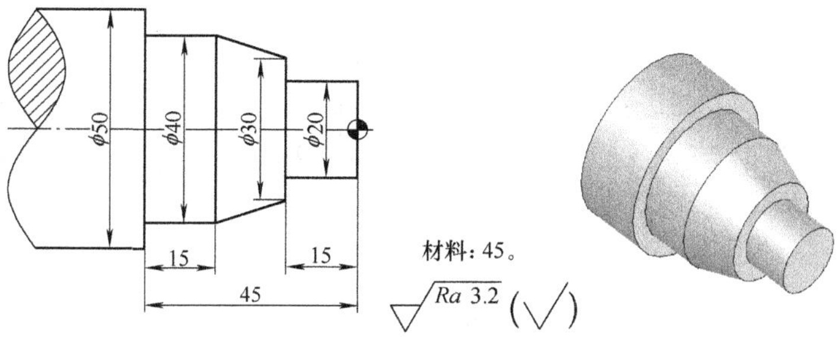

图 1-57 圆锥零件图

编写本任务的加工程序时，如果简单采用 G00 及 G01 等指令进行编程，则程序较长，在编程过程中也容易出错。因此，可以采用单一固定循环指令进行编程。

任务目标

一、知识目标

1）掌握圆锥零件加工工艺的制订方法。
2）掌握刀尖圆弧半径补偿的应用。
3）了解程序开始与程序结束的规律。

二、技能目标

1）掌握应用单一循环及 G01 等指令编写圆锥零件加工程序的方法。
2）掌握圆锥的测量方法。
3）进一步掌握数控车床的操作方法。

任务准备

一、加工工艺

在车床上车外圆锥时大体上有如图 1-58 所示的三种进给路线。按图 1-58a 所示的阶梯切削路线，是先进行粗加工，再进行精加工。此种加工路线粗车时，刀具背吃刀量相同，要计算终刀点的位置；在精车时，背吃刀量不同，刀具切削运动的路线最短。

图 1-58b 所示车削路线需要计算终刀距 S。假设圆锥大径为 D，小径为 d，锥长为 L，背吃刀量为 a_p，则由相似三角形可得

$$(D-d)/(2L)=a_p/S$$

则 $S=\dfrac{2La_p}{D-d}$。按此种加工路线，刀具切削运动的距离较短。

当按图 1-58c 所示的进给路线车正锥时，则不需要计算终刀距 S，只要确定背吃刀量 a_p，即可车出圆锥轮廓，编程方便。但在每次切削中，背吃刀量是变化的，而且切削运动的路线较长。

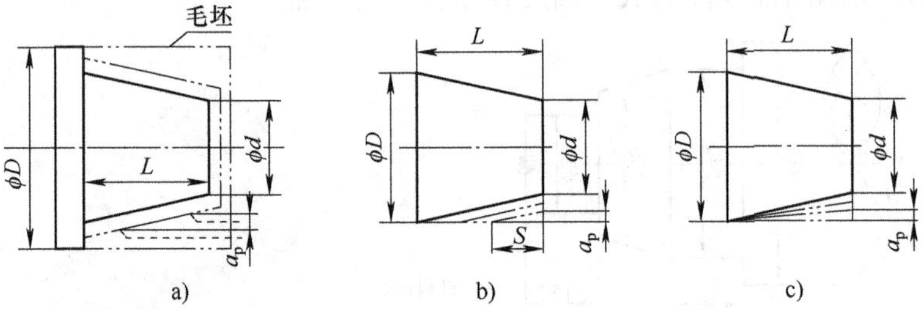

图 1-58 车正锥的三种加工路线
a）阶梯路线 b）平行锥度路线 c）趋近锥度路线

二、程序编制

1. 终点编程

终点编程是利用进给路线的终点进行程序的编制。

例 1-3 已知毛坯为 ϕ30mm 的棒料，3 号刀为外圆刀，试将其车削成如图 1-59 所示的正锥。

确定分三次走刀，前两次背吃刀量 $a_p=2$mm，最后一次背吃刀量 $a_p=1$mm。按第二种车锥路线进行加工，终刀 $S_1=8$mm，$S_2=16$mm，具体程序如下：

```
O0010;
N01   G50   X200.0   Z100.0;
N02   M03   S800   T0303;
N03   G00   X32.0   Z0;
N04   G01   X-0.1   F0.3;
N05   Z2.0;
N06   G00   X26.0;
N07   G01   Z0   F0.4;
N08   X30.0   Z-8.0;
N09   G00   Z0;
N10   G01   X22.0   F0.4;
N11   X30.0   Z-16.0;
N12   G00   Z0;
N13   G01   X20.0   F0.4;
N14   X30.0   Z-20.0;
N15   G00   X200.0   Z100.0   T0300   M05;
N16   M30;
```

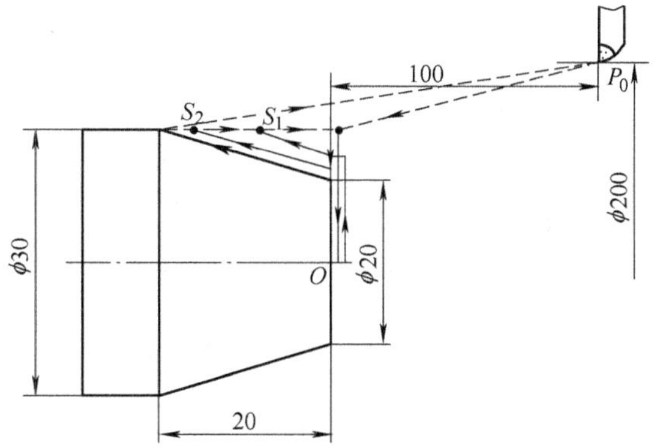

图 1-59 车削圆锥编程实例

2. 角度编程

使用角度编程，往往是直线段的目的点缺少一个坐标值，但图样上标有角度，可用三角函数计算出所缺的这一坐标值。为减少编程员的计算工作，可用 A（角度地址）间接定义该直线的目的点，所缺坐标值由数控装置来计算。角度 A 可用正值也可用负值。如图 1-60a 所示，图中 *S* 为直线程序段起点，从起点向右作一条水平方向的辅助线，从这条辅助线逆时针旋转所展示的角取正值，从这条辅助线顺时针旋转所展示的角取负值。角度的分、秒值都化做以度为单位的十进制小数。

如图 1-60b 所示的工件，进给方向从右向左，其加工程序如下：

```
G01  Z-25.0  F0.2;
G01  X20.0  A210.0  F0.1;
G01  Z-65.0  F0.2;
G01  X60.0  A135.0;
```

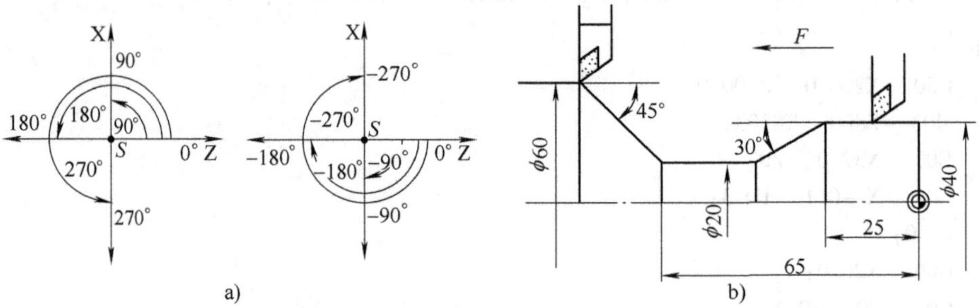

图 1-60 角度编程

a）角度地址 A 的取值 b）角度编程示例

如图 1-61 所示工件，形状与图 1-60b 所示工件相同，进给方向从左到右，则编程结果如下：

```
G01  X20.0  A-45.0  F0.1;
G01  Z-37.32  F0.1;
G01  X40.0  A30.0;
G01  Z0.0;
…
```

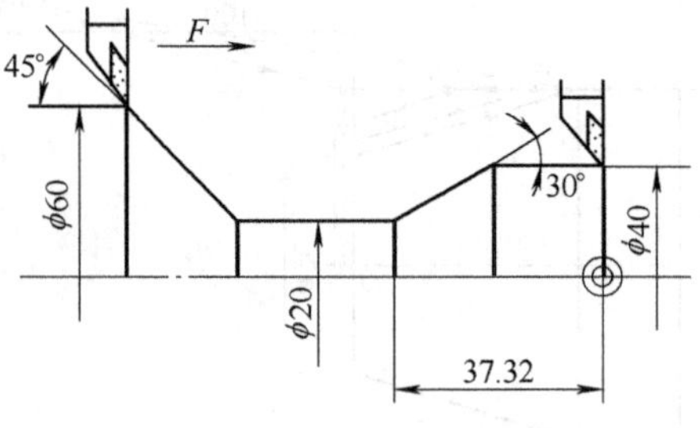

图 1-61 角度编程实例

3. 单一固定循环编程

（1）外圆车削循环加工圆锥面

指令格式：G90 X（U）__ Z（W）__ R__ F__；

说明：R 字代表被加工锥面的大、小端直径差的 1/2，即表示单边测量锥度差值。对外径车削，锥度左大右小 R 值为负，反之为正；对内孔车削，锥度左小右大 R 值为正，反之为负。U、W、R 的关系参见图 1-62。

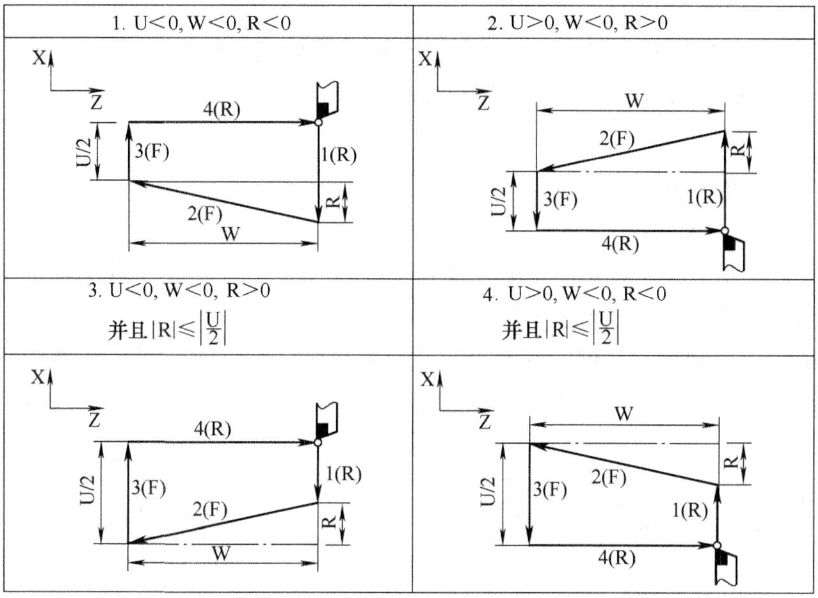

图 1-62　G90 指令代码与加工形状之间的关系

（R）—快速进刀　（F）—按程序中 F 指令速度切削（后面各图中符号含义与此相同）

例 1-4　加工如图 1-63 所示的零件，编制其加工程序。

其加工程序如下：

```
O4004;
N10  G54  T0101;
N20  G0  X32.  Z0.5  S500  M3;              刀具定位
N30  G90  X26.  Z-25.  R-2.5  F0.15;        粗加工
N40  X22.;
N50  X20.5;                                  留精加工余量，双边 0.5mm
N60  G0  Z0  S800  M3;
N70  G90  X20.  Z-25.  R-2.5  F0.1;
N80  G28  X100.  Z100.;
N90  M5;
N100  M2;
```

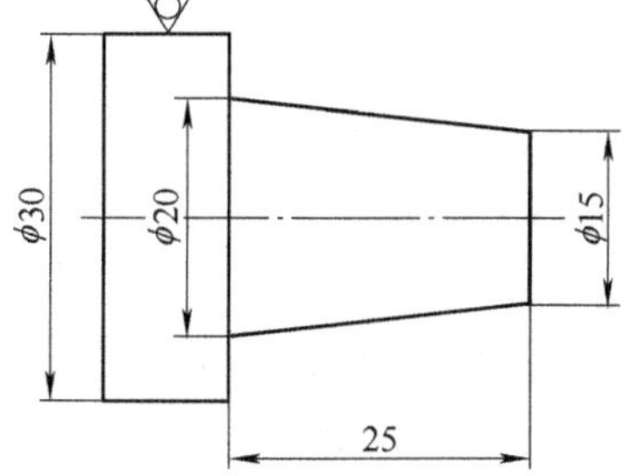

图 1-63　G90 外锥度加工示例

> **提示** 编制单一固定循环加工程序时，应特别注意循环起点的合理选择，固定循环的起点也是固定循环的终点。

（2）端面车削循环加工圆锥面

指令格式：G94 X（U）__ Z（W）__ R__ F__；

说明：与 G90 指令加工锥度轴的意义有所区别，G94 指令是在工件的端面上形成斜面，而 G90 指令是在工件的外圆上形成锥度。

指令中 R 字表示圆台的高度。圆台直径左大右小，R 为正值；圆台直径左小右大，则 R 为负值。一般只在内孔中出现此结构，但用镗刀 X 向进刀车削并不妥当，如图 1-64 所示。

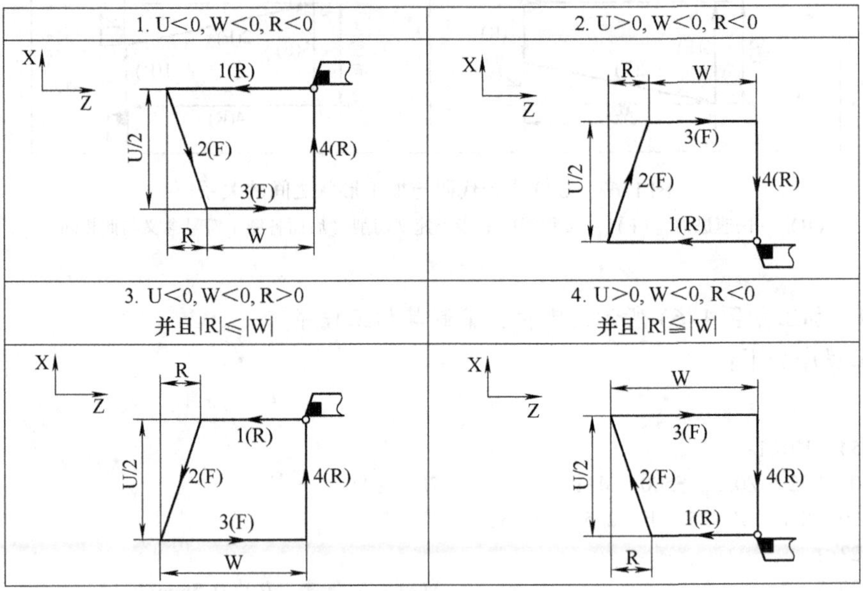

图 1-64 G94 指令段参数示意

图 1-65 所示切削方式的加工程序如下：

```
G94  X15.0  Z33.48  R-3.48  F30.0;     A→B→C→D→A
     Z31.48;                           A→E→F→D→A
     Z28.78;                           A→G→H→D→A
```

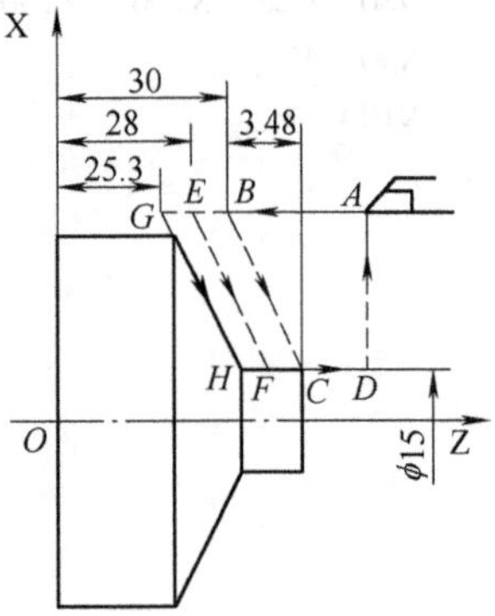

图 1-65 带外圆的锥循环

> **注意** 1）如何使用固定循环 G90、G94 指令，应根据坯件的形状和工件的加工轮廓进行适当的选择。
>
> 2）由于 X/U、Z/W 和 R 的数值在固定循环期间是模态的，所以如果没有重新指令 X/U、Z/W 和 R，则原来指定的数据有效。

3）如果在使用固定循环的程序段中指定了EOB或零运动指令，则重复执行同一固定循环。

4）如果在固定循环方式下又指令了M、S、T功能，则固定循环和M、S、T功能同时完成。

5）如果在单段运行方式下执行循环，则每一循环分4段进行，执行过程中必须按4次循环启动按钮。

6）采用不同的切削方式时，选择的刀具类型也不相同。

三、恒线速度切削

1. 指定恒线速度切削

G96指令的功能是接通恒线速控制。此时，用S指定的数值表示切削速度。数控装置依刀架在X轴的位置计算出主轴的转速，自动而连续地控制主轴转速，使之始终达到由S功能所指定的切削速度。例如，S200为自动改变转速，使切削速度为200m/min。在恒线速控制中，由于数控系统是将X的坐标值当做工件的直径来计算主轴转速的，所以在使用G96指令前必须正确地设定工件的坐标系。

2. 取消恒线速度切削

G97指令的功能是取消恒线速控制。此时，使用S指定的数值表示主轴每分钟的转数。例如，S2000表示主轴以2000r/min的转速旋转。

3. 主轴最高转速限定

G50指令的功能中有坐标系设定和主轴最高转速设定两种功能，这里用的是后一种功能，用S指定的数值是设定主轴每分钟最高转速。例如，G50　S2000把主轴最高转速设定为2000r/min。

用恒线速控制加工端面、锥度和圆弧时，容易获得内外一致的表面粗糙度，但由于X坐标值不断变化，所以由公式 $v_c = n\pi d/1000$ 计算出的主轴转速也不断变化。当刀具逐渐移近工件旋转中心时，主轴转速就会越来越高，即所谓“超速”，工件就有可能从卡盘中飞出。为了防止这种事故，有时不得不限制主轴的最高转速，这时就可以借助G50　S指令来达到此目的。

工作经验　在应用G96指令编程后，一般要采用G50指令进行最高转速限定。

四、数控车削程序的程序开始与程序结束

针对不同的数控系统，其数控程序的程序开始和程序结束是相对固定的，包括一些机床信息，如机床回参考点、工件零点设定、主轴启动、切削液开启等功能。因此，其数控程序的程序开始和程序结束可编写成相对固定的格式。程序开始和程序结束的刀具轨

迹如图 1-66 所示，其编程指令如下：

O0010；	
N10 G99 G40 G21 G54；	程序初始化
N20 G28 U0 W0；	回换刀点，为换刀做准备
N30 T0101；	换刀并导入该刀具刀补
N40 M03 S800 M08；	主轴正转，转速 800r/min，切削液开
N50 G00 X52.0 Z2.0；	快速到达起刀点
…	
N210 G28 U0 W0；	返回换刀点
N220 M05 M09；	主轴停转，切削液关
N230 M30；	程序结束，光标回到起始行

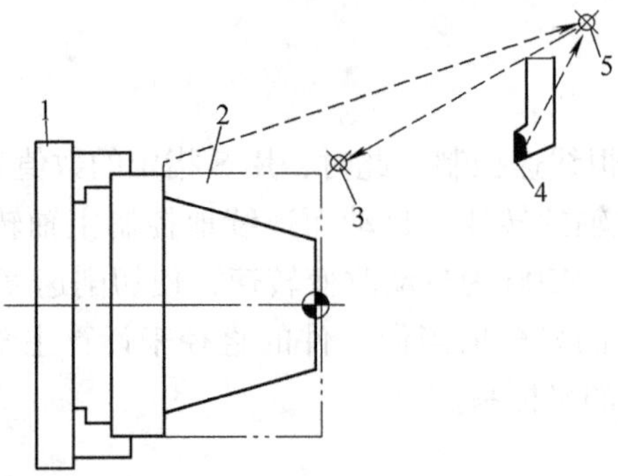

图 1-66 程序开始与程序结束的刀具轨迹

1—卡盘 2—工件毛坯 3—起刀点 4—刀具当前位置 5—换刀点（参考点）

以上程序中，N10～N50 为程序开始部分，N210～N230 为程序结束部分。

五、刀尖圆弧半径补偿

对于车削数控加工，由于车刀的刀尖通常是一段半径很小的圆弧，而假设的刀尖点（一般是通过对刀仪测量出来的）并不是切削刃圆弧上的一点，如图 1-67 所示。因此，在车削锥面、倒角或圆弧时，可能会造成切削加工不足（不到位）或切削过量（过切）的现象。图 1-68 描述了切削时由于刀尖圆弧的存在所引起的加工误差。

因此，当使用车刀切削加工锥面时，必须对假设的刀尖点的路径进行适当的修正，使之切削加工出来的工件能获得正确的尺寸，这种修正方法称为刀尖圆弧半径补偿（Tool Nose Radius Compensation，简称 TNRC）。

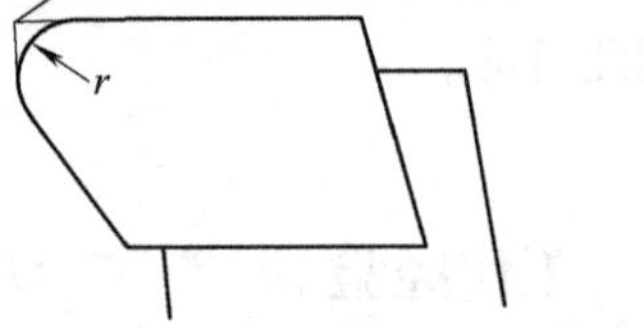

图 1-67 车刀的假设刀尖及切削刃圆弧

1. 车刀形状和位置

车刀形状和位置是多种多样的，车刀形状还决定了刀尖圆弧在什么位置。因此，车刀形状和位置必须输入计算机中。

车刀形状和位置共有 9 种，如图 1-69 所示。部分典型刀具的刀沿位置如图 1-70 所示，车刀的形状和位置分别用参数 T1～T9 输入到刀具数据库中。典型车刀的形状、位置与参数的关系见表 1-7。

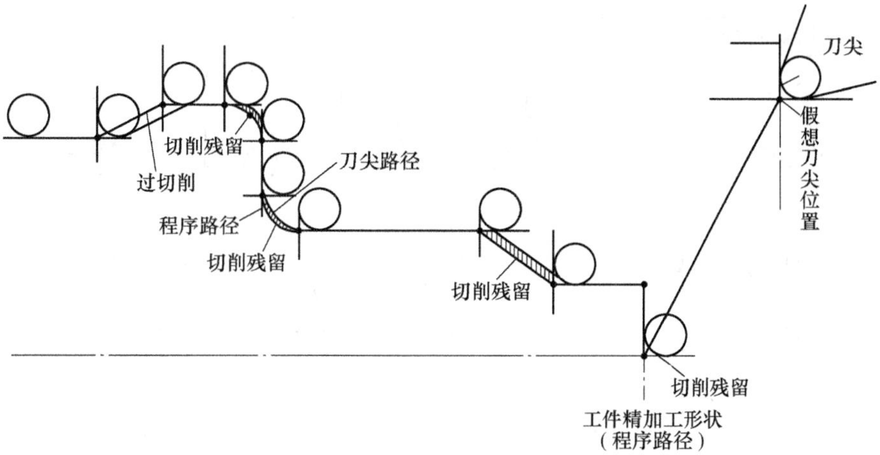

图 1-68　加工误差（过切削及欠切削现象）

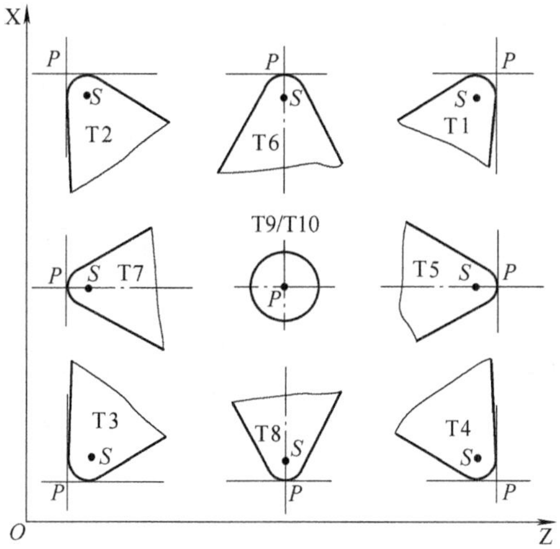

图 1-69　车刀形状和位置

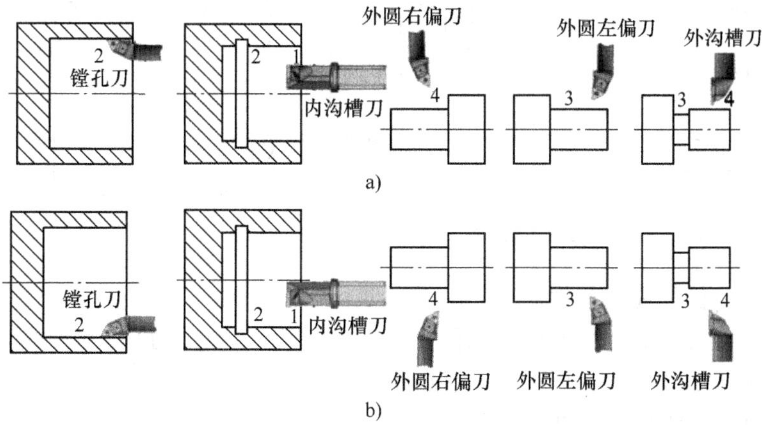

图 1-70　部分典型刀具的刀沿位置

a）后置刀架的刀沿位置号　b）前置刀架的刀沿位置号

表 1-7　典型车刀的形状、位置与参数的关系

	刀尖圆弧的位置	典型车刀形状
T3	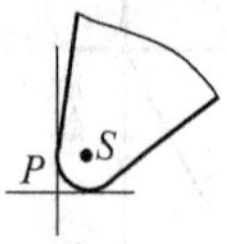	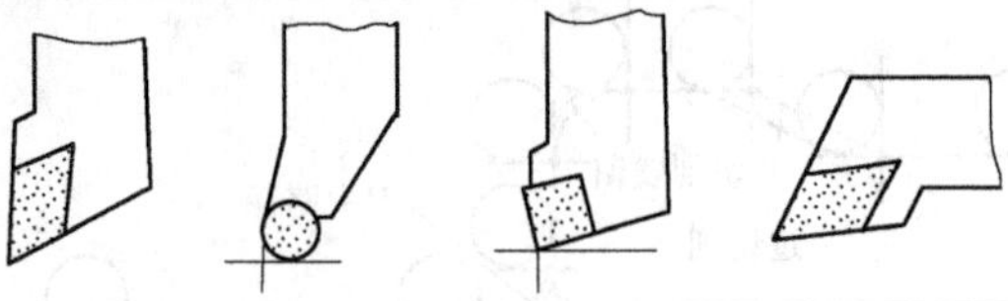
T8	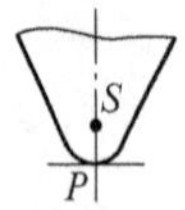	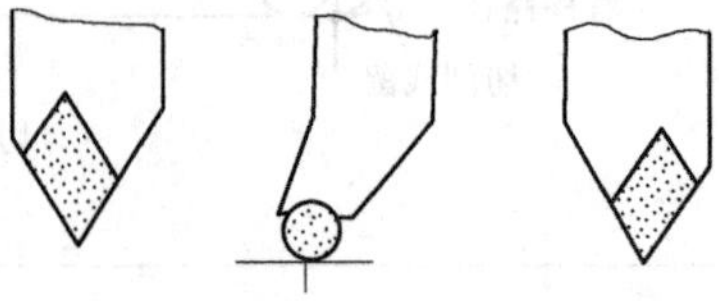
T4	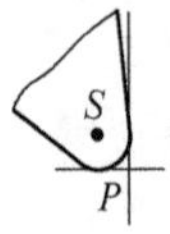	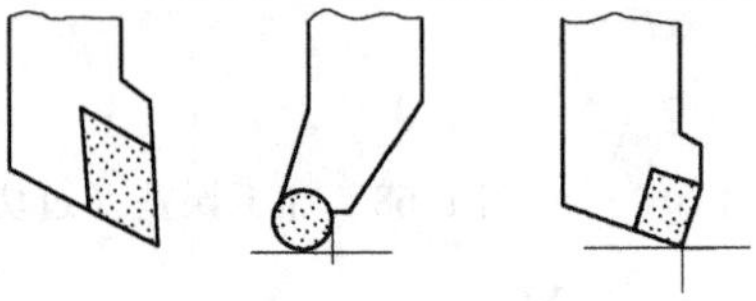
T5	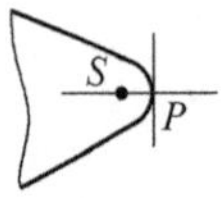	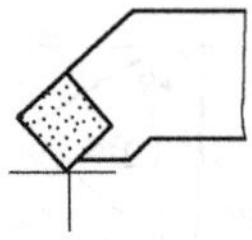
T1	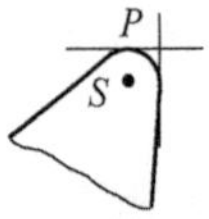	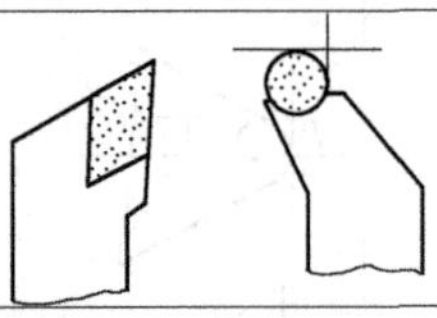
T6	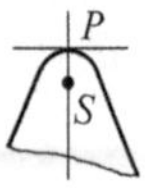	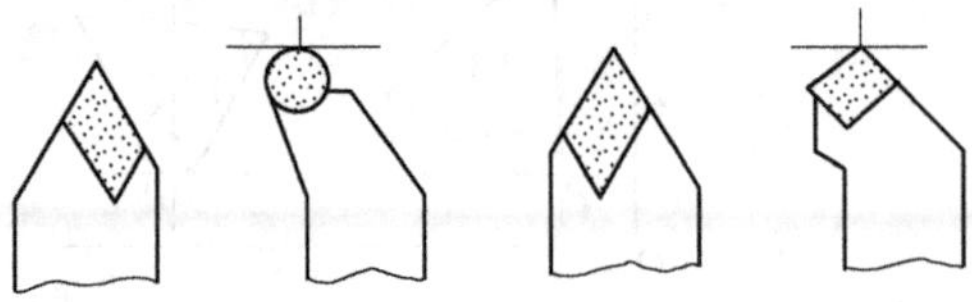
T2	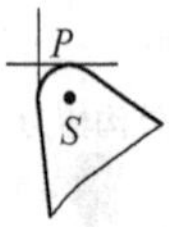	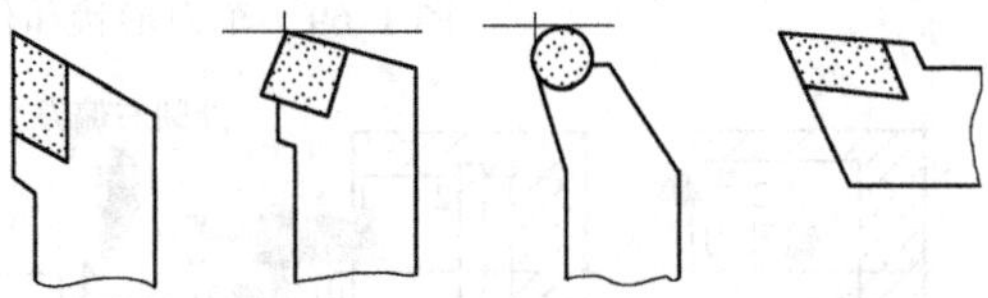
T7	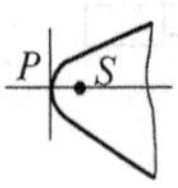	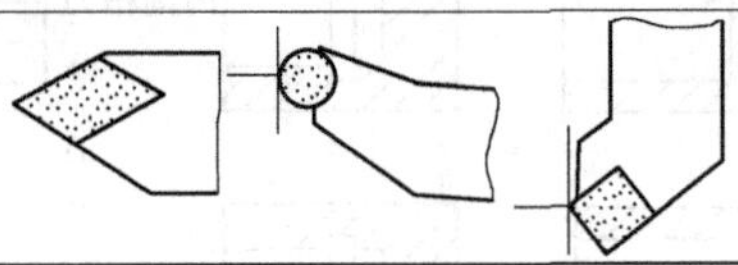

2. 刀尖圆弧半径的左右补偿

（1）G41 刀尖圆弧半径左补偿　如图 1-71b、c 所示，顺着刀具运动方向看，刀具在工件的左边，称为刀尖圆弧半径左补偿，用 G41 代码编程。

（2）G42 刀尖圆弧半径右补偿　如图 1-71a、d 所示，顺着刀具运动方向看，刀具在工件的右边，称为刀尖圆弧半径右补偿，用 G42 代码编程。

（3）G40 取消刀尖圆弧半径左、右补偿　如需要取消刀尖圆弧半径左、右补偿，可编

1 MODULE

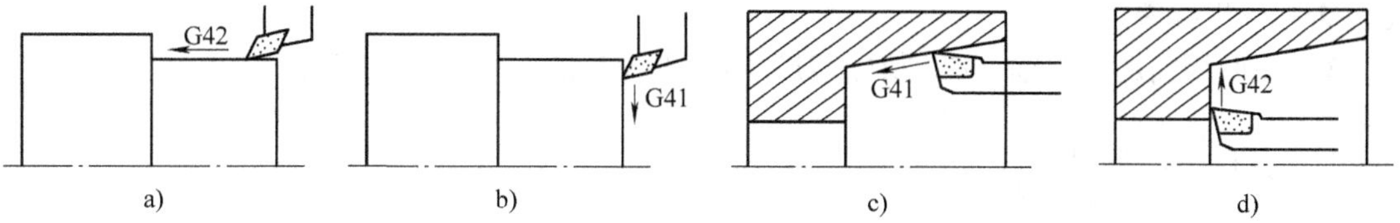

图 1-71　刀尖圆弧半径左、右补偿

a)、d）刀尖圆弧半径右补偿　b)、c）刀尖圆弧半径左补偿

入 G40 代码。这时，车刀轨迹按理论刀尖轨迹运动。

3. 刀尖圆弧半径补偿的编程方法及其作用

如果根据机床初始状态编程（即无刀尖圆弧半径补偿），车刀按理论刀尖轨迹移动（图 1-72a），产生表面形状误差 δ。

如程序段中编入 G42 指令，车刀按车刀圆弧中心轨迹移动（图 1-72b），无表面形状误差。从图 1-72a 与图 1-72b 中 P_1 的比较可看出，编入 G42 指令，到达 P_1 点时，车刀多走一个刀尖半径的距离。

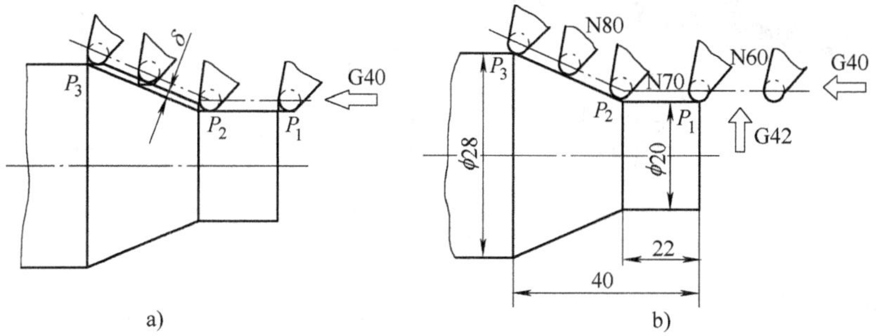

图 1-72　刀尖圆弧半径补偿编程

a）无刀尖圆弧半径补偿　b）刀尖圆弧半径右补偿 G42

想一想

若数控车床没有刀尖圆弧半径补偿功能，怎样处理表面形状误差 δ?

用刀尖圆弧半径补偿车削如图 1-72b 所示的工件，编程结果如下：

```
N0050   G40   G00   X20.0   Z5.0;
N0060   G42   G01   X20.0   Z0.0   T0101;
N0070   Z-22.0;
N0080   X28.0   Z-40.0;
N0090   G00   X32.0;
```

4. 刀尖圆弧半径补偿的编程规则

车床刀尖圆弧半径补偿必须遵循以下规则。

1）G40、G41、G42 指令只能用 G00、G01 指令结合编程，不允许与 G02、G03 等其他指令结合编程，否则报警。

2）在编入 G40、G41、G42 指令的 G00 与 G01 两个程序段中，X、Z 值至少有一个值变化，否则产生报警。

3）在调用新的刀具前，必须取消刀尖圆弧半径补偿，否则产生报警。

任务实施

一、选择数控机床

加工本任务工件时，选用的机床为 CK6140 型 FANUC 0i。

二、刀具选择

选择如图 1-73 所示的 93°硬质合金外圆车刀。

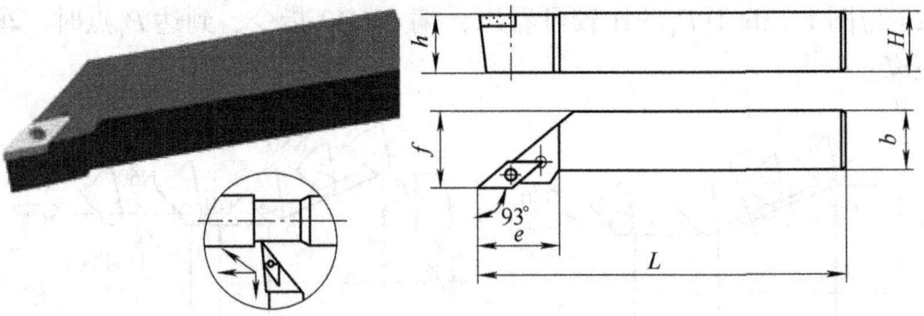

图 1-73　93°硬质合金外圆车刀

三、程序编制

本任务的加工程序见表 1-8。

表 1-8　加工程序

刀　具	1 号刀具，93°硬质合金外圆车刀	
程序段号	FANUC 0i 系统程序	程 序 说 明
	O0010；	程序号
N10	G98　G40　G21；	程序开始部分
N20	T0101；	
N30	G00　X100.0　Z100.0；	
N40	M03　S600；	
N50	G42　G00　X52.0　Z2.0；	
N60	G90　X46.0　Z－45.0　F100；	G90 粗加工 ϕ40mm 外圆，精加工余量为 0.5mm
N70	X42.0；	
N80	X40.5；	
N90	X40.0　F50.0；	精加工 ϕ40mm 外圆
N100	X36.0　Z－15.0　F100；	G90 粗加工 ϕ20mm 外圆，精加工余量为 0.5mm
N110	X32.0；	
N120	X28.0；	
N130	X24.0；	
N140	X20.5	

1 MODULE

（续）

刀　具	1号刀具，93°硬质合金外圆车刀	
程序段号	FANUC 0i 系统程序	程 序 说 明
	O0010；	程序号
N150	X20.0　F50.0；	精加工 ϕ40mm 外圆
N160	G00　X42.0　Z-12.0；	快速定位
N170	G90　X46.0　Z-30.0　R-6.0　F100；	粗加工圆锥面，沿圆锥延长进刀，注意 R 的取值
N180	X42.0　R-6.0；	
N190	X40.5　R-6.0；	
N200	X40.0　R-6.0　F50；	精加工圆锥表面
N220	G40　G00　X60.0	取消刀尖圆弧半径补偿
N210	G00　X100.0　Z100.0　T0100；	程序结束部分
N220	M30；	

四、圆锥尺寸的检测

1. 用卡钳和千分尺检测

圆锥精度要求较低及加工中粗测圆锥尺寸时，可以使用卡钳和千分尺测量。测量时必须注意使卡钳脚或千分尺测量杆与工件的轴线垂直，测量位置必须在锥体的最大端处或最小端处。

2. 用圆锥套规检测

在圆锥套规上，根据工件的直径尺寸和公差，在套规小端处开有轴向距离为 m 的缺口（见图 1-74），表示通端和止端。测量外圆锥时，如果锥体的小端平面在缺口之间，说明其小端直径尺寸合格，如图 1-75a 所示；若锥体未能进入缺口，说明其小端直径大了，如图 1-75b所示；若锥体小端平面超过了止端缺口，说明其小端直径小了，如图 1-75c 所示。

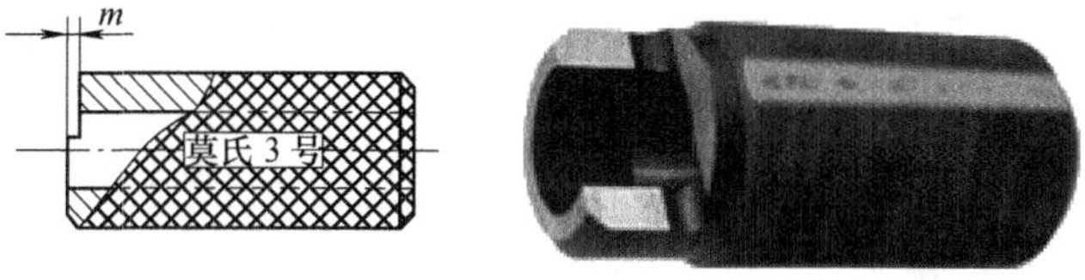

图 1-74　圆锥套规

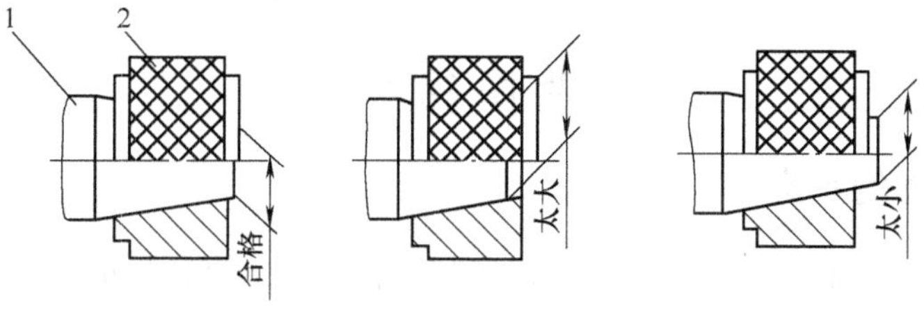

a)　　b)　　c)

图 1-75　用圆锥套规检验外圆锥尺寸

a）合格　b）小端直径大　c）小端直径小

1—工件　2—圆锥套规

用圆锥套规检测外圆锥时，要求工件和套规表面清洁，工件外圆锥表面的表面粗糙度值 Ra 小于 3.2μm 且无毛刺。检测时，首先在工件表面顺着圆锥素线薄而均匀地涂上周向均等的三条显示剂（印油、红丹粉、机油的调和物等），如图 1-76 所示；然后手握套规轻轻地套在工件上，稍加轴向推力，并将套规转动半圈，如图 1-77 所示；最后取下套规，观察工件表面显示剂擦去的情况。若三条显示剂全长擦痕均匀，表面圆锥接触良好，说明锥度正确，如图 1-78 所示；若小端擦着，大端未擦去，说明圆锥角小了；若大端擦着，小端未擦去，说明圆锥角大了。

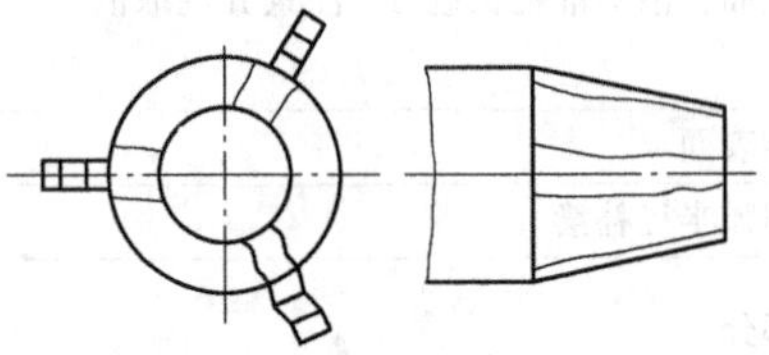

图 1-76　涂色方法

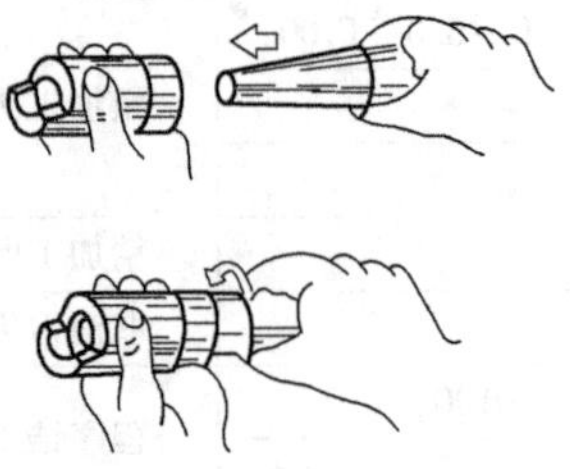

图 1-77　用套规检查圆锥

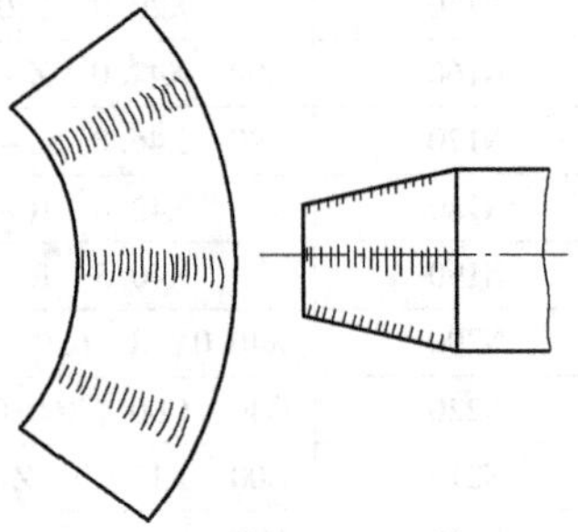

图 1-78　合格的圆锥面展开图

五、车圆锥时产生废品的原因及预防措施

加工圆锥面时，会产生很多缺陷，如锥度（角度）或尺寸不正确、双曲线误差、表面粗糙度值过大等。对所产生的缺陷必须根据具体情况进行仔细分析，找出原因，并采取相应的措施加以解决。现将产生废品的主要原因及预防措施列于表 1-9。

表 1-9　车圆锥时产生废品的主要原因及预防措施

废品种类	产生原因	预防措施
锥度（角度）不正确	1. 车刀没有固紧 2. 编程错误	1. 固紧车刀 2. 检查程序
大、小端尺寸不正确	编程错误	检查程序
双曲线误差	车刀刀尖未对准工件轴线	车刀刀尖必须严格对准工件轴线
表面粗糙度值达不到要求	1. 切削用量选择不当 2. 车刀角度不正确，刀尖不锋利	1. 正确选择切削用量 2. 刃磨车刀，角度要正确，刀尖要锋利

任务扩展

蓝图编程

一、蓝图编程的定义

所谓蓝图编程，是根据工件的图形，直接利用轮廓图形进行对话式编程的一种方法。蓝图编程时，直线的交点可通过坐标值或角度输入，并根据需要进行多点连接。这种编程方式可以提高程序的可靠性与编程效率，简化编程指令。

在蓝图编程方式下，多条直线（或圆弧）的连接编程可以通过一个程序段完成，直线与直线的连接既可以是尖角，也可以通过圆弧、直线倒角等方式进行平滑过渡。直线、圆弧的倒角尺寸也是以直接指定尺寸的方法进行定义的，由 CNC 自动完成过渡点的计算，终点位置的坐标可用绝对或相对位置值来编程。

二、基本轮廓的定义

基本轮廓的定义见表 1-10。

表 1-10　基本轮廓的定义

定　位	图	编 程 方 式
指令一条直线（即角度编程）	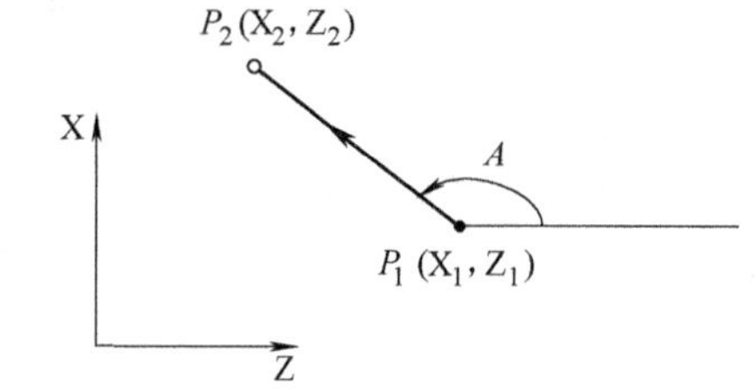	G01　X2 _　（Z2 _），A _；
指令两条直线	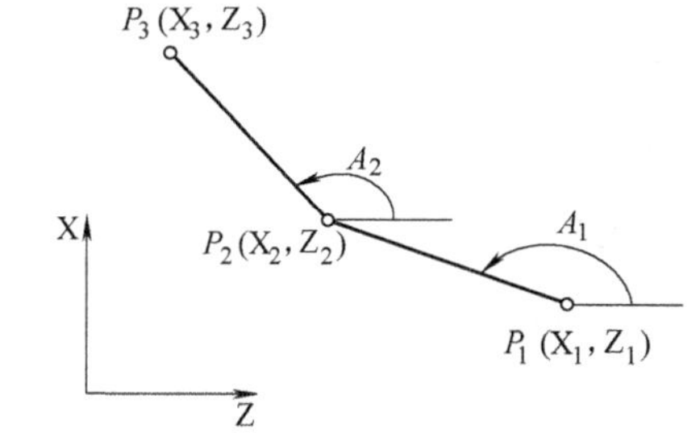	G01，A1 _； X3 _　Z3 _，A2 _；
指令两条直线和过渡圆弧	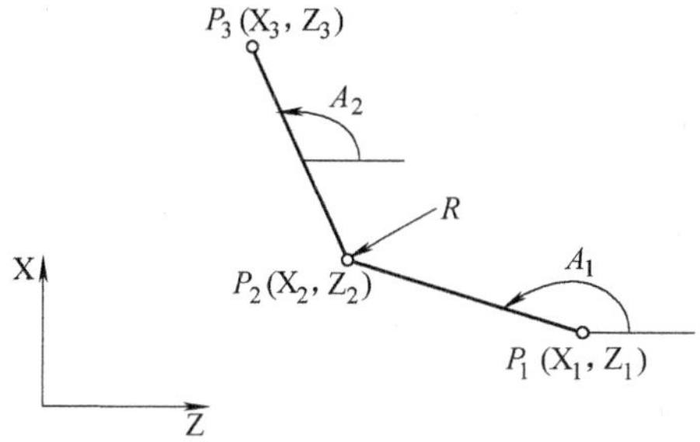	G01　X2 _　Z2 _，R1 _； X3 _　Z3 _； 或 G01，A1 _，R1 _； X3 _　Z3 _，A2 _；
指令两条直线和倒角	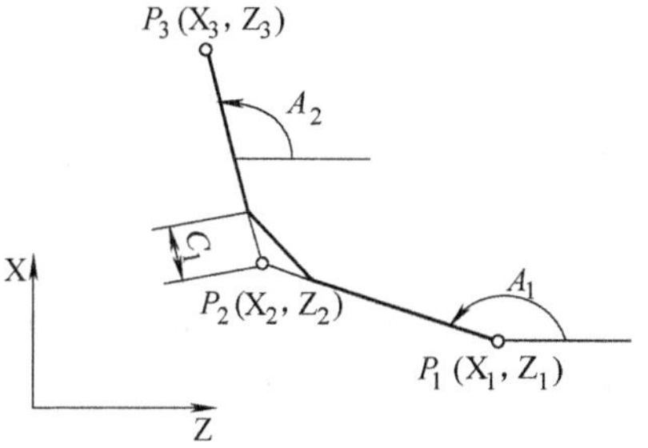	G01　X2 _　Z2 _，C1 _； X3 _　Z3 _； 或 G01，A1 _，C1 _； X3 _　Z3 _，A2 _；
指令三条直线和两个过渡圆弧	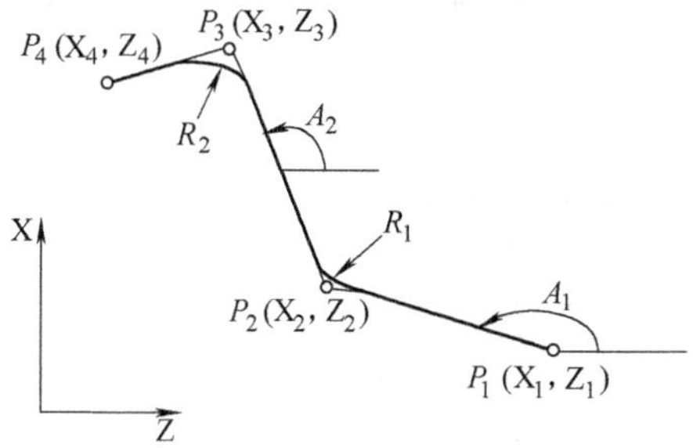	G01　X2 _　Z2 _，R1 _； X3 _　Z3 _，R2 _； X4 _　Z4 _； 或 G01，A1 _，R1 _； X3 _　Z3 _，A2 _，R2 _； X4 _　Z4 _；

（续）

定　　位	图	编程方式
指令三条直线和两个倒角	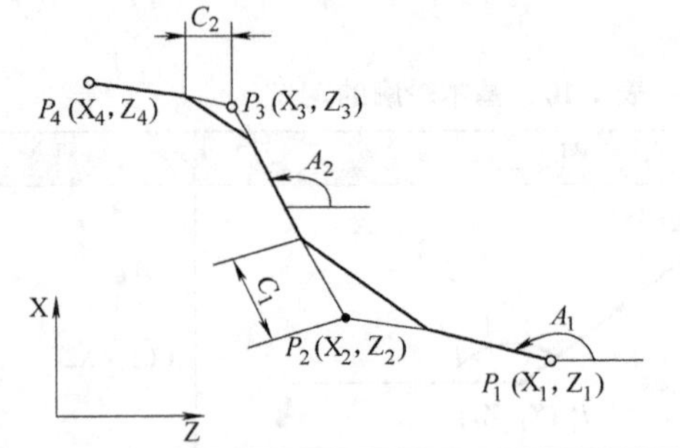	G01 X2 _ Z2 _, C1 _; X3 _ Z3 _, C2 _; X4 _ Z4 _; 或 G01, A1 _, C1 _; X3 _ Z3 _, A2 _, C2 _; X4 _ Z4 _;
指令三条直线和一个过渡圆弧及一个倒角	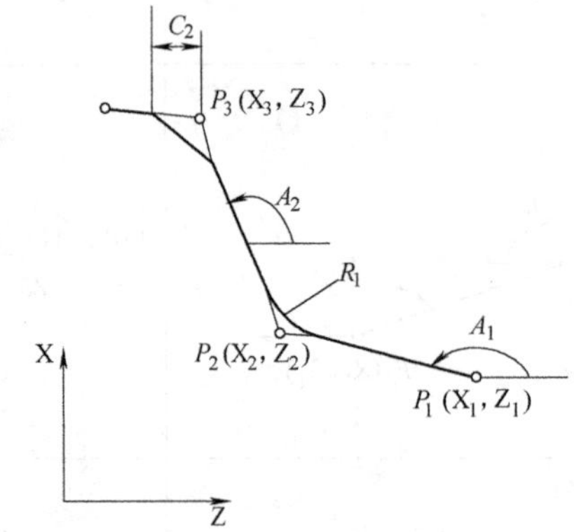	G01 X2 _ Z2 _, R1 _; X3 _ Z3 _, C2 _; X4 _ Z4 _; 或 G01, A1 _, R1 _; X3 _ Z3 _, A2 _, C2 _; X4 _ Z4 _;
指令三条直线和一个倒角及一个过渡圆弧	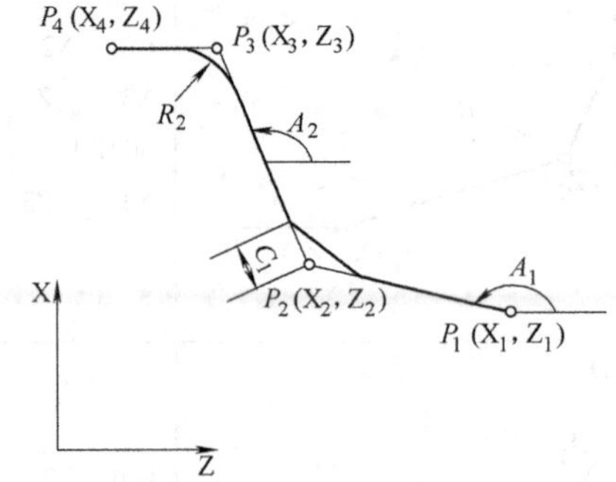	G01 X2 _ Z2 _, C1 _; X3 _ Z3 _, R2 _; X4 _ Z4 _; 或 G01, A1 _, C1 _; X3 _ Z3 _, A2 _, R2 _; X4 _ Z4 _;

三、注意事项

1）在不用 A 或 C 作为坐标轴名时，直线的倾角 A、倒角 C 和圆角 R 前面可以不用逗号（,）；若用 A 或 C 作为坐标轴名时，则 A、C、R 之前必须用逗号（,）分隔。

2）下列 G 代码不能在图样尺寸直接编程的程序段中指令，也不能在定义图形的直接指定图样尺寸的程序段间指令。

① 00 组的 G 代码（G04 除外）。

② 01 组中的 G02、G03、G90、G92 和 G94 指令。

3）程序中交点计算的角度差应大于 ±1°。

4）在计算交点时，如果两条直线的角度差在 ±1°以内，则报警。

5）如果两条直线的角度差在 ±1°以内，则倒角或圆角被忽略。

6）角度指令必须在尺寸指令（绝对值编程）之后指令。

例 1-5 如图 1-79 所示，已知该零件已经过粗车，要求编一个精车程序，3 号刀为精车刀。

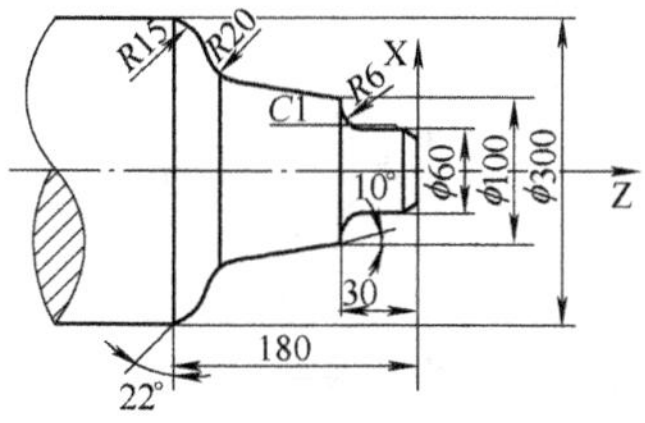

图 1-79 零件图

具体程序如下：

```
O0003
N0010  G50  X600.0  Z100.0;
N0020  M03  S1500  T0303;
N0030  G01  X0  Z0  F0.3;
N0040  X60.0, A90.0, C1.0  F0.3;
N0050  Z-30.0, A180.0, R6.0;
N0060  X100.0, A90.0;
N0070  A170.0, R20.0;
N0080  X300.0  Z-180.0, A112.0, R15.0;
N0090  Z-230.0, A180.0;
N0100  G28  U0  W0  T0300  M05;
N0110  M30;
```

[任务巩固]

1. 锥度检验的方法有哪几种？
2. 在应用恒线速度加工时，为什么要进行最高转速限制？
3. 加工圆锥的进给路线有哪几种？
4. 为什么要进行刀尖圆弧半径补偿？
5. 编写图 1-80 和图 1-81 所示零件的加工程序，并在数控车床上将其加工出来。

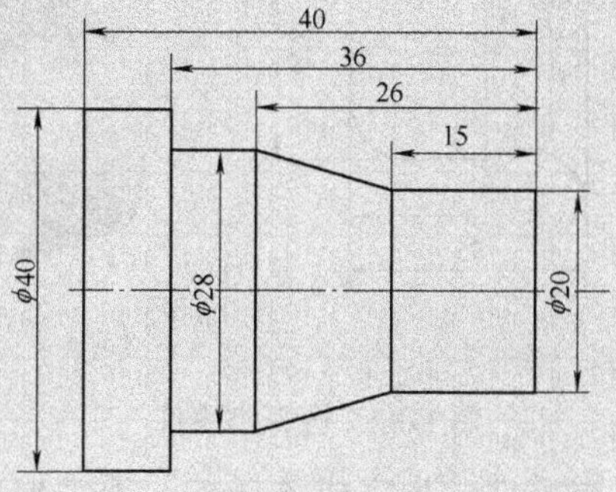

图 1-80 圆锥车削零件图

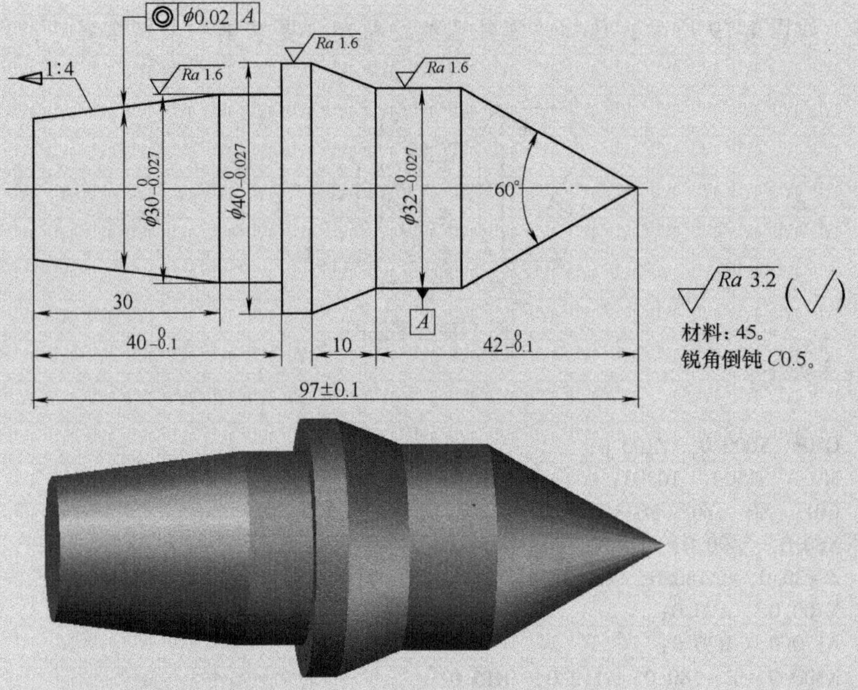

图 1-81 圆锥类零件图

任务三 圆弧零件的加工

工作任务

如图 1-82 所示工件，毛坯尺寸为 ϕ50mm × 60mm，材料为 45 钢，试编写其数控车削加工程序并进行加工。

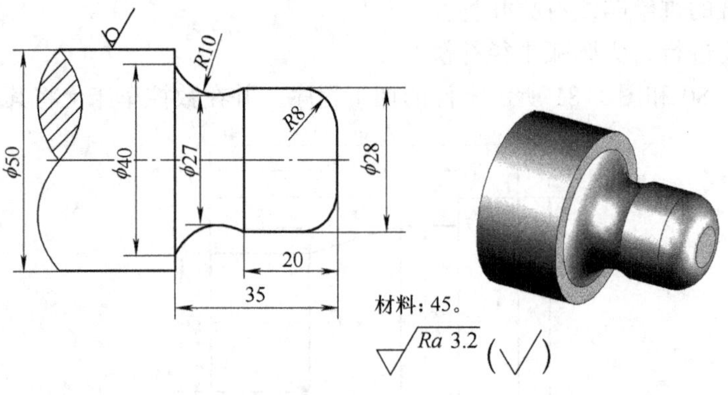

图 1-82 圆弧类零件

本任务工件为简单的圆弧类零件，为完成该任务，须掌握圆弧插补指令 G02/G03 以及圆弧加工工艺的编制方法。

任务目标

一、知识目标

1）掌握圆弧加工指令 G02/G03 及其应用。

2）掌握圆弧加工工艺的编制方法。

二、技能目标

1）掌握圆弧类零件的数控车削加工程序的编制方法。

2）圆弧类零件的检测方法。

任务准备

一、加工工艺

1. 车锥法

在车圆弧时，不可能一刀就把圆弧车好，因为这样背吃刀量太大，容易打刀，可以先车一个圆锥，再车圆弧，如图 1-83 所示。

车锥法存在一个问题，即车锥时刀的起点和终点的确定方法。若起点和终点确定不好，要么会损伤所车圆弧的表面，要么留的余量大。

2. 车圆法

在车圆弧时，除了上面的车锥法，还有车圆法。车圆法就是用不同半径的圆来车削，最终把所需圆弧车削出来，如图 1-84 所示。在第一次进给时，圆的半径要小于 $L=\sqrt{2}R$，否则就切不到，但也不要太小，否则背吃刀量太大。

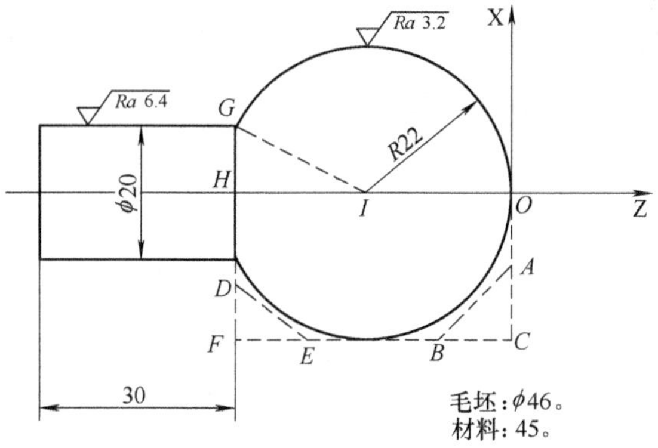

图 1-83　车锥法车圆弧

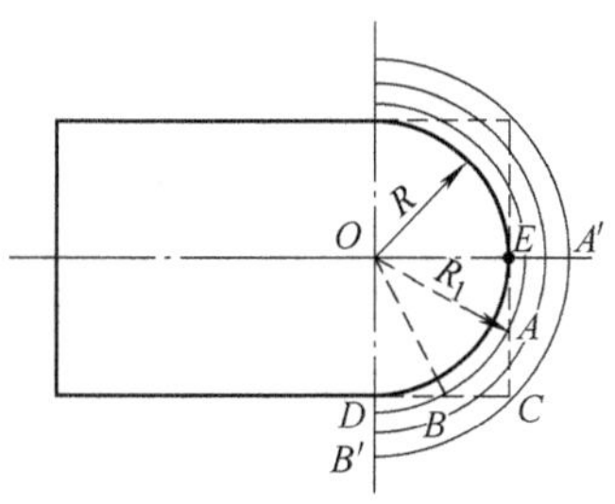

图 1-84　车圆法车圆弧

3. 移圆法

移圆法与车圆法不同，它的半径不变，而是通过移动圆心的位置最终把所需的圆弧车出来。如图 1-85 所示，圆心从 D 点经过 C、B、A 点到 O 点后，就能车出所需的圆弧。移圆法可扩展到移形法来加工零件，只是在有些情况下，处理不好会造成空行程太多，对加工效率有影响。

4. 阶梯法

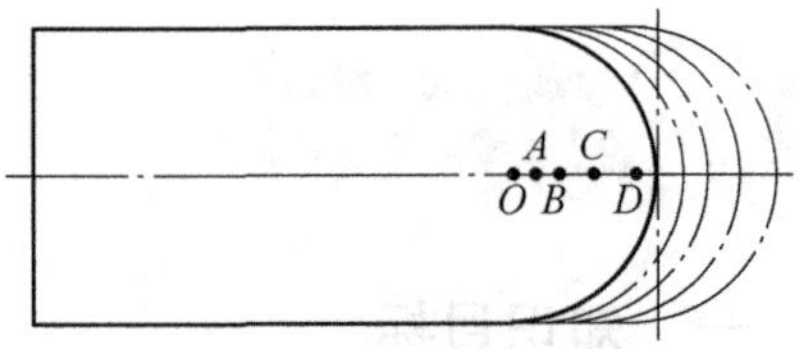

图 1-85　移圆法车圆弧

图 1-86 所示为车削大余量工件的两种加工路线，图 1-86a 所示是错误的阶梯切削路线，图 1-86b 所示为按 1 ~5 的顺序进行切削，每次切削所留余量相等，是正确的阶梯切削路线。在同样背吃刀量的条件下，按图 1-86a 所示的方式进行加工所剩的余量过多。

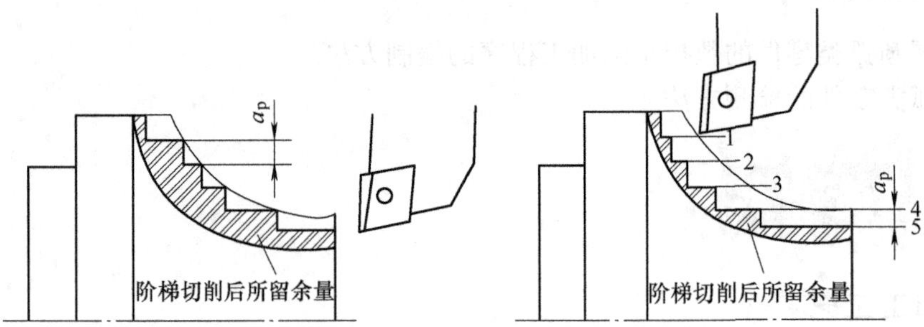

a)　　b)

图 1-86　大余量毛坯的阶梯切削路线

二、程序编制

1. 数控车床所用的圆弧插补指令

数控车床上的圆弧插补指令 G02、G03 是圆弧运动指令，是用来指令刀具在给定平面内以 F 进给速度作圆弧插补运动（圆弧切削）的指令。G02 和 G03 是模态指令。

（1）指令格式

$$\begin{Bmatrix} G02 \\ G03 \end{Bmatrix} \ X\ (U)\ \_\ \ Z\ (W)\ \_\ \ \begin{Bmatrix} I\ \_\ \ K\ \_ \\ R\ \_ \end{Bmatrix}\ F\ \_;$$

在指令格式中，I、K 为圆弧中心地址，R 为圆弧半径，其他内容及字符的含义见表 1-11。

表 1-11　G02、G03 指令格式内容及字符的含义

项　目	指定内容		命　令	意　义
1	进给方向		G02	顺时针圆弧插补 CW
			G03	逆时针圆弧插补 CCW
2	绝对值	终点位置	X _ Z _	工件坐标系中的终点绝对坐标（位置）
	增量值		U _ W _	圆弧终点相对于起点的增量坐标
3	圆心位置		I _ K _	圆心相对于圆弧起点的增量坐标
	圆弧半径		R _	圆弧半径（半径指定）
4	进给速度		F _	沿圆弧的进给速度

（2）顺时针与逆时针的判别　在使用 G02 或 G03 指令之前，需要判别刀具在加工零件时是沿什么路径在作圆弧插补运动的，是按顺时针还是按逆时针方向的路线在前进，其判别方法如图 1-87 所示。先由 X、Z 轴确定 Y 轴（虽然大多数数控车床无 Y 轴），然后逆着 Y 轴正方向看，顺时针为 G02，逆时针为 G03。

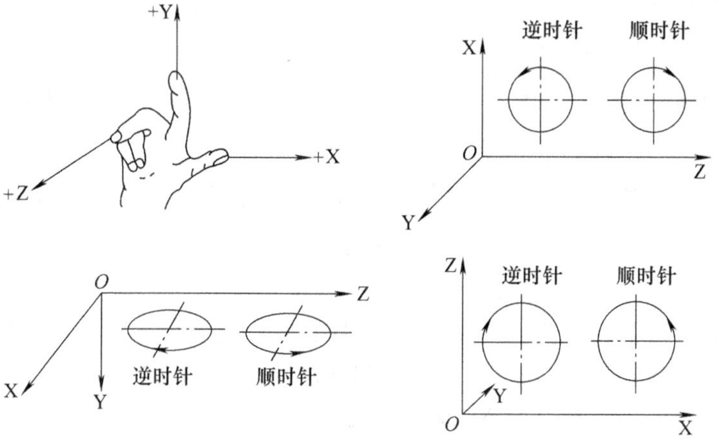

图 1-87　顺时针与逆时针的判别

用 X、Z 或 U、W 指定圆弧的终点，表示用绝对值或用增量值表示圆弧的终点。当采用绝对值编程时，X、Z 后续数字为圆弧终点在工件坐标系中的坐标值；当采用增量值编程时，U、W 后续数字为起点到终点的距离（见图 1-88）。

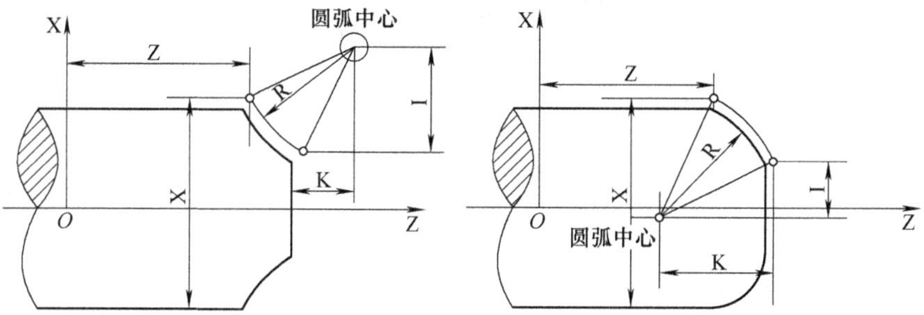

图 1-88　圆弧终点坐标

2. 圆弧中心坐标 I、K 的确定

圆弧中心坐标是用地址 I、K 作为圆弧起点到圆弧中心矢量值在 X、Z 方向的投影值。I 为圆弧起点到圆弧中心在 X 方向的距离（用半径表示），K 为圆弧起点（现在点）至圆弧中心在 Z 方向上的距离。

I、K 是增量值，并带“+、-”号。I、K 方向是从圆弧起点指向圆心的，其正负取决于该方向与坐标轴方向之异同，相同者为正，反之为负（见图 1-89）。

3. 圆弧半径的确定

圆弧半径 R 有正值与负值之分。当圆弧圆心角小于或等于 180°（见图 1-90 中的圆弧 1）时，程序中的 R 用正值表示；当圆弧圆心角大于 180°并小于 360°（见图 1-90 中的圆弧 2）时，R 用负值表示。通常情况下，数控车床上所加工的圆弧的圆心角小于 180°。

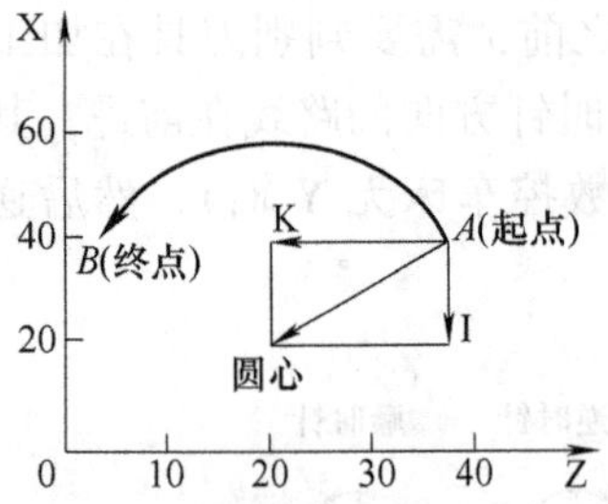

图 1-89 圆弧编程中的 I、K 值

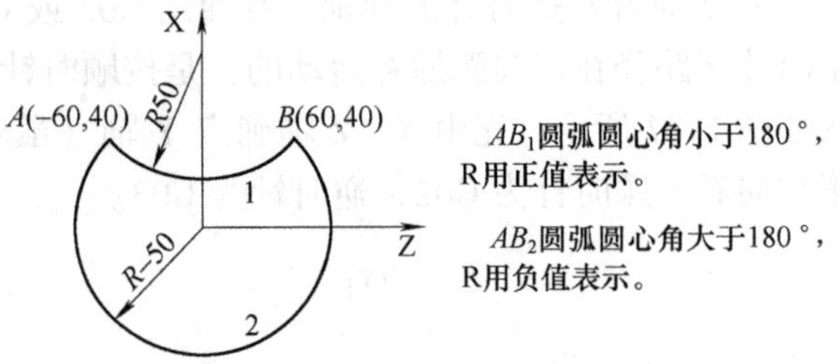

图 1-90 圆弧半径正负值的判断

>>> **注意** 在实际车削加工大于 180°的圆弧时，对刀具提出了特殊的要求。

例 1-6 精车如图 1-91 所示手柄的圆弧段 *AE*，已知圆弧段交点的 X、Z 坐标值为 *A*（0，160）、*B*（17.143，155.151）、*C*（23.749，78.815）、*D*（31.874，37.083）、*E*（40，25），圆弧段 *AB*、*BC*、*CD*、*DE* 圆心的 X、Z 坐标值分别为（0，150）、（-120，113.945）、（95.623，61.250）和（0，25）。编制精加工程序，3 号刀为精车刀。

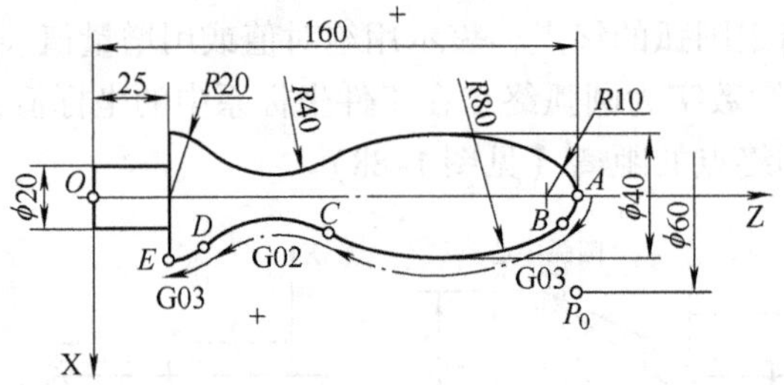

图 1-91 圆弧插补编程实例

编程结果如下：

```
O0010;
N0010  G50  X100.0  Z320.0;
N0020  M03  S800  T0303;
N0030  G42  G01  X0  Z170.0;
N0040  G96  S400;
N0050  G50  S3000;
N0060  G01  X0  Z160.0;
N0070  G03  X17.143  Z155.151  R10.0（或 K-10.0）;
N0080  X23.749  Z78.815  R80.0（或 I-137.143  K-41.206）;
N0100  G02  X31.874  Z37.083  R40.0（或 I71.874 K-17.565）;
N0110  G03  X40.0  Z25.0  R20.0（或 I-31.874 K-12.083）;
N0120  G40  G00  X100.0;
N0130  G28  U0  W0  T0300;
N0140  M05;
N0150  M30;
```

三、子程序编程

机床的加工程序可以分为主程序和子程序两种。主程序是一个完整的零件加工程序，或是零件加工程序的主体部分。它与被加工零件或加工要求一一对应，不同的零件或不同的加工要求，都有唯一的主程序。

在编制加工程序的过程中，有时会遇到一组程序段在一个程序中多次出现，或者在几个程序中都要使用它的情况。这个典型的加工程序可以做成固定程序，并单独加以命名，这组程序段就称为子程序。

子程序一般都不可以作为独立的加工程序使用，只能通过主程序进行调用，实现加工中的局部动作。子程序执行结束后，能自动返回到调用它的主程序中。

1. 子程序的嵌套

为了进一步简化加工程序，可以允许其子程序再调用另一个子程序，这一功能称为子程序的嵌套。FANUC 0 系统最多只允许 4 级子程序嵌套，如图 1-92 所示。

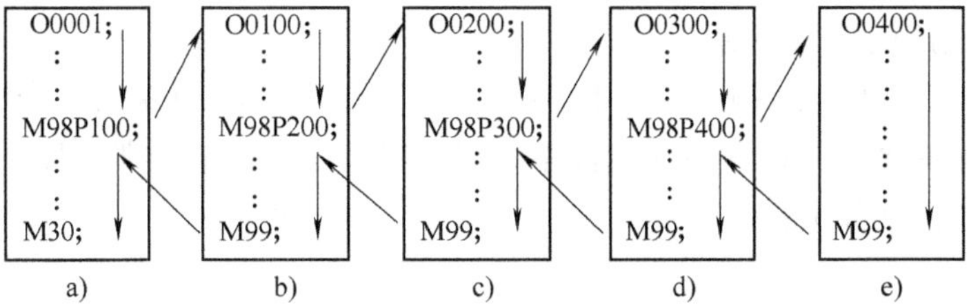

图 1-92　子程序的嵌套

a）主程序　b）一级嵌套　c）二级嵌套　d）三级嵌套　e）四级嵌套

2. 子程序的调用

（1）子程序的格式　在大多数数控系统中，子程序和主程序并无本质区别。子程序和主程序在程序号及程序内容方面基本相同，仅结束标记不同。主程序用 M02 或 M30 表示其结束，而在 FANUC 系统中，则用 M99 表示子程序结束，并实现自动返回主程序功能，如下述子程序。

```
O0401;
G01  U-1.0  W0;
…
G28  U0  W0;
M99;
```

对于子程序结束指令 M99，不一定要单独书写一行，如上面子程序中最后两段可写成“G28　U0　W0　M99;”。

（2）子程序在 FANUC 系统中的调用　在 FANUC 0 系列的系统中，子程序的调用可通过辅助功能指令 M98 进行，同时在调用格式中将子程序的程序号地址改为 P。其常用的子程序调用格式有如下两种。

格式一：M98　P××××　L××××;

其中，地址符 P 后面的四位数字为子程序号，地址 L 的数字表示重复调用的次数，子程序号及调用次数前的 0 可省略不写。如果只调用子程序一次，则地址 L 及其后的数字可省略。

格式二：M98 P××××××××；

地址P后面的八位数字中，前四位表示调用次数，后四位表示子程序号。采用这种调用格式时，调用次数前的0可以省略不写，但子程序号前的0不可以省略。同一系统中，两种子程序调用格式不能混合使用。子程序的执行过程示例如下：

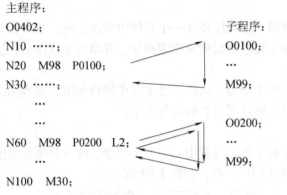

```
主程序：
O0402；                              子程序：
N10 ……；                             O0100；
N20  M98  P0100；                    …
N30 ……；                             M99；
    …
    …                                O0200；
N60  M98  P0200  L2；                …
    …                                M99；
N100  M30；
```

（3）子程序调用的特殊用法

1）子程序返回到主程序中的某一程序段。如果在子程序的返回指令中加上Pn指令，则子程序在返回主程序时，将返回到主程序中有程序段段号为n的那个程序段，而不直接返回主程序，其程序格式如下：

M99　Pn；

M99　P100；（返回到N100程序段）

2）自动返回到程序开始段。如果在主程序中执行M99，则程序将返回到主程序的开始程序段并继续执行主程序。也可以在主程序中插入M99　Pn；用于返回到指定的程序段。为了能够执行后面的程序，通常在该指令前加“/”，以便在不需要返回执行时，跳过该程序段。

3）强制改变子程序重复执行的次数。用M99　L××指令可强制改变子程序重复执行的次数，其中L××表示子程序调用的次数。例如，如果主程序用M98　P××　L99，而子程序采用M99　L2返回，则子程序重复执行的次数为两次。

例1-7　利用子程序完成图1-93所示零件加工程序的编制。

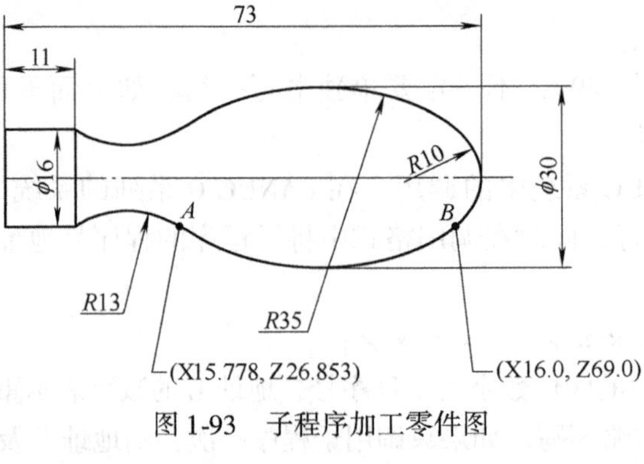

图1-93　子程序加工零件图

其加工程序如下：

```
O0022;
G40  G97  G54  G99  M03  S700  T0101;      T0101 为 90°偏刀
G00  X30.0  Z78.0;                         注意刀具与工件勿发生干涉
M98  P101235;
G00  X150.0  Z200.0;
G28  U0  W0  T0100  M05;
M30;
```

子程序：

```
O1235;
G00  U-3.0;
G01  W-5.0  F0.15;
G03  U16.0  W-4.0  R10.0;
G03  U-0.222  W-42.147  R35.0;
G02  U0.222  W-15.853  R13.0;
G01  W-11.0;
     U20.0;
     W78.0;
     U-36.0;
M99;
```

任务实施

一、选择数控机床

加工本任务工件时，选用的机床为 CK6140 型 FANUC 0i。

二、刀具选择

选择如图 1-73 所示的 93°硬质合金外圆车刀。

三、编写程序

本任务的程序如下：

```
O0201;
G98  G40  G21;                   程序初始化
T0101;                           换 1 号刀选择 1 号刀补
M03  S800;                       主轴正转，800r/min
G00  X100.0  Z100.0;             目测刀具位置
     X52.0  Z2.0;                刀具移动至固定循环起点
G90  X48.0  Z-35.0  F100;        调用固定循环加工圆柱表面
     X46.0;                      固定循环模态调用，以下同
```

```
      X44.0;
      X42.0;
      X40.0;
      X38.0  Z-20.0;
      X36.0;
      X34.0;
      X32.0;
      X30.0;
G00   X52.0  Z2.0;                     刀具移动至加工起始位置
G01   X28.0  F100;                     一次走刀完成台阶面
      Z-20.0;
      X42.0;
G00   Z2.0;
      X30.0;                           定位至圆弧加工起点
G01   X24.0  Z0;                       第一次分层加工圆弧
G03   X28.0  Z-2.0  R2.0;
G00   X30.0  Z2.0;
G01   X20.0  Z0;                       第二次分层切削去除毛坯余量
G03   X28.0  Z-4.0  R4.0;
G00   X30.0  Z2.0;
G01   X16.0  Z0;                       第三次分层切削去除毛坯余量
G03   X28.0  Z-6.0  R6.0;
G00   X30.0  Z2.0;
G01   X12.0  Z0;                       第四次分层切削去除毛坯余量
G03   X28.0  Z-8.0  R8.0;
G00   X42.0  Z-20.0;                   刀具移动至加工起始位置
G01   X37.0  F100;                     第一次分层切削加工圆弧
G02   X49.0  Z-35.0  R10.0;
G00   Z-20.0;
      X33.0;                           第二次分层切削加工圆弧
G02   X45.0  Z-35.0  R10.0;
G00   Z-20.0;
      X29.0;                           第三次分层切削加工圆弧
G02   X41.0  Z-35.0  R10.0;
G00   Z-20.0;
      X28.0;                           第四次分层加工圆弧
G02   X40.0  Z-35.0  R10.0;
G01   X52.0;
G00   X100.0  Z100.0;                  程序结束部分
M30;
```

四、球面的检测

1. 目测检验

目测检验是在球面加工后，根据已加工表面的切削“纹路”来判断球面几何形状精度的一种方法。如果切削“纹路”是交叉状的，即表明球面形状是正确的；如果切削“纹路”是单向的，则表明球面的形状不正确。由于这种方法是以球面加工原理为基础的，因而既简便又实用，特别适用于加工过程中的检测。

2. 用样板检测

用样板检测球面的方法如图 1-94 所示，检测时，应注意使样板中平面通过球心，以减少测量误差。用样板检测是以样板测量面与球面之间的缝隙大小来判断球面的精度的。

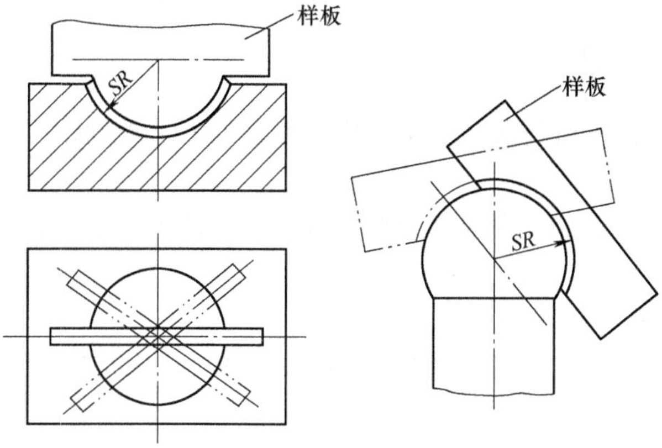

图 1-94　用样板检测量内、外球面

>> 工作经验　精度要求高的球弧可用三坐标测量仪检测。

任务扩展

手工编程中的数值计算

根据零件图样，按照已确定的加工路线和允许的编程误差，计算数控系统所需输入的数据，称为数控加工的数值计算。

一、基点与节点的概念

1. 基点的概念

一个零件的轮廓往往由许多不同的几何元素组成，如直线、圆弧、二次曲线以及其他解析曲线等。构成零件轮廓的这些不同几何元素的连接点称为基点，如图 1-95 中的 A、B、C、D、E 和 F 等点都是该零件轮廓上的基点。显然，相邻基点间只能有一个几何元素。

2. 节点的概念

当采用不具备非圆曲线插补功能的数控机床加工非圆曲线轮廓的零件时，在加工程序的编制工作中，常常需要用直线或圆弧去近似代替非圆曲线，称为拟合处理。拟合线段的交点或切点称为节点。如图 1-96 中的 P_1、P_2、P_3、P_4、P_5 等点为直线拟合非圆曲线时的节点。

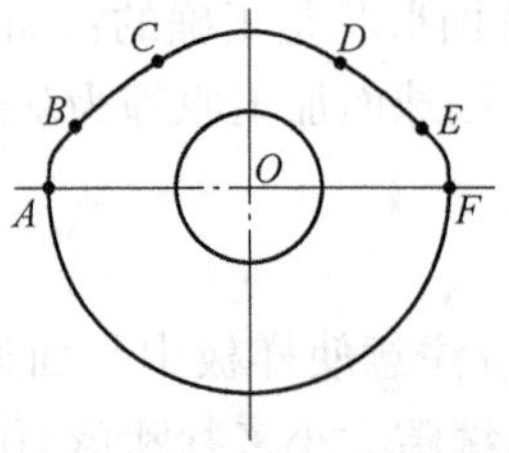

图 1-95 零件轮廓中的基点

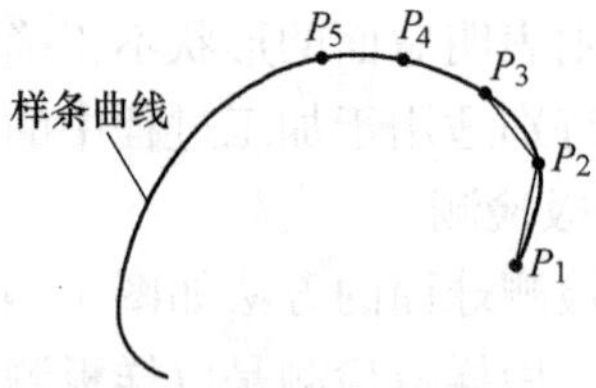

图 1-96 零件轮廓中的节点

二、基点的计算方法

常用的基点计算方法有解析法、三角函数计算法和计算机绘图求解法等。

1. 解析法

用解析法进行基点计算的主要内容为直线与圆弧的端点、交点和切点的计算，内容比较简单，这里不作介绍。

2. 三角函数计算法

三角函数计算法简称三角计算法。在手工编程工作中，它是进行数学处理时应重点掌握的方法之一。

3. CAD 绘图分析法

（1）CAD 绘图分析基点与节点坐标　采用 CAD 绘图来分析基点与节点坐标时，首先应学会一种 CAD 软件的使用方法，然后用该软件绘制出零件二维零件图并标出相应尺寸（通常是基点与工件坐标系原点间的尺寸），最后根据坐标系的方向及所标注的尺寸确定基点的坐标。

采用这种方法分析基点坐标时，要注意以下几个问题。

1）绘图要细致认真，不能出错。

2）绘制图形时应严格按 1:1 的比例进行。

3）尺寸标注的精度单位要设置正确，通常为小数点后三位。

4）标注尺寸时找点要精确，不能捕捉到无关的点上去。

（2）CAD 绘图分析法的特点　采用 CAD 绘图分析法可以避免大量复杂的人工计算，操作方便，基点分析精度高，出错几率小。因此，建议尽可能采用这种方法来分析基点与节点坐标。这种方法的不利之处是对技术工人又提出了新的学习要求，同时还增加了设备的投入。

例 1-8　车削如图 1-97 所示的手柄，计算出编程所需数值。

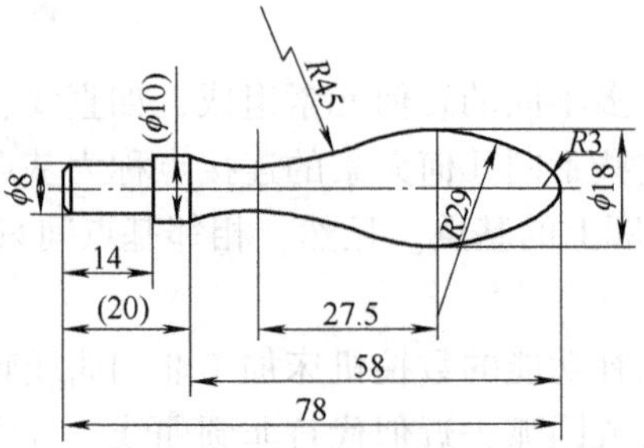

图 1-97 手柄编程实例

此零件由半径为 $R3$mm、$R29$mm 和 $R45$mm 的三个圆弧光滑连接而成。对圆弧工件编程时，必须求出以下三个点的坐标值。

1）圆弧的起始点坐标值。

2）圆弧的结束点（目标点）坐标值。

3）圆弧中心点的坐标值。

计算方法如下：

取编程零点为 W_1（见图 1-98）。

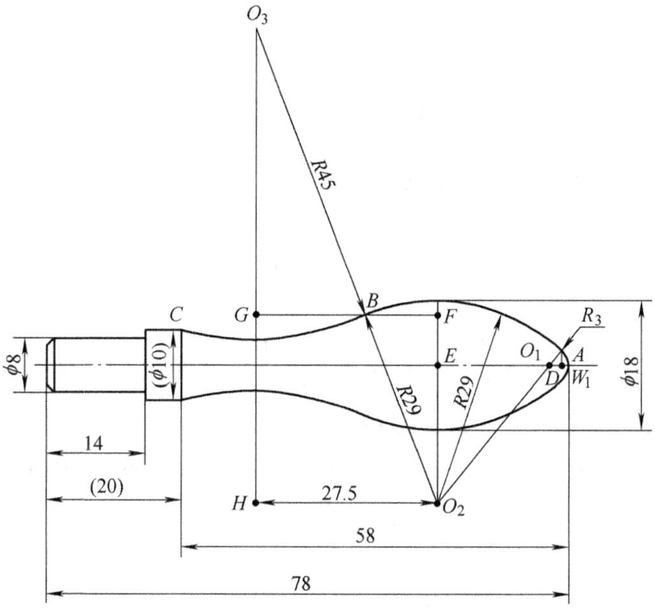

图 1-98　计算圆弧中心的方法

在 $\triangle O_1EO_2$ 中，已知

$$O_2E = (29 - 9)\text{mm} = 20\text{mm}$$

$$O_1O_2 = (29 - 3)\text{mm} = 26\text{mm}$$

$$O_1E = \sqrt{(O_1O_2)^2 - (O_2E)^2} = \sqrt{26^2 - 20^2}\text{mm} = 16.613\text{mm}$$

1）先求出 A 点坐标值及 O_1 的 I、K 值，其中 I 代表圆心 O_1 的 X 坐标（直径编程），K 代表圆心 O_1 的 Z 坐标（直径编程）。

因 $\triangle ADO_1 \backsim \triangle O_2EO_1$，则有

$$\frac{AD}{O_2E} = \frac{O_1A}{O_1O_2}$$

$$AD = O_2E \times \frac{O_1A}{O_1O_2} = 20 \times \frac{3}{26}\text{mm} = 2.308\text{mm}$$

$$\frac{O_1D}{O_1E} = \frac{O_1A}{O_1O_2}$$

$$O_1D = O_1E \times \frac{O_1A}{O_1O_2} = 16.613 \times \frac{3}{26}\text{mm} = 1.917\text{mm}$$

得 A 点的坐标值

$$X_A = 2 \times 2.308\text{mm} = 4.616\text{mm}(\text{直径编程})$$

$$DW_1 = O_1W_1 - O_1D = (3 - 1.917)\text{mm} = 1.083\text{mm}$$

则 $Z_A = -1.08\text{mm}$

求圆心 O_1 相对于圆弧起点 W_1 的增量坐标，有

$$Io_1 = 0$$

$$Ko_1 = -3\text{mm}$$

得
$$\begin{cases} X_A = 4.616\text{mm} \\ Z_A = -1.08\text{mm} \\ Io_1 = 0\text{mm} \\ Ko_1 = -3\text{mm} \end{cases}$$

2）求 B 点坐标值及 O_2 点的 I、K 值。

因
$$\triangle O_2HO_3 \backsim \triangle BGO_3$$

$$\frac{BG}{O_2H} = \frac{O_3B}{O_3O_2}$$

$$BG = O_2H \times \frac{O_3B}{O_3O_2} = 27.5 \times \frac{45}{45+29}\text{mm} = 16.723\text{mm}$$

$$BF = O_2H - BG = (27.5 - 16.723)\text{mm} = 10.777\text{mm}$$

$$W_1O_1 + O_1E + BF = (3 + 16.613 + 10.777)\text{mm} = 30.39\text{mm}$$

$$Z_B = -30.39\text{mm}$$

则在 $\triangle O_2FB$ 中

$$O_2F = \sqrt{(O_2B)^2 - (BF)^2} = \sqrt{29^2 - (10.777)^2}\text{mm} = 26.923\text{mm}$$

$$EF = O_2F - O_2E = (26.923 - 20)\text{mm} = 6.923\text{mm}$$

因是直径编程，有

$$X_B = 2 \times 6.923\text{mm} = 13.846\text{mm}$$

$$Z_B = -30.39\text{mm}$$

求圆心 O_2 相对于 A 点的增量坐标，得 Io_2、Ko_2：

$$Io_2 = -(AD + O_2E) = -(2.308 + 20)\text{mm} = -22.308\text{mm}$$

$$Ko_2 = -(O_1D + O_1E) = -(1.917 + 16.613)\text{mm} = -18.53\text{mm}$$

得出：

$$\begin{cases} X_B = 13.846\text{mm} \\ Z_B = -30.39\text{mm} \\ Io_2 = -22.308\text{mm} \\ Ko_2 = -18.53\text{mm} \end{cases}$$

3）求 C 点的坐标值及 O_3 点的 Io_3、Ko_3 值。

由图 1-98 可知

$$X_C = 10.000\text{mm}$$

1 MODULE

$$Z_C = -(78-20)\text{mm} = -58.00\text{mm}$$

$$GO_3 = \sqrt{O_3B^2 - GB^2} = \sqrt{45^2 - 16.723^2}\text{mm} = 41.777\text{mm}$$

O_3点相对于 B 点坐标的增量：

$$Io_3 = 41.777\text{mm}$$

$$Ko_3 = -16.72\text{mm}$$

得出：

$$\begin{cases} X_C = 10.000\text{mm} \\ Z_C = -58.00\text{mm} \\ Io_3 = 41.777\text{mm} \\ Ko_3 = -16.72\text{mm} \end{cases}$$

[任务巩固]

1. 车削圆弧的进给路线有哪几种？各有什么特点？

2. 圆弧检测的方法有哪几种？

3. 编写图1-99和图1-100所示零件的加工程序，并在数控车床上将其加工出来。

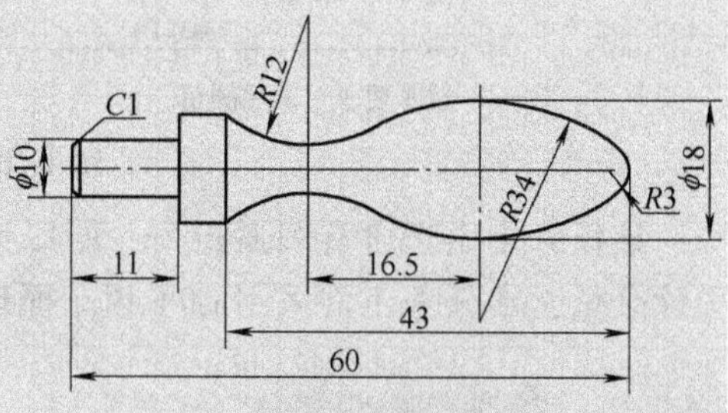

图1-99 圆弧加工零件图

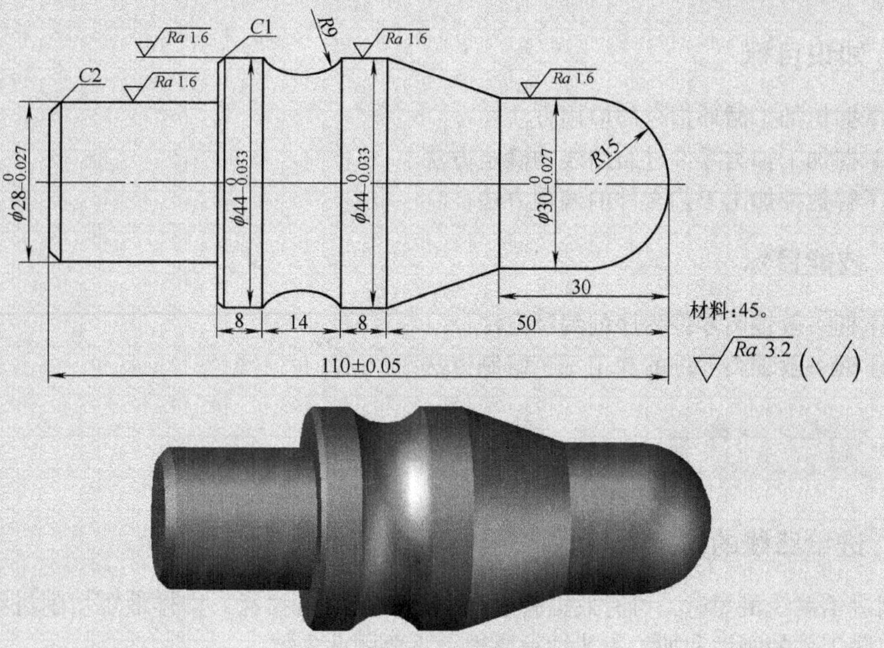

图1-100 圆弧类零件图

任务四　一般轴类零件的加工

工作任务

加工如图 1-101 所示工件，毛坯尺寸为 ϕ50mm×80mm，材料为 45 钢。

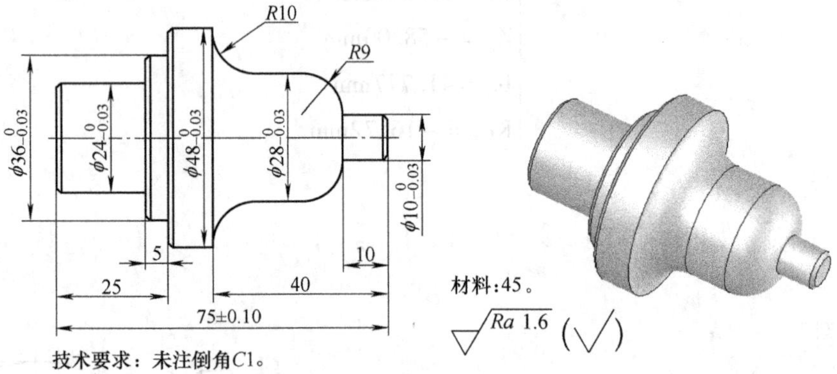

技术要求：未注倒角C1。

图 1-101　一般轴类零件图

该任务中由于含有圆弧指令，所以无法用 G90 或 G94 指令来去除余量。为了更快捷地去除余量，本任务工件采用 G71 粗车循环和 G70 精车循环指令进行加工。

任务目标

一、知识目标

1）掌握粗加工循环指令的应用方法。
2）掌握加工轴类零件进给路线的确定方法。
3）了解数控加工工艺文件的编制方法。

二、技能目标

1）掌握一般轴类零件程序的编制方法。
2）掌握一般轴类零件的加工工艺编制方法。

任务准备

一、进给路线的确定

切削进给路线最短时，可有效提高生产率，降低刀具损耗。安排最短切削进给路线时，应同时兼顾工件的刚性和加工工艺性等要求，不要顾此失彼。

图 1-102 给出了三种不同的轮廓粗车切削进给路线，其中图 1-102a 表示利用数控系统具

有的封闭式复合循环功能控制车刀沿着工件轮廓线进行进给的路线；图 1-102b 所示为三角形循环进给路线；图 1-102c 所示为矩形循环进给路线，其路线总长最短，因此在同等切削条件下的切削时间最短，刀具损耗最少。

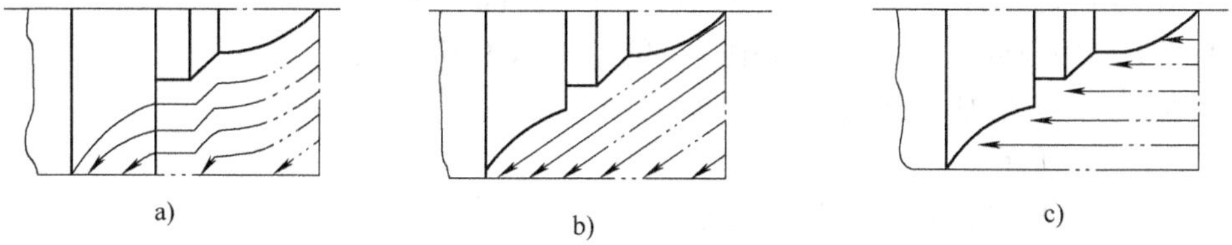

图 1-102　粗车切削进给路线示意图

二、加工指令

1. 外径粗车循环指令（G71）

（1）概述　G71 指令称为外径粗车固定循环指令，适用于毛坯料粗车外径和粗车内径。在 G71 指令后描述零件的精加工轮廓，CNC 系统根据加工程序所描述的轮廓形状和 G71 指令内的各个参数自动生成加工路径，将粗加工待切除余料切削完成。

（2）指令格式

G71　U（Δd）　R（e）；

G71　P（ns）　Q（nf）　U（Δu）　W（Δw）　F＿　S＿　T＿；

其中，Δd——循环每次的背吃刀量（半径值、正值）；

e——每次切削退刀量；

ns——精加工描述程序的开始循环程序段的行号；

nf——精加工描述程序的结束循环程序段的行号；

Δu——X 向精车余量；

Δw——Z 向精车余量。

（3）G71 指令段内部参数的意义　G71 粗车循环的刀具运动轨迹如图 1-103 所示，刀具从循环起点（*C* 点）开始，快速退刀至 *D* 点，退刀量由 Δw 和 Δu/2 值确定；再快速沿 X 向进刀 Δd（半径值）至 *E* 点；然后按 G01 进给至 *G* 点后，沿 45°方向快速退刀至 *H* 点（X 向退刀量由 e 值确定）；Z 向快速退刀至循环起始的 Z 值处（*I* 点）；再次 X 向进刀至 *J* 点（进给量为 e + Δd），进行第二次切削；如该循环至粗车完成后，再进行平行于精加工表面的半精车（这时，刀具沿精加工表面分别留出 Δw 和 Δu 的加工余量）；半精车完成后，快速退回循环起点，结束粗车循环的所有动作。

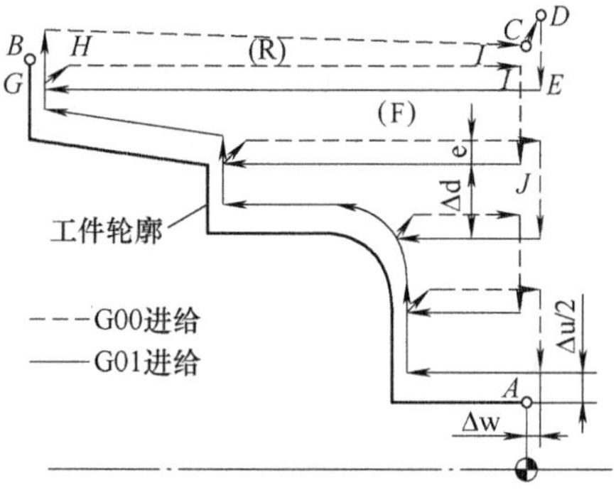

图 1-103　G71 粗车循环的刀具运动轨迹

（4）其他说明

1）当 Δd 和 Δu 两者都由地址 U 指定时，其意义由地址 P 和 Q 决定。

2）粗加工循环由带有地址 P 和 Q 的 G71 指令实现。在 *A* 点和 *B* 点间的运动指令中，指定的 F、S 和 T 功能对粗加工循环无效，对精加工有效；在 G71 程序段或前面程序段中指定的 F、S 和 T 功能对粗加工有效。

3）当用恒表面切削速度控制时，在 *A* 点和 *B* 点间的运动指令中指定的 G96 或 G97 无效，而在 G71 程序段或以前的程序段中指定的 G96 或 G97 有效。

4）X 向和 Z 向精加工余量 Δu 和 Δw 的符号如图 1-104 所示。

5）有别于 FANUC 0 系统的其他版本，新的 FANUC 0i/0iMATE 系统的 G71 指令可用来加工有内凹结构的工件。

6）G71 指令可用于加工内孔，Δu 与 Δw 的符号如图 1-104 所示。

7）第一刀进给必须有 X 方向进给动作。

8）循环起点的选择应在接近工件处，以缩短刀具行程，避免空行程。

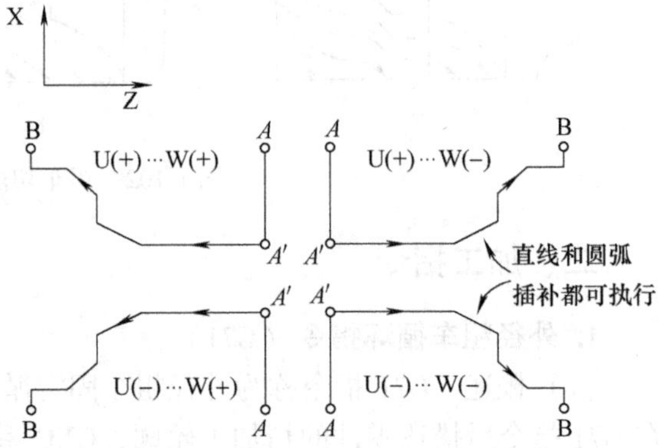

图 1-104　G71 指令中 Δu 和 Δw 符号的确定

>> **提示**　X 向背吃刀量和 X 方向精车余量均用参数“U”来指定，注意这两个“U”值的不同点。

例 1-9　试用复合固定循环指令编写如图 1-105 所示工件的粗加工程序。

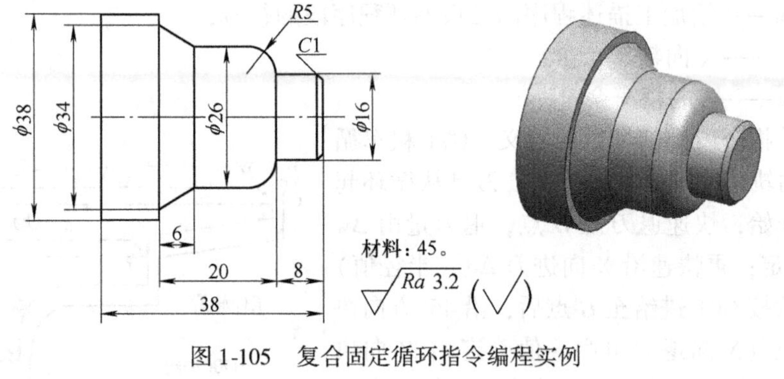

图 1-105　复合固定循环指令编程实例

其程序如下：

```
O0205;
    G99   G40   G21;
    T0101;
    G00   X100.0   Z100.0;
    M03   S600;
    G00   X42.0   Z2.0;            快速定位至粗车循环起点
    G71   U1.0   R0.3;             粗车循环，指定进刀与退刀量
```

```
        G71   P100   Q200   U0.3   W0.0   F0.2;  指定循环所属的首、末程序段，精车余量与进给
                                                 速度，其转速由前面程序段指定
N100   G00   X14.0;                              也可用 G01 进刀，不能出现 Z 坐标字
        G01   Z0.0   F0.1   S1200;               精车时的进给量和转速
              X16.0   Z-1.0;
              Z-8.0;
        G03   X26.0   Z-13.0   R8.0;
        G01   Z-24.0;
              X34.0   Z-30.0;
              X38.0;
              Z-40.0;
N200   G01   X42.0;
        G00   X100.0   Z100.0;
M30;
```

2. 精车固定循环指令（G70）

格式：G70 P（ns） Q（nf）

说明：G70 指令用于在 G71、G72 和 G73 指令粗车工件后进行精车循环。在 G70 状态下，指定的精车描述程序段中的 F、S、T 功能有效。若不指定，则维持粗车前指定的 F、S、T 状态。G70、G71、G72 和 G73 指令中 ns 到 nf 间的程序段不能调用子程序。当 G70 指令循环结束时，刀具返回到起点并读下一个程序段。

关于 G70 指令的详细应用请参见 G71、G72 和 G73 指令的相应部分。

>>> **工作经验**　精车之前，如需进行换刀，则应注意换刀点的选择。对于倾斜床身后置式刀架，一般先回机床参考点，再进行换刀；而选择水平床身前置式刀架的换刀点时，通常应选择在换刀过程中刀具不与工件、夹具、顶尖干涉的位置。

3. 端面粗车循环指令（G72）

（1）概述　端面粗车循环指令的含义与 G71 指令类似，不同之处是刀具平行于 X 轴方向切削，如图 1-106 所示。它是从外径方向向轴心方向切削端面的粗车循环，适用于对长径比较小的盘类工件端面进行粗车。与 G94 指令相同，对 93°外圆车刀，其端面切削刃为主切削刃。

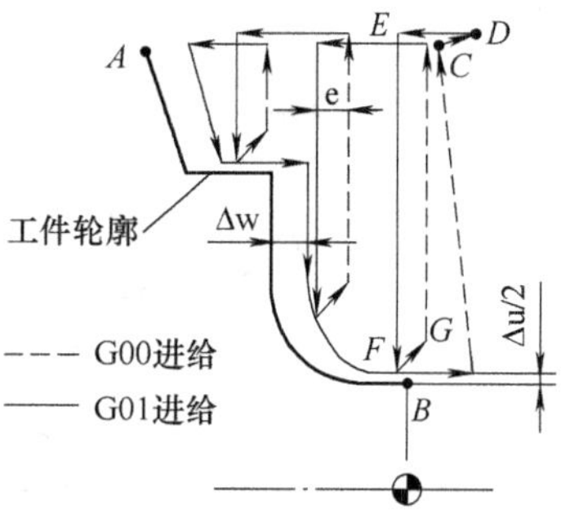

图 1-106　端面粗车循环的刀具运动轨迹

（2）指令格式

```
G72   W(Δd)   R(e);
G72   P(ns)   Q(nf)   U(Δu)   W(Δw)   F__   S__   T__;
```

其中，Δd——循环每次的背吃刀量（正值）；

e——每次切削退刀量；

ns——精加工描述程序的开始循环程序段的行号；

nf——精加工描述程序的结束循环程序段的行号；

Δu——X 向精车预留量；

Δw——Z 向精车预留量。

（3）说明　在 A' 和 B 之间的刀具轨迹沿 X 和 Z 方向都必须单调变化。沿 AA' 的切削是 G00 方式还是 G01 方式，由 A 和 A' 之间的指令决定。X 和 Z 向精车预留量 u 和 w 的符号取决于顺序号 ns 与 nf 间程序段所描述的轮廓形状，参见图 1-107。

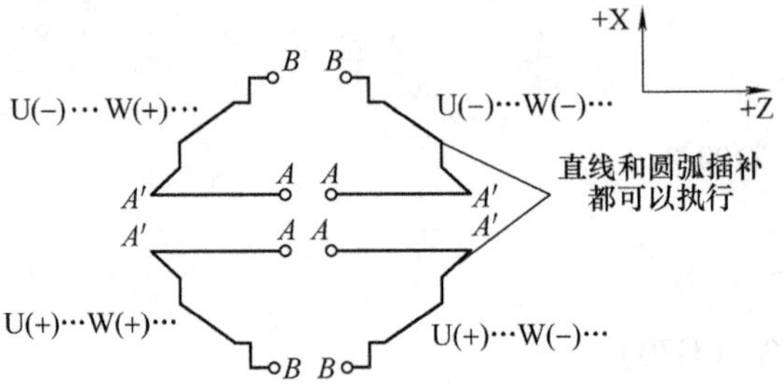

图 1-107　G72 指令段内 u、w 的符号

>> 注意　在现代数控系统中，只要 Z 轴是单调增加或单调减少的零件，就可以应用 G72 指令进行编程加工。

例 1-10　试用 G72 和 G70 指令编写如图 1-108 所示内轮廓（直径 12mm 的孔已钻好）的加工程序。

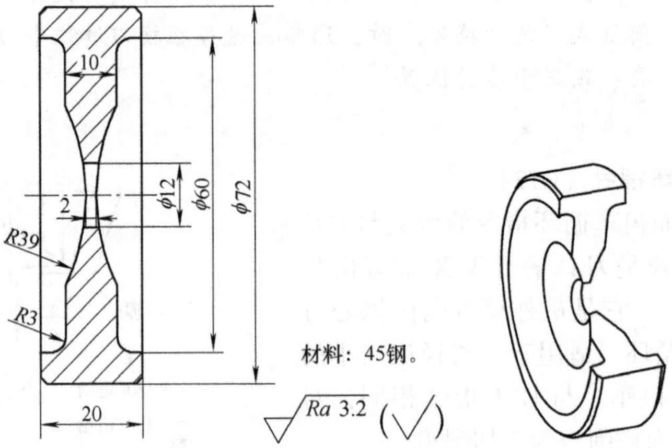

图 1-108　平端面粗车循环示例件

其程序如下：

```
O0207;
G99    G40    G21;
```

```
T0101;
G00   X100.0   Z100.0;
M03   S600;
G00   X10.0   Z10;                              快速定位至粗车循环起点
G72   W1.0   R0.3;
G72   P100   Q200   U-0.05   W0.3   F0.2;       精车余量Z向取较大值
N100   G01   Z-8.68   F0.1   S1200;
       G02   X34.40   Z-5.0   R39.0;
       G01   X68.0;
       G02   X72.0   Z-2.0   R3.0;
N200   G01   Z.0;
G70   P100   Q200;
      G00   X100.0   Z100.0;
      M30;
```

4. 成形加工复合循环指令（G73）

（1）概述　成形加工复合循环也称为固定形状粗车循环，适用于加工铸、锻件毛坯零件。某些轴类零件为节约材料，提高工件的力学性能，往往采用锻造等方法使零件毛坯尺寸接近工件的成品尺寸，其形状已经基本形成，只是外径、长度较成品大一些。此类零件的加工适合采用 G73 方式。当然，G73 方式也可用于加工普通未切除余料的棒料毛坯。

（2）指令格式

```
G73   U(Δi)   W(Δk)   R(Δd);
G73   P(ns)   Q(nf)   U(Δu)   W(Δw)   F__   S__   T__;
```

其中，Δi——X 方向毛坯切除余量（半径值、正值）；

Δk——Z 方向毛坯切除余量（正值）；

Δd——粗切循环的次数；

ns——精加工描述程序的开始循环程序段的行号；

nf——精加工描述程序的结束循环程序段的行号；

Δu——X 向精车余量；

Δw——Z 向精车余量。

G73 复合循环指令的刀具运动轨迹如图 1-109 所示。

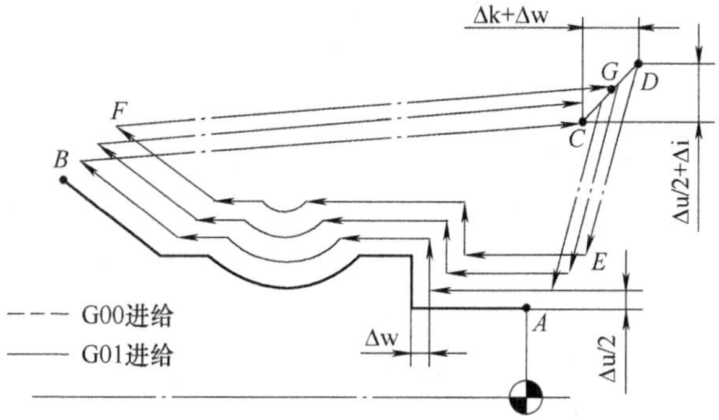

图 1-109　复合循环指令的刀具运动轨迹

1）刀具从循环起点（*C* 点）开始，快速退刀至 *D* 点（在 X 向的退刀量为 Δu/2 + Δi，在 Z 向的退刀量为 Δw + Δk）。

2）快速进刀至 *E* 点（*E* 点坐标值由 *A* 点坐标、精加工余量、退刀量 Δi 和 Δk 及粗切次数确定）。

3）沿轮廓形状偏移一定值后切削至 *F* 点。

4）快速返回 *G* 点，准备第二层循环切削。

5）如此分层（分层次数由循环程序中的参数 *d* 确定）切削至循环结束后，快速退回循环起点（*C* 点）。

G73 循环主要用于车削固定轨迹的轮廓。这种复合循环可以高效地切削铸造成形、锻造成形或已粗车成形的工件。对不具备类似成形条件的工件，如采用 G73 指令进行编程与加工，反而会增加刀具在切削过程中的空行程，而且也不便于计算粗车余量。

G73 指令程序段中，ns 所指程序段可以向 X 轴或 Z 轴的任意方向进给。

G73 循环加工的轮廓形状，没有单调递增或单调递减形式的限制。

（3）其他说明

1）当值 Δi 和 Δk，或者 Δu 和 Δw 分别由地址 U 和 W 规定时，它们的意义由 G73 程序段中的地址 P 和 Q 决定。当 P 和 Q 没有指定在同一个程序段中时，U 和 W 分别表示 Δi 和 Δk；当 P 和 Q 指定在同一个程序段中时，U、W 分别表示 Δu 和 Δw。

2）有 P 和 Q 的 G73 指令执行循环加工时，在不同的进给方式（共有 4 种）下，Δu、Δw、Δk 和 Δi 的符号不同（参见图 1-110），应予以注意。加工循环结束时，刀具返回到 *A* 点。

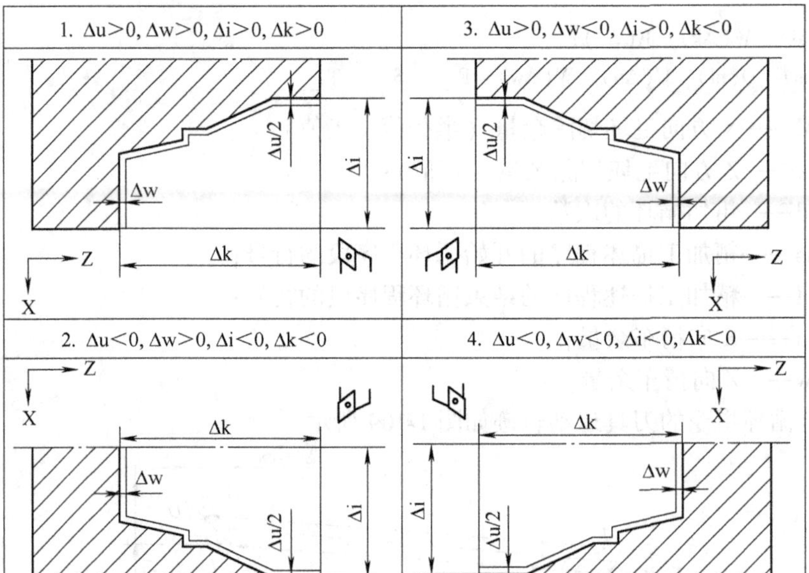

图 1-110 G73 指令中 Δu、Δw、Δk 和 Δi 的符号

例 1-11 试用 G73 指令编写如图 1-111 所示工件右侧外形轮廓（左侧加工完成后采用一夹一顶的方式进行装夹）的加工程序。

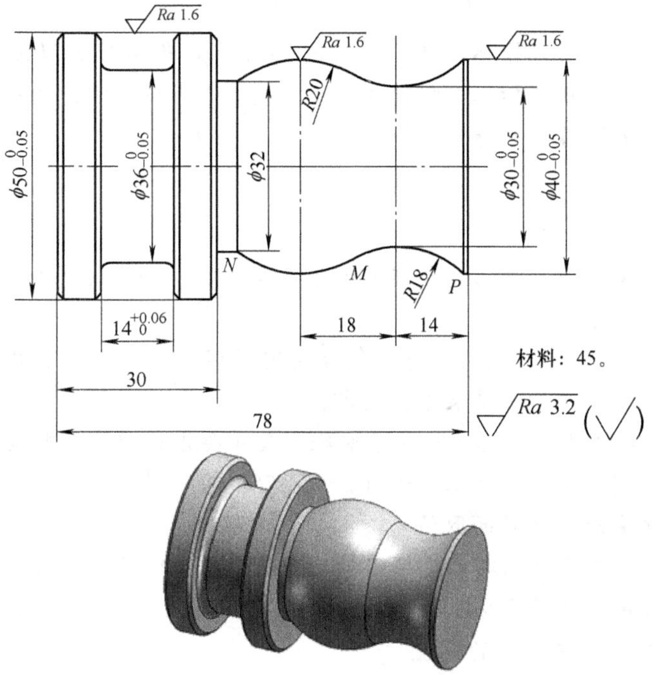

图 1-111　多重复合循环编程示例

分析：完成本例时，应注意刀具及刀具角度的正确选择，以保证刀具在加工过程中不产生过切。本例中，刀具采用菱形刀片可转位车刀，其刀尖角为 35°，副偏角为 52°，适合本例工件的加工要求（加工本例工件所要求的最大副偏角位于图 1-111 中 *N* 点处，约为 35°）。

计算出局部基点坐标为：*P*（40.0，−0.71）；*M*（34.74，−22.08）；*N*（32.0，−44.0）。另外，本例工件最好采用刀尖圆弧半径补偿进行加工，其加工程序如下：

```
O0208;
      G99   G40   G21;
      T0101;
      G00   X100.0   Z100.0;
      M03   S800;
      G00   X52.0   Z2.0;                   快速定位至粗车循环起点
      G73   U11.0   W0   R8.0;              X 向分 8 次切削，直径方向总切削深度为 24mm
      G73   P100   Q200   U0.3   W0   F0.2;
N100  G42   G00   X20.0   F0.05   S1 500;   刀尖圆弧半径补偿
      G01   Z-0.71;
      G02   X34.74   Z-22.08   R18.0;
      G03   X32.0   Z-44.0   R20.0;
      G01   Z-48.0;
        X48.0;
        X50.0   Z-49.0;
N200  G40   G01   X52.0;                    取消刀尖圆弧半径补偿
      G70   P100   Q200;
      G00   X100.0   Z100.0;
      M30;
```

>> **提示**

采用固定循环加工内、外轮廓时，如果编写了刀尖圆弧半径补偿指令，则仅在精加工过程中才执行刀尖圆弧半径补偿，在粗加工过程中不执行刀尖圆弧半径补偿。

>> **注意**

使用内、外圆复合固定循环指令（G71、G72、G73、G70）时的注意事项如下：

1）如何选用内、外圆复合固定循环，应根据毛坯的形状、工件的加工轮廓及其加工要求进行确定。

G71 固定循环主要用于对径向尺寸要求比较高、轴向切削尺寸大于径向切削尺寸的毛坯工件进行粗车循环，编程时 X 向的精车余量取值一般大于 Z 向精车余量的取值。

G72 固定循环主要用于对端面精度要求比较高、径向切削尺寸大于轴向切削尺寸的毛坯工件进行粗车循环，编程时 Z 向的精车余量取值一般大于 X 向精车余量的取值。

G73 固定循环主要用于已成形工件的粗车循环，精车余量根据具体的加工要求和加工形状确定。

2）使用其他内、外圆复合固定循环指令进行编程时，在 ns ~ nf 程序段中，不能含有以下指令。

① 固定循环指令；

② 参考点返回指令；

③ 螺纹切削指令（后叙）；

④ 宏程序调用（G73 指令除外）或子程序调用指令。

3）执行 G71、G72、G73 循环时，只有在 G71、G72、G73 指令的程序段中，F、S、T 功能是有效的，在调用的程序段 ns ~ nf 编入的 F、S、T 功能将被全部忽略。相反，在执行 G70 精车循环时，G71、G72、G73 程序段中指令的 F、S、T 功能无效，这时，F、S、T 值决定于程序段 ns ~ nf 编入的 F、S、T 功能。

4）在 G71、G72、G73 程序段中，Δd（Δi）、Δu 都用地址符 U 进行指定，而 Δk、Δw 都用地址符 W 进行指定，系统是根据 G71、G72、G73 程序段中是否指定 P、Q 以区分 Δd（Δi）、Δu 及 Δk、Δw 的。当程序段中没有指定 P、Q 时，该程序段中的 U 和 W 分别表示 Δd（Δi）和 Δk；当程序段中指定了 P、Q 时，该程序段中的 U、W 分别表示 Δu 和 Δw。

5）G71、G72、G73 程序段中的 Δ_W、Δ_U 是指精加工余量值，该值按其余量的方向有正、负之分。另外，G73 指令中的 Δi、Δk 值也有正、负之分，其正负值是根据刀具位置和进退刀方式来判定的。

1 MODULE

6）G73 指令同样可以切削没有预加工的毛坯棒料。如图 1-111 所示工件，假如将程序进行调整，即可采用不同的渐进方式将工件加工成形（见图 1-112～图 1-114）（由于 G73 指令在每次循环中的进给路线是确定的，须将循环起刀点与工件间保持一段距离）。

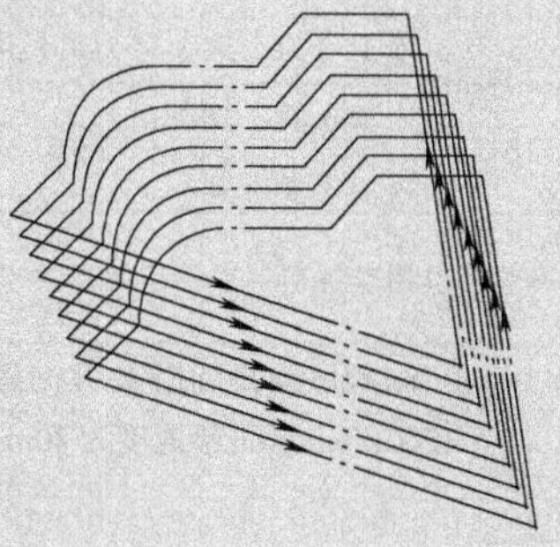

图 1-112　G73 指令 X、Z 向双向进刀

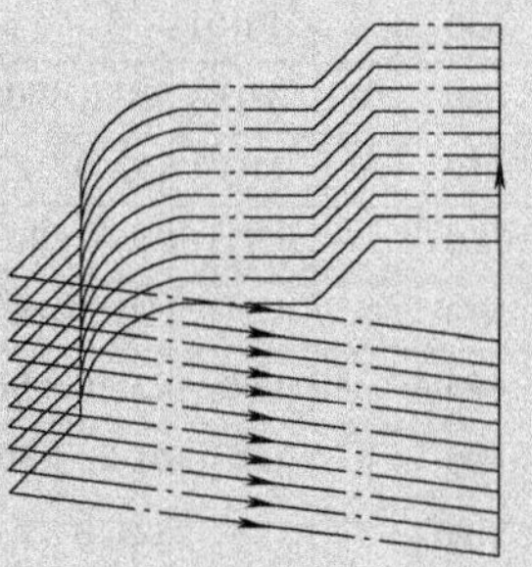

图 1-113　G73 指令 X 向进刀

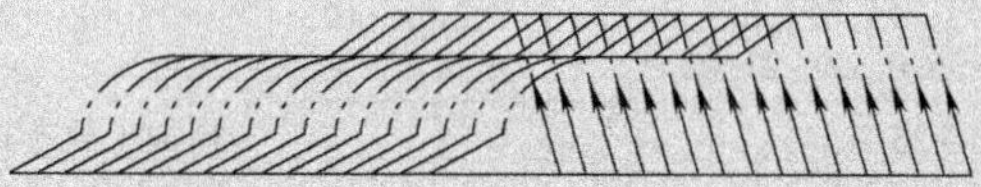

图 1-114　G73 指令 Z 向进刀

任务实施

一、选择机床

本任务选用的机床为 CKA6140 型 FANUC 0i 系统数控车床。

二、刀具选择

本任务选择刀片型号为 TBHG120408EL－CF 的 93°机夹外圆车刀。粗加工时，转速取 600r/min，进给速度取 150mm/min，背吃刀量取 1mm；精加工时，转速取 1200r/min，进给速度取 80mm/min，背吃刀量等于精加工余量（0. 25mm）。

三、程序编制

分别选取工件的左、右端面作为编程原点，在编程加工前，先通过手动方式保证工件的总长。本任务工件的加工参考程序见表 1-12。

四、数控车加工尺寸精度及误差分析

数控车削加工过程中造成尺寸精度降低的原因是多方面的。在实际加工过程中，造成尺寸精度降低的原因见表 1-13。

表 1-12　加工参考程序

刀　具	1 号：93°外圆车刀	
程　序　号	加 工 程 序	程 序 说 明
	O0010；	工件左端加工程序
N10	G98　G40　G21　G18；	程序初始化
N20	G28　U0　W0；	回参考点
N30	T0101；	换 1 号刀，取 1 号刀具长度补偿
N40	M03　S600　M08；	主轴正转，切削液开
N50	G00　X52.0　Z2.0；	定位至循环起点
N60	G71　U1.0　R0.3；	粗车循环
N70	G71　P80　Q180　U0.5　W0　F150；	
N80	G00　X22.0　S1200；	ns 程序段只能沿 X 方向进刀，确定精加工转速为 1200r/min，进给速度为 80mm/min
N90	G01　Z0.0　F80；	
N100	X24.0　Z－1.0；	精加工轨迹描述
N110	Z－20.0	
N120	X34.0；	
N130	X36.0　Z－21.0；	
N140	Z－25.0；	
N150	X46.0；	
N160	X48.0　Z－26.0；	
N170	Z－40.0；	
N180	X52.0；	
N190	G70　P80　Q180；	精车循环
N200	G28　U0　W0；	程序结束部分
N210	M05　M09；	
N220	M30；	
	O0020	工件右端加工程序
	…	程序开始部分
N70	G71　U1.0　R0.3；	粗车循环
N80	G71　P90　Q160　U0.5　W0　F150；	
N90	G00　X8.0　S1200；	ns 程序段只能沿 X 方向进刀，确定精加工转速为 1200r/min，进给速度为 80mm/min
N100	G01　Z0.0 F80；	
N110	X10.0　Z－1.0；	精加工轨迹描述
N120	Z－10.0	
N130	G03　X28.0　Z－19.0　R9.0；	
N140	G01　Z－30.0；	
N150	G02　X48.0　Z－40.0　R10.0；	
N160	G01　X52.0；	
N170	G70　P80　Q150；	
N180	G28　U0　W0；	程序结束部分
N190	M05　M09；	
N200	M30；	

表 1-13　数控车削尺寸精度降低的原因

影响因素	序号	产生原因
装夹与找正	1	工件找正不正确
	2	工件装夹不牢固，加工过程中产生松动与振动
刀具	3	对刀不正确
	4	刀具在使用过程中产生磨损
	5	刀具刚性差，刀具在加工过程中产生振动
加工	6	背吃刀量过大，导致刀具发生弹性变形
	7	刀具长度补偿参数设置不正确
	8	精加工余量选择过大或过小
	9	切削用量选择不当，导致切削力和切削热过大，从而产生热变形和内应力
工艺系统	10	机床原理误差
	11	机床几何误差
	12	工件定位不正确或夹具与定位元件制造误差

>> **提示**　表 1-13 中工艺系统所产生的尺寸精度降低可由对机床和夹具的调整来解决，前面三项对尺寸精度的影响因素则可以通过操作者正确、细致的操作来解决。

任务评价

此任务的任务评价见表 1-14。

表 1-14　任务评价

工件编号		技术要求与配合		配分		
项目与权重	序号	技术要求	配分	评分标准	检测记录	得分
工件加工（50%）	1	$\phi24_{-0.03}^{0}$mm	6	超 0.01mm 扣 2 分		
	2	$\phi36_{-0.03}^{0}$mm	6	超 0.01mm 扣 2 分		
	3	$\phi48_{-0.03}^{0}$mm	3	超 0.01mm 扣 2 分		
	4	$\phi28_{-0.03}^{0}$mm	6	超 0.01mm 扣 2 分		
	5	$\phi10_{-0.03}^{0}$mm	3	超 0.01mm 扣 2 分		
	6	75 ±0.10mm	6	超 0.03mm 扣 2 分		
	7	R10mm、R9mm	3×2	每错一处扣 3 分		
	8	一般尺寸	3	每错一处扣 1 分		
	9	C1 倒角	3	每错一处扣 1 分		
	10	Ra1.6μm	8	每错一处扣 2 分		
程序与加工工艺（30%）	11	程序格式规范	10	每错一处扣 2 分		
	12	程序正确、完整	10	每错一处扣 2 分		
	13	切削用量参数设定正确	5	不合理每处扣 3 分		
	14	换刀点与循环起点正确	5	不正确全扣		
机床操作（10%）	15	机床参数设定正确	5	不正确全扣		
	16	机床操作不出错	5	每错一次扣 3 分		
文明生产（10%）	17	安全操作	5	不合格全扣		
	18	机床维护与保养				
	19	工作场所整理	5	不合格全扣		

任务扩展

数控加工工艺文件

数控加工工艺文件主要包括数控加工编程任务书、数控加工工序卡、数控加工程序单等。这些文件尚无统一的标准，各企业可根据本单位的特点制订上述工艺文件，现选几例，仅供参考。

1. 数控加工编程任务书

数控加工编程任务书记载并说明了工艺人员对数控加工工序的技术要求、工序说明和数控加工前应保证的加工余量，是编程员与工艺人员协调工作和编制数控程序的重要依据之一（见表1-15）。

表1-15 数控加工编程任务书 年 月 日

<table>
<tr><td colspan="2" rowspan="2">×××机械厂</td><td colspan="2" rowspan="3">数控编程任务书</td><td colspan="2">产品零件图号</td><td colspan="2">DEK 0301</td><td colspan="2">任务书编号</td></tr>
<tr><td colspan="2">零件名称</td><td colspan="2">摇臂壳体</td><td colspan="2">18</td></tr>
<tr><td colspan="2">工 艺 处</td><td colspan="2">使用数控设备</td><td colspan="2">BFT 130</td><td colspan="2">共 页 第 页</td></tr>
<tr><td colspan="10">主要工序说明及技术要求
数控精加工各行孔及铣凹槽，详见本产品工艺过程卡片，工序号70要求</td></tr>
<tr><td colspan="2">编程收到日期</td><td colspan="2"></td><td colspan="2">经手人</td><td colspan="2"></td><td>批准</td><td></td></tr>
<tr><td>编制</td><td></td><td>审核</td><td></td><td>编程</td><td></td><td>审 核</td><td></td><td>批准</td><td></td></tr>
</table>

2. 工序卡

数控加工工序卡与普通加工工序卡有许多相似之处，不同的是该工序卡中应反映使用的辅具、刀具切削参数和切削液等，它是操作人员配合数控程序进行数控加工的主要指导性工艺资料。工序卡应按已确定的工步顺序填写。加工中心上的数控镗铣削工序卡见表1-16。

表1-16 数控加工工序卡

<table>
<tr><td rowspan="2">××机械厂</td><td colspan="2" rowspan="2">数控加工工序卡</td><td colspan="2">产品名称或代号</td><td colspan="2">零件名称</td><td colspan="2">零件图号</td></tr>
<tr><td colspan="2">JS</td><td colspan="2">行星架</td><td colspan="2">0102－4</td></tr>
<tr><td>工艺序号</td><td>程序编号</td><td>夹具名称</td><td colspan="2">夹具编号</td><td colspan="2">用设备</td><td colspan="2">车间</td></tr>
<tr><td></td><td></td><td>镗 胎</td><td colspan="2"></td><td colspan="2"></td><td colspan="2"></td></tr>
<tr><td>工步号</td><td colspan="2">工 步 内 容</td><td>加工面</td><td>刀具号</td><td>刀具规格</td><td>主轴转速</td><td>进给速度</td><td>背吃刀量</td><td>备注</td></tr>
<tr><td>1</td><td colspan="2">N5～N30，ϕ65H7 镗成 ϕ63mm</td><td></td><td>T13001</td><td></td><td></td><td></td><td></td><td></td></tr>
<tr><td>…</td><td colspan="2">…</td><td></td><td>…</td><td></td><td></td><td></td><td></td><td></td></tr>
<tr><td>9</td><td colspan="2">N170～N240，铣 $\phi 68_{0}^{0.3}$mm 环沟</td><td></td><td>T13005</td><td></td><td></td><td></td><td></td><td></td></tr>
<tr><td></td><td colspan="2"></td><td></td><td></td><td></td><td></td><td></td><td></td><td></td></tr>
<tr><td>编制</td><td></td><td>审核</td><td colspan="2">批准</td><td colspan="2"></td><td colspan="2">共 页</td><td>第 页</td></tr>
</table>

若在数控机床上只加工零件的一个工步时，也可不填写工序卡。在工序加工内容不十分复杂时，可把零件草图反应在工序卡上。

3. 工件安装和零点设定卡片

数控加工工件安装和零点（编程坐标系原点）设定卡片（简称装夹图和零点设定卡）表明了数控加工零件的定位方法和夹紧方法，也标明了工件零点设定的位置和坐标方向及使用夹具的名称和编号等，其格式见表1-17。

表1-17　工件安装和零点设定卡片

<table>
<tr><td>零件图号</td><td>JS0102－4</td><td colspan="3" rowspan="2">数控加工工件安装和零点设定卡片</td><td>工序号</td><td></td></tr>
<tr><td>零件名称</td><td>行星架</td><td>装夹次数</td><td></td></tr>
<tr><td colspan="4" rowspan="3"></td><td>3</td><td>梯形槽螺栓</td><td></td></tr>
<tr><td>2</td><td>压　板</td><td></td></tr>
<tr><td>1</td><td>镗铣夹具板</td><td>GS53－61</td></tr>
<tr><td>编制</td><td>审核</td><td>批准</td><td>第　页</td><td></td><td></td><td></td></tr>
<tr><td></td><td></td><td></td><td>共　页</td><td>序　号</td><td>夹具名称</td><td>夹具图号</td></tr>
</table>

4. 数控加工进给路线图

设计好数控加工刀具进给路线是编制合理的加工程序的条件之一。另外，在数控加工中要经常注意并防止刀具在运动中与工件、夹具等发生意外的碰撞，因此机床操作者要了解刀具运动路线（如从哪里下刀、从哪里抬刀等），了解并计划好夹紧位置及控制夹紧元件的高度，以避免碰撞事故的发生。这在上述工艺文件中难以说明或表达清楚，常常采用进给路线图加以说明。

为简化进给路线图，一般可采取统一约定的符号来表示，不同的机床可以采用不同的图例与格式。

5. 数控加工程序单

数控加工程序单是编程员根据工艺分析情况，经过数值计算，按照机床特点的指令代码编制的。它是记录数控加工工艺过程、工艺参数、位移数据的清单以及手动数据输入（MDI）和置备控制介质和实现数控加工的主要依据，其格式见表1-18。

表1-18　数控加工程序单

<table>
<tr><td colspan="2" rowspan="2">单位</td><td colspan="2" rowspan="2">CNC 机床程序单</td><td>程序号</td><td></td><td>零件图号</td><td></td><td>机床</td><td></td></tr>
<tr><td>产品号</td><td></td><td>零件名称</td><td></td><td>共　页</td><td>第　页</td></tr>
<tr><td>材料</td><td></td><td>毛坯种类</td><td></td><td>第一次加工数量</td><td></td><td>每台数量</td><td></td><td>单件质量</td><td></td></tr>
<tr><td>工步号</td><td>程序段号</td><td colspan="4">程序内容</td><td colspan="4">备注</td></tr>
<tr><td></td><td></td><td colspan="4"></td><td colspan="4"></td></tr>
<tr><td></td><td></td><td colspan="4"></td><td colspan="4"></td></tr>
<tr><td></td><td></td><td colspan="4"></td><td colspan="4"></td></tr>
<tr><td>标记</td><td>修改内容</td><td>修改者</td><td colspan="3">修改日期</td><td>编制日期</td><td>审核日期</td><td>批准日期</td><td>反馈日期</td></tr>
<tr><td></td><td></td><td></td><td colspan="3"></td><td></td><td></td><td></td><td></td></tr>
</table>

[任务巩固]

1. 轴类零件加工的固定循环有哪几种？各有什么特点？

2. 编写图1-115～图1-117所示零件的加工程序，并进行加工。毛坯为 ϕ50mm × 60mm 的45钢。

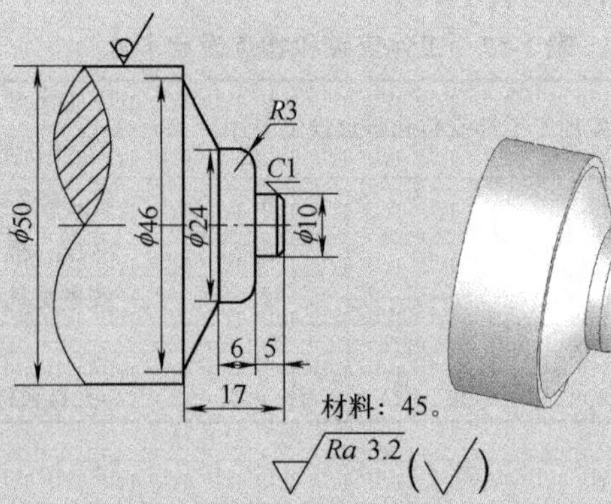

图 1-115　轴类零件加工 1

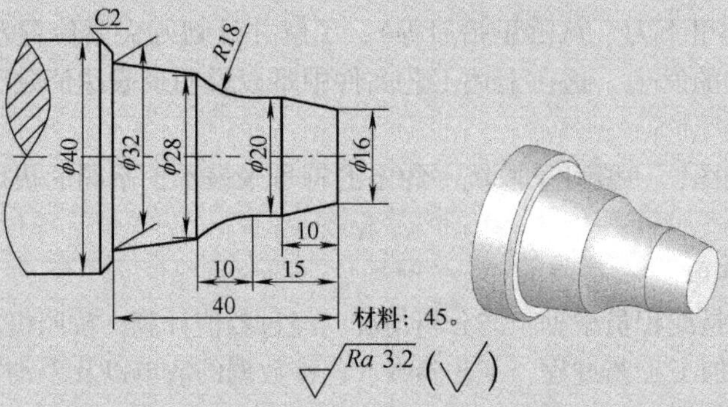

图 1-116　轴类零件加工 2

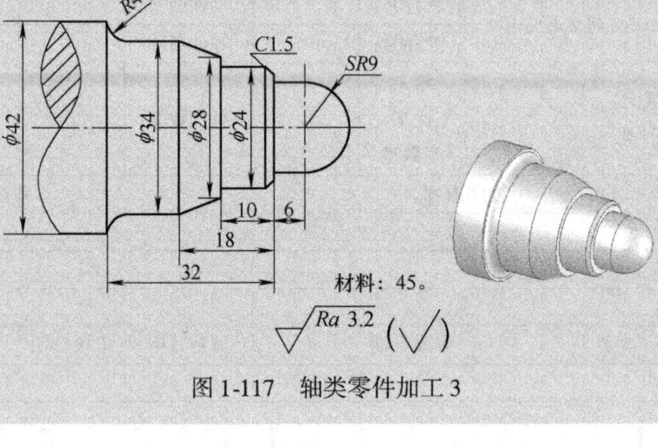

图 1-117　轴类零件加工 3

模块二　孔类零件与槽类零件的加工

任务一　孔类零件的加工

工作任务

加工如图 2-1 所示工件，该零件外圆表面已加工完成，试编写其数控车削加工程序并进行加工。

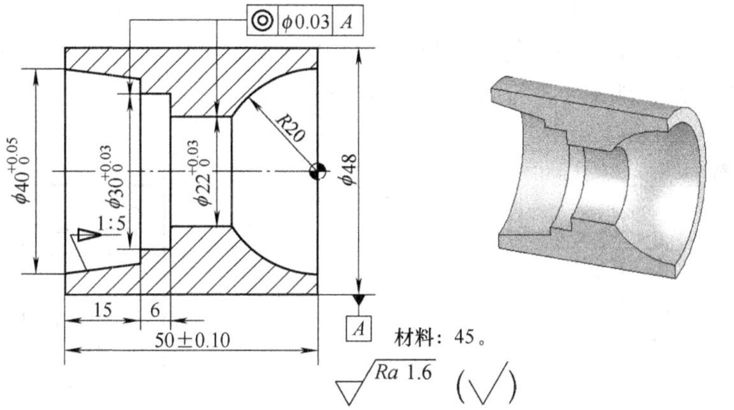

图 2-1　孔类零件的加工

加工本任务工件时，仍采用固定循环指令进行编程，编程的难度较低。但车削内孔的加工工艺难度较高，应特别注意。

在车孔前，了解车孔过程中可能产生的误差并在加工过程中尽量避免，既可提高孔的加工精度，又可提高加工效率。

任务目标

一、知识目标

1）掌握孔加工指令的应用方法。
2）掌握孔加工所用刀具的选择方法。

二、技能目标

1）掌握一般孔类零件加工程序的编制方法。
2）掌握一般孔类零件的加工方法。

3）掌握孔的测量方法。

任务准备

一、孔加工刀具

CNC 车床中常用的孔加工刀具有麻花钻、硬质合金可转位刀片钻头、扁钻、铰刀、丝锥以及硬质合金可转位刀片镗刀。镗刀由各部件组成，需要将它们装配在一起，且在刀片磨损或损坏后可以更换。镗刀中有镗孔刀片、孔切槽刀片及车削内螺纹刀片。在完成车削端面和车削外圆工序之后，钻孔一般是 CNC 车床完成的第一道孔加工工序。由钻孔工序加工出的孔一般尺寸精度和表面精度均较低。如果要求孔有较高的尺寸精度和表面精度，钻孔后必须再采用其他孔加工刀具加工，一般是铰刀或镗刀。

1. 中心钻

中心钻（见图 2-2）用于加工轴（工件）端，以使轴支承在两顶尖之间，或一端用尾座顶尖支承。因此，中心钻所钻孔的深度只要保证车床顶尖进入轴端且孔与顶尖的 60°锥尖接触即可。常用中心钻有如图 2-3 与图 2-4 所示两种。

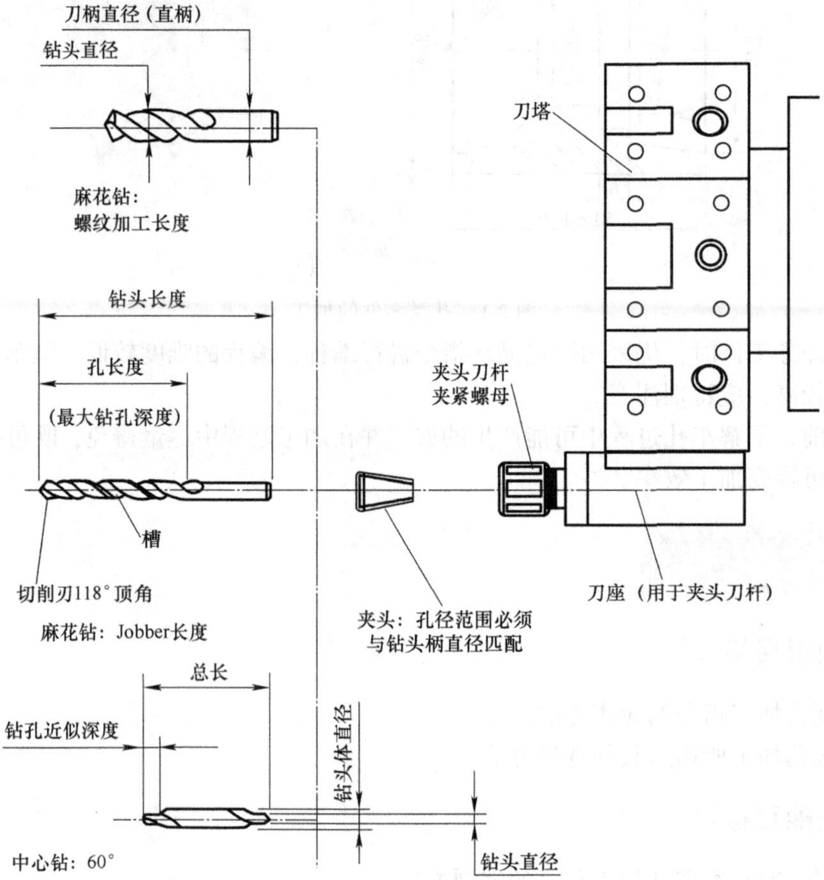

图 2-2　CNC 车床钻头及夹头刀杆特征与说明

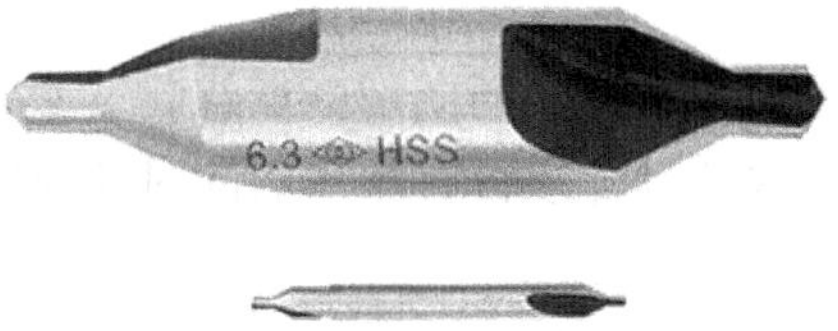

图 2-3　不带护锥中心钻（A 型）

图 2-4　带护锥中心钻（B 型）

2. 麻花钻

对于 CNC 车床，麻花钻用于在工件的中心位置钻孔。然而，有些 CNC 车床还配备有可选的动力刀头，这种刀具可以在中心位置以外钻孔。麻花钻可以用各种材料制造，如高速钢、钴、整体硬质合金及硬质合金刀尖（见图 2-2）。

3. 硬质合金可转位刀片钻头

硬质合金可转位刀片钻头（见图 2-5）代表了 CNC 钻孔钻头技术发展的新成就，有时要用可转位硬质合金刀片钻头代替高速钢麻花钻。用可转位刀片钻头钻孔时的钻孔速度可以比高速钢麻花钻的钻孔速度高许多。可转位刀片适用于钻直径为 5/8 ~ 3.0in 的孔。此外，可转位硬质合金刀片钻头具有可转位或可更换刀片的优点，因此可以节省设置时间和换刀时间。用这种钻头钻孔时的进给速度可以是高速钢麻花钻的 5 ~ 10 倍。硬质合金刀片还可以加工较硬的材料。大多数情况下，硬质合金刀片钻头需要较大的加工功率，并需要采用使切削液流向刀具的高压冷却系统。

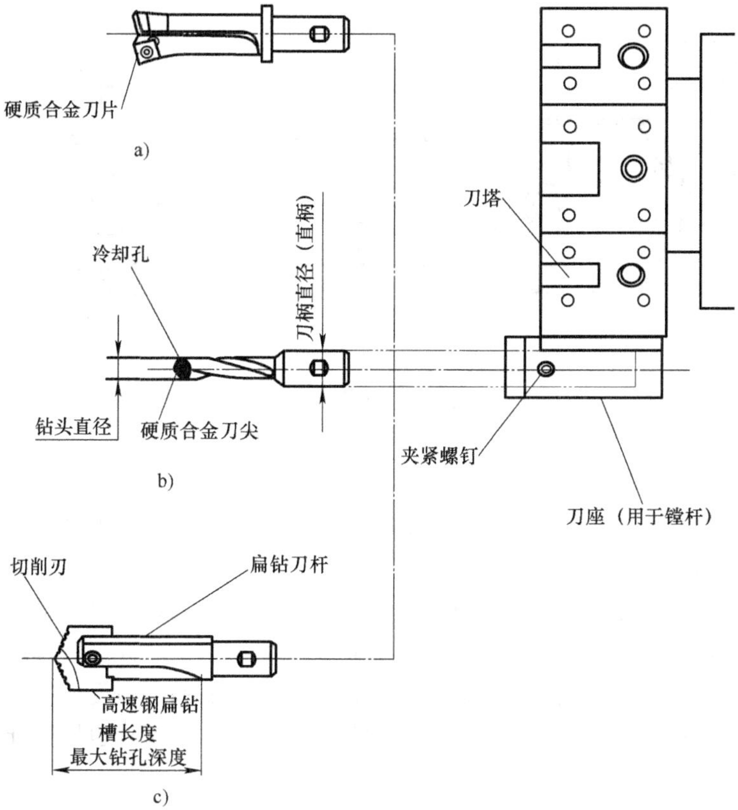

图 2-5　硬质合金钻头、扁钻以及刀杆的特征与说明

a）硬质合金可转位刀片钻头　b）硬质合金刀尖供有切削液的钻头　c）扁钻

4. 硬质合金刀尖并提供切削液的钻头

硬质合金刀尖并提供切削液的钻头上有一个或两个从刀柄通向切削点的孔（见图2-6）。钻头工作时，压缩空气、油或切削液要流过钻头。这种设计使得在排屑的同时还能够冷却切削点和工作区。钻深孔时，这种钻头特别有用。

图2-6 内冷却锥柄麻花钻

5. 扁钻

扁钻的切削部分磨成一个扁平体，主切削刃磨出顶角和后角，并形成横刃；副切削刃磨出后角与副偏角，并控制钻孔的直径。扁钻没有螺旋槽，制造简单，成本低，其结构如图2-7所示。

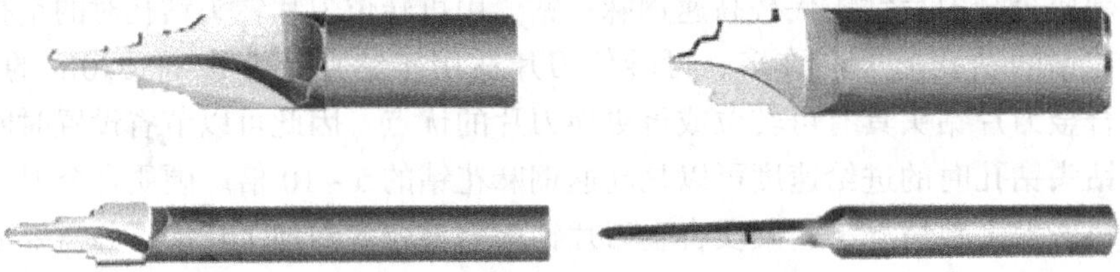

a)

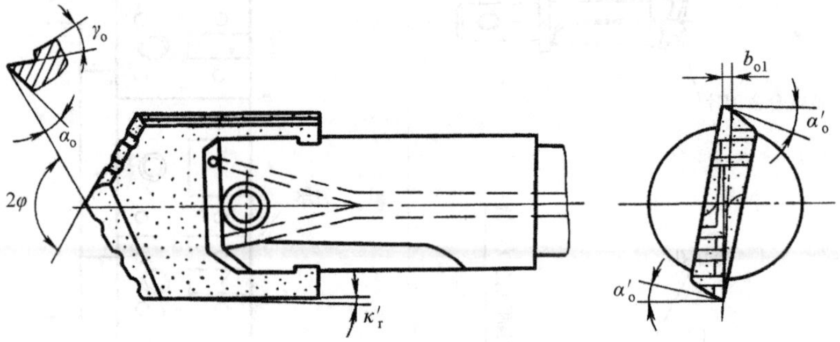

b)

图2-7 扁钻的结构

a）实物图 b）装配式扁钻的结构

6. 镗刀

镗刀用于加工需要高尺寸精度或高表面精度的孔。此外，利用镗刀还可以使内孔表面得到更好的直线度和圆度。CNC车床中常用的镗刀刀具为硬质合金转位类型（见图2-8），这些镗刀由各部件构成，需要将它们装配在一起，且刀片磨损或损坏时可以更换。

一般来说，对各镗孔工序应该选择最短的镗杆。与所有钻头一样，镗杆的长度与直径比越大，其弹性越大，镗杆产生的误差也越大。所加工孔的表面精度也受镗杆长度与直径比的影响，因为长镗杆会产生颤振。各刀具制造商均提供镗杆，这些镗杆也用标准标号系统来标记，如图2-9所示。

7. 铰刀

铰刀用于加工有较高尺寸精度和表面精度要求的孔。加工时采用铰刀还是镗杆取决于孔

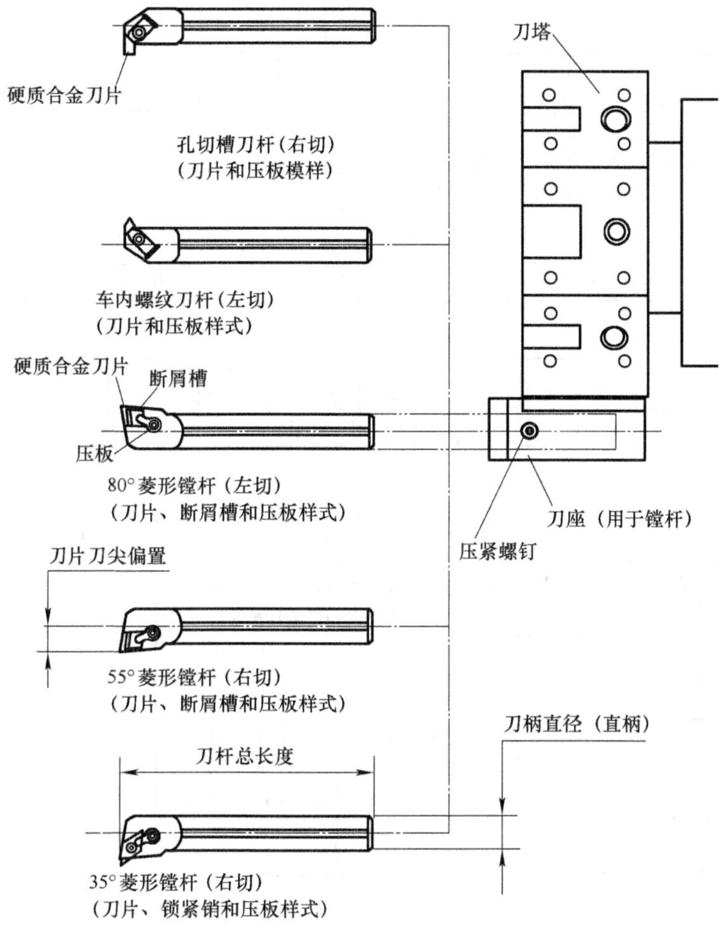

图 2-8　镗孔、切槽及车螺纹刀杆的特征与说明

的直径。当孔直径为 0.125 ~ 0.625in 时，一般选用铰刀。铰刀是有直切削刃或斜切削刃的圆柱形刀具（见图 2-10）。铰刀材料可以是高速钢、硬质合金刀尖或整体硬质合金。铰刀用于对孔壁和端部切削少量的材料（0.005 ~ 0.030in）。铰孔时需要注意的是铰刀要由已有孔导向，因此铰孔不能纠正孔的位置误差或直线度误差。如果孔存在这些误差，则建议先镗孔，再铰孔。

8. 丝锥

攻螺纹是用丝锥切削内螺纹的一种加工方法，一般用 G01 指令加工，有的数控机床上也有攻螺纹循环指令。如图 2-11 所示丝锥有寸制和米制两种类型。

二、指令介绍

钻浅孔时，可以应用 G01 指令；加工深且平行于 Z 轴的孔时，可以应用 G74 指令；加工内部形状复杂的孔时，除应用以上指令外，常用的是固定循环。

1. 程序延时

指令格式如下：

G04　X _;

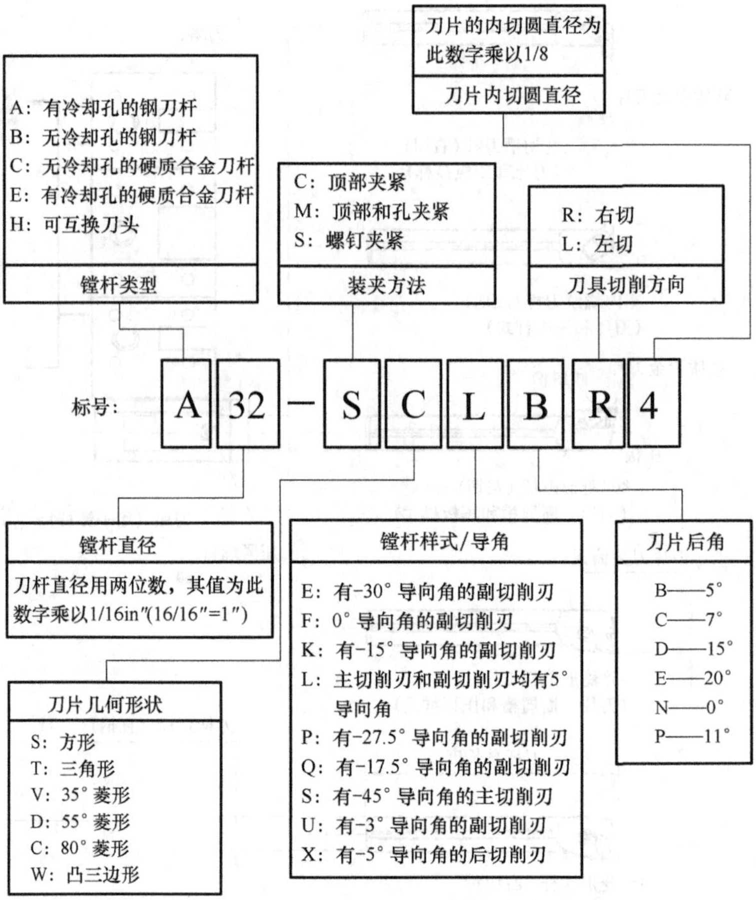

图 2-9 镗杆标识系统

G04 U _;

G04 P _;

上述三种格式中，X _、U _和 P _为指定延时时间间隔，用 X _、U _时可用整数或小数点指定延时时间，用 P _时只能用整数指定延时时间。采用整数指定延时时间时单位为 ms，采用小数点指定时间时单位为 s。程序延时一般用于以下情况。

1）钻孔加工到达孔底部时，设置延时时间，以保证孔底的钻孔质量。

2）钻孔加工中途退刀后设置延时，以保证孔中的铁屑充分排出。

3）镗孔加工到达孔底部时，设置延时时间，以保证孔底的镗孔质量。

4）车削加工在加工要求较高的零件轮廓时终点设置延时，以保证该段轮廓的车削质量。如车槽、铣平面等场合，以提高表面质量。

5）其他情况下设置延时，如自动棒料送料器送料时延时，以保证送料到位。

注：延时指令 G04 和刀尖圆弧半径补偿指令 G41/G42 不能在同一段程序中指定。

例 2-1 如图 2-12 所示的零件，在中心有一个孔，深度为 40mm，采用主轴旋转、刀具沿 Z 轴方向运动的方法进行多次钻削加工，每次钻削深度为 10mm，为保证每次刀具退刀时

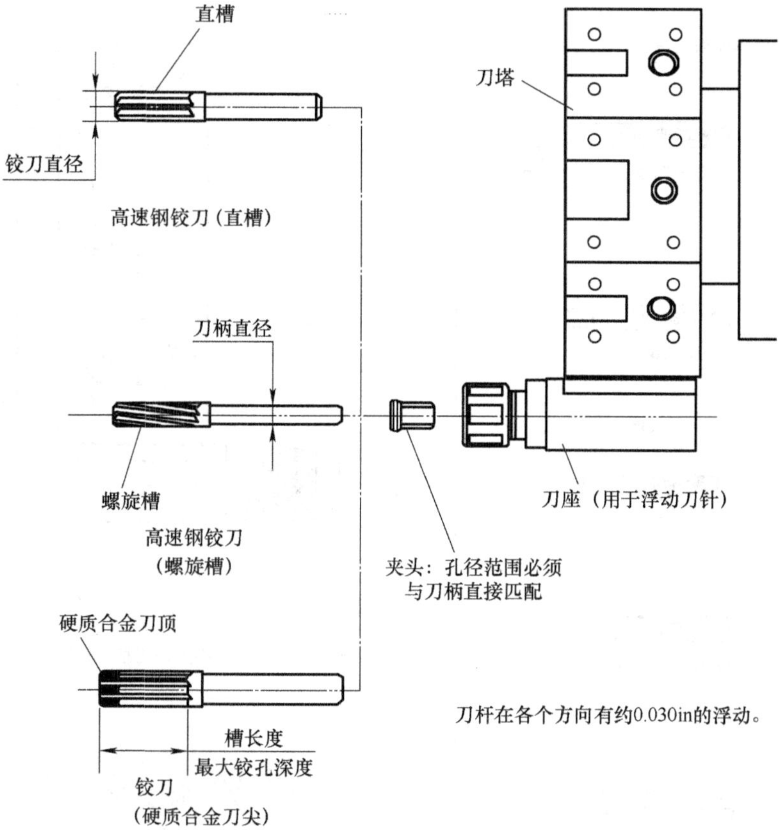

图 2-10　铰刀的特征、说明及类型

铁屑充分排出，可采用 G04 指令来指定刀具退出后的延时时间，并设置钻头在到达孔底时的延时时间，以保证孔底的钻孔质量，其数控程序如下：

```
O0030;
N10  G99  G50  X150.0  Z60.0;
N20  G00  X0  Z20.0  M08  M03  S800;
N30  G01  Z-10.0  F0.1;
N40  G00  Z10.0  G04  U0.5;
N50  Z-9.0;
N60  G01  Z-20.0;
N70  G00  Z10.0  G04  U0.5;
N80  Z-19.0;
N100  G01  Z-30.0;
N110  G00  Z10.0  G04  U0.5;
N120  Z-29.0;
N130  G01  Z-40.0  G04  U0.5;
N140  G00  Z10.0  M05  M09;
N150  G30  U0  W0;
N160  M30;
```

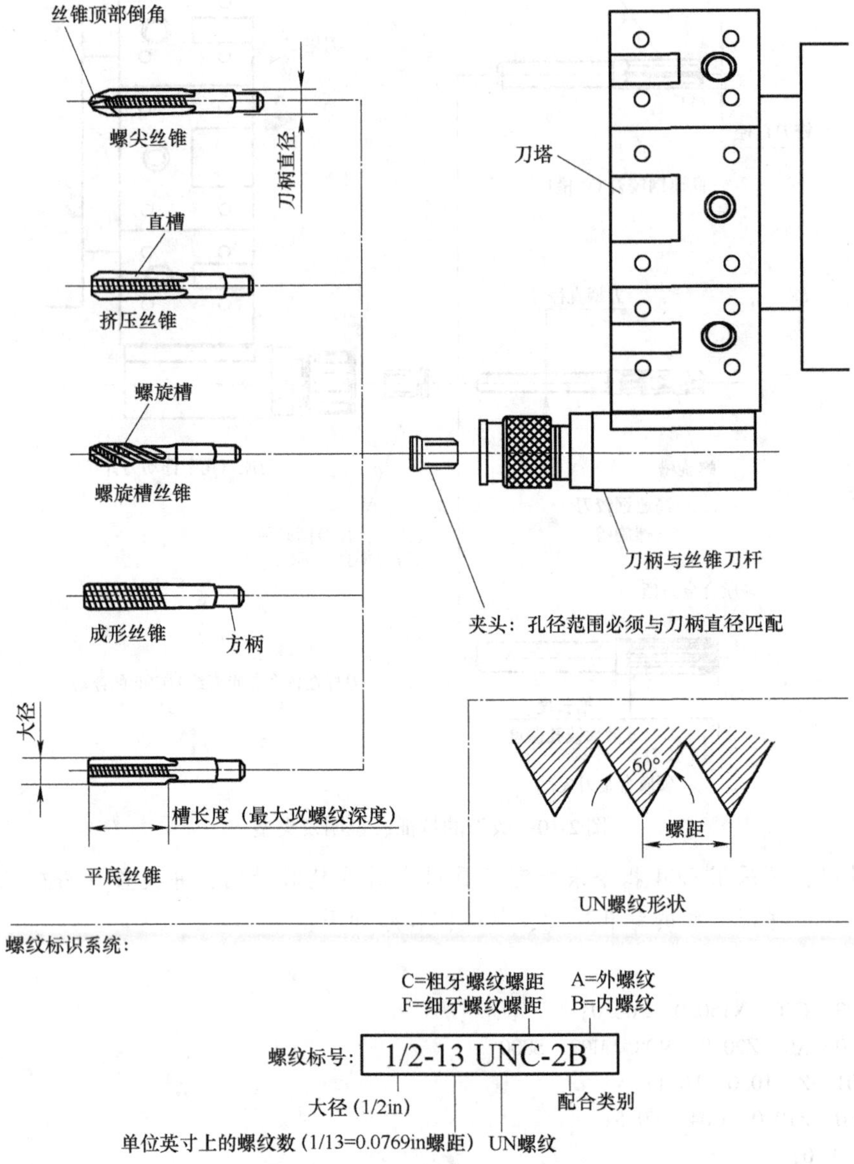

图 2-11 丝锥的特征、类型及表示

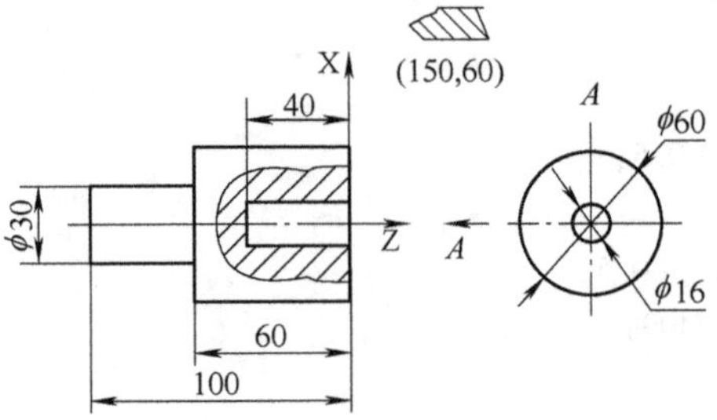

图 2-12 G01 钻孔

2. 镗孔复合循环与深孔钻削循环指令（G74）

（1）概述　该指令可实现端面深孔和镗孔加工，Z 向切进一定的深度，再反向退刀一定的距离，实现断屑。指定 X 轴地址和 X 轴向移动量，就能实现镗孔加工；若不指定 X 轴地址和 X 轴向移动量，则为端面深孔钻加工。

（2）格式书写

1）镗孔循环的指令格式如下：

G74　R（e）；

G74　X（u）　Z（w）　P（Δi）　Q（Δk）　R（Δd）　F；

其中，e——每次啄式退刀量；

u——X 向终点坐标值；

w——Z 向终点坐标值；

Δi——X 向每次的移动量；

Δk——Z 向每次的切入量；

Δd——切削到终点时的 X 轴退刀量（可以默认）。

2）啄式钻孔循环（深孔钻循环）的指令格式如下：

G74　R（e）；

G74　Z（w）　Q（Δk）　F；

其中，e——每次啄式退刀量；

w——Z 向终点坐标值（孔深）；

Δk——Z 向每次的切入量（啄钻深度）。

G74 指令的动作及循环参数如图 2-13 所示。

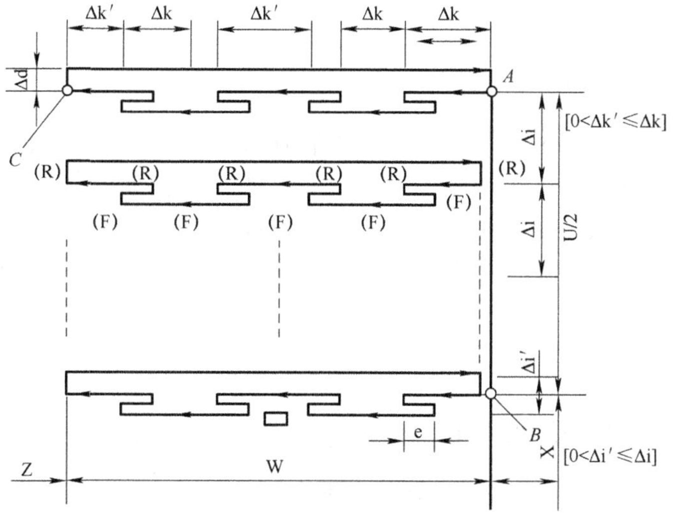

图 2-13　G74 指令的动作及循环参数

工作经验　该指令可用于端面啄式深孔钻削循环，但使用该指令时，装夹在刀架（尾座无效）上的刀具一定要精确定位到工件的旋转中心。

例 2-2 如图 2-14 所示，在工件上加工直径为 10mm 的孔，孔的有效深度为 60mm。工件端面及中心孔已加工，其程序如下：

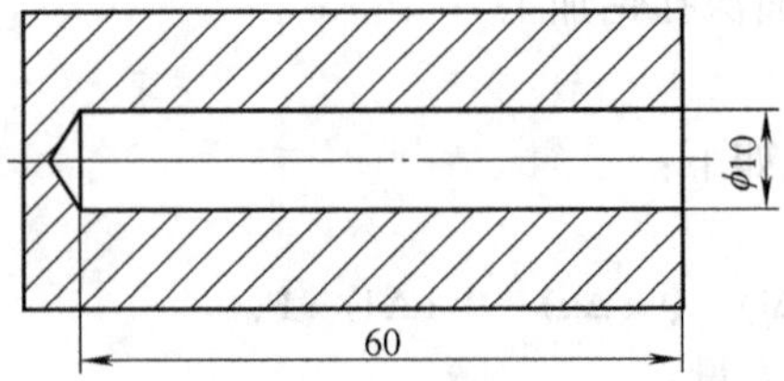

图 2-14 钻孔零件图

```
O0010;
N10  G54  T0505;                    φ10mm 麻花钻
N20  S200  M3;
N30  G0  X0  Z3.;
N40  G74  R1.;
N50  G74  Z-64.  Q8000  F0.1;
N60  G0  Z100.;
N70  X100.  M5;
N80  M30;
```

任务实施

一、选择刀具与机床

选择机械夹紧式不重磨不通孔车刀作为切削刀具，刀片型号为 TNMG110404EN。选择切削用量时，考虑刀杆刚性和排屑问题，取较小值，其参考值如下：

粗加工：转速为 600r/min；进给速度为 100mm/min；背吃刀量为 1mm。

精加工：转速为 1200r/min；进给速度为 50mm/min；背吃刀量为 0.25mm。机床选择同模块一。

二、程序编制

以工件右端面的回转中心为工件编程原点，其参考程序见表 2-1。

表 2-1 参考程序

刀具	1 号：93°不通孔车刀	
程序号	加工程序	程序说明
	O0010;	加工左端内轮廓
N10	G98 G40 G21 G18;	程序初始化
…	…	钻孔程序见［例 2-1］或［例 2-2］

（续）

刀具	1 号：93°不通孔车刀	
程序号	加工程序	程序说明
	O0010；	加工左端内轮廓
N20	G28 U0 W0；	回参考点
N30	T0101；	换 1 号刀，取 1 号刀具长度补偿
N40	M03 S600 M08；	主轴正转，切削液开
N50	G00 X18.0 Z2.0；	快速到达起刀点
N60	G71 U1.0 R0.3；	粗加工左端内轮廓
N70	G71 P80 Q150 U-0.5 W0.5 F100；	
N80	G00 X40.0 S1200；	左端内轮廓精加工轨迹描述
N90	G01 Z0.0 F50；	
N100	X37.0 Z-15.0；	
N110	X30.0；	
N120	Z-21.0；	
N130	X22.0；	
N140	Z-34.0；	
N150	X18.0；	
N160	G70 P80 Q150；	精加工左端内轮廓
N170	G28 U0 W0；	程序结束部分
N180	M05 M09；	
N190	M30；	
	O0020；	右端内轮廓程序
…	…	程序初始化
N50	G00 X18.0 Z2.0；	刀具定位至循环起点
N60	G71 U1.0 R0.3；	粗加工右端内轮廓
N70	G71 P80 Q110 U-0.5 W0.5 F100；	
N80	G00 X40.0 S1200；	精加工轨迹描述
N90	G01 Z0.0 F50；	
N100	G03 X21.07 Z-17.0 R20.0；	
N110	G01 X18.0；	
N120	G70 P80 Q110；	精加工右端内轮廓
N130	G28 U0 W0；	程序结束部分
N140	M05 M09；	
N150	M30；	

三、内孔测量

孔径尺寸精度要求较低时，可采用钢直尺、内卡钳或游标卡尺进行测量；精度要求较高时，可用内径千分尺或内径量表进行测量；标准孔还可以采用塞规进行测量。

1. 游标卡尺

用游标卡尺测量孔径尺寸的方法如图2-15所示，测量时应注意尺身与工件端面平行，活动测量爪沿圆周方向摆动，找到最大位置。

2. 内径千分尺

内径千分尺的使用方法如图2-16所示。这种千分尺的刻度线方向和外径千分尺相反，当微分筒顺时针旋转时，活动爪向右移动，量值增大。

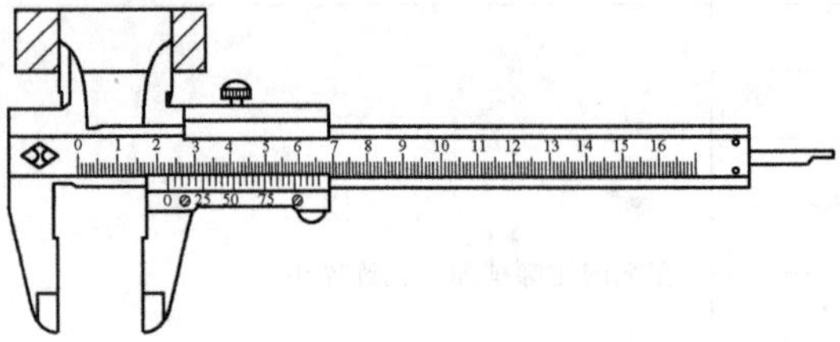

图2-15 用游标卡尺测量内孔

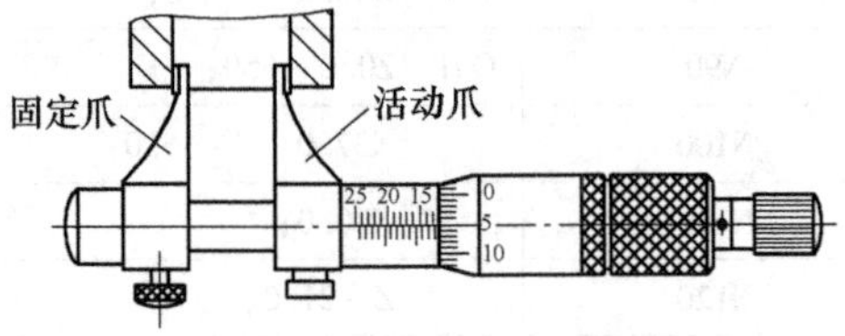

图2-16 用内径千分尺测量内孔

3. 内径百分表

内径百分表是将百分表装夹在测架上构成的。测量前先根据被测工件孔径大小更换固定测量头，用千分尺将内径百分表对准“零”位。其测量方法如图2-17所示，摆动百分表取最小值作为孔径的实际尺寸。

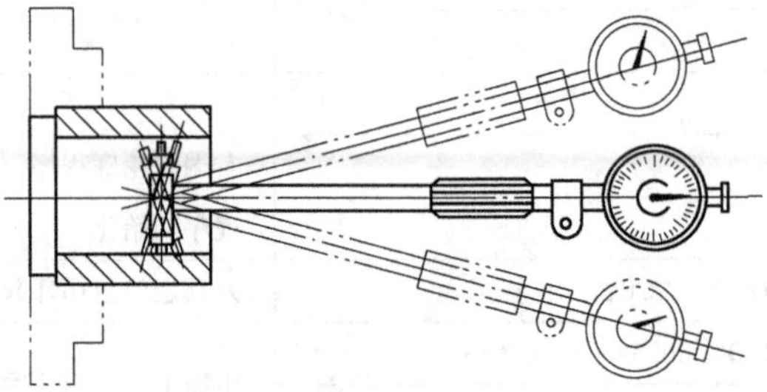

图2-17 用内径百分表测量内孔

4. 塞规

塞规（见图2-18）由通端和止端组成，通端按孔的下极限尺寸制成，测量时应塞入孔内；止端按孔的上极限尺寸制成，测量时不允许插入孔内。当通端能塞入孔内而止端插不进去时，说明该孔尺寸合格。

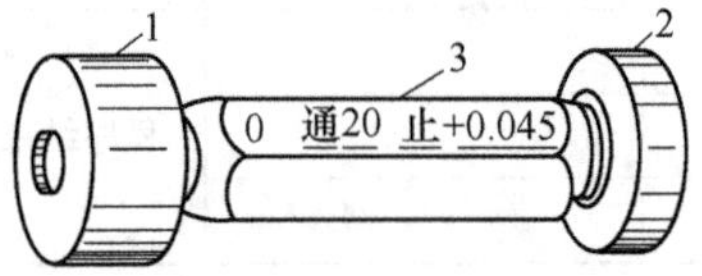

图2-18 塞规

1—通端 2 手持部位 3—止端

用塞规测量孔径时，应保持孔壁清洁，塞规不能倾斜，以防造成孔小的错觉，把孔径车大。相反，在孔径小的时候，不能用塞规硬塞，更不能用力敲击。从孔内取出塞规时，要防止与内孔刀碰撞。孔径温度较高时，不能用塞规立即测量，以防工件冷缩把塞规“咬住”。

四、内孔加工质量分析

内孔加工的误差种类及其原因分析见表 2-2。

表 2-2　内孔加工的误差种类及其原因分析

误差种类	序　号	可能产生原因
尺寸不对	1	测量不正确
	2	车刀安装不对，刀柄与孔壁相碰
	3	产生积屑瘤，增加刀尖长度，使孔车大
	4	工件的热胀冷缩
内孔有锥度	5	刀具磨损
	6	刀柄刚性差，产生让刀现象
	7	刀柄与孔壁相碰
	8	主轴轴线歪斜、床身不水平、床身导轨磨损等机床原因
内孔不圆	9	孔壁薄，装夹时产生变形
	10	轴承间隙太大，主轴颈呈椭圆形
	11	工件加工余量和材料组织不均匀
内孔不光	12	车刀磨损
	13	车刀刃磨不良，表面粗糙度值大
	14	车刀几何角度不合理，装刀低于中心
	15	切削用量选择不当
	16	刀柄细长，产生振动

任务扩展

一、攻螺纹

攻螺纹是用丝锥切削内螺纹的一种加工方法，一般用 G01 指令加工，有的数控机床上也有攻螺纹循环（车削中心）。丝锥是用高速钢制成的一种成形多刃刀具，可以加工车刀无法车削的小直径内螺纹。

（1）攻螺纹前的工艺要点

1）攻螺纹前孔径 D_1 的确定。为了减小切削抗力和防止丝锥折断，攻螺纹前的孔径必须比螺纹小径稍大些，普通螺纹攻螺纹前的孔径可根据经验公式计算。

加工钢件和塑性较大的材料

$$D_1 \approx D - P$$

加工铸件和塑性较小的材料

$$D_{孔} \approx D - 1.05P$$

式中 D——螺纹大径；

D_1——攻螺纹前孔径；

P——螺距。

2）攻制不通孔螺纹底孔深度的确定。攻制不通孔螺纹时，由于丝锥前端的切削刃不能攻制出完整的牙型，所以钻孔深度要大于规定的孔深。通常钻孔深度约等于螺纹的有效长度加上螺纹公称直径的0.7倍。

3）孔口倒角。钻孔或扩孔至上极限尺寸后，在孔口倒角，直径应大于螺纹大径。

（2）攻螺纹时切削速度的选择　钢件和塑性较大的材料，切削速度取2～4m/min；铸件和塑性较小的材料，切削速度取4～6m/min。

（3）切削液的选择　攻制钢件螺纹时，一般用硫化切削液、机油和乳化液；切削低碳钢或40Cr钢等韧性较大的材料，可选用工业植物油；切削铸件可以用煤油或不加切削液。

二、套螺纹

（1）套螺纹时的外圆直径　套螺纹时，工件外圆比螺纹的公称尺寸略小（按工件螺距大小确定）。套螺纹圆杆直径可按下列的近似公式计算

$$d_0 = d - (0.13 \sim 0.15)P$$

式中 d_0——圆柱直径，单位为mm；

d——螺纹大径，单位为mm；

P——螺距，单位为mm。

（2）套螺纹的工艺要求

1）用板牙套螺纹，通常适用于公称直径小于16mm或螺距小于2mm的外螺纹。

2）外圆车至尺寸后，端面倒角要小于或等于45°，使板牙容易切入。

3）套螺纹前必须找正刀架，使板牙轴线与车床主轴轴线重合，且水平方向的偏移量不得大于0.05mm。

4）板牙装入套螺纹工具时，必须使板牙平面与主轴轴线垂直。

5）切削用量的选择。钢件，切削速度取3～4m/min；铸件，切削速度取2～3m/min；黄铜，切削速度取6～9m/min。

攻螺纹与套螺纹一样，在一般的数控车床上是用G01指令来完成的，编程时F的选用要注意以下两点。

1）在每转进给的情况下，F为螺距（或导程）。

2）在每分进给的情况下，F为螺距（或导程）与主轴转速的乘积。

［任务巩固］

1. 孔加工刀具有哪几种？
2. 攻螺纹与套螺纹加工的工艺要求有哪些？
3. 编写如图2-19和图2-20所示零件的加工程序，并在数控车床上将其加工出来。

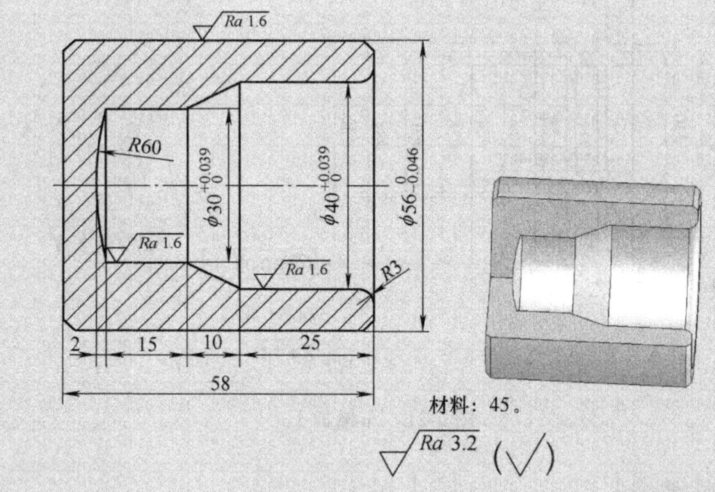

图 2-19　孔加工零件图

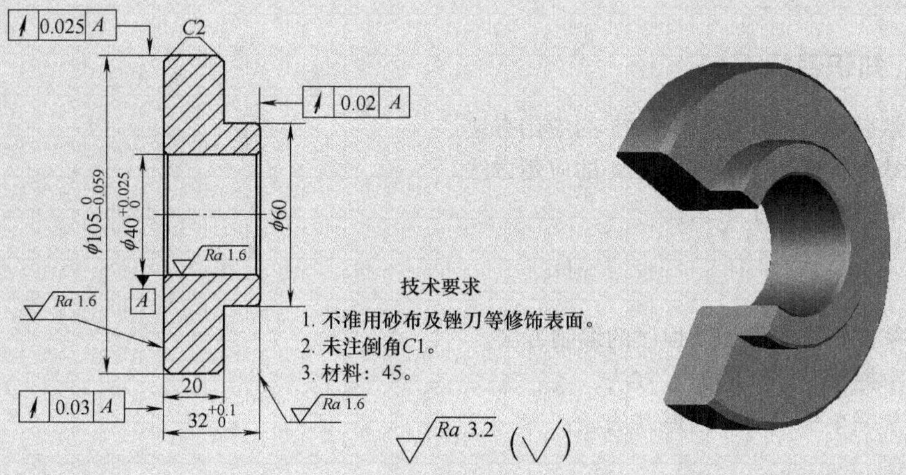

图 2-20　盘类零件图

任务二　槽 的 车 削

工作任务

加工如图 2-21 所示零件，毛坯尺寸为 ϕ60mm × 25mm，材料为 45 钢，内孔已钻出 ϕ16mm 的预孔，试编写其数控车削加工程序并进行加工。

本任务工件中有多个内、外圆槽和一个端面槽，如果采用简单的 G01 指令来加工，则程序较长，容易出错。因此，本任务工件引入了外圆和端面槽的复合固定循环指令进行编程，以达到简化编程的目的。

在槽加工过程中，要特别注意车槽的加工工艺。

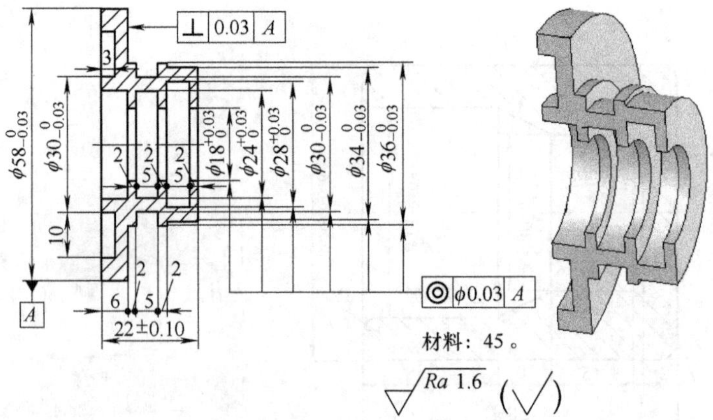

图 2-21　车槽加工

任务目标

一、知识目标

1）掌握外圆槽加工指令 G75 的应用方法。

2）掌握端面槽加工指令 G74 的应用方法。

3）掌握槽的加工工艺。

二、技能目标

1）掌握槽类零件加工程序的编制方法。

2）掌握槽类零件的加工方法。

3）掌握车槽刀具的选择方法。

任务准备

一、加工工艺分析

槽的种类很多，考虑其加工特点，大体可以分为单槽、多槽、宽槽、深槽及异形槽。加工时可能会遇到几种形式槽的叠加，如单槽可能是深槽，也可能是宽槽。

1）对于宽度、深度值相对不大，且精度要求不高的槽，可采用与槽等宽的刀具，直接车入一次成形，如图 2-22 所示。刀具车入槽底后可利用延时指令作短暂停留，以修整槽底圆柱度，退出时如有必要可采用切削进给速度。

2）对于宽度值不大，但深度值较大的深槽零件，为了避免车槽过程中由于排屑不畅使刀具前面压力过大，出现扎刀和折断刀具的现象，应采用分次进刀的方式，刀具在切入工件一定深度后，停止进刀并回退一段距离，达到断屑和退屑的目的，如图 2-23 所示，同时注意尽量选择强度较高的刀具。

3）宽槽的车削。通常把大于一个车刀宽度的槽称为宽槽，宽槽的宽度、深度的精度要求及表面质量相对较高。在车削宽槽时，常采用排刀的方式进行粗切，然后用精车槽刀沿槽的一侧车至槽底，再精加工槽底至槽的另一侧面，并对其进行精加工。其车削方式如图 2-24 所示。

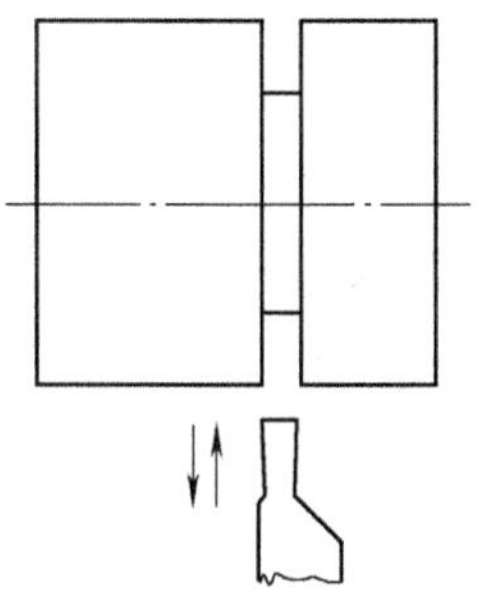
图 2-22　简单槽类零件的加工方式

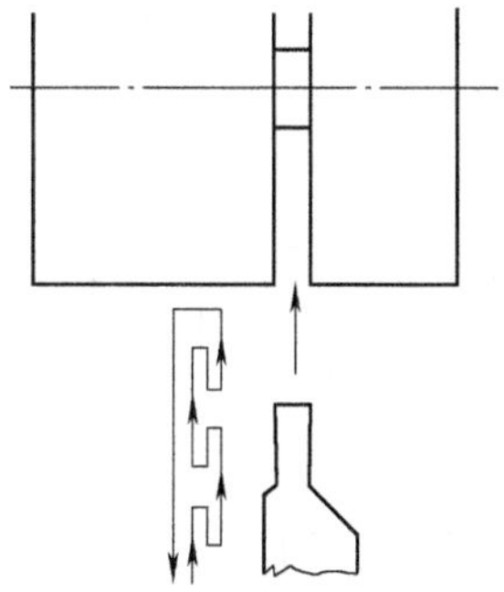
图 2-23　深槽零件的加工方式

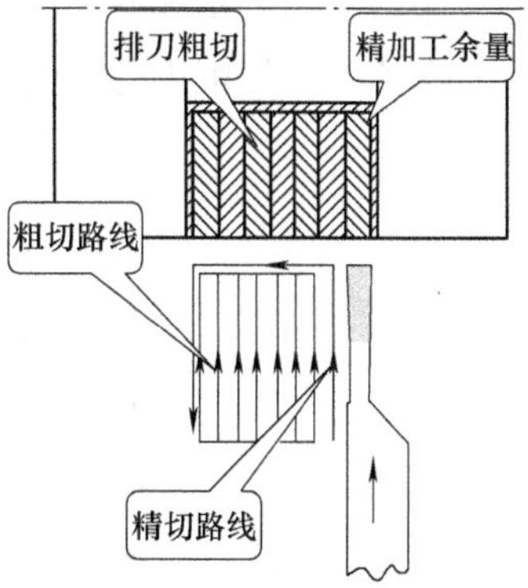

图 2-24　宽槽车削方式示意图

二、刀具的选择

车槽刀以横向进给为主，前端的切削刃为主切削刃，两侧的切削刃为副切削刃。一般车槽刀的主切削刃较窄，刀头较长，所以刀头强度较差。常见的车槽刀有高速钢车断刀（见图 2-25）和硬质合金车槽刀（见图 2-26）。

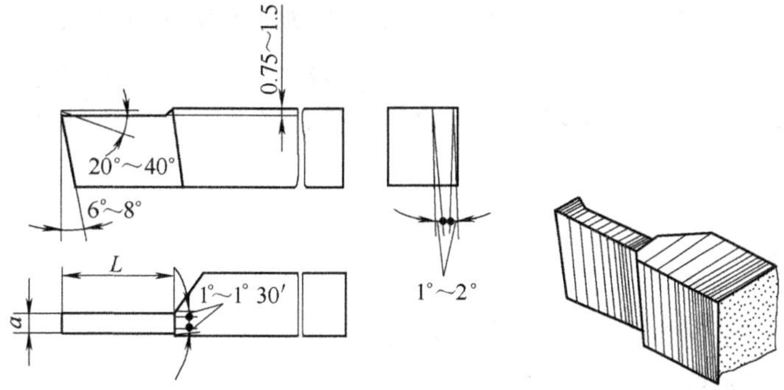

图 2-25　高速钢车槽刀

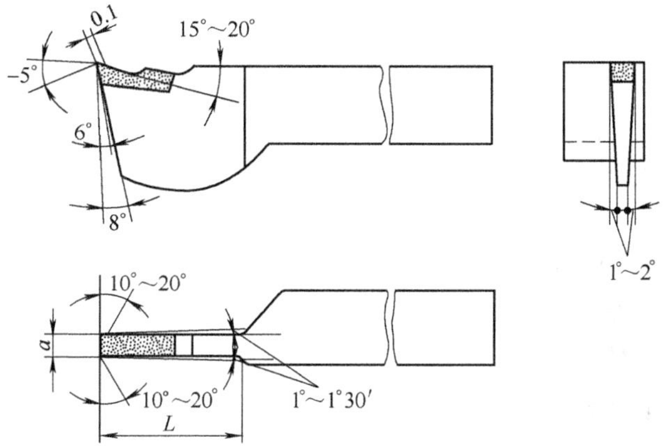

图 2-26　硬质合金车槽刀

车槽刀的几何参数如图2-27所示，前角 $\gamma_o = 5° \sim 20°$，主后角 $\alpha_o = 6° \sim 8°$，两个副后角 $\alpha_1 = 1° \sim 3°$，主偏角 $\kappa_r = 90°$，两个副偏角 $\kappa_r' = 1° \sim 1.5°$。

车槽刀的刀头部分长度 = 槽深 + （2 ~ 3） mm，刀宽根据需要刃磨。

车槽刀主切削刃与两侧副切削刃之间应对称平直。

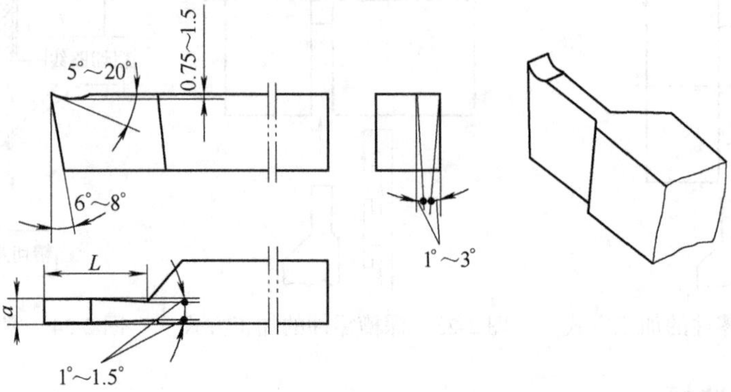

图2-27 车槽刀的几何参数

工作经验

1）安装时，车槽刀不宜伸出过长，同时车槽刀的中心线必须装得跟工件中心线垂直，以保证两个副偏角对称。

2）车断实心工件时，车断刀的主切削刃必须装得与工件中心等高，否则不能车到中心，而且易崩刀，甚至折断车刀。

3）车槽刀的底平面应平整，以保证两个副后角对称。

三、指令介绍

加工槽类的指令有G01及切削循环指令等。

1. 径向车槽循环指令（G75）

（1）概述 G75指令用于内、外径切槽或钻孔，其用法与G74指令大致相同（见图2-28）。

（2）指令格式

```
G75  R (e);
G75  X (u)  Z (w)  P (Δi)  Q (Δk)  R (Δd)  F;
```

其中，

e——分层切削每次退刀量；

u——X向终点坐标值；

w——Z向终点坐标值；

Δi——X向每次的切入量；

Δk——Z向每次的移动量；

Δd——切削到终点时的退刀量（可以默认）。

例 2-3 加工如图 2-29 所示的零件，编写其加工程序。

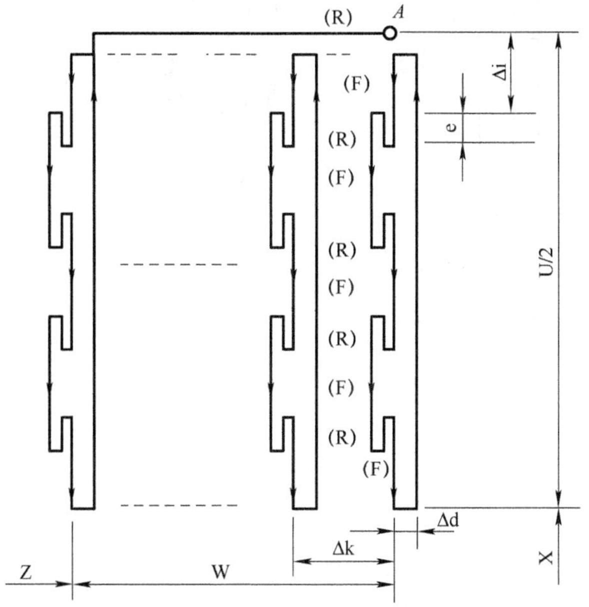

图 2-28 G75 指令段内部参数示意

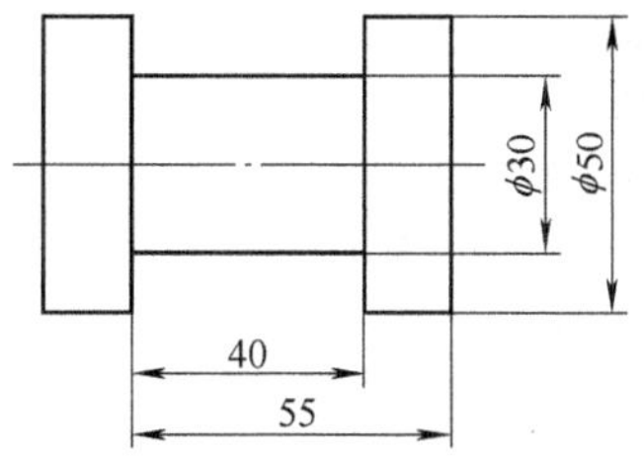

图 2-29 宽槽加工

程序如下：

```
O0011;
N10  G54  T0202;(车槽刀，刃口宽 5mm)
N20  S300  M3;
N30  G0  X52.  Z-15.;
N40  G75  R1.;
N50  G75  X30.  Z-50.  P3000  Q4500  F0.1;
N60  G0  X150.  Z100.  M5;
N70  M30;
```

2. 端面槽加工指令（G74）

该指令与本模块任务一所介绍的孔加工指令相同，不再赘述。

例 2-4 试用 G74 指令编写如图 2-30 所示工件的车槽（车槽刀的刀宽为 3mm）及钻孔加工程序。

```
O0210;
…
G00  X20.0  Z1.0;                                    快速定位至车槽循环起点
G74  R0.3;
G74  X42.0  Z-5.0  P1 000  Q2 000  F0.1;             X 坐标相差一个刀宽
G01  X16.0  Z0;                                      加工内锥面
```

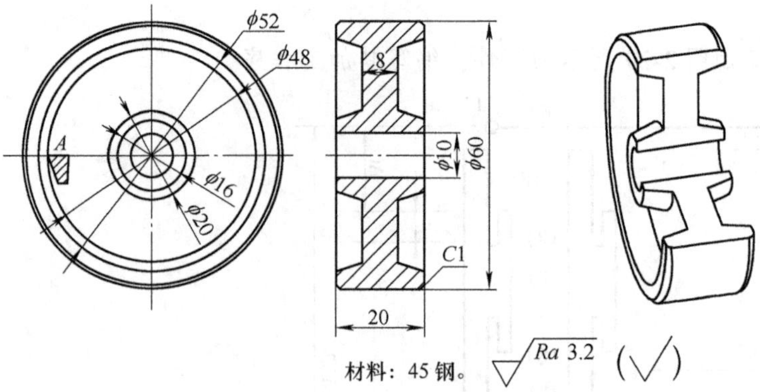

图 2-30　端面槽加工示例件

```
X20.0   Z-5.0;
X42.0;
Z2.0;
X46.0   Z0;
X42.0   Z-5.0;
Z2.0;
G28   U0   W0;                      返回参考点，以便转刀
T0202;                              转 2 号刀即 ϕ10mm 钻头
G00   X0.0   Z1.0;                  快速定位到啄式钻削起点
G74   R0.3;
G74   Z-25.0   Q5 000   F0.1;
G28   U0   W0;
M30;
```

提示　车削如图 2-30 所示端面槽时，车刀的刀尖点 *A* 处于车孔状态，为了避免车刀与工件沟槽的较大圆弧面相碰，刀尖 *A* 处的副后刀面必须根据端面槽圆弧的大小磨成圆弧形，并保证一定的后角。

注意　使用车槽复合固定循环（G74、G75）指令时的注意事项如下：

1）在 FANUC 或三菱系统中，当出现以下情况而执行切槽复合固定循环指令时，将会出现程序报警。

① X(U) 或 Z(W) 指定，而 Δi 或 Δk 值未指定或指定为 0；

② Δk 值大于 Z 轴的移动量（W）或 Δk 值设定为负值；

③ Δi 值大于 U/2 或 Δi 值设定为负值；

④ 退刀量大于进给量，即 e 值大于每次背吃刀量 Δi 或 Δk。

2）由于 Δi 和 Δk 为无符号值，所以刀具切深完成后的偏移方向由系统根据刀具起刀点及车槽终点的坐标自动判断。

3）车槽过程中，刀具或工件受较大的单方向切削力，容易在切削过程中产生振动，因此车槽加工中进给速度F的取值应略小（特别是在端面车槽时），通常取0.1～0.2mm/r。

任务实施

一、程序编制

本任务的加工程序见表2-3。

表2-3 加工程序

刀具	1号：外车槽刀；2号：内车槽刀；3号端面槽刀	
程 序 号	加 工 程 序	程 序 说 明
	O0010；	加工左端端面槽
…	…	加工左端外形轮廓，加工程序略
N120	G28 U0 W0；	回参考点换端面槽刀，刀宽2.5mm
N130	T0303；	
N140	M03 S500 M08；	主轴正转，切削液开
N150	G00 X45.0 Z2.0；	快速到达起刀点
N160	G74 R0.3；	加工端面槽
N170	G74 X30.0 Z－3.0 P2000 Q2000 F50；	
N180	G28 U0 W0；	程序结束部分
N190	M05 M09；	
N200	M30；	
	O0020；	加工右端内、外圆槽
…	…	加工右端内、外圆轮廓，加工程序略
N120	G28 U0 W0；	回参考点换1号外车槽刀，刀宽2.5mm
N130	T0101；	
N140	M03 S500 M08；	主轴正转，切削液开
N150	G00 X38.0 Z11.5；	刀具定位至循环起点
N160	G75 R0.3；	加工外圆槽
N170	G75 X30.0 Z－14.0 P2000 Q2000 F50；	
N180	G28 U0 W0；	回参考点换2号内车槽刀，刀宽2.5mm
N190	T0202；	
N200	G00 X16.0 Z2.0；	注意内孔切槽的进刀路线
N210	Z－4.5；	

（续）

刀具	1号：外车槽刀；2号：内车槽刀；3号端面槽刀	
程 序 号	加 工 程 序	程 序 说 明
	O0010；	加工左端端面槽
N220	G75 R0.3；	加工第一个内孔槽
N230	G75 X28.0 Z－7.0 P2000 Q2000 F50；	
N240	G00 Z－11.5；	定位至第二个槽加工的循环起点
N250	G75 R0.3；	加工第二个内切槽
N260	G75 X24.0 Z－14.0 P2000 Q2000 F50；	
N270	G00 Z2.0；	注意内孔切槽的退刀路线
N280	G28 U0 W0；	程序结束部分
N290	M05 M09；	
N300	M30；	

二、车槽时常见的质量问题

车槽时常见的加工误差现象及原因分析见表2-4。

表2-4 车槽时常见的加工误差现象及原因分析

误 差 现 象	序 号	产 生 原 因
槽底倾斜	1	刀具安装不正确
槽的侧面呈现凹凸面	2	刀具刃磨角度不对称
	3	刀具刃磨前小后大
	4	刀具安装角度不对称
	5	刀具两刀尖磨损不对称
槽底出现振动现象，有振纹	6	工件安装不正确
	7	刀具刚性差或刀具伸出太长
	8	切削用量选择不当，导致切削力过大
	9	刀具刃磨参数不正确
	10	在槽底的程序延时时间太长
切削过程出现扎刀现象	11	进给量过大
	12	切屑阻塞
槽直径或槽宽尺寸不正确	13	对刀不正确
	14	刀具磨损或修改刀具磨损参数不当
	15	编程出错

任务扩展

多槽的加工

编写如图2-31所示车纸辊（18mm×4mm）槽的加工程序。

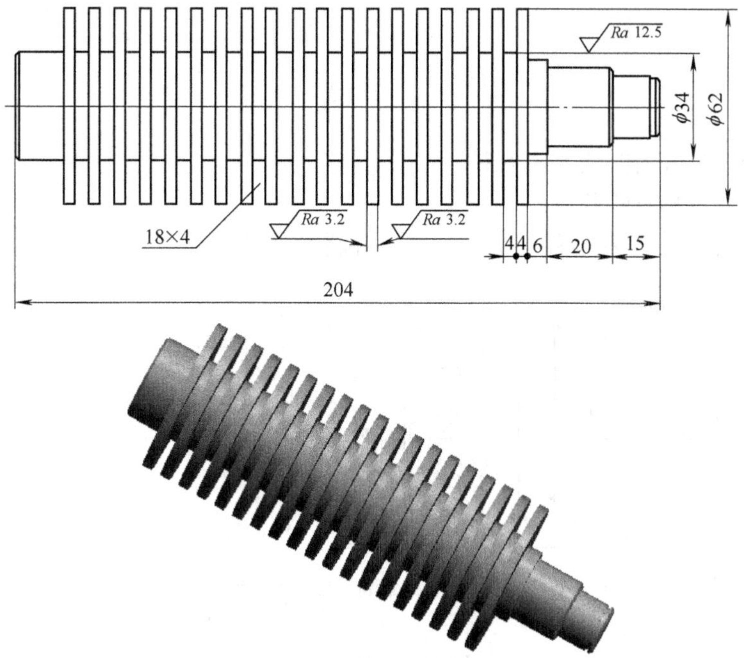

图 2-31 纸辊槽零件图

该零件槽的深度较大，采用断屑切削方式，选择与槽等宽的车槽刀直接切入，其定位与切入、回退等均应用子程序编制，加工程序见表 2-5。

表 2-5 车纸辊槽的加工程序

程 序	说 明
O0001；	程序号
N10 T0101 S500 M03；	1 号外车槽刀，4mm，左刀尖对刀，1 号刀具补偿，起动主轴
N20 G00 X65.0 Z－41.0 M08；	定位
N30 M98 P181000；	调用车槽子程序（O1000）18 次
N40 G28 X150.0 M09；	回参考点
N50 M05；	
N60 M02；	程序结束
O1000；	子程序号
N10 G01 W－8.0 F0.3；	
N20 M98 P42000；	一重嵌套调用子程序（O2000）4 次
N30 G01 X65.0 F0.1；	车至槽底后退刀
N40 M99；	子程序结束
O2000；	子程序号
N10 U－10.0 F0.1；	
N20 U3.0 F0.3；	车入时回退断屑
N30 M99；	子程序结束

［任务巩固］

1. 槽的加工时进给路线有哪几种？

2. 加工槽的刀具有哪几种？

3. 编写如图 2-32 所示零件的加工程序，并将其加工出来。

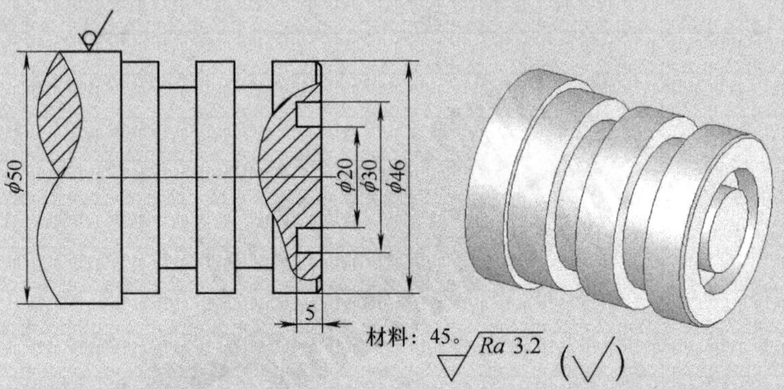

图 2-32 轴向切槽

4. 试分析如图 2-33 所示工件（毛坯为 φ40mm × 92mm 的 45 钢）的加工过程，编写其加工程序，并将其加工出来。

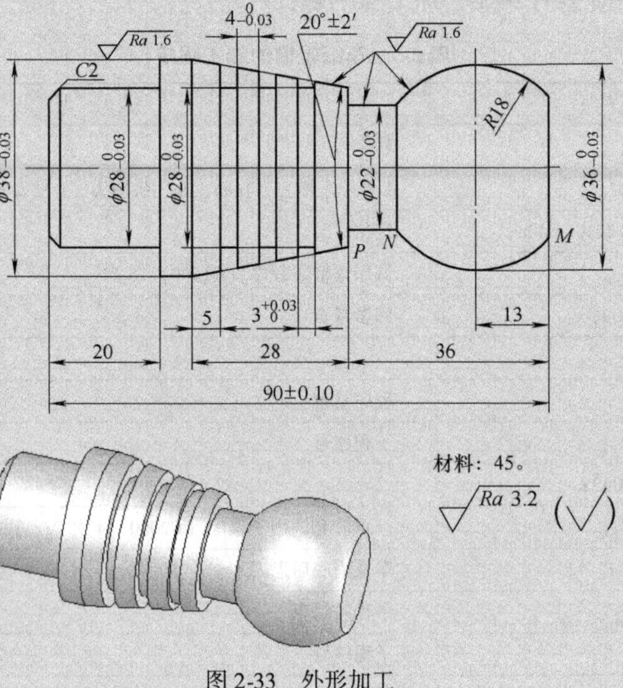

图 2-33 外形加工

模块三 螺纹与非圆曲线特形面的加工

任务一 普通三角形螺纹的加工

工作任务

加工如图 3-1 所示工件，毛坯尺寸为 ϕ35mm × 52mm，材料为硬铝，前一工序已加工出 ϕ20mm、深度为 28mm 的孔，试编写其数控车削加工程序并进行加工。

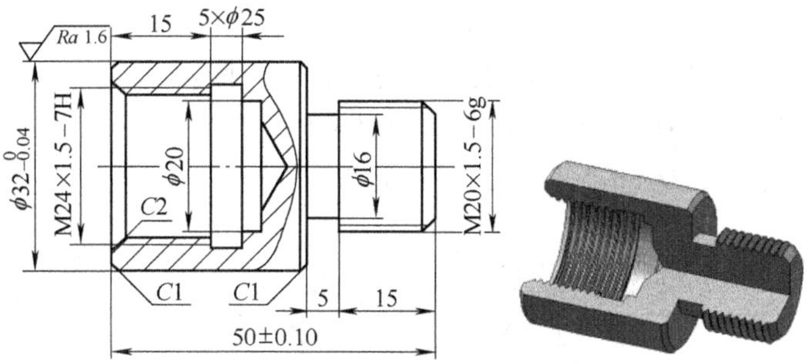

材料：1035。

$\sqrt{Ra\ 3.2}$ ($\sqrt{}$)

图 3-1 普通三角形螺纹加工零件图

螺纹加工是数控车床的主要功能之一。编写螺纹加工程序时，有多种螺纹加工指令可供选择，如 G32、G92 和 G76 等，读者可根据具体情况进行合理的选择。此外，为了加工出合格的三角形螺纹，选用合理的螺纹加工工艺是关键。

任务目标

一、知识目标

1）掌握螺纹标记的表示方法。
2）掌握螺纹轴向起点和终点尺寸的确定方法。
3）了解加工螺纹的刀具选择方法。

二、技能目标

1）掌握螺纹车刀的装夹方式。

2）掌握外螺纹、内螺纹和端面螺纹的车削方法。

3）掌握螺纹的检测方法。

任务准备

一、螺纹标记及基本牙型

普通螺纹是我国应用最为广泛的一种三角形螺纹，牙型角为60°。普通螺纹分为粗牙普通螺纹和细牙普通螺纹。粗牙普通螺纹螺距是标准螺距，其代号用字母“M”及公称直径表示，如M16和M12等。细牙普通螺纹代号用字母“M”及公称直径×螺距表示，如M24×1.5和M27×2等。普通螺纹有左旋螺纹和右旋螺纹之分，左旋螺纹应在螺纹标记的末尾处加注“LH”字，如M20×1.5LH等，未注明的是右旋螺纹。螺纹牙型是在通过螺纹轴线的断面上螺纹的轮廓形状。普通螺纹的基本牙型如图3-2所示，其中各字符的含义如下：

P——螺纹螺距；

H——螺纹原始三角形高度，$H=0.866P$；

D、d——螺纹大径，其公称尺寸与螺纹的公称直径相同；

D_2、d_2——螺纹中径，$D_2(d_2)=D(d)-0.6495P$；

D_1、d_1——螺纹小径，$D_1(d_1)=D(d)-1.08P$。

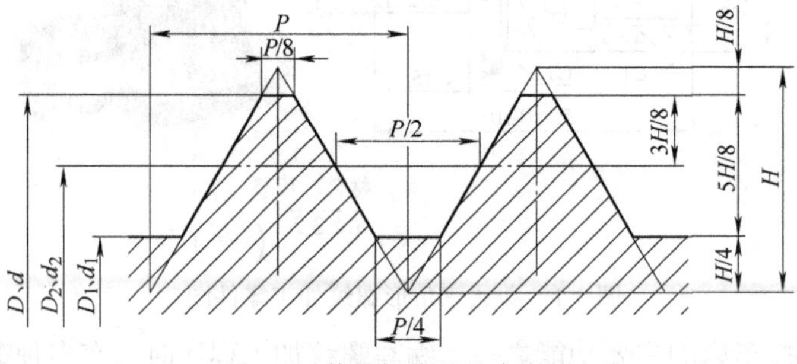

图3-2 普通螺纹的基本牙型

二、螺纹的切削工艺

1. 螺纹总切深及多刀切削

螺纹总切深与螺纹牙型高度及螺纹中径的公差带有关。从图3-2中可以看出，螺纹的牙型高度 h_1（牙顶到牙底之间垂直于螺纹轴线的距离）为 $5H/8$，即 $h_1=0.54P$。考虑到直径编程，在编制螺纹加工程序时，总切深量 $h'=2h_1+T$，T 为螺纹中径公差带的中值。在实际加工中，螺纹中径会受到螺纹车刀刀尖形状、尺寸及刃磨精度等的影响，为了保证螺纹中径达到要求，一般要根据实际作一些调整，通常取总切深量为 $1.3P$。

当螺纹牙型较深时，要分多次进给切削。每次进给的背吃刀量依递减规律分配。对于精度要求不太高的螺纹，进给次数及实际背吃刀量可按表3-1选取。

2. 车螺纹前直径尺寸的确定

车外螺纹时，由于受车刀挤压会使螺纹大径尺寸涨大，所以车螺纹前大径一般应比公称尺寸小0.2~0.4mm（约 $0.13P$），车好螺纹后牙顶处有 $0.125P$ 的宽度（P 为螺距）。同理，

表 3-1　常用普通螺纹切削的进给次数与背吃刀量

螺距/mm		1.0	1.5	2.0	2.5
总切深量/mm		1.3	1.95	2.6	3.25
背吃刀量/mm	1 次	0.8	1.0	1.2	1.3
	2 次	0.4	0.6	0.7	0.9
	3 次	0.1	0.25	0.4	0.5
	4 次		0.1	0.2	0.3
	5 次			0.1	0.15
	6 次				0.1

车削内螺纹时，内孔直径会缩小，所以车削内螺纹前的孔径要比内螺纹小径略大些，可采用下列近似公式计算：

车削外螺纹

$$D_{底} = D - 1.3P$$

车削塑性金属的内螺纹

$$D_{孔} \approx d - P$$

车削脆性金属的内螺纹

$$D_{孔} \approx d - 1.05P$$

式中　$D_{底}$——外螺纹的小径；

$D_{孔}$——车螺纹前的孔径；

d——螺纹公称直径；

P——螺距。

3. 螺纹轴向起点和终点尺寸的确定

为了加工出正确的螺纹，车螺纹时必须保证主轴每转一圈，螺纹刀的移动距离为一个导程（见图 3-3a）。经过简单计算可知，加工螺纹时，车刀作恒定高速移动，但实际车削螺纹开始时伺服系统有一个加速过程，结束前有一个相应的减速过程。在这两个过程中，螺距得不到有效保证，故必须设置合理的导入距离 δ_1（加速进刀段）和导出距离 δ_2（降速退刀段），如图 3-3b 所示。

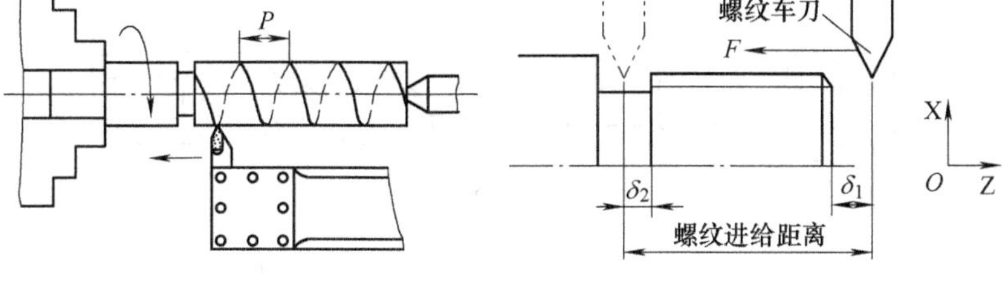

a)　　　　b)

图 3-3　螺纹切削的导入、导出距离

δ_1和δ_2的数值与机床拖动系统的动态特性有关，还与螺纹的螺距和螺纹的精度有关。一般δ_1取（2～3）P，对大螺距和高精度的螺纹则取较大值；δ_2一般取（1～2）P。另外，δ_1和δ_2也可以由如下经验公式计算得出

$$\delta_1=\frac{3.605nP_h}{1800};\ \delta_2=\frac{nP_h}{1800}$$

式中　n——主轴转速；

P_h——螺纹导程。

4. 刀具选择

（1）外螺纹车刀的选择　螺纹车刀属于成形刀具，其切削部分的几何形状必须与螺纹牙型相吻合。高速钢三角形外螺纹车刀如图3-4a所示，硬质合金三角形外螺纹车刀如图3-4b所示。

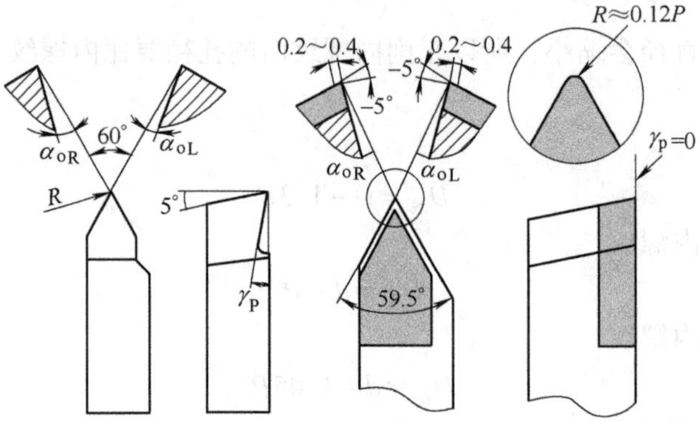

图3-4　外螺纹车刀

a）高速钢三角形外螺纹车刀　b）硬质合金三角形外螺纹车刀

（2）内螺纹车刀的选择　常见三角形内螺纹车刀的外形如图3-5所示，其切削部分的几何形状与三角形外螺纹车刀相似。车削内螺纹时，应根据不同的螺纹形式选用不同的内螺纹车刀，如图3-5a、b、c所示为通孔和台阶孔内螺纹车刀，图3-5d所示为不通孔内螺纹车刀。

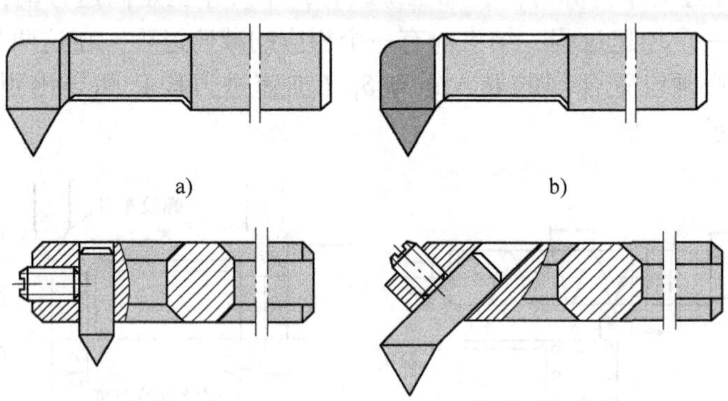

图3-5　三角形内螺纹车刀

a）高速钢整体式　b）硬质合金焊接式　c）垂直夹固式　d）斜槽夹固式

高速钢三角形内螺纹车刀和硬质合金三角形内螺纹车刀的具体几何形状可分别参照图3-6和图3-7。对于高速钢三角形内螺纹粗车刀，γ_p一般取10°~15°，而高速钢三角形内螺纹精车刀γ_p一般取0°。

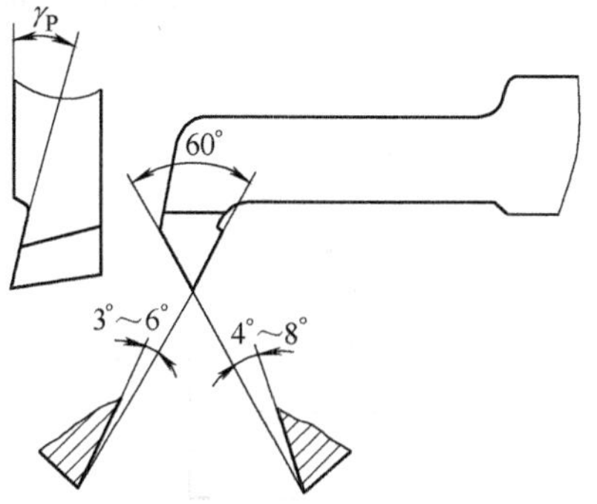

图 3-6 高速钢三角形内螺纹车刀

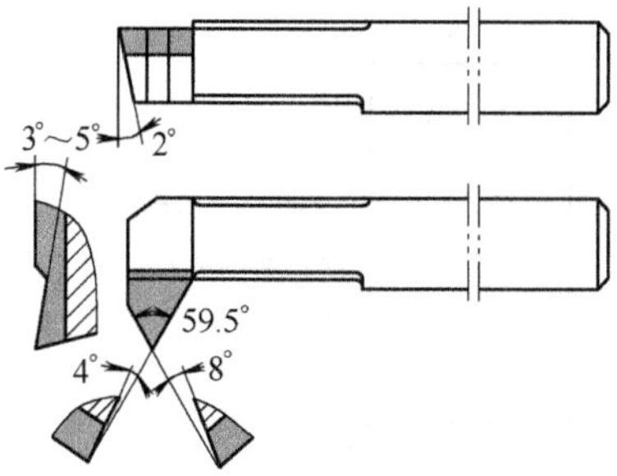

图 3-7 硬质合金三角形内螺纹车刀

5. 螺纹车刀的装夹

(1) 外螺纹车刀的装夹 螺纹车刀安装得正确与否，对螺纹牙型有很大的影响。换句话说，如果刀具装夹存在偏差，即使刀尖角刃磨十分准确，车削后的牙型仍然会产生误差。例如，车刀装得左右歪斜，车出的螺纹会出现两牙型半角不相等的倒牙现象；又如，车刀装得偏高或偏低，将使螺纹牙型角产生与有径向前角时类似的误差。螺纹车刀的安装要求见表 3-2。

表 3-2 螺纹车刀的安装要求

序 号	安 装 要 求
1	螺纹车刀刀尖与车床主轴轴线等高，一般可根据尾座顶尖高度调整和检查。为防止高速车削时产生振动和“扎刀”，外螺纹车刀刀尖也可以高于工件中心 0.1 ~ 0.2mm，必要时可采用弹性刀柄螺纹车刀
2	使用螺纹对刀样板，校正螺纹车刀的安装位置（见图 3-8），确保螺纹车刀两刀尖半角的对称中心线与工件轴线垂直
3	螺纹车刀伸出刀架不宜过长，一般伸出长度为刀柄高度的 1.5 倍

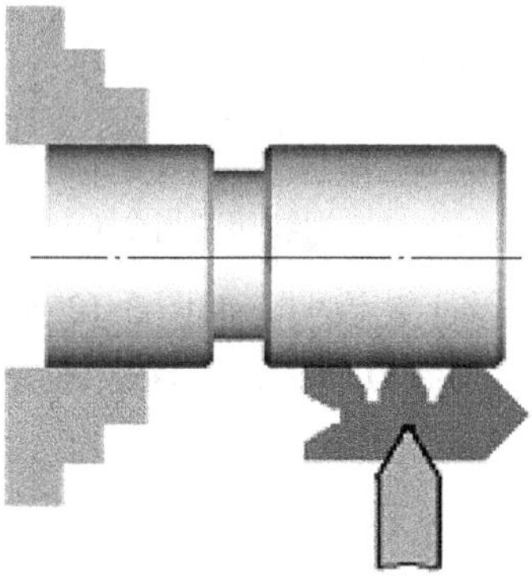

图 3-8 校正螺纹车刀的装刀位置

(2) 内螺纹车刀的装夹 同车削外螺纹相似，内螺纹车刀的安装同样至关重要。

1) 刀柄的伸出长度应大于内螺纹长度约 10 ~ 20mm。

2) 刀尖应与工件轴心线等高。如果装得过高，车削时容易引起振动，使螺纹表面产生鱼鳞斑；如果装得过低，刀头下部会与工件发生摩擦，车刀切不进去。

3) 应将螺纹对刀样板侧面靠平工件端面，刀尖部分进入样板的槽内进行对刀，如图 3-9所示，同时调整并夹紧刀具。

4）装夹好的螺纹车刀应在底孔内手动试切一次，如图 3-10 所示，以防正式加工时刀柄和内孔相碰而影响加工。

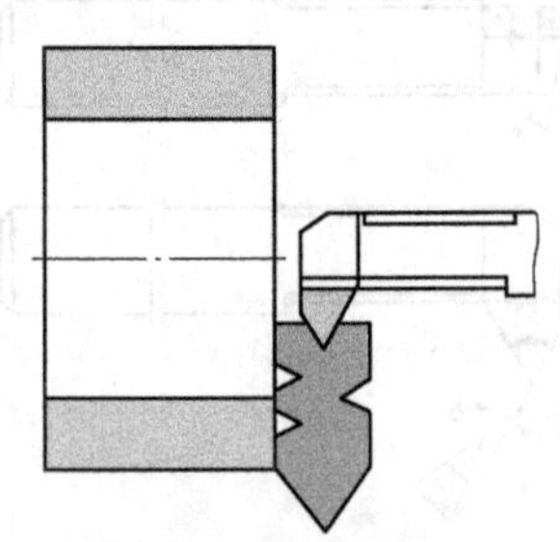

图 3-9　内螺纹车刀的对刀

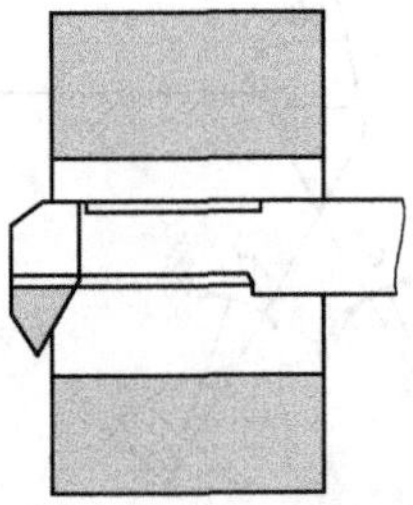

图 3-10　检查刀柄是否与孔底相碰

三、指令介绍

1. 单行程等距螺纹切削指令（G32）

应用 G32 指令可以加工圆锥螺纹、圆柱螺纹与端面螺纹。

（1）圆锥螺纹的加工

1）指令格式：G32　X(U) _　Z(W) _　F_　Q_;

螺纹导程用 F 直接指令。对圆锥螺纹（见图 3-11），其斜角 α 在 45°以下时，螺纹导程以 Z 轴方向的值指令；在 45°～90°时，以 X 轴方向的值指令。Q 为螺纹起始角，该值为不带小数点的非模态值，单位为 0.001°。

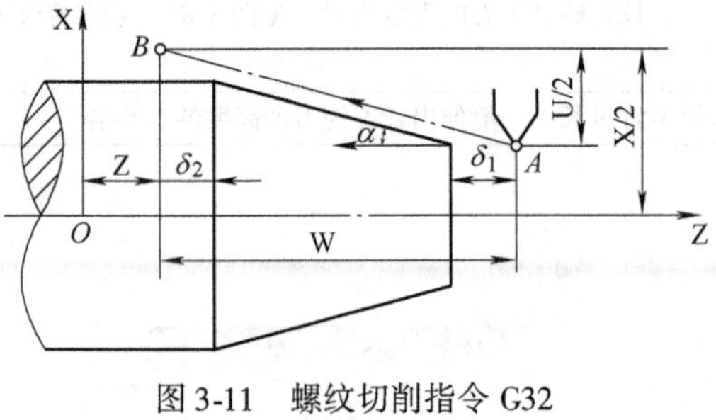

图 3-11　螺纹切削指令 G32

2）加工圆锥螺纹的运动轨迹及工艺说明。如图 3-12 所示，加工圆锥螺纹时，要特别注意受 δ_1、δ_2影响后的螺纹切削起点与终点坐标，以保证螺纹锥度的正确性。

例 3-1　试用 G32 指令编写如图 3-12 所示工件的螺纹（P_h =2.5mm）加工程序。

分析：经计算，圆锥螺纹的牙顶在 B 点处的坐标为（18.0，6.0），在 C 点处的坐标为（30.5，-31.5）。

其加工程序如下：

```
O0303;
…
G00   X16.7   Z6.0;             δ1 = 6
G32   X29.2   Z-31.5   F2.5;    螺纹第 1 刀切削，背吃刀量为 1.3mm
G00   U20.0;
```

```
        W37.5;
G00   X16.0   Z6.0;
G32   X28.5   Z-31.5   F2.5;       螺纹第 2 刀切削，背吃刀量为 0.7mm
...
```

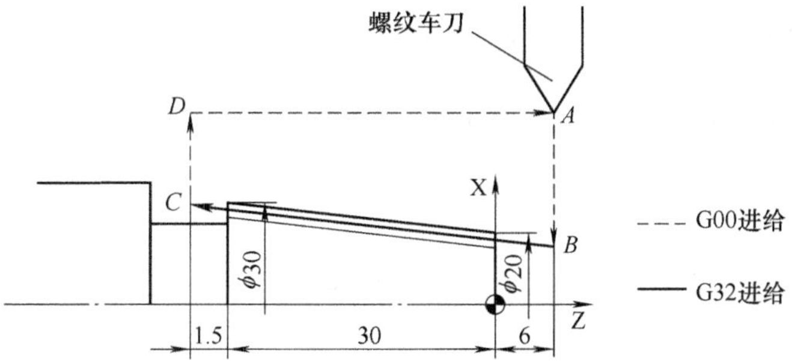

图 3-12　G32 圆锥螺纹运动轨迹与编程示例

（2）圆柱螺纹的加工

1）指令格式：G32　Z(W) __　F __　Q __；

2）指令的运动轨迹及工艺说明。G32 指令的执行轨迹如图 3-13 所示。G32 指令近似于 G01 指令，刀具从 *B* 点以每转进给一个导程/螺距的速度切削至 *C* 点。其切削前的进刀和切削后的退刀都要通过其他的程序段来实现，如图中 3-13 的 *AB*、*CD*、*DA* 程序段。

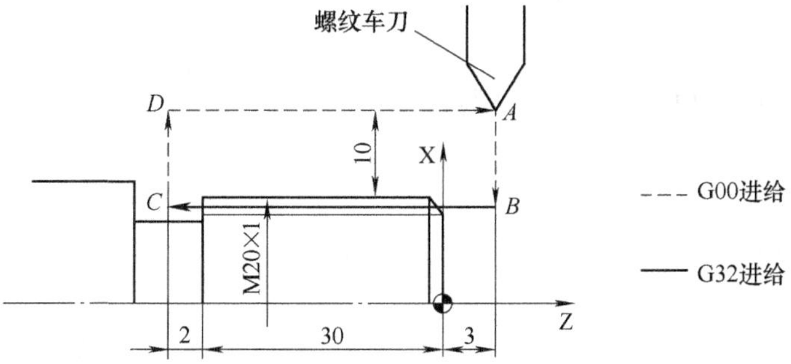

图 3-13　G32 圆柱螺纹的运动轨迹与编程示例

在加工等螺距圆柱螺纹以及除端面螺纹之外的其他各种螺纹时，均需特别注意其螺纹车刀的安装方法（正、反向）和主轴的旋转方向应与车床刀架的配置方式（前、后置）相适应。如采用图 3-13 所示后置刀架车削其右旋螺纹时，不仅螺纹车刀必须反向（即前刀面向下）安装，车床主轴也必须用 M04 指令其旋向。否则，车出的螺纹将不是右旋，而是左旋螺纹。如果螺纹车刀正向安装，主轴用 M03 指令，则起刀点也应改为图 3-13 中的 *D* 点。

例 3-2　试用 G32 指令编写图 3-13 所示工件的螺纹加工程序。

分析：因该螺纹为普通联接螺纹，没有规定其公差要求，可参照螺纹公差的国家标准，对其大径（车螺纹前的外圆直径）尺寸，可靠近最低配合要求的公差带，如 8e（$^{-0.06}_{-0.34}$）并取其中值确定，或按经验取为 19.8mm，以避免合格螺纹的牙顶出现过尖的疵病。

螺纹切削导入距离 δ_1 取 3mm，导出距离 δ_2 取 2mm。螺纹的总切深量预定为 1.3mm，分三次切削，背吃刀量依次为0.8mm、0.4mm和0.1mm。

其加工程序如下：

```
O0301;
…
G00   X40.0   Z3.0;          δ1 = 3mm
      U-20.8;
G32   W-35.0   F1.0;         螺纹第一刀切削，背吃刀量为0.8mm
G00   U20.8;
      W35.0;
      U-21.2;
G32   W-35.0   F1.0;         背吃刀量为0.4mm
G00   U21.2;
      W35.0;
      U-21.3;
G32   W-35.0   F1.0;         背吃刀量为0.1mm
G00   U21.3;
      W35.0;
G00   X100.0   Z100.0;
M30;
```

（3）端面螺纹的加工　切削端面螺纹时，Z(W)指令省略，其他与加工圆柱螺纹类似。

指令格式：G32　X(U) __　F __　Q __；

例3-3　加工如图3-14所示的端面螺纹。

其加工程序如下：

```
…
G00   X106.0   Z20.0   M03;
      Z-0.5;
G32   X67.0   F4.0;
G00   Z20.0;
      X106.0;
      Z-1.0;
G32   X67.0;
G00   Z20.0;
      X106.0;
      Z-1.5;
G32   X67.0;
G00……;
…
G32   X67.0;
G00   Z20.0;
      X200.0   Z200.0   M09;
M30;
```

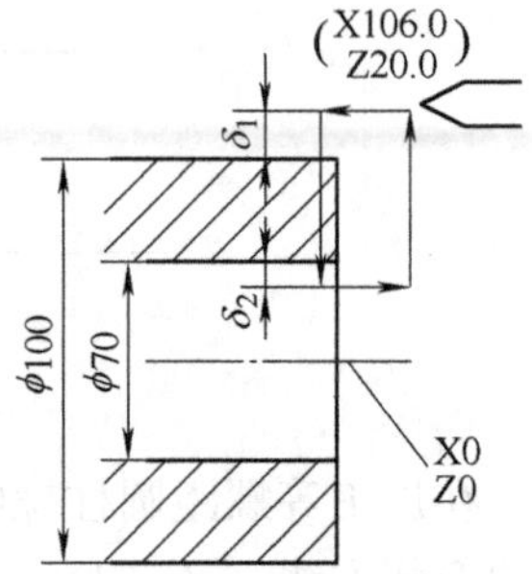

图3-14　端面螺纹的加工

>> **提示**

G32 指令除了可以加工以上螺纹外，还可以加工以下几种螺纹。

1）多线螺纹。编制加工多线螺纹的程序时，只要用地址 Q 指定主轴一转信号与螺纹切削起点的偏移角度即可。

2）连续螺纹切削。连续螺纹切削功能是为了保证程序段交界处的少量脉冲输出与下一个移动程序段的脉冲处理与输出相互重叠（程序段重叠）。因此，执行连续程序段加工时，由运动中断而引起的断续加工被消除，故可以完成那些需要中途改变其等螺距和形状（如从圆柱螺纹变圆锥螺纹）的特殊螺纹的切削。

2. 变导程螺纹切削指令（G34）

指令格式：G34　X(U) __　Z(W) __　F __　K __；

其中，X、Z、F 的含义与 G32 指令相同（见图 3-15）。K 为螺纹每导程的增（或减）量，K 值范围：米制螺纹为 ±0.0001 ~ 100.00mm/r，寸制螺纹为 ±0.000001 ~ 1.000000in/r。

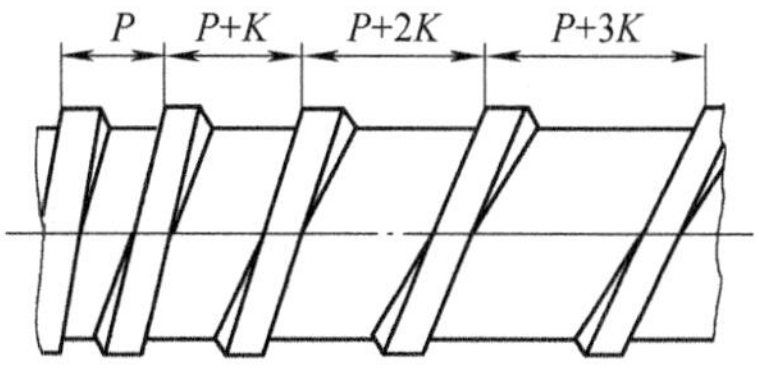

图 3-15　变导程螺纹切削

使用螺纹切削指令（G32、G34）时的注意事项如下：

1）在螺纹切削过程中，进给速度倍率无效。

2）在螺纹切削过程中，进给暂停功能无效，如果在螺纹切削过程中按了进给暂停按钮，刀具将在执行了非螺纹切削的程序段后停止。

3）在螺纹切削过程中，主轴速度倍率功能失效。

4）在螺纹切削过程中，不宜使用恒线速度控制功能，而采用恒转速控制功能较为合适。

3. 螺纹切削单次循环指令（G92）

（1）指令格式

```
G92　X(U) __　Z(W) __　R __　F __;
```

（2）本指令加工圆柱螺纹的运动轨迹及工艺说明　G92 圆柱螺纹循环切削轨迹如图 3-16所示，与 G90 循环相似，其运动轨迹也是一个矩形轨迹。刀具从循环起点 *A* 沿 X 向快速移动至 *B* 点，然后以螺距值的进给速度沿 Z 向切削进给至 *C* 点，再从 X 向快速退刀至 *D* 点，最后返回循环起点 *A* 点，准备下一次循环。

在 G92 循环编程中，仍应注意循环起点的正确选择。通常情况下，X 向循环起点取在离外圆表面 1 ~ 2mm（直径量）的位置，Z 向循环起点根据导入值的大小来进行选取。

例 3-4　在后置刀架式数控车床上，试用 G92 指令编写图 3-16 所示工件的螺纹加工程序。在螺纹加工前，其外圆已加工好，直径为 ϕ23.75mm。

螺纹加工程序如下：

```
O0304;
G99　G40　G21;
```

```
…
T0202;                                  螺纹车刀的前刀面向下
M04   S600;
G00   X25.0   Z3.0;                     螺纹切削循环起点
G92   X22.9   Z-31.0   F1.5;            多刀切削螺纹，背吃刀量分别为 1.1mm、0.5mm、0.1mm 和
                                        0.1mm
      X22.4;                            模态指令，只需指令 X，其余值不变
      X22.3;
      X22.2;
G00   X150.0;                           有顶尖时的退刀，应先退 X 再退 Z
      Z20.0;
M30;
```

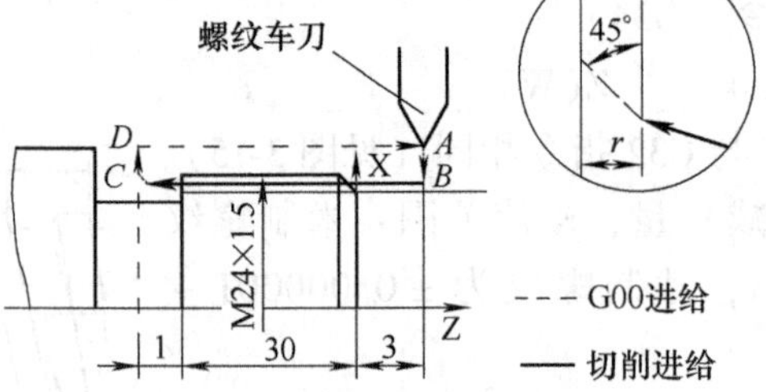

图 3-16 圆柱螺纹循环切削轨迹

（3）本指令加工圆锥螺纹的运动轨迹及工艺说明 G92 圆锥螺纹切削循环轨迹与 G92 直螺纹切削循环轨迹相似（即原 *BC* 水平直线改为倾斜直线）。

对于圆锥螺纹中的 R 值，在编程时除要注意有正、负值之分外，还要根据不同长度来确定 R 值的大小。在图 3-17 中，用于确定 R 值的长度为 $30+\delta_1+\delta_2$，其 R 值的大小应按该式计算，以保证螺纹锥度的正确性。

R 值的大小为圆锥螺纹切削起点（见图 3-17 中 *B* 点）处的 X 坐标减其终点（编程终点）处的 X 坐标值的 1/2。

R 的方向规定为：当切削起点处的半径小于终点处的半径（即顺圆锥外表面）时，R 取负值。

例 3-5 加工如图 3-18 所示的圆锥螺纹，用 G92 指令加工，编写其加工程序。

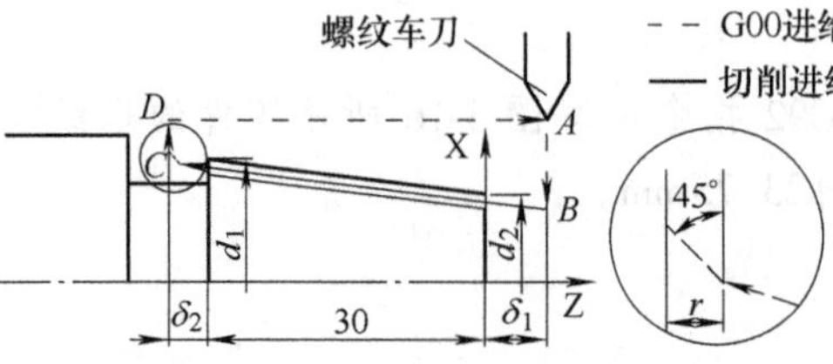

图 3-17 圆锥螺纹循环切削的轨迹图

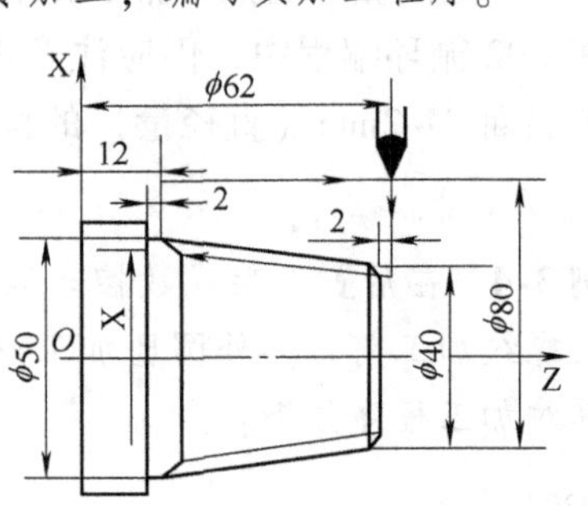

图 3-18 用 G92 指令加工圆锥螺纹

其程序为：

```
O0016;
N01    G50    X270.0    Z260.0;
N02    G97    S300    M03;
N03    T1010;
N04    X80.0    Z62.0;
N05    G92    X49.6    Z12.0    R-5.0    F2.0;
N06    X48.7;
N07    X48.1;
N08    X47.5;
N09    X47.1;
N10    X47.0;
N11    G00    X270.0    Z260.0    T1000    M05;
N12    M02;
```

>>注意

使用螺纹切削单一固定循环指令（G92）时的注意事项如下：

1）在螺纹切削过程中，按下循环暂停键时，刀具立即按斜线回退，然后先回到X轴的起点，再回到Z轴的起点。在回退期间，不能进行另外的暂停。

2）如果在单段方式下执行G92循环，则每执行一次循环必须按4次循环启动按钮。

3）G92指令是模态指令，当Z轴移动量没有变化时，只需对X轴指定其移动指令即可重复执行固定循环动作。

4）执行G92循环时，在螺纹切削的退尾处，刀具沿接近45°的方向斜向退刀，Z向退刀距离 $r=0.1P_h \sim 12.7P_h$（导程），该值由系统参数设定。

5）在G92指令执行过程中，进给速度倍率和主轴速度倍率均无效。

任务实施

一、操作准备

1. 机床准备

本任务选用的机床为FANUC 0i系统的CKA6140型数控车床，其刀架为四工位前置刀架。

2. 毛坯准备

本任务选用的毛坯为 ϕ35mm×52mm的硬铝，加工前先钻出 ϕ20mm、深度为28mm的预孔。

3. 工具、量具和刀具准备

本任务加工过程中使用的工具、量具和刀具见表3-3。

表 3-3 工具、量具和刃具清单

序 号	名 称	规 格	数 量	备 注
1	游标卡尺	0~125mm, 0.02mm	1	
2	千分尺	0~25mm, 25~50mm, 0.01mm	各1	
3	螺纹环规	M20×1.5-6g	1	
4	螺纹塞规	M20×1.5-7H	1	
5	百分表	0~10mm, 0.01mm	1	
6	磁性表座		1套	
7	外圆车刀	V形刀片机夹车刀	1	
8	外车槽刀	ϕ20mm×5mm 机夹车刀	1	刀宽3mm
9	外螺纹车刀	三角形螺纹车刀	1	自行刃磨
10	内孔车刀	不通孔机夹车刀	1	
11	内车槽刀	ϕ20mm×5mm 机夹车刀	1	刀宽3mm
12	内螺纹车刀	三角形螺纹车刀	1	自行刃磨
13	辅具	莫氏钻套、钻夹头、回转顶尖	各1	
14	其他	铜棒、铜皮、毛刷等常用工具		选用

4. 程序准备

分别选择完成后工件的左、右端面回转中心作为编程原点，其加工程序如下：

```
O0701;                                  左端轮廓加工程序
G99  G40  G21;                          程序初始化
T0101;                                  换外圆车刀
G00  X100.0  Z100.0;                    刀具移动至目测安全位置
M03  S800  M08;                         主轴正转，转速为800r/min
G00  X36.0  Z2.0;                       刀具定位至循环起点
G71  U1.0  R0.5;                        毛坯切削循环加工右端外圆轮廓
G71  P100  Q200  U0.5  W0  F0.2;
N100  G00  X30.0  S1500;                精加工转速为1500r/min
G01  Z0.0  F0.05;                       精加工进给量为0.05mm/r
     X30.0  Z-1.0;                      外圆倒角
     Z-31.0;
N200  X36.0;
G70  P100  Q200;                        精加工左端外圆
G00  X100.0  Z100.0;
T0202  S600;                            换内孔车刀，转速为600r/min
G00  X18.0  Z2.0;
G71  U1.0 R0.5;                         内孔精加工余量为负值
G71  P300  Q400  U-0.5  W0  F0.2;
N300  G00  X26.5  S1200;                精加工转速为1200r/min
G01  Z0.0  F0.05;                       精加工进给量为0.05mm/r
     X22.5  Z-2.0;                      内孔倒角
     Z-21.0;
```

```
N400  X18.0;
G70  P300  Q400;                            精加工左端内孔
G00  X100.0  Z100.0;
T0303  S600;                                换内车槽刀，转速为600r/min
G00  X22.0  Z2.0;
     Z-18.0;                                注意内车槽刀具的进退刀路线
G75  R0.5;                                  固定循环加工螺纹退刀槽
G75  X25.0  Z-20.0  P1500  Q2000  F0.1;
G00  Z2.0;
     X100.0  Z100.0;
T0404;                                      换内螺纹车刀，转速为600r/min
G00  X21.0  Z3.0;                           外螺纹车刀定位，导入距离为3mm
G92  X23.4  Z-17.0  F1.5;                   第1刀背吃刀量为0.9mm
     X23.9;                                 第2刀背吃刀量为0.5mm
     X24.05;                                第3刀背吃刀量为0.15mm
     X24.15;                                第4刀背吃刀量为0.1mm
G00  X100.0  Z100.0  M09;
M30;                                        程序结束
O0702;                                      右端轮廓加工程序
…
T0303;                                      换外螺纹车刀，转速为600r/min
G00  X22.0  Z3.0;                           右旋螺纹从左侧起刀
G92  X19.0  Z-17.0  F1.5;                   第1刀背吃刀量为1.0mm
     X18.4;                                 第2刀背吃刀量为0.25mm
     X18.15;                                第3刀背吃刀量为0.25mm
     X18.05;                                第4刀背吃刀量为0.1mm
G00  X100.0  Z100.0;
M30;                                        程序结束
```

二、操作过程

1）装夹、找正工件，正确安装刀具。

2）手动车削工件左端面，完成外圆车刀、内孔车刀、内车槽刀和内螺纹车刀的对刀工作。

3）车削外圆轮廓，长度为31mm，保证外圆尺寸$\phi32_{0.04}^{0}$mm。

4）采用毛坯切削循环加工内轮廓，内孔尺寸为ϕ22.5mm。

5）采用切槽循环加工内螺纹退刀槽。

6）采用G92指令分四次分层切削加工左端内螺纹，用螺纹塞规检查其精度。

7）调头装夹、找正工件，拆除内孔车刀、内螺纹车刀和内车槽刀，安装外车槽刀和外螺纹车刀。

8）手动车削工件左端面，保证零件总长，完成外圆车刀、外车槽刀和外螺纹车刀的对刀工作。

9）采用毛坯切削循环加工零件右端外圆轮廓，螺纹部位的外圆尺寸为ϕ19.8mm。

10）采用径向切槽循环加工外螺纹退刀槽。

11）采用G92指令分四次分层切削加工右端的外螺纹，用螺纹环规检查螺纹精度。

12）拆除工件，去毛刺倒棱并进行自检自查。

三、螺纹的测量

1. 外螺纹的测量

车削螺纹时，必须根据不同的质量要求和生产批量，选择不同的测量方法，认真进行测量。常用的测量方法有单项测量法和综合测量法。

（1）单项测量法　单项测量法是指测量螺纹的某一单项参数，一般为对螺纹大径、螺距和中径的分项测量，测量方法和选用的量具也不相同。

1）大径测量。螺纹大径公差较大，一般采用游标卡尺和千分尺测量。

2）螺距测量。螺距一般可用螺纹样板或钢直尺测量，如图3-19所示。

3）中径测量。对于精度较高的螺纹，必须测量中径。测量中径的常用方法有：用螺纹千分尺测量和用三针测量法测量（比较精密）。三角形外螺纹的中径一般用螺纹千分尺测量，如图3-20所示。

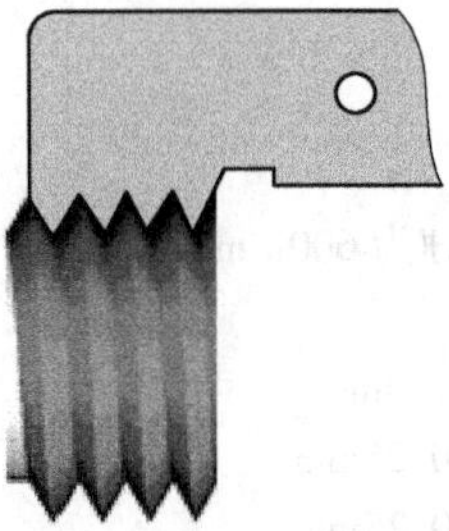

图3-19　用螺纹样板测量螺距

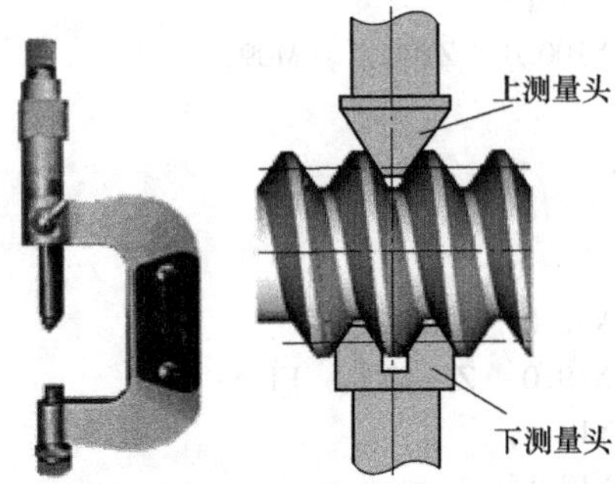

图3-20　用螺纹千分尺测量中径

螺纹千分尺的结构和使用方法与外径千分尺相似，读数原理相同，区别在于它有两个可调整的测量头。测量时，将两个测量头正好卡在被测螺纹的牙型面上，这时所量得的尺寸，就是被测螺纹中径的实际尺寸。螺纹千分尺一般用来测量螺距（或导程）为0.4～6mm的三角形螺纹。

需要指出的是，螺纹千分尺附有两对（牙型角分别为60°和55°）测量头，在更换测量头时，必须校正螺纹千分尺的零位。

（2）综合测量法　综合测量法是采用极限量规对螺纹的基本要素（螺纹大径、中径和螺距等）同时进行综合测量的一种方法，外螺纹测量时采用螺纹环规，如图3-21所示。综合测量法测量效率高，使用方便，能较好地保证互换性，广泛用于标准螺纹或大批量生产螺纹的检测。

测量前，应做好量具和工件的清洁工作，并先检查螺纹的大径、牙型、螺距和表面粗糙度，以免尺寸不对影响测量。

测量时，如果螺纹环规的通规能顺利拧入工件螺纹的有效长度范围，而止规不能拧入，说明螺纹符合尺寸要求。

需要注意的是，螺纹环规是精密量具，使用时不能用力过大，更不能用扳手硬拧，以免降低环规的测量精度，甚至损坏环规。

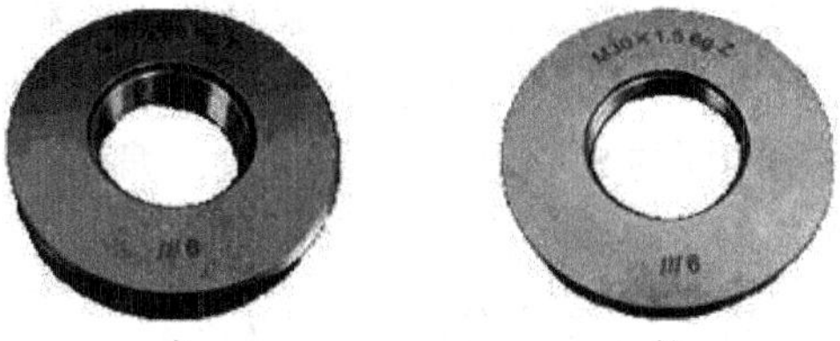

a)　　　　　　　　b)

图 3-21　螺纹环规

a）通规　b）止规

2. 内螺纹的测量

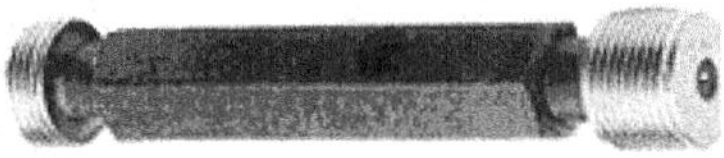

图 3-22　螺纹塞规

一般采用如图 3-22 所示的螺纹塞规对内螺纹进行综合测量。

测量时，若螺纹塞规通端能顺利拧入工件，止端拧不进工件，则说明螺纹合格。检查不通孔螺纹时，塞规通端拧进的长度应达到图样要求的长度。

四、数控车床车削螺纹尺寸精度降低的原因分析

数控车床加工螺纹过程中产生螺纹精度降低的原因是多方面的，具体参见表 3-4。

表 3-4　数控车削螺纹尺寸精度降低原因分析

序　号	问题现象	产生原因
1	螺纹牙顶呈刀口状或过平	刀具角度选择不正确
2		工件外径尺寸不正确
3		螺纹切削过深或切削深度不够
4		刀具中心错误
5	螺纹底部圆弧过大或过宽	刀具选择错误
6		刀具磨损严重
7		螺纹有乱牙现象
8	螺纹牙型半角不正确	刀具安装不正确
9		刀具角度刃磨不正确
10	螺纹表面粗糙度值大	切削速度过低
11		刀具中心过高
12		切削液选用不合理
13		刀尖产生积屑瘤
14		刀具与工件安装不正确，产生振动
15		切削参数选用不正确，产生振动
16	螺距误差	伺服系统滞后效应
17		加工程序不正确

任务扩展

多线螺纹的加工

多线螺纹的加工可以采用周向起始点偏移法或轴向起始点偏移法，如图 3-23 所示。周

向起始点偏移法车多线螺纹时，不同螺旋线在同一起点切入，利用 SF 周向错位 360°/n（n 为螺纹线数）的方法分别进行车削。轴向起始点偏移法车多线螺纹时，不同螺旋线在轴向错开一个螺距位置切入，采用相同的 SF（可共用默认值，编程时 SF = 改为 Q_ ）。

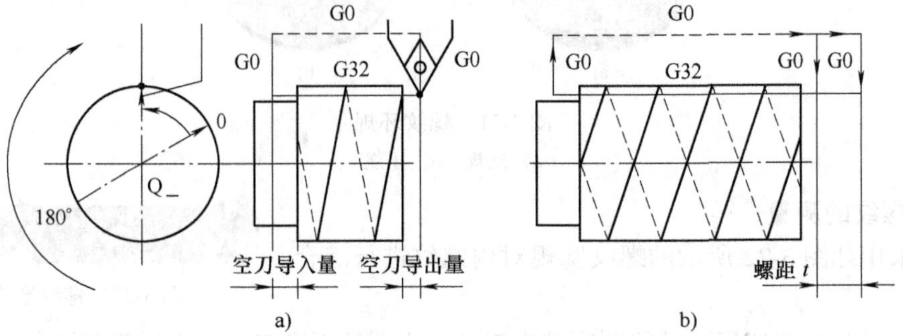

图 3-23 加工多线螺纹

a）周向起始点偏移法 b）轴向起始点偏移法

做一做

若要车削螺纹导程为 6mm 的三线螺纹，采用轴向偏移法时，每一线的刀具起点分别在哪里？采用周向起始点偏移法怎样处理？

[任务巩固]

1. 怎样选择外螺纹加工刀具？
2. 怎样选择内螺纹加工刀具？
3. 反复进行螺纹刀具的刃磨练习。
4. 编写如图 3-24 ~ 图 3-27 所示零件的加工程序并在数控车床上将其加工出来。

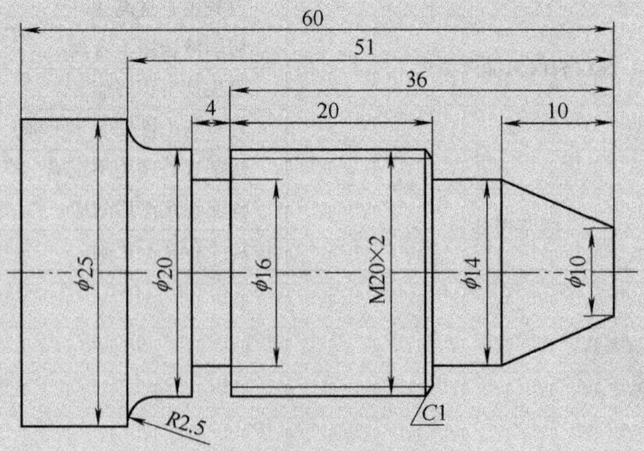

图 3-24 螺纹加工零件图

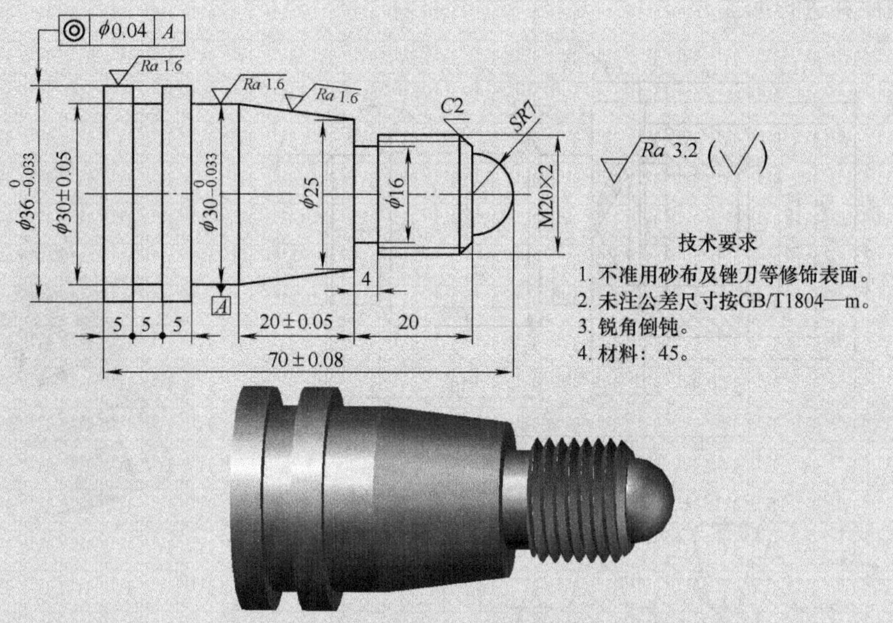

图 3-25　球头螺纹轴零件图

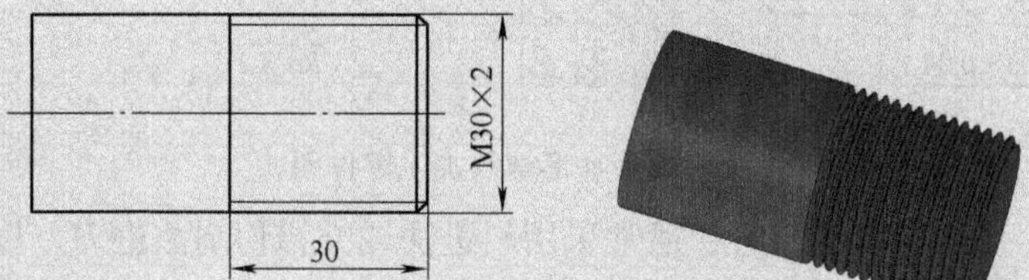

图 3-26　三角形螺纹的切削

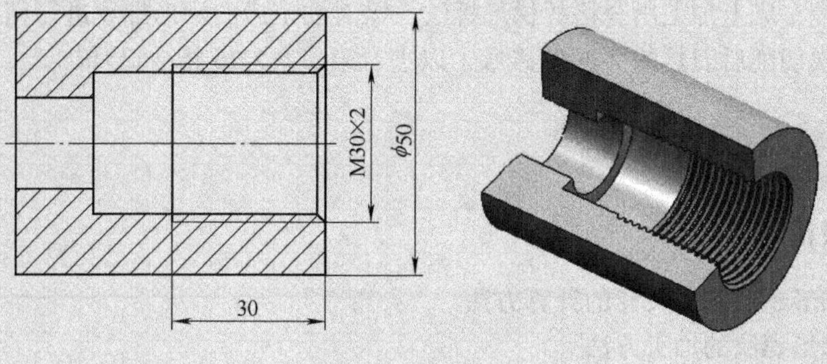

图 3-27　内螺纹加工

任务二　梯形螺纹的加工

工作任务

加工如图 3-28 所示工件，毛坯尺寸为 ϕ50mm × 82mm，材料为 45 钢，试编写其数控车削加工程序并进行加工。

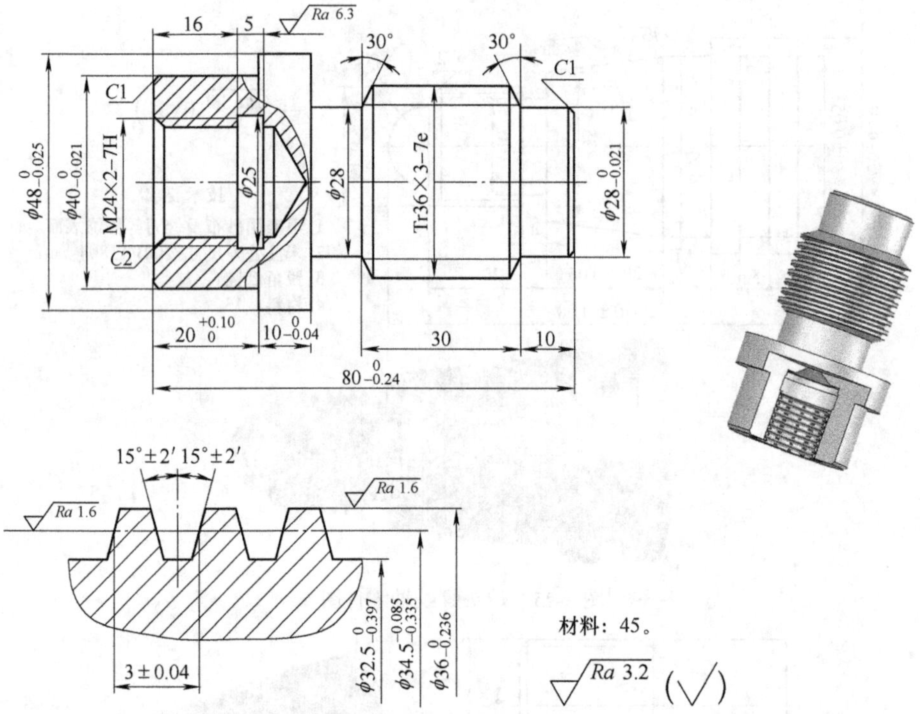

图 3-28　梯形螺纹加工零件图

加工本任务工件的梯形螺纹时，通常采用斜进法或交错切削法进刀，以防止螺纹加工过程中三个切削刃同时参加切削，产生“扎刀”和“爆刀”现象，这两种方法在配置 FANUC 0i 系统的数控车床上可通过 G76 指令来实现。

为了在数控车床上加工出合格的梯形螺纹，需对加工后的梯形螺纹进行精确的测量并准确计算出第一次切削后刀具的 Z 向偏移量，以进行第二次 G76 指令循环加工。

任务目标

一、知识目标

1）了解梯形螺纹基本尺寸的计算方法。
2）掌握梯形螺纹的加工方法。
3）掌握梯形螺纹加工程序的编制方法。

二、技能目标

1）掌握梯形螺纹加工用车刀的选择方法。
2）掌握梯形螺纹车刀的安装方法。
3）掌握梯形螺纹的加工方法。
4）掌握梯形螺纹的检测方法。

任务准备

一、梯形螺纹的加工工艺

1. 梯形螺纹基本尺寸的计算

梯形螺纹分米制和寸制两种，我国常用牙型角为30°的米制梯形螺纹，而牙型角为29°的寸制梯形螺纹在我国则较少应用。

要正确车削梯形外螺纹，首先要掌握它的基本结构和相关参数。图3-29给出了梯形螺纹的牙型图，其基本要素的计算公式见表3-5。若为标准梯形螺纹，则其基本尺寸和参数可通过查表获得。

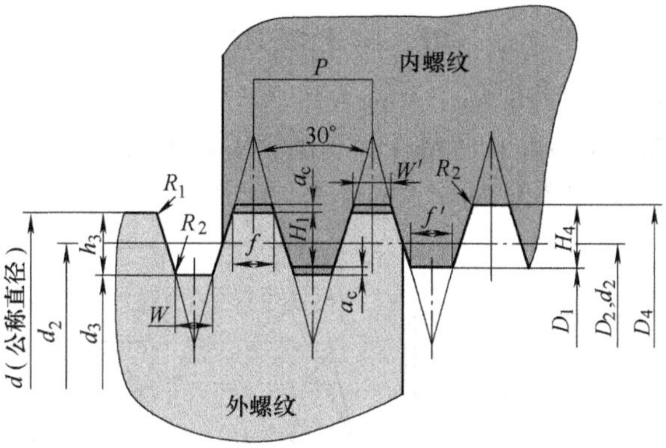

图3-29 梯形螺纹牙型图

表3-5 梯形螺纹基本要素计算公式

名称		计算公式			
牙型角 α		$\alpha=30°$			
螺距 P		由螺纹标准确定			
牙顶间隙 a_c		P/mm	1.5~5	6~12	14~44
		a_c/mm	0.25	0.5	1
外螺纹	大径 d	公称直径			
	中径 d_2	$d_2=d-0.5P$			
	小径 d_3	$d_3=d-2h_3$			
	牙高 h_3	$h_3=0.5P+a_c$			
内螺纹	大径 D_4	$D_4=d+2a_c$			
	中径 D_2	$D_2=d_2$			
	小径 D_1	$D_1=d-P$			
	牙高 H_4	$H_4=h_3$			
牙顶宽 f、f'		$f=f'=0.366P$			
牙槽底宽 W、W'		$W=W'=0.366P-0.536a_c$			

2. 梯形螺纹加工用车刀的选择

（1）梯形螺纹车刀的选择　梯形螺纹车刀一般分为高速钢车刀和硬质合金车刀两大类。低速车削时一般选用高速钢车刀，而加工一般精度的梯形螺纹时可采用硬质合金车刀进行高速车削。由于梯形螺纹的牙型较深，车削时切削抗力较大，粗车时常采用如图 3-30 所示的弹性刀排。

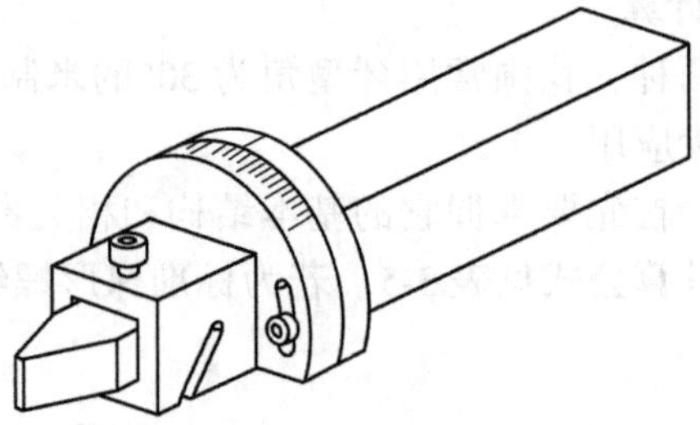

图 3-30　弹性刀排

（2）梯形螺纹车刀的几何角度

1）高速钢梯形外螺纹车刀的几何角度。车削梯形外螺纹时，为减小切削力，螺纹车刀分粗车刀和精车刀两种，如图 3-31 所示。

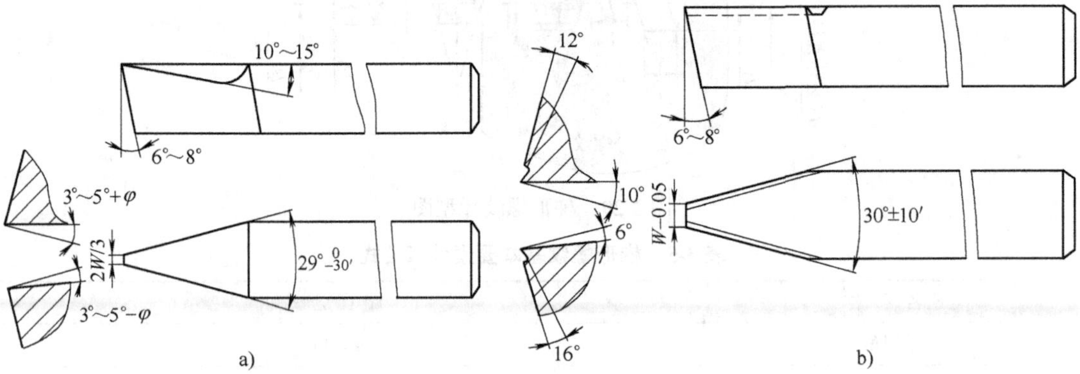

图 3-31　高速钢梯形外螺纹车刀

a）粗车刀　b）精车刀

2）硬质合金梯形外螺纹车刀的几何角度。硬质合金梯形外螺纹车刀及其几何角度如图 3-32所示。加工时，由于三个切削刃同时参与切削，切削力较大，容易引起振动。

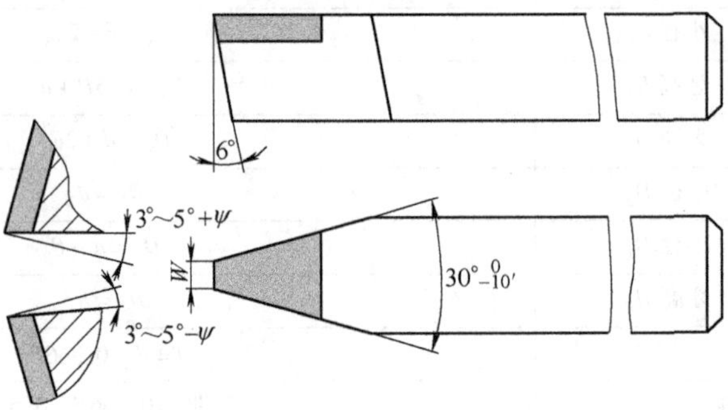

图 3-32　硬质合金梯形外螺纹车刀及其几何角度

3）内螺纹车刀的几何角度。梯形内螺纹车刀与三角形内螺纹车刀基本相同，只是刀尖角等于30°，如图3-33所示。

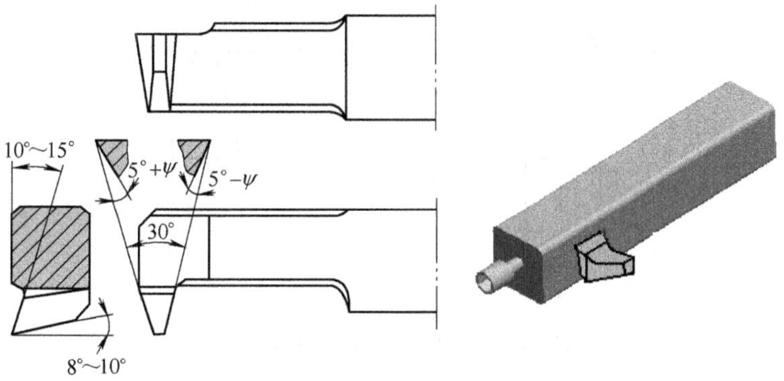

图3-33 梯形内螺纹车刀

需要指出的是，为了增加刀头强度，减小振动，梯形内螺纹车刀的前刀面应适当磨低一些。

（3）梯形外螺纹车刀几何角度的选取 梯形外螺纹车刀几何角度的选取见表3-6。梯形内螺纹车刀几何角度的选取与此类似，可参照选取。

表3-6 梯形外螺纹车刀几何角度的选取

类 型	参数选取
粗车刀	刀尖角略小于梯形螺纹牙型角，一般取29° 刀尖宽度小于牙型槽底宽 W，一般取 $2W/3$ 径向前角取10°~15°，径向后角取6°~8° 两侧后角进刀方向取3°~5°+ψ，背进刀方向取3°~5°−ψ 刀尖处适当倒圆
精车刀	刀尖角等于梯形螺纹牙型角，即30° 刀尖宽度等于牙型槽底宽 W 减去0.05mm 径向前角取0°，径向后角取6°~8° 两侧后角进刀方向取5°~8°+ψ，背进刀方向取5°~8°−ψ 两侧磨有前角10°~20°的卷屑槽

3. 梯形螺纹车刀的安装

装夹梯形螺纹车刀时，车刀的主切削刃必须与工件轴线等高（用弹性刀杆应高于轴线约0.2mm），同时应与工件轴线平行，刀头的角平分线要垂直于工件轴线，如图3-34所示，用样板找正装夹，以免产生螺纹半角误差。

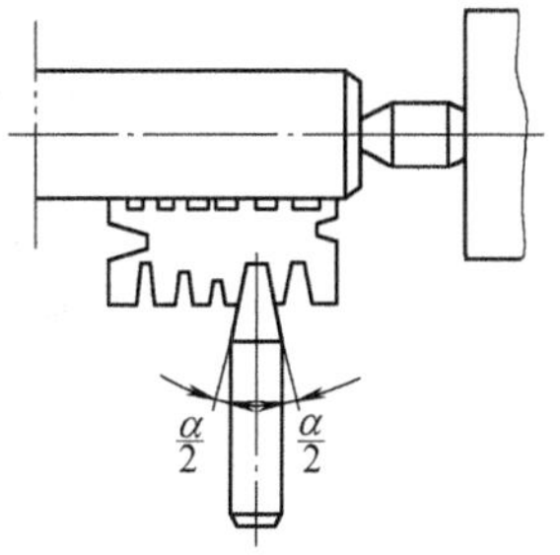

图3-34 梯形螺纹车刀的装夹

4. 梯形螺纹的加工

（1）梯形外螺纹的车削方法 在车削梯形螺纹时，首先看工件的螺距大小和精度要求，然后确定车削方法。

对于螺距小于4mm或精度要求不高的梯形螺纹，可用一把梯形螺纹车刀车削完成。粗车时可采用左右切削法，精车时采用斜进法，如图3-35所示。

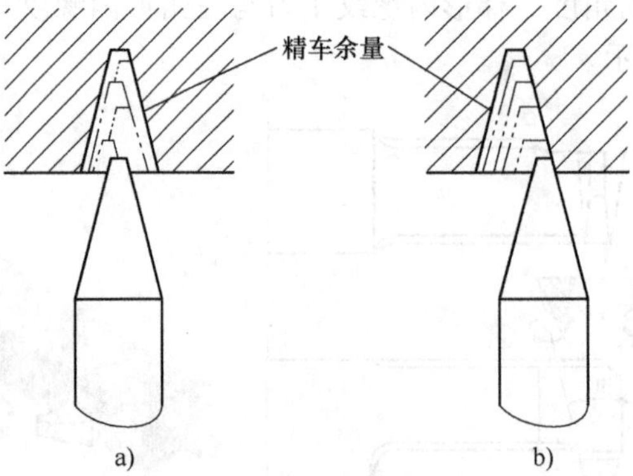

图 3-35 加工螺距小于 4mm 的梯形螺纹的进刀方法
a）左右切削法 b）斜进法

螺距大于 4mm 或精度要求较高的梯形螺纹，一般采用分刀车削的方法，即用两把或三把刀车削完成，如图 3-36 和图 3-37 所示。其加工操作详细步骤见表 3-7。

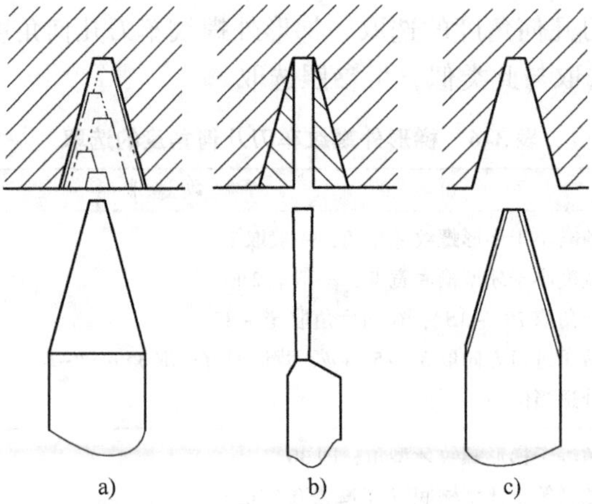

图 3-36 螺距为 4～8mm 的进刀方式
a）左右切削法粗、半精车 b）车直槽法粗车 c）左右切削法精车

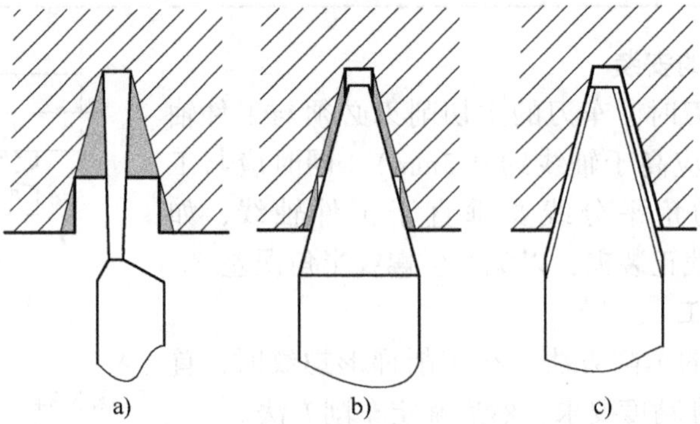

图 3-37 螺距大于 8mm 的进刀方式
a）车阶梯槽 b）左右切削法半精车两侧面 c）左右切削法精车

表 3-7　梯形外螺纹的分刀车削

类　型	步　骤
螺距 4 ~ 8mm 或精度要求较高	粗车、半精车螺纹大径，留精车余量 0.3mm 左右，倒角（与端面成 15°）
	用左右切削法粗、半精车螺纹，每边留精车余量 0.1 ~ 0.2mm，螺纹小径精车至尺寸，或选用刀头宽度稍小于槽底宽的车断刀，采用直进法粗车螺纹，槽底直径等于螺纹小径
	精车螺纹大径至图样要求
	用两侧切削刃磨有卷屑槽的梯形螺纹精车刀，采用左右切削法精车两侧面至图样要求
螺距大于 8mm	粗车、半精车螺纹大径，留 0.3mm 左右的精车余量，倒角（与端面成 15°）
	用刀头宽度小于 P/2 的切槽刀直进法粗车螺纹至接近中径处，再用刀头宽度略小于槽底宽的切槽刀直进法粗车螺纹，槽底直径等于螺纹小径，形成阶梯状的螺旋槽
	用梯形螺纹粗车刀，采用左右切削法半精车螺纹槽两侧面，每面留精车余量 0.1 ~ 0.2mm
	精车螺纹大径至图样要求
	用梯形螺纹精车刀，采用左右切削法精车两侧面，控制中径，完成螺纹加工

（2）梯形内螺纹的车削方法　梯形内螺纹的车削方法与三角形内螺纹的车削方法基本相同，主要步骤如下：

1）加工内螺纹底孔，$D_{孔} = D_1 = d - P$。

2）在端面上车一个轴向深度为 1 ~ 2mm、孔径等于螺纹基本尺寸的内台阶孔，作为车内螺纹时的对刀基准，如图 3-38 所示。

3）粗车内螺纹，采用斜进法（向背进刀方向赶刀，以利于粗车的顺利进行）。车刀刀尖与对刀基准间保证有 0.10 ~ 0.15mm 的间隙。

4）精车内螺纹，采用左右切削法精车牙型两侧面。车刀刀尖与对刀基准相接触。

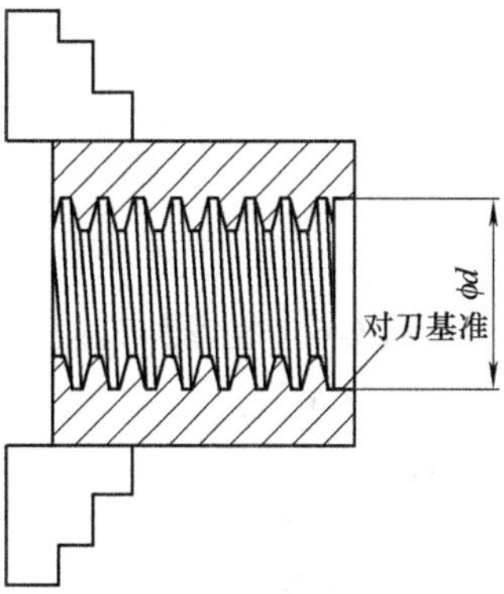

图 3-38　车梯形内螺纹

由于梯形内螺纹车刀与三角形内螺纹车刀基本相同，只是其刀尖角等于 30°，故这里不再赘述。需要提醒的是，为了增加刀头强度和减小振动，梯形内螺纹车刀的前刀面应适当磨低一些。

二、指令介绍

螺纹切削多次循环指令 G76。用 G76 指令时，一段指令就可以完成螺纹切削循环加工程序。

编程格式：G76　P(m)(r)(α)　Q(Δd_{min})　R(d)；

G76　X(U)　Z(W)　R(i)　P(k)　Q(Δd)　F(f)；

其中，

m——精加工最终重复次数（1 ~ 99）；

r——倒角量，该值大小可设置在 $0.01P_h$ ~ $9.9P_h$ 范围内，系数应为 0.1 的整数倍，用 00 ~ 99 的两位整数表示，P_h 为导程。

α——刀尖角度，可以选择 80°、60°、55°、30°、29°和 0°六种，其角度数值用两位数指定；m、r、α 可用地址一次指定，如 m = 2，r = 1.2P，α = 60°时可写成：P02 12 60；

Δd_{min}——最小切入量；

d——精加工余量；

X（U），Z（W）——终点坐标；

i——螺纹部分半径差（i=0 时为圆柱螺纹）；

k——螺牙的高度（用半径值指令 X 轴方向的距离）；

Δd——第一次的切入量（用半径值指定）；

f——螺纹的导程（与 G32 指令螺纹切削时相同）。

螺纹切削多次循环与进刀法如图 3-39 所示。

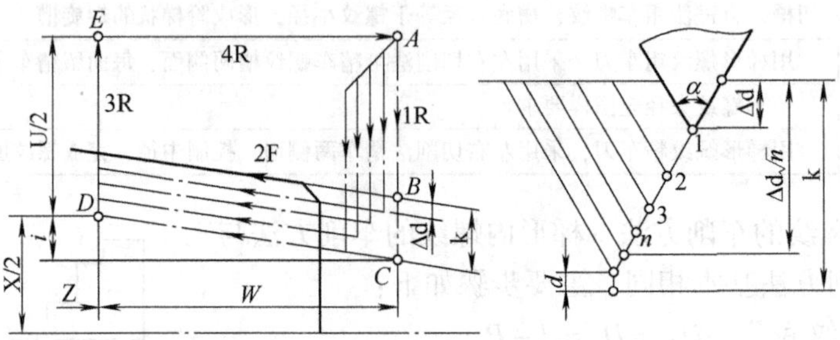

图 3-39　螺纹切削多次循环与进刀法

例 3-6　编写加工如图 3-40 所示外螺纹的加工程序。

程序如下：

```
O0018;
N10  G54  T0303;
N20  S300  M3;
N30  G0  X35.  Z3;
N40  G76  P021260  Q100  R100;                螺纹参数设定，R 为正
N50  G76  X26.97  Z-30.  R0  P1510  Q200  F2.;
N60  G0  X100.  Z100.  M5;
N70  M2;
```

例 3-7　编写加工如图 3-41 所示内螺纹的加工程序。

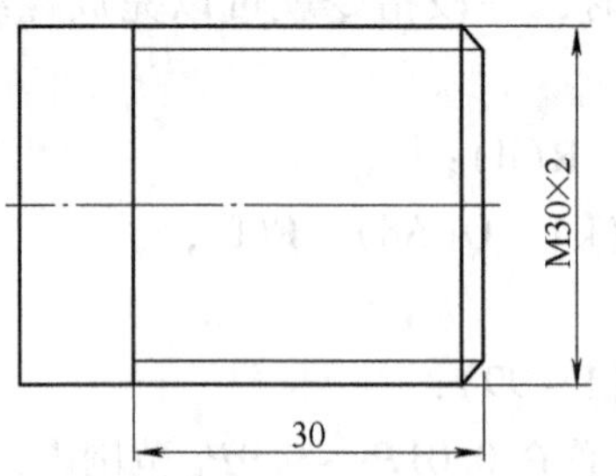

图 3-40　外螺纹加工

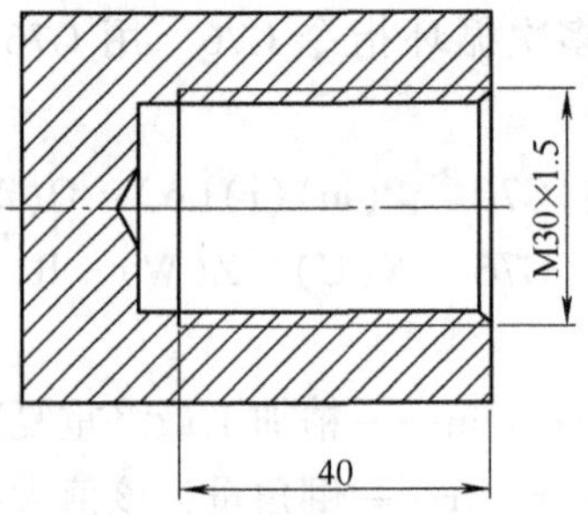

图 3-41　内螺纹加工

```
O0019;
N10  T0303;
N20  S300  M3;
N30  G0  X25.  Z4.;
```

```
N40  G76  P021060  Q100  R-100;                 螺纹参数设定，R为负
N50  G76  X30.  Z-40.  P9742  Q200  F1.5;
N60  G0  X100.  Z100.;
N70  M5;
N80  M2;
```

>>> **注意**

使用螺纹复合循环指令时的注意事项如下：

1）G76指令可以在MDI方式下使用。

2）在执行G76循环时，如按下循环暂停键，则刀具在螺纹切削后的程序段暂停。

3）G76指令为非模态指令，所以必须每次指定。

4）在执行G76指令时，如要进行手动操作，刀具应返回到循环操作停止的位置。如果没有返回到循环停止位置就重新启动循环操作，手动操作的位移将叠加在该条程序段停止时的位置上，刀具轨迹就多移动了一个手动操作的位移量。

任务实施

一、操作准备

1. 机床准备

选用机床为FANUC 0i系统的CKA6140型数控车床，其刀架为四工位前置刀架。

2. 工具、量具和刃具准备

本任务加工过程中使用的工具、量具和刃具见表3-8。

表3-8　工具、量具和刃具清单

序　号	名　称	规　格	数　量	备　注
1	游标卡尺	0~125mm，0.02mm	1	
2	千分尺	0~25mm，25~50mm，50~75mm，0.01mm	各1	
3	公法线千分尺	25~50mm，0.01mm	1	
4	螺纹塞规	M20×1.5-7H	1	
5	百分表	0~10mm，0.01mm	1	
6	磁性表座		1套	
7	外圆车刀	V形刀片机夹车刀	1	
8	外车槽刀	ϕ36mm×5mm机夹车刀	1	刀宽3mm
9	外螺纹车刀	梯形螺纹焊接车刀	1	自行刃磨
10	内孔车刀	不通孔机夹车刀	1	
11	内车槽刀	ϕ20mm×5mm机夹车刀	1	刀宽3mm
12	内螺纹车刀	三角形螺纹焊接车刀	1	自行刃磨
13	辅具	莫氏钻套、钻夹头、回转顶尖	各1	
14	其他	铜棒、铜皮、毛刷等常用工具		选用
15		计算机、计算器、编程用书等		

3. 程序准备

分别选择完成后工件的左、右端面回转中心作为编程原点，其加工程序如下：

```
O0801;                                          加工工件左端
G99  G40  G21;
T0101;                                          换外圆车刀
M03  S600;
G00  X52.0  Z2.0;
G71  U1.5  R0.3;                                粗车外圆
G71  P100  Q200  U0.3  W0.0  F0.2;
N100  G00  X38.0  F0.05  S1200;
G01  Z0.0;
     X40.0  Z-1.0;
     Z-20.0;
     X48.0;
     Z-35.0;
N200  G01  X52.0;
G70  P100  Q200;                                精车外圆
G00  X100.0  Z100.0;
T0202;                                          换内孔车刀
M03  S800;
G00  X19.0  Z2.0;
G90  X21.7  Z-23.0  F0.1;
     X22.1;                                     精车内孔
G00  X100.0  Z100.0;
T0303;                                          换内车槽刀
M03  S400;
G00  X21.0  Z2.0;
     Z-19.0;
G75  R0.3;
G75  X25.0  Z-21.0  P1500  Q2000  F0.1;
G00  Z2.0;
G00  X100.0  Z100.0;
T0404;                                          换内螺纹车刀
M03  S500;
G00  X21.0  Z2.0;
G76  P020560  Q50  R-0.08;                      加工内螺纹，R值为负
G76  X24.15  Z-18.0  P1300  Q500  F2.0;
G00  X100.0  Z100.0
M30;

O0802;                                          加工工件右端
G99  G40  G21;
```

```
T0101;                                         换外圆车刀
M03  S600;
G00  X52.0  Z2.0;
G71  U1.5  R0.3;                               粗车外圆
G71  P100  Q200  U0.3  W0.0  F0.2;
N100  G00  X26.0  F0.05  S1200;
G01  Z0;
     X28.0  Z-1.0;
     Z-10.0;
     X35.88  Z-12.275;
     Z-50.0;
N200  G01  X52.0;
G70  P100  Q200;                               精车外圆
G00  X100.0  Z100.0;
T0202;                                         换车槽刀
M03  S600;
G00  X50.0  Z-43.0;
G75  R0.3;                                     车槽加工
G75  X28.0  Z-50.0  P1500  Q2500  F0.1;
G00  X36.0  Z-40.0
G01  X36.0  Z-40.69  F0.2;                     倒角并精车槽底
X28.0  Z-43.0;
Z-50.0;
X50.0;
G00  X100.0  Z100.0;
M30;

O0803;                                         加工梯形螺纹
G99  G40  G21;
T0303;                                         换梯形螺纹车刀
M03  S400;
G00  X37.0  Z-4.0;
G76  P020530  Q50  R0.08;
G76  X32.3  Z-43.5  P1750  Q500  F3.0;
G00  X150.0  Z20.0;                            有顶尖时的退刀方式
M30;
```

二、操作过程

1. DNC 运行

在此运行方式下可实现程序的在线加工。当零件程序的容量大于 CNC 的容量时，可将零件程序存储在外部输入/输出设备中，利用传输电缆一边传输一边加工，零件程序执行完毕后传输到 CNC 中的程序自动消失。

在 DNC 运行期间，当前正在执行的程序显示在如图 3-42 所示的程序检查画面和如图 3-43 所示的程序画面上。显示的程序段号决定于正在执行的程序，程序段内括号内的注释也被显示。

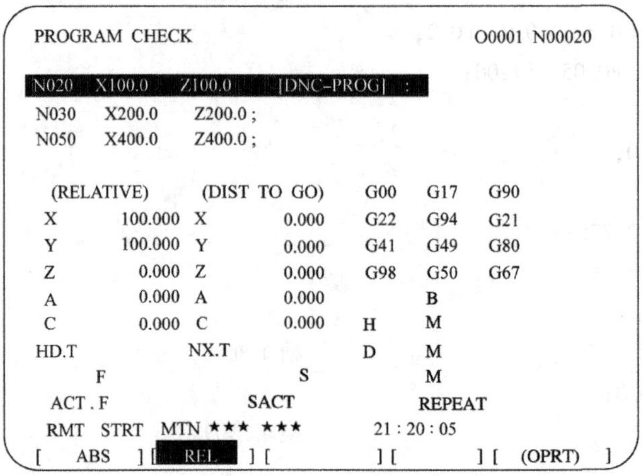

图 3-42 程序检查画面

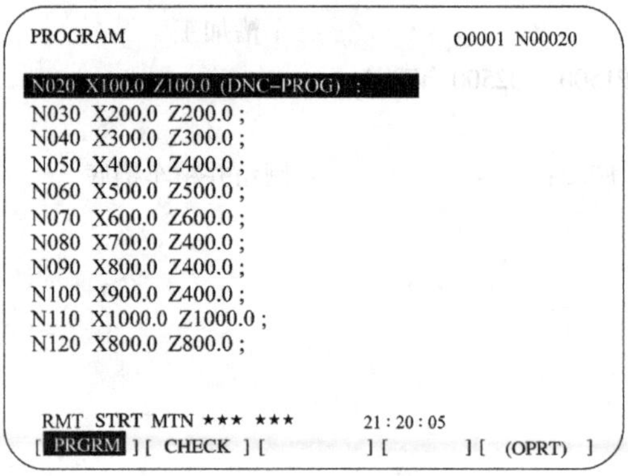

图 3-43 程序画面

>> **注意**

DNC 运行的注意事项如下：

1）在 DNC 运行期间，可以调用存储在存储器内的子程序和宏程序。

2）在 DNC 运行中，M198 指令不能执行，如果执行 M198 指令，就产生 P/S210 号报警。

3）在 DNC 运行中，可以指定用户宏程序，但宏程序中不能用循环指令和分支指令，如果执行循环指令和分支指令，将产生 P/S123 号报警。

4）在 DNC 运行时，当控制从子程序或宏程序返回到调用程序时，对于指定的顺序号不能使用返回指令（M99 P ****）。

2. 加工操作

1）装夹、找正工件，正确安装刀具。

2）手动车削工件左端面，完成外圆车刀、内孔车刀、内车槽刀和内螺纹车刀的对刀工作。

3）采用毛坯切削循环车削外圆轮廓，长度为31mm，保证外圆尺寸 $\phi48_{-0.025}^{\ 0}$mm 和 $\phi40_{-0.021}^{\ 0}$mm。

4）采用 G90 循环加工内轮廓，内孔尺寸为 $\phi22.1$mm。

5）采用切槽循环加工内螺纹退刀槽。

6）采用 G76 指令加工左端内螺纹，用螺纹塞规检查其精度。

7）调头装夹、找正工件，拆除内孔车刀、内螺纹车刀和内车槽刀，安装外车槽刀和梯形外螺纹车刀。

8）手动车削工件左端面，保证零件总长，完成外圆车刀、外车槽刀和外螺纹车刀的对刀工作。

9）采用毛坯切削循环加工零件右端外圆轮廓，保证螺纹大径尺寸。

10）采用径向切槽循环加工外螺纹退刀槽。

11）采用 G76 指令加工右端的外螺纹，用三针测量法检查螺纹中径，计算刀具 Z 向偏移量，刀具 Z 向补正后再次加工梯形螺纹。

12）拆除工件，去毛刺倒棱并进行自检自查。

>> **提示** 加工梯形螺纹使用单独的程序较为合适，以便于修改 Z 向刀具偏置后重新进行 G76 指令加工。

三、梯形螺纹的测量

梯形螺纹的测量分为综合测量、三针测量和单针测量三种方式。梯形外螺纹的主要测量参数包括螺距、大径和中径。

1. 三针测量法

三针测量法是一种比较精密的检测方法，适用于测量精度要求较高、螺纹升角小于 4° 的螺纹中径。三针测量时，将 3 根直径相等、尺寸合适的量针放置在梯形螺纹两侧对应的螺旋槽中，用千分尺测量两边量针顶点之间的距离 M，由 M 值换算出梯形螺纹中径 d_1 的实际尺寸，如图 3-44 所示。量针直径 d_D 不能太大，必须保证量针截面与梯形螺纹牙侧相切；也不能太小，否则量针将陷入牙槽中，将使其顶点低于梯形螺纹牙顶而无法测量。选用量针时，应尽量接近最佳值，以便获得较高的测量精度，有关计算公式见表 3-9。

对于本任务，当采用三针测量 Tr36×6－7h 梯形螺纹的中径时，量针直径的最佳值为 $d_D = 0.518P = 0.518 \times 6\text{mm} = 3.108\text{mm}$，现选用量针直径 $d_D = 3.177\text{mm}$；螺纹直径 $d_2 = d - 0.5P = (36 - 0.5 \times 6)\text{mm} = 33\text{mm}$；由梯形螺纹公差标准查得中径尺寸及其上、下极限偏差为：$d_2 = 33_{-0.355}^{\ 0}\text{mm}$；对于 M 值，$M = d_2 + 4.864d_D - 1.866P = (33 + 4.864 \times 3.177 - 1.866 \times 6)\text{mm} = 37.257\text{mm}$。根据中径允许的极限偏差，千分尺的读数 M 值应为 36.922～37.257mm。

2. 单针测量法

在测量直径和螺距较大的螺纹中径时，用单针测量比用三针测量方便、简单。测量时，将一根量针放入螺旋槽中，另一侧则以螺纹的大径为基准，用千分尺测量出量针顶点与另一侧螺纹大径之间的距离 A，由 A 值换算出螺纹中径的实际尺寸。量针的选择与三针测量法相同。

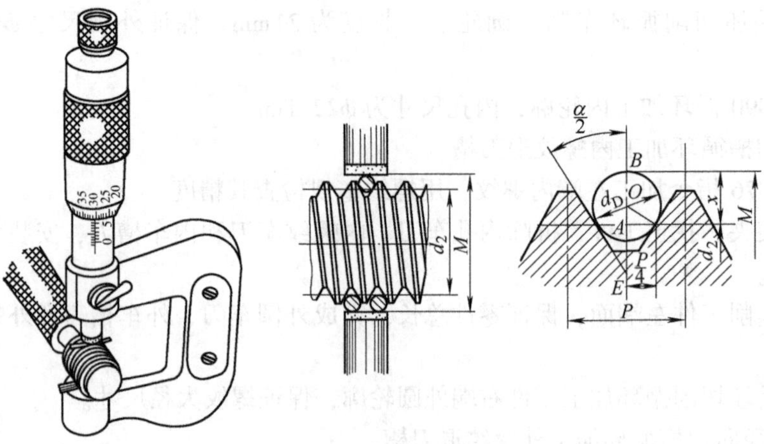

图 3-44 三针测量法测量螺纹中径

表 3-9 *M* 值及量针直径的计算公式

螺纹或蜗杆	牙 型 角	*M* 值计算公式	量针直径 d_D		
			最 大 值	最 佳 值	最 小 值
梯形螺纹	30°	$M = d_2 + 4.864d_D - 1.866P$	0.656P	$0.518P$	$0.486P$
米制蜗杆	40°	$M = d_1 + 3.924d_D - 4.316m_x$	$2.446m_x$	$1.672m_x$	$1.61m_x$
普通螺纹	60°	$M = d_2 + 3d_D - 0.866P$	$1.01P$	$0.577P$	$0.505P$
寸制螺纹	55°	$M = d_2 + 3.166d_D - 0.961P$	$0.894P \sim 0.029$	$0.564P$	$0.481P \sim 0.016$

在单针测量前，应先量出螺纹大径的实际尺寸 d_0，并根据选用量针的直径 d_D 计算出用三针测量时的 M 值，然后计算出 A 值，$A = (M + d_0)/2$，如图 3-45 所示。

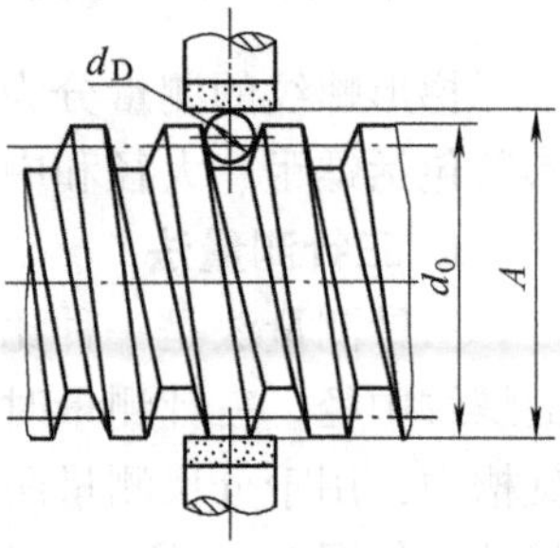

图 3-45 单针法测量螺纹中径

3. 综合测量法

对于精度要求不高的梯形外螺纹，一般采用标准的梯形螺纹量规—螺纹环规进行综合检测。检测前，应先检查螺纹的大径、牙型角和牙型半角、螺距和表面粗糙度，然后用螺纹环规检测。如果螺纹环规的通规能顺利拧入工件螺纹，而止规不能拧入，则说明被检梯形螺纹合格。

四、梯形螺纹加工质量分析

梯形螺纹加工质量分析见表 3-10。

表 3-10 梯形螺纹加工质量分析

质量问题	说 明
中径不正确	主要由于车刀切深不正确造成，所以在精加工前要测量中径尺寸，并在刀具参数中进行补偿
螺距不正确	可能是螺纹参数不正确，要正确计算参数
牙型不正确	主要是由于车刀刃磨不正确，车刀装夹不正确或车刀磨损造成
表面粗糙度值不正确	主要原因为切削过程中产生积屑瘤，刀杆刚性不足，切削时产生振动、高速车螺纹时切削厚度太小或切屑向倾斜方向排出，拉毛螺纹牙侧等因素

3 MODULE

任务扩展

加工梯形螺纹时 Z 向刀具偏置值的计算

在梯形螺纹的实际加工中，由于刀尖宽度并不等于槽底宽，在经过一次 G76 切削循环后，仍无法正确控制螺纹中径等各项尺寸。为此，可经刀具 Z 向偏置后，再次进行 G76 循环加工，即可解决以上问题。为了提高加工效率，最好只进行一次偏置加工，故必须精确计算 Z 向的偏置量。Z 向偏置量的计算方法如图 3-46 所示，其计算过程如下：

设 $M_{实测} - M_{理论} = 2AO_1 = \delta$，则 $AO_1 = \delta/2$；

在图 3-46b 中，O_1O_2CE 为平行四边形，则 $\triangle AO_1O_2 \cong \triangle BCE$，$AO_2 = EB$；$\triangle CEF$ 为等腰三角形，则 $EF = 2EB = 2AO_2$。

$AO_2 = AO_1\tan(\angle AO_1O_2) = \delta\tan15°/2$

Z 向偏置量 $EF = 2AO_2 = \delta\tan15° = 0.268\delta$

实际加工时，在一次循环结束后，用三针测量实测 M 值，计算出刀具 Z 向偏置量，然后在刀长补偿或磨耗存储器中设置 Z 向刀偏量，再次用 G76 循环加工就能一次性精确控制中径等螺纹参数值。

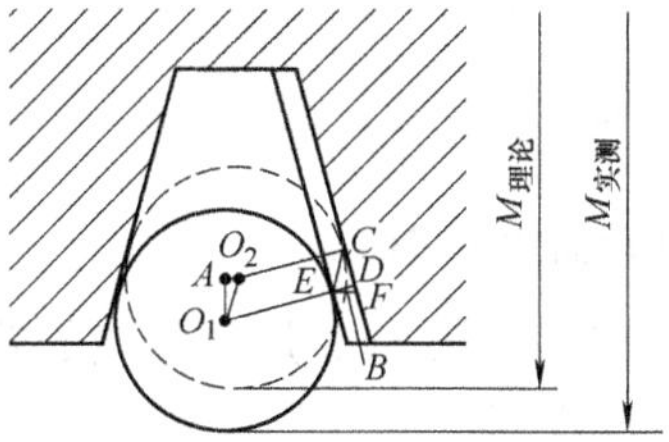

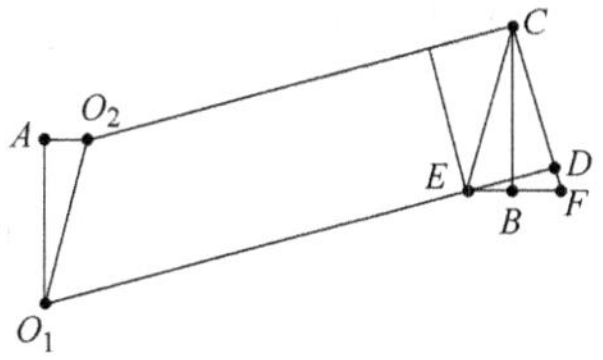

图 3-46　Z 向刀具偏置值的计算

[任务巩固]

1. 怎样选择梯形螺纹加工用刀具？
2. 梯形螺纹加工要注意哪些问题？
3. 编写如图 3-47 所示零件的加工程序，并进行加工。

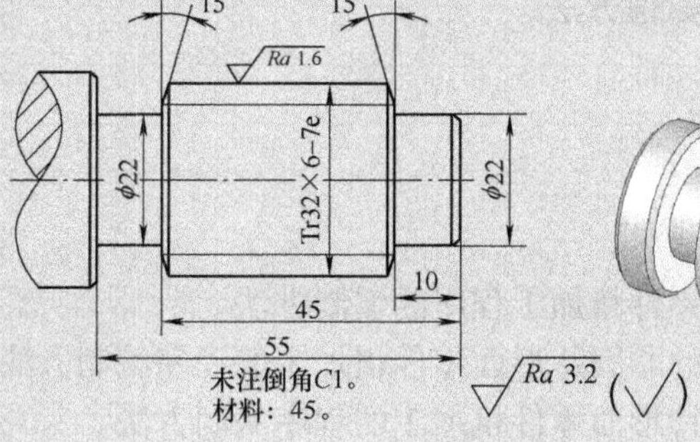

图 3-47　梯形螺纹加工零件图

任务三 非圆曲线特形面的加工

工作任务

加工如图 3-48 所示零件，毛坯尺寸为 ϕ50mm×65mm，材料为 45 钢，采用 B 类宏程序编写椭圆和双曲线的加工程序，并在数控车床上加工该零件。

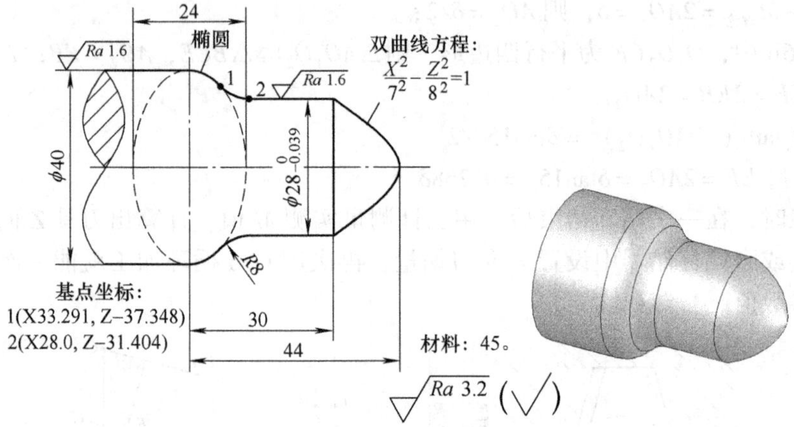

图 3-48 非圆曲线特形面加工零件图

加工本任务工件时，难点在于要编写两段宏程序，最右端是双曲线的轨迹，左端还有一小段是椭圆弧，要注意选择好各自的循环结束判断条件。

任务目标

一、知识目标

1）掌握非圆曲线的加工原理。

2）掌握 B 类型宏程序控制指令的应用方法。

3）掌握 B 类型宏程序的运算指令方法。

4）掌握 B 类型宏程序的引数赋值方法。

5）掌握宏程序的调用方法。

6）理解宏程序变量的含义。

二、技能目标

1）掌握非圆解析曲线形成的零件精加工程序的编制方法。

2）掌握原材料为锻件、铸件的非圆特形面零件粗加工的程序编制方法。

3）掌握原材料为棒料的非圆特形面零件粗加工的程序编制方法。

4）了解通用宏程序的编制方法。

任务准备

一、加工原理

非圆曲线有解析曲线与像列表曲线那样的非解析曲线。对于手工编程来说，一般解决的是解析曲线的加工，为此，主要对解析曲线的加工原理进行分析。解析曲线的数学表达式的形式可以 $Y=f(X)$ 的直角坐标的形式给出，也可以 $\rho=\rho(\theta)$ 的极坐标形式给出，还可以参数方程的形式给出。通过坐标变换，后面两种形式的数学表达式可以转换为直角坐标表达式。

给这类零件以及数控车床上加工的各种以非圆曲线为母线的回转体零件编程时，首先应决定是采用直线段逼近非圆曲线，还是采用圆弧段逼近非圆曲线。采用直线段逼近非圆曲线，各直线段间连接处存在尖角，由于在尖角处刀具不能连续地对零件进行切削，零件表面会出现硬点或切痕，使加工表面质量变差。采用圆弧段逼近的方式，可以大大减少程序段的数目，这种形式又分为两种情况，一种为相邻两圆弧段间彼此相交；另一种则采用彼此相切的圆弧段来逼近非圆曲线。后一种方法由于相邻圆弧彼此相切，工件表面整体光滑，从而有利于加工表面质量的提高。但无论哪种情况，都应使 $\delta \leqslant \delta'$（允许误差）。在实际的手工编程中主要采用直线逼近法。直线段逼近非圆曲线的方法，目前常用的有等间距法、等弦长法和等插补误差法等。

1. 等间距法

（1）基本原理　等间距法就是将某一坐标轴划分成相等的间距。如图3-49所示，沿X轴方向取 ΔX 为等间距长，根据已知曲线的方程 $Y=f(X)$，可由 X_i 求得 Y_i，$Y_{i+1}=f(X_i+\Delta X)$。如此求得的一系列点就是节点。

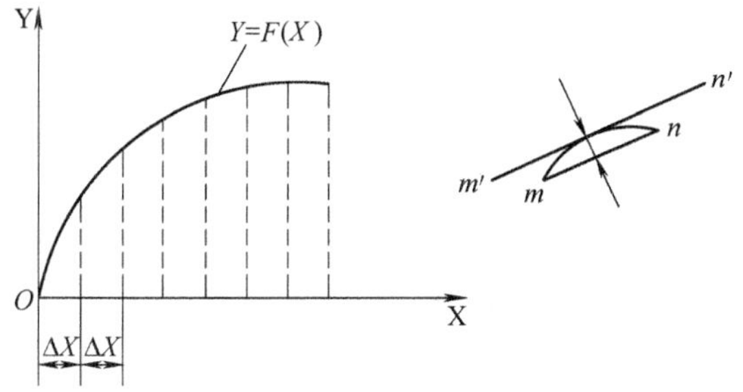

图3-49　等间距法直线段逼近

由于要求曲线 $Y=f(X)$ 与相邻两节点连线间的法向距离小于允许的程序编制误差 δ'，ΔX 值不能任意设定。若设置得大了，就不能满足这个要求，一般先取 $\Delta X=0.1\text{mm}$ 进行试算。实际处理时，并非任意相邻两点间的误差都要验算，对于曲线曲率半径变化较小处，只需验算两节点间距离最长处的误差；而对曲线曲率半径变化较大处，应验算曲率半径较小处的误差，通常由轮廓图形直接观察确定校验的位置。

（2）误差校验方法　设需校验 mn 曲线段。

m 点：(X_m, Y_m)，n 点：(X_n, Y_n) 已求出，则 m、n 两点的直线方程为

$$\frac{X-X_n}{Y-Y_n}=\frac{X_m-X_n}{Y_m-Y_n}$$

令 $A=Y_m-Y_n$，$B=X_n-X_m$，$C=X_nY_m-X_mY_n$

则 $AX+BY=C$ 即为过 m、n 两点的直线方程，距 mn 直线为 δ 的等距线 $m'n'$ 的直线方程可表示为

$$AX+BY=C\pm\delta\sqrt{A^2+B^2}$$

式中，当所求直线 $m'n'$ 在 mn 上方时，取“+”号，在 mn 下方时取“-”号。δ 为 $m'n'$、mn 两直线间的距离。

求解联立方程

$$\begin{cases}AX+BY=C\pm\delta\sqrt{A^2+B^2}\\ Y=f(X)\end{cases}$$

得 δ。要求 $\delta\leqslant\delta'$，一般 δ 允许取零件公差的 1/10～1/5。

2. 等弦长法

等弦长法就是使每个程序段的线段长度相等。如图 3-50 所示，由于零件轮廓曲线 $Y=f(X)$ 的曲率各处不等，因此首先应求出该曲线的最小曲率半径 R_{min}，由 R_{min} 及弦长确定 $\delta_{允}$。

3. 等插补误差法

该方法是使各插补段的误差相等（见图 3-51），都小于实际误差，一般为实际误差的 1/3～1/2，而插补段长度不等，可大大减少插补段数，这一点比等步距法优越。等插补误差法可以用最少的插补段数目完成对曲线的插补工作。

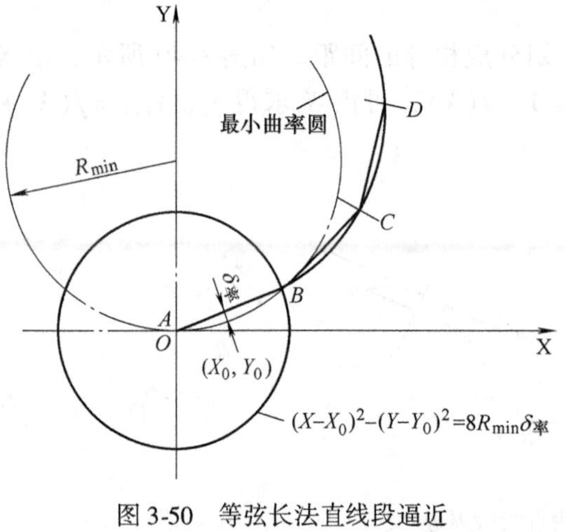

图 3-50 等弦长法直线段逼近

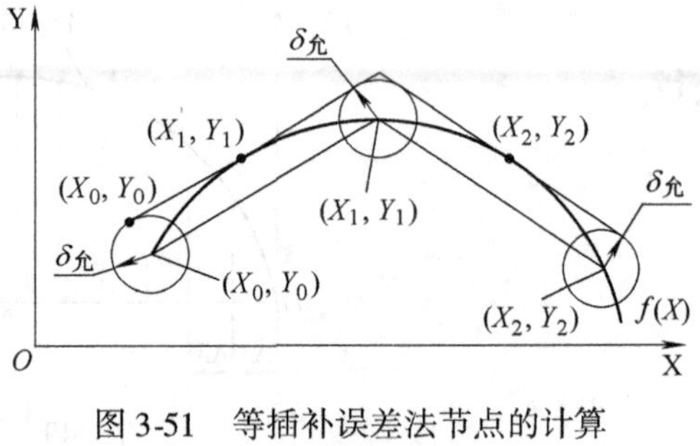

图 3-51 等插补误差法节点的计算

想一想

在加工非圆特形面时，其加工误差由哪些因素确定？

二、用户宏程序

将一群命令所构成的功能像子程序一样登录在内存中，再把这些功能用一个命令作为代表，执行时只需写出这个代表命令，就可以执行其功能。

在这里，所登录的一群命令称为用户宏主体（或用户宏程序），简称为用户宏（Custom Macro）指令，其代表命令称为用户宏命令，也称宏调用命令。

使用时，操作者只需会使用用户宏命令即可，而不必去理会用户宏主体。用户宏的最大特征有以下几个方面。

1）可以在用户宏主体中使用变量。

2）可以进行变量之间的运算。

3）可以用用户宏命令对变量进行赋值。

使用用户宏时的主要方便之处在于，可以用变量代替具体数值，因而在加工同一类零件时，只需将实际的值赋予变量即可，而不需要对每一个零件都编一个程序。

用户宏程序分为A、B两类。通常情况下，FANUC 0T系统采用A类宏程序，而FANUC 0i系统则采用B类宏程序。

宏程序与普通程序相比较，普通程序的程序字为常量，一个程序只能描述一个几何形状，所以缺乏灵活性和适用性。而在用户宏程序的本体中，可以使用变量进行编程，还可以用宏指令对这些变量进行赋值、运算等处理。

按变量号码可将变量分为局部（local）变量、公共（common）变量和系统（system）变量，其用途和性质都是不同的。

（1）空变量#0　该变量总是空的，不能赋值给该变量。

（2）局部变量#1～#33　所谓局部变量就是在用户宏中局部使用的变量。换句话说，在某一时刻调出的用户宏中所使用的局部变量#*i*和另一时刻调用的用户宏（不论与前一个用户宏相同还是不同）中所使用的#i是不同的。因此，在多重调用时，在用户宏A调用用户宏B的情况下，也不会将A中的变量破坏。

例如，用G代码（如G65）调用宏时，局部变量级会随着调用多重度的增加而增加，即存在如图3-52所示的关系。

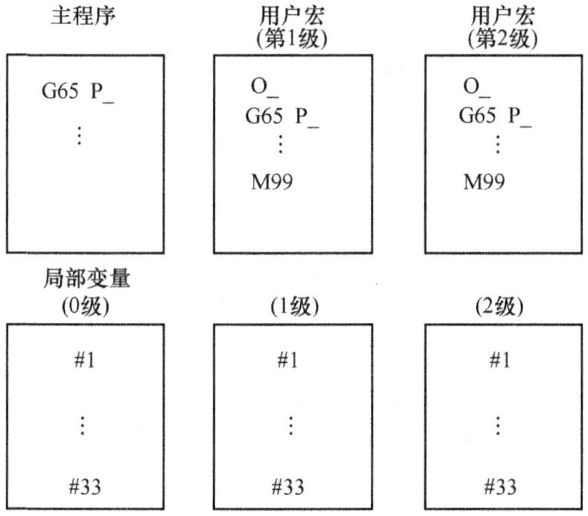

图3-52　局部变量应用时的关系

上述关系说明了以下几点。

1）主程序中具有#1～#33的局部变量（0级）。

2）用G65指令调用宏（第1级）时，主程序的局部变量（0级）被保存起来，又重新为用户宏（第1级）准备了另一套局部变量#1～#33（第1级），可以再向它赋值。

3）下一用户宏（第2级）被调用时，其上一级的局部变量（第1级）被保存，再准备出新的局部变量#1～#33（第2级），依此类推。

4）当用M99从各用户宏回到前一程序时，所保存的局部变量（第0、1、2级）以被保存的状态出现。

（3）公共变量　公共变量是在主程序以及调用的子程序中通用的变量。公共变量分为保持型变量#500～#999与操作型变量#100～#199，操作型（非保持型）变量断电后就被清零，保持型变量断电后仍被保存。它们都是公共变量。因此，在某个用户宏中运算得到的公共变量的结果#i，可以用到别的用户宏中。

（4）系统变量　系统变量是根据不同用途而被固定的变量，见表3-11。

表3-11　系统变量

变量号码	用　途	变量号码	用　途
#1000～#1035	接口信号DI	#3007	镜像
#1100～#1135	接口信号DO	#4001～#4018	G代码
#2000～#2999	刀具补偿量	#4107～#4120	D、E、F、H、M、S、T等
#3000～#3006	P/S报警信息	#5001～#5006	各轴程序段终点位置
#3001，#3002	时钟	#5021～#5026	各轴现时位置
#3003，#3004	单步、连续控制	#5221～#5315	工件偏置量

查一查

各种变量的应用。

三、B类型的宏程序

B类型的宏程序以一些指令来表示，主要有以下指令。

1. 控制指令

以下控制指令可以控制用户宏程序主体的程序流程。

（1）条件转移

1）IF［<条件式>］GOTO n（n＝顺序号）。

<条件式>成立时，从顺序号为n的程序段开始执行；<条件式>不成立时，执行下一个程序段。<条件式>种类见表3-12。

表3-12　<条件式>种类

变　量	符　号	变　量	意　义
#j	EQ	#k	＝
#j	NE	#k	≠
#j	GT	#k	＞
#j	LT	#k	＜
#j	GE	#k	≥
#j	LE	#k	≤

2）WHILE［<条件式>］　DO m（m＝转移标号）。

…

END m

<条件式>成立时，从DO m的程序段到END m的程序段重复执行；<条件式>如果不成立，则从END m的下一个程序段开始执行。DO后的号和END后的号是指定程序执行范围的标号，为1、2、3。若用1、2、3以外的值，会产生P/S报警No. 126。

3）IF［<条件式>］THEN。

如果条件满足，执行预先决定的宏程序语句，且只执行一个宏程序语句。

如：若#1和#2的值相同，0赋给#3。可用如下语句：

IF［#1 EQ #2］THEN #3＝0

（2）无条件转移（GOTO n）

无条件转移到程序段n。

如：当执行到N100程序时，程序无条件转移到N30程序段，可用语句N100　GOTO 30

2. 运算指令

在变量之间、变量与常量之间，可以进行各种运算。常用的运算符见表3-13。

3. 引数赋值

引数赋值有以下两种形式。

（1）引数赋值Ⅰ　除去G、L、N、O、P地址符以外的其他地址符都可作为引数赋值的地址符，大部分无顺序要求，但对I、J、K则必须按字母顺序排列，对没使用的地址可省略。引数赋值Ⅰ所指定的地址和用户宏主体内所使用变量号码的对应关系见表3-14。

表3-13　常用的运算符

运算符	定义	举例	运算符	定义	举例
=	定义	#i = #j	TAN	正切	#i = TAN［#j］
+	加法	#i = #j + #k	ATAN	反正切	#i = ATAN［#j］
−	减法	#i = #j − #k	SQRT	平方根	#i = SQRT［#j］
*	乘法	#i = #j * #k	ABS	绝对值	#i = ABS［#j］
/	除法	#i = #j/#k	ROUND	舍入	#i = ROUND［#j］
SIN	正弦	#i = SIN［#j］	FIX	上取整	#i = FIX［#j］
ASIN	反正弦	#i = ASIN［#j］	FUP	下取整	#i = FUP［#j］
COS	余弦	#i = COS［#j］	LN	自然对数	#i = LN［#j］
ACOS	反余弦	#i = ACOS［#j］	EXP	指数函数	#i = EXP［#j］
OR	或运算	#i = #j OR #k	BIN	十－二进制转换	#i = BIN［#j］
XOR	异或运算	#i = #j XOR #k	BCD	二－十进制转换	#i = BCD［#j］
AND	与运算	#i = #j AND #k			

表3-14　引数赋值Ⅰ的地址和变量号码的对应关系

引数赋值Ⅰ的地址	宏主体中的变量	引数赋值Ⅰ的地址	宏主体中的变量	引数赋值Ⅰ的地址	宏主体中的变量
A	#1	I	#4	T	#20
B	#2	J	#5	U	#21
C	#3	K	#6	V	#22
D	#7	M	#13	W	#23
E	#8	Q	#17	X	#24
F	#9	R	#18	Y	#25
H	#11	S	#19	Z	#26

（2）引数赋值Ⅱ

I、J、K作为一组引数，最多可指定10组。引数赋值Ⅱ的地址与宏主体中使用变量号码的对应关系见表3-15。

表3-15 引数赋值Ⅱ的地址与宏主体中使用变量号码的对应关系

引数赋值Ⅱ的地址	宏主体中的变量	引数赋值Ⅱ的地址	宏主体中的变量	引数赋值Ⅱ的地址	宏主体中的变量
A	#1	I_2	#7	……	……
B	#2	J_2	#8	……	……
C	#3	K_2	#9	……	……
I_1	#4	……	……	I_{10}	#31
J_1	#5	……	……	J_{10}	#32
K_1	#6	……	……	K_{10}	#33

注：表中的下标只表示顺序，并不写在实际命令中。

（3）引数赋值Ⅰ、Ⅱ的混用

在G65程序段的引数中，可以同时用表3-14和表3-15中的两组引数赋值。但当对同一个变量Ⅰ、Ⅱ两组的引数都赋值时，只是后一引数赋值有效，如图3-53所示。

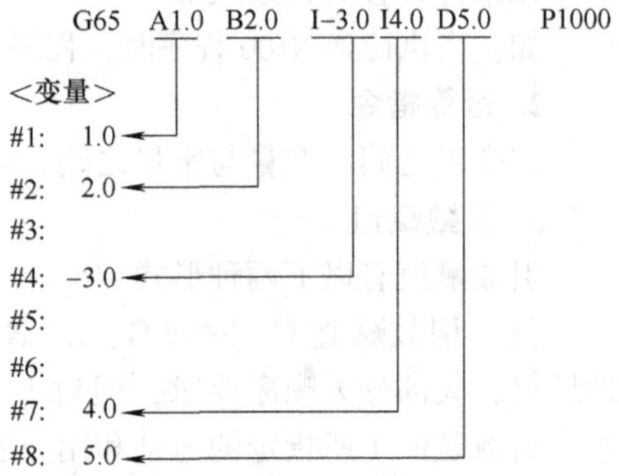

图3-53 引数赋值Ⅰ、Ⅱ的混用

在图3-53中，对变量#7，由I4.0及D5.0这两个引数赋值时，只有后边的D5.0才是有效的。

四、用户宏程序的调用

1. 单纯调用

通常宏主体是由下列形式进行一次性调用，也称单纯调用，其格式如下：

G65 P（程序号）<引数赋值>；

G65是宏调用代码，P之后为宏程序主体的程序号码。<引数赋值>由地址符及数值构成，由它给宏主体中所使用的变量赋予实际数值。

2. 模态调用

模态调用的调用形式为：

G66 P（程序号码） L（循环次数） <引数赋值>；

在这一调用状态下，当程序段中有移动指令时，先执行完移动指令后，再调用宏，所以又称为移动调用指令。

取消用户宏用G67指令。

3. G代码调用

调用格式：G××（引数赋值）；

为了实现这一方法，需要按下列顺序用表3-16中的参数进行设定。

1）将所使用宏主体程序号变为O9010～O9019中的任一个。

2）将与程序号对应的参数设置为G代码的数值。

3）将调用指令的形式换为G（参数设定值）（引数赋值）。

例如将宏主体 O9110 用 G112 调用，方法如下：

1）将程序号码由 O9110 变为 O9012。

2）将与 O9012 对应的参数号码（第 7052 号）上的值设定为 112。

3）用下述指令方式调用宏主体：

```
G112  I__  R__  Z__  F__;
```

表 3-16　宏主体号码与参数号

宏主体号码	参　数	宏主体号码	参　数
O9010	7050	O9015	7055
O9011	7051	O9016	7056
O9012	7052	O9017	7057
O9013	7053	O9018	7058
O9014	7054	O9019	7059

五、非圆曲线组成零件的加工

1. 原材料为锻、铸件零件的加工

加工如图 3-54 所示零件，毛坯为 ϕ50mm × 85mm 的 45 钢，左端 ϕ16mm 孔已钻好，加工该零件时，先加工外轮廓，再装夹在 ϕ30mm 的外圆上加工左端的内孔和内螺纹，其加工程序如下：

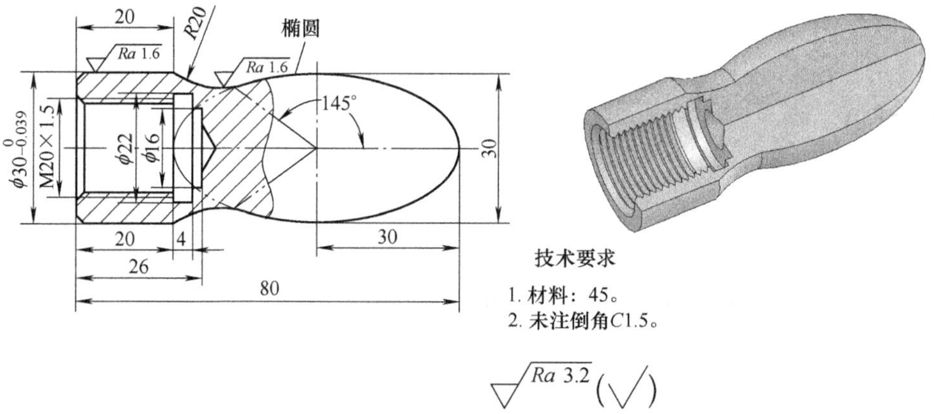

图 3-54　锻、铸件零件的加工

```
O0222;
G98   G97   G40   G21;
M03   S800;
T0101;                                  换菱形刀片，外圆车刀
G00   X35.0   Z5.0;
G73   U15.0   R15.0;
G73   P10   Q50   U0.3   W0.0   F100.0;
N10   G01   G42   X0.0   F80   S1000;
                  Z0.0;
```

```
        #101 = 0.0;                                  角度初始值
N20     #102 = 30.0 * COS [#101];                    Z 坐标初始值
        #103 = 15.0 * SIN [#101];                    X 坐标初始值
G01  X [#103 * 2.0]  Z [#102 - 30.0]  F100.0;
     #101 = #101 + 1.0;                              角度增量为 1°
     IF [#101LE126]  GOTO20;                         注意判断角与标注角 145°不是同一个角
G02  X30.0  Z-60.0  R20.0;
G01  Z-80.0;
N50  G40  G01  X35.0;
G70  P10  Q50;
G00  X100.0  Z100.0;
M05;
M30;
O2222;
G98  G97  G40  G21;
M03  S800;
T0202;                                                  换内孔车刀
G00  X15.0  Z5.0;
G90  X17.0  Z-24.0  F100.0;
     X18.5;
G00  X100.0  Z100.0;
M05;
M00;
G98  G97  G40  G21;
M03  S400;
T0404;                                                  换内车槽刀
G00  X17.0;
     Z-23.0;
G75  R0.5;
G75  X22.0  Z-24.0  P1000  Q1000  F50.0;
G00  Z100.0;
     X100.0;
M05;
M00;
G98  G97  G40  G21;
M03  S600;
T0303;                                                  换内螺纹车刀
G00  X17.0  Z5.0;
G76  P010160  Q50  R0.05;
G76  X20.0  Z-21.0  P975  Q400  F1.5;
G00  X100.0  Z100.0;
M05;
M30;
```

2. 原材料为棒料非圆曲面组成零件的加工

如图 3-55 所示，毛坯直径为 $\phi50$mm，总长为 102mm，材料为 45 钢棒料。该零件的加工难点在抛物线的编程上。用公共变量#101 作为 X 轴变量，#100 作为 Z 轴变量，加工抛物面时，抛物线方程原点与工件零点重合，粗加工刀具路径如图 3-56 所示。此方法避免了 G73 指令产生的“空切”现象，提高了生产率，有一定的特色（加工左端的程序省略）。

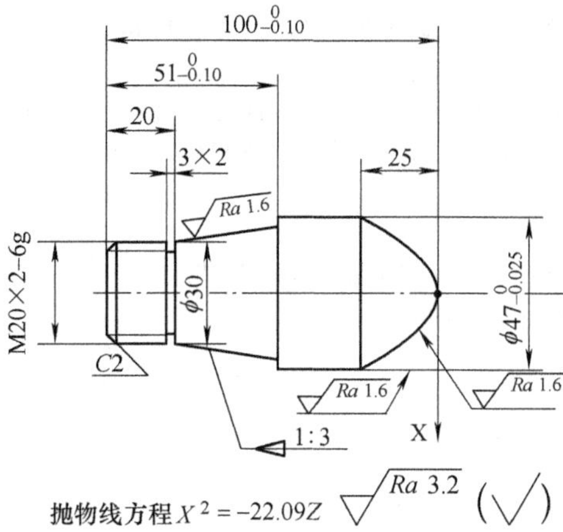

图 3-55　零件图

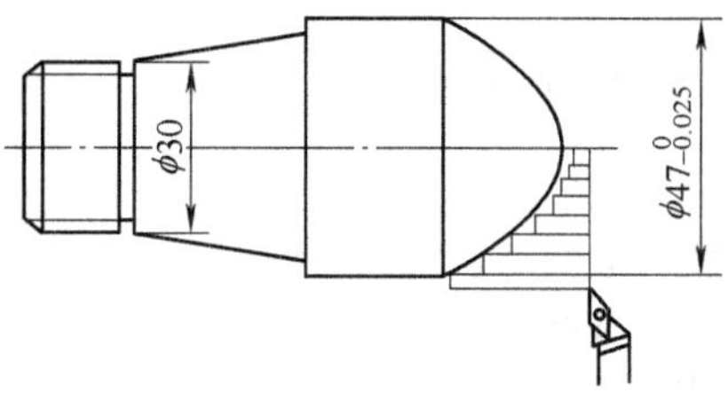

图 3-56　粗加工抛物面部分刀具路径

加工程序如下：

```
右端加工程序：
O1000;
G54   G21;
T0101;
M03   S800;
G96   S120;                        以 120m/min 的恒线速度切削
G50   S1000;                       限制主轴最高转速为 1000r/min
G99   G00   X55   Z0   M08;        快速定位进给量单位为 mm/r
G01   X0   Z0   F0.1;              以 0.1mm/r 的速度车端面
G00   Z5;
G00   X50   Z5;                    设定循环起点
N20;                               此部分为粗加工抛物线部分程序
#101 = 23.5;                       #101 为 X 轴变量，置初始值 23.5mm
#102 = 1.5;                        #102 为 X 方向的步距值变量，设为 1.5mm
#103 = 0;
WHILE [#101GT#103] DO1;            如果#101 中的值大于#103 中的值，则程序在 WHILE 和
                                   END1 之间循环执行，否则执行 END1 之后的语句
#101 = #101 - #102;                X 方向减去一个步距
IF [#101LT#103] THEN#101 = #103;   当 X 轴变量在循环的最后一次小于 0 时，将 X 变量置 0
#104 = [#101*#101/22.09];          计算 Z 变量
G01   Z2   F1;                     Z 方向进给退回加工起点
G42   X [2*#101]   F0.12;          X 方向进给
G01   Z [-#104+0.5];               Z 方向进给，留 0.5mm 的精加工余量
G40   U1;                          沿 X 方向退刀 1mm，取消刀补
END1;
```

```
G00   X100   Z100   T0100;
N30;                                    此部分为精加工抛物面部分程序
T0202;
G96   S120;
G50   S1200;
G00   X0   Z1;                          精加工抛物面的起刀点
#106 =0;                                #106 为 X 坐标值变量，置初值为 0
#107 =0.1;                              #107 为 X 方向的步距值变量，设为 0.1mm
#108 =23.5;                             抛物线的最大开口值
WHILE [#106LE#108] DO2;                 如果#106 中的值大于#108 中的值，则程序在 WHILE 和
                                        END2 之间循环执行，否则执行 END2 之后的语句
#105 = [#106 * #106/22.09];             计算 Z 变量
G01   G42   X [2 * #106]   Z [ - #105]   F0.1;
                                        直线插补进给，加刀尖圆弧半径补偿
#106 =#106 + #107;                      X 方向坐标值增加一个步距
END2;
G01   G40   X52   F1;                   取消刀补
G00   X100   Z100   T0200;
M05   M09;
M30;
```

>> **提示** 对于 FANUC 系统来说，宏程序一般不能编写在 G71、G72 循环之中，只能编写在 G73 循环之中，但有的系统（如华中系统），宏程序可以应用在所有的循环之中。

任务实施

一、程序编制

本任务的加工参考程序如下：

```
O0221;
G98   G97   G40   G21;
M03   S800;
T0101;                                  换菱形刀片，外圆车刀
G00   G42   X40.0   Z5.0;
G73   U20.0   R20.0;
G73   P10   Q50   U0.3   W0.0   F100.0;
N10   G01   X0.0   F80   S1000;
      Z0.0;
      #101 =0.0;
N20      #102 =15.65 * SIN [#101];
         #103 =16.0 * COS [#101];
```

```
G01   X [#102 * 2.0]   Z [#103 - 16.0]   F100.0;
      #101 = #101 + 0.5;
IF  [#101LE90]   GOTO20;
G01   X28.0   Z - 14.0;
      Z - 31.404;
G02   X33.291   Z - 37.348   R8.0;
      #105 = 6.652;
N30     #106 = SQRT [12.0 * 12.0 - #105 * #105] 20.0/12.0;
        #107 = #105 - 6.65;
        #108 = #106 * 2.0;
G01   X#108   Z [#107 - 37.348];
      #105 = #105 - 0.1;
IF  [#105GE0.0]   GOTO30;
G01   X40.0   Z - 44.0;
      Z - 60.0;
N50   G01   X45.0;
G70   P10   Q50;
G00   X100.0   Z100.0;
M05;
M30;
```

二、程序校验

通过仿真软件进行仿真加工校验程序。

三、程序存入存储卡

目前 FANUC 系统的 0i - B/C、0i - MATE - B/C，在系统上均提供 PCMCIA 插槽，通过这个 PCMCIA 插槽可以方便地对系统的数据进行备份，较以往的 0 系统方便很多。由于 0i - C 系列 PCMCIA 插槽位于显示器左侧，使用较 0i-B 方便，如图 3-57 所示。

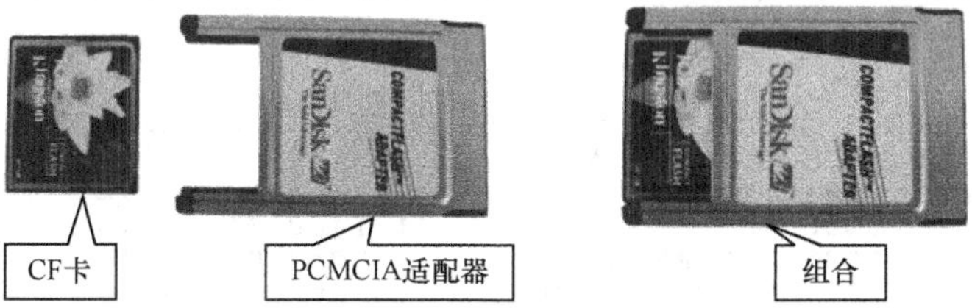

图 3-57　CF 卡

四、加工

1. 装夹工件

本工件通过自定心卡盘装夹。

2. 对刀

将工件坐标系原点设置在工件的右端面，并将工件坐标系原点在机床坐标系中的位置坐标输入 G54 中的相应位置。

3. 使用存储卡（CF 卡）进行 DNC 加工

1）首先将参数#20 设定为 4（外部 PCMCIA 卡，DATASERVER 设置为 5），如图 3-58 所示。

```
PARAMETER(SETTING)              O0999 N00000

 0020 I/O CHANNEL                          4
```

图 3-58 #20 参数的设置

2）将 138#7 设定为 1，如图 3-59 所示。

```
0138
      1   0   0   0   0   0   0   0
```

图 3-59 138#7 参数的设置

3）选择 DNC 方式，按下 MDI 面板上的［PROGRAM］键，然后按软键的扩展键选择［DNC－CD］，出现如图 3-60 所示画面（画面中内容为存储卡中的内容）。

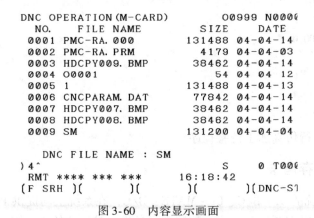

```
DNC OPERATION(M-CARD)          O0999 N000(
 NO.     FILE NAME          SIZE     DATE
 0001 PMC-RA.000          131488 04-04-14
 0002 PMC-RA.PRM            4179 04-04-03
 0003 HDCPY009.BMP         38462 04-04-14
 0004 O0001                    54 04 04 12
 0005 1                   131488 04-04-13
 0006 CNCPARAM.DAT         77842 04-04-14
 0007 HDCPY007.BMP         38462 04-04-14
 0008 HDCPY008.BMP         38462 04-04-14
 0009 SM                  131200 04-04-04

    DNC FILE NAME : SM
)4^                              S    0 T00(
 RMT **** *** ***       16:18:42
(F SRH )(       )(        )(        )(DNC-S1
```

图 3-60 内容显示画面

4）选择想要执行的 DNC 文件，如选择 0004 号文件的 O0001 程序进行操作，输入 4，按下右下角的［DNC－ST］，出现如图 3-61 所示画面。此时 DNC 文件名变成 O0001，即已选择了相关的 DNC 文件。

```
DNC OPERATION(M-CARD)          O0999 N000(
 NO.     FILE NAME          SIZE     DATE
 0004 O0001                    54 04-04-12
 0005 1                   131488 04-04-13
 0006 CNCPARAM.DAT         77842 04-04-14
 0007 HDCPY007.BMP         38462 04-04-14
 0008 HDCPY008.BMP         38462 04-04-14
 0009 HDCPY010.BMP         38462 04-04-14
 0010 SM                  131200 04-04-04


    DNC FILE NAME : O0001
)^                               S    0 T00(
 RMT **** *** ***       16:18:57
(F SRH )(       )(        )(        )(DNC-S1
```

图 3-61 程序选择

5）按下循环启动键即可使用 M-CARD 中的 O0001 程序进行 DNC 加工。

4. 零件校验

长度尺寸可用游标卡尺测量，直径尺寸可用千分尺测量。特形面用目测法检验后，再用样板检测。样板可用线切割机床制造。

任务扩展

通用宏程序的编制

可以应用同一个宏程序加工形状不同的同类特形面，这个宏程序一般称为通用宏程序。如为了适应不同的抛物线曲线（即不同的对称轴和不同的焦点）、不同的起始点和不同的步距，可以编制一个只用变量不用具体数据的宏程序，然后在主程序中呼出该宏程序的用户宏指令段为上述变量赋值。这样，对于不同的抛物线、不同的起始点和不同的步距，不必更改程序，而只要修改主程序中用户宏指令段内的赋值数据就可以了。这就是加工抛物线零件的通用宏程序。

编制一个车削加工图 3-62 所示具有抛物线曲线类零件的通用程序，假设抛物线开口距离为 V，抛物线方程为 $X^2 = -2PZ$。

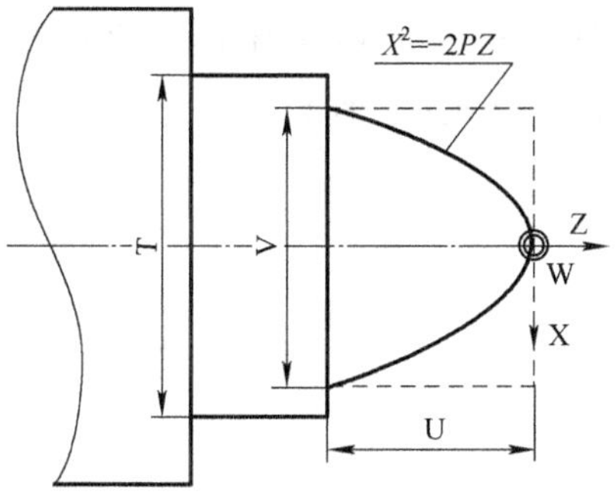

图 3-62　抛物线曲线类零件示意图

工艺分析：车削图 3-62 所示抛物线形状的回转零件时，假设工件坐标原点在抛物线顶点上，采用直线逼近（也称拟合）法，即在 X 向分段，以 0.2 ~ 0.5mm 为一个步距，并把 X 作为自变量，Z 作为 X 的函数。

抛物线的一般方程为

$$X^2 = \pm 2PZ \text{（或 } Z^2 = \pm 2PX\text{）}$$

可转换为

$$Z = \pm X^2/2P \text{（或 } X = \pm Z^2/2P\text{）}$$

用变量来表达上式为

#26 = ± [#24 * #24] / [2 * #16] 或#24 = ± [#26 * #26] / [2 * #16]

根据上述工艺分析，可画出图 3-62 所示零件宏程序的结构流程框图，如图 3-63 所示。

1. 自变量含义

#24 = X；X：抛物线顶点的工件坐标横向绝对坐标值；

#26 = Z；Z：抛物线顶点的工件坐标纵向绝对坐标值；

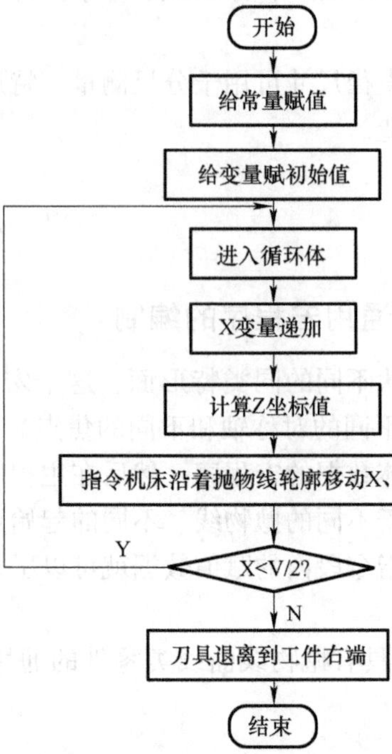

图 3-63　抛物线宏程序结构流程框图

#17 = Q；Q：抛物线焦点坐标在 Z 轴上绝对值的 2 倍（P）；

#22 = V；V：抛物线的开口距离；

#6 = K；K：X 向递减均值；

#9 = F；F：切削速度。

2. 主程序

O××××；	主程序名
N010　G18　G99　G97　G54　G40；	工艺加工状态设置
N100　T0404；	调用精加工车削抛物线轮廓的刀具
N105　M03　S1000；	切换精加工转速
N110　G65　P2313　X __　Z __　Q __	
V __　K __　F __；	调用精车削抛物线形状轮廓的用户宏程序
N155　M05；	主轴停止
N160　M30；	程序结束并返回程序开头

3. 用户宏程序

O2313；	宏子程序名
N010　G00　X#24　Z [#26 + 5]；	刀具快速接近抛物线顶点处
N020　G01　Z#26　F [2 * #9]；	以工进速度直线插补到抛物线顶点
N030　#24 = #24 - #6；	X 向步距均值递减
N040　#26 = - [#24 * #24] / [2 * #17]；	由 X 值计算抛物线上任一点的 Z 坐标值
N050　G01　X#24　Z#26　F#9；	沿着抛物线作直线插补
N060　IF [#24LT#22/2]　GOT030；	如果#24 < #22/2，则跳转到 N030 程序段

```
N070  G01  X#22  Z#26  F [3 * #9];          斜线退到工件右端面外
N080  M99;                                   子程序结束并返回主程序
```

4. 编程实例

在数控车床上加工如图3-64所示抛物线形状的零件，抛物线的开口距离为42mm，抛物线方程为 $X^2=-10Z$，试编写此零件的数控加工程序。

（1）工艺设计　建立如图3-64所示编程坐标系，机床坐标系偏置值设置在G54寄存器中。零件各级外圆先采用数控系统内外圆粗加工复合循环和精加工复合循环进行车削加工，然后再对抛物线形状轮廓进行余量切除，最后再调用精车削抛物线形状轮廓的用户宏程序对其进行精加工。

（2）切削用量　1号刀为外圆粗车刀，粗加工时，主轴转速为680r/min，进给速度为0.25mm/r；2号刀为外圆精车刀，精加工时，主轴转速为1000r/min，进给速度为0.1mm/r；车刀起始位置在工件坐标系右侧（90，100）处，精加工余量为0.5mm。

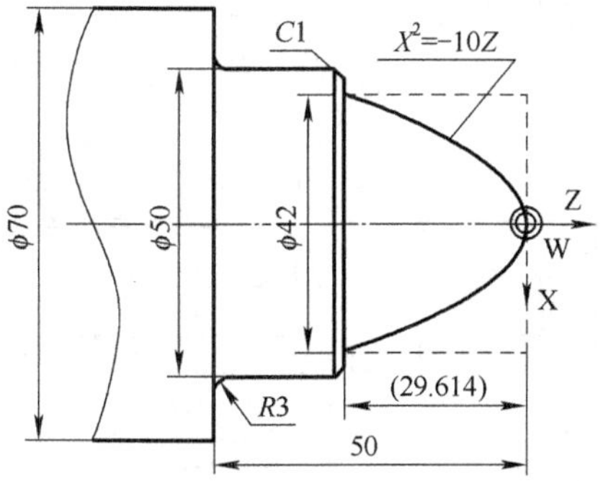

图3-64　抛物线轮廓形状零件编程实例示意图

（3）加工参考程序

```
O××××;                                  程序名
N10  G54  G18  G21  G97  G95;           程序运行初始状态设置
N15  T0101;                             调用1号粗车刀
N20  M03  S680;                         主轴正转680r/min
N25  G00  X90.0  Z100.0  M07;           刀具起刀点，打开切削液
…                                       粗、精加工外圆
N35  G00  X90.0  Z100.0;                刀具退回到起刀点
N50  M98  P2;                           调用抛物线形状轮廓余量切除子程序（略）
N60  G00  X90.0  Z100.0;                刀具退回到起刀点
N65  T0202;                             调用2号精车刀
N70  M03  S1000;                        切换主轴转速到精车转速，主轴正转1000r/min
N75  G65  P2313  X0  Z0  Q5.0
     V42.0  K0.1  F0.1;                 调用抛物线形状轮廓精车削的用户宏程序
N80  G00  X90.0  Z100.0  M09;           刀具退离零件，切削液停止
N85  M05;                               主轴停止
N90  M30;                               程序结束并返回程序开头
```

[任务巩固]

1. 采用直线段逼近非圆曲线时常用的方法有哪几种？
2. 宏程序的变量有哪几种？
3. 调用宏程序的方法常用的是哪几种？
4. 编写如图 3-65 和图 3-66 所示零件的加工程序，并在数控车床上加工出来。

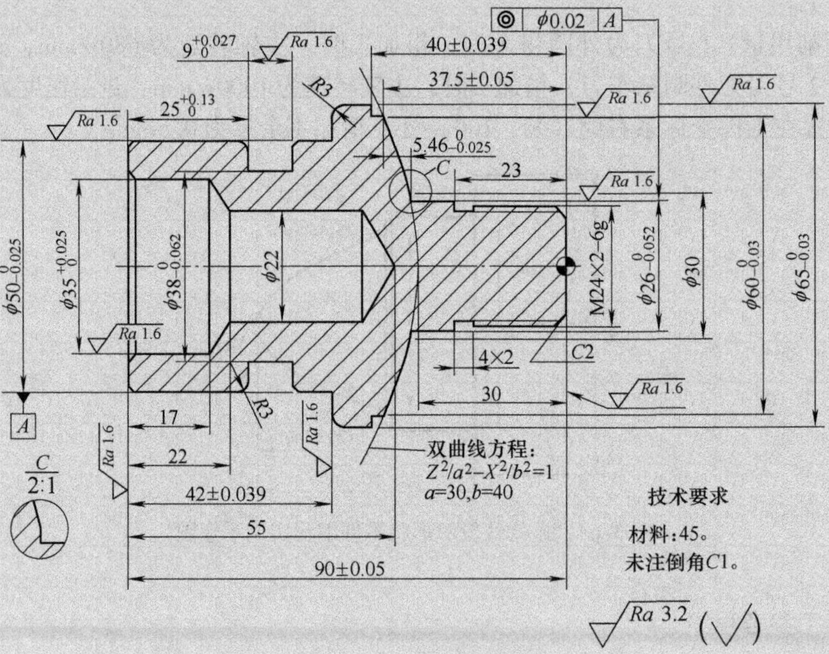

图 3-65 含双曲线轮廓零件

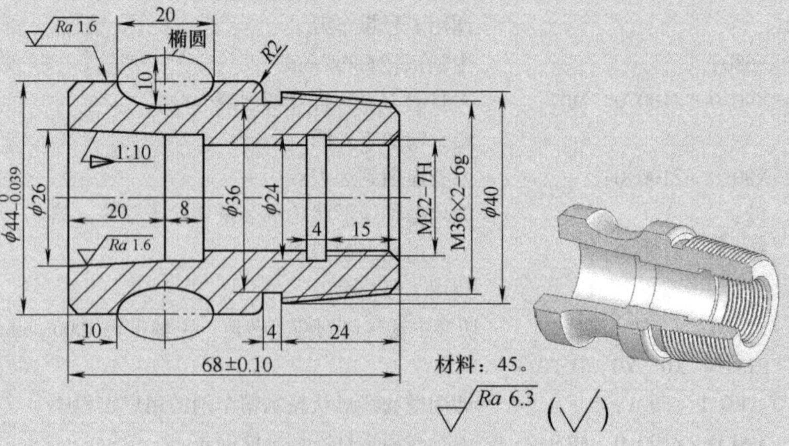

图 3-66 外轮廓综合加工

模块四　在车削中心上对复合件的加工

任务一　轴向与周向孔的加工

工作任务

加工如图4-1所示零件，外圆精加工余量X向0.05mm、Z向0.01mm，切槽刀切削刃宽4mm，螺纹加工用G92指令，X向铣刀直径为ϕ8mm，Z向铣刀直径为ϕ6mm，工件程序原点如图所示（毛坯上ϕ70mm的外圆已粗车至尺寸，不需加工）。

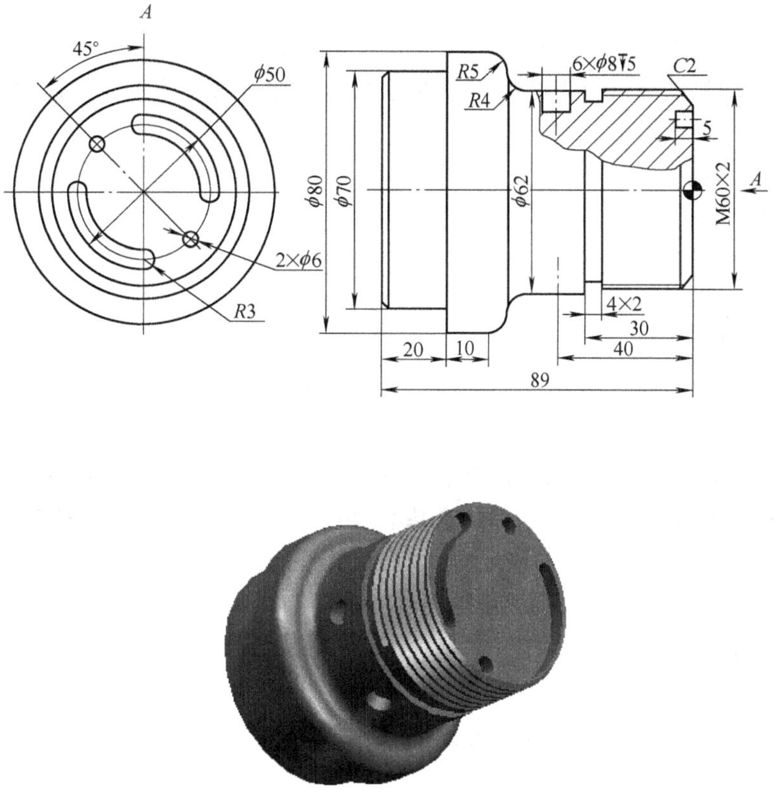

图4-1　零件图

本任务要完成的零件加工有轴向孔与周向孔。这样的零件在一般的数控车床上是不能完成加工的，通常情况下是在数控钻床或加工中心上加工这些孔，但这样要进行两次装夹，不容易保证加工精度。本任务在车削中心上完成零件的加工。

任务目标

一、知识目标

1）掌握轴向与周向孔加工编程指令的应用方法。

2）掌握轴向与周向孔加工程序的编制方式。

二、技能目标

1）掌握适合车削中心加工孔类零件的程序编制方法。

2）掌握适合车削中心加工螺纹的方法。

任务准备

一、基本指令介绍

1. 平面选择（G17、G18、G19 指令）

用 G 代码为圆弧插补、刀尖圆弧半径补偿和钻削加工选择平面。G 代码与选择的平面关系如下：

G17 为 X_PY_P平面。

G18 为 Z_PX_P平面。

G19 为 Y_PZ_P平面。

其中，

X_P指 X 轴或其平行轴；

Y_P指 Y 轴或其平行轴；

Z_P指 Z 轴或其平行轴。

X_P、Y_P、Z_P是由 G17、G18 或 G19 所在程序段中的轴地址决定的。在 G17、G18 或 G19 程序段中，如果省略轴地址，就认为省略的是基本轴的轴地址。在没有指令 G17、G18 或 G19 的程序段，平面保持不变。通电时，选择 G18（Z_PX_P）平面。运动指令与平面选择无关。

蓝图编程、倒棱、倒圆、车削固定循环和车削宏指令只用于 ZX 平面，在其他平面指定则报警。示例如下：

```
G17  X__  Y__;        XY 平面
G17  U__  Y__;        UY 平面，当 U 为 X 的平行轴时
G18  X__  Z__;        ZX 平面
     X__  Y__;        平面不变，仍为 ZX 平面
G17;                  XY 平面，省略的是基本轴
G18;                  ZX 平面
G17  U__;             UY 平面
G18  Y__;             ZX 平面，Y 轴运动与平面无关
```

2. 辅助功能

（1）辅助功能（M功能） 这里只介绍车削中心所特有的M功能。因为M代码都在机床侧处理，所以以机床厂的说明书为准。

1）M06 对刀仪摆出指令，如图4-2所示。

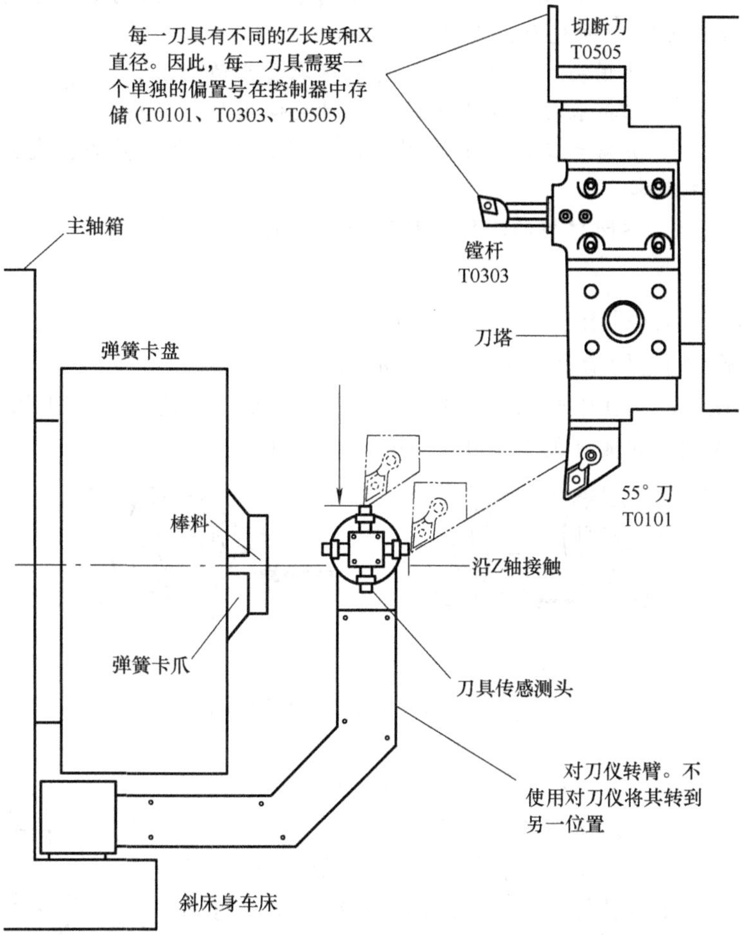

图4-2 对刀仪摆出指令

2）M10 卡盘夹紧指令。此指令能自动使卡盘夹紧，如图4-3a所示。

3）M11 卡盘松开指令。此指令能自动使卡盘松开，一般在装有棒料输送机、工件收集器及上下料机械手时用，如图4-3b所示。

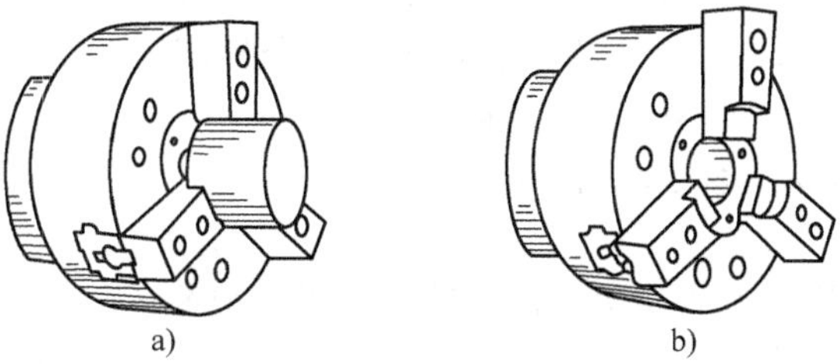

图4-3 卡盘夹紧和卡盘松开指令

a）卡盘夹紧 b）卡盘松开

>> 注意

① 单件加工时请用手动方式夹持工件。

② 单段运行开关处于“ON”位置时，读到 M11 卡盘松开指令时机械停止。

③ M10 和 M11 为单独程序指令，下一程序使用 G04 暂停指令，可使卡盘动作时间延长，以增加其安全性。

④ 使用夹头夹持工件，夹爪应调整至适当位置。

⑤ 工件长度大于直径约 7 倍时应使用尾座顶持。

⑥ 夹持大工件或重切削时应适度调大卡盘夹紧力，夹紧力不足易使工件脱落。

⑦ 不同材质的工件，应使用不同的夹紧压力。

4）M12 尾座套筒前进指令，如图 4-4a 所示。

5）M13 尾座套筒返回指令，如图 4-4b 所示。

使用场合：该功能用在中心钻钻完中心孔后，顶持长工件使用。这项功能也可以在面板上直接由开关来控制。面板开关为 TS0（前进）；TS1（后退）。

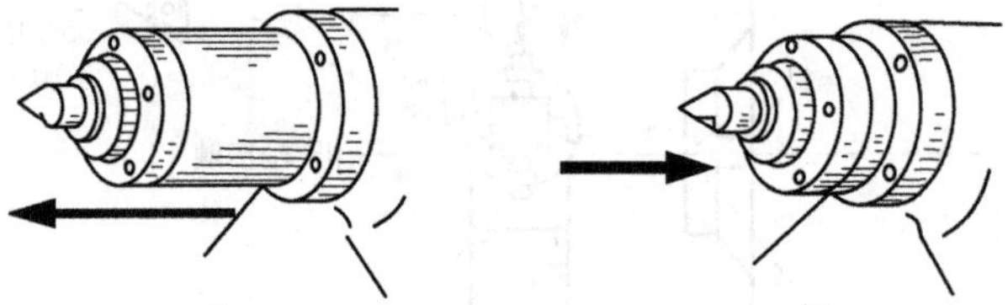

a) b)

图 4-4 尾座套筒前进与返回指令

a）M12 指令 b）M13 指令

6）M19 主轴准停指令。主轴准停功能用在形状复杂或容易脱落的场合，可使工件的拿取较为方便（见图 4-5）。

用自定心卡盘夹持方形工件时，须先将夹爪成形，如此可方便夹紧工件。当主轴旋转停止时，因使用主轴准停机能可固定主轴位置，如此可防止工件掉落。

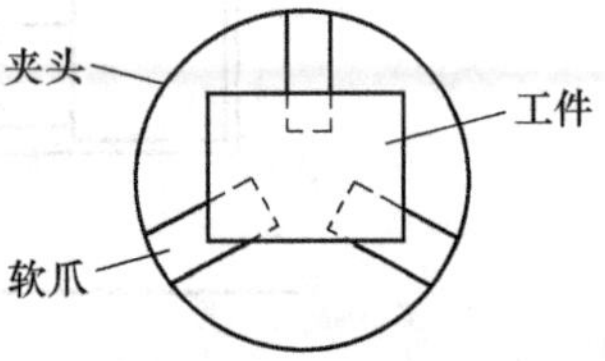

图 4-5 主轴准停指令

夹紧容易脱落的工件时，可用成形夹爪夹持，可避免工件因掉落而损坏。

7）M20 卡盘吹气指令。此指令在由上、下工件机械手进行工件自动装卸时使用。每个加工完的工件由机械手卸下后，卡盘上可能会沾有切屑。若不吹去，再次装夹工件时，就有可能将切屑一起夹入。故每次装夹工件前，通过本指令控制压缩空气对卡盘自动吹气一次。

8）M21 尾座前进指令，如图 4-6a 所示。

9）M22 尾座后退指令，如图 4-6b 所示。

>> 注意

① 尾座上的注油孔需适时加油以防卡死。

② 经常保养尾座内的锥度孔，避免生锈、污损。

③ 使用顶尖工作时，不宜伸出太长。

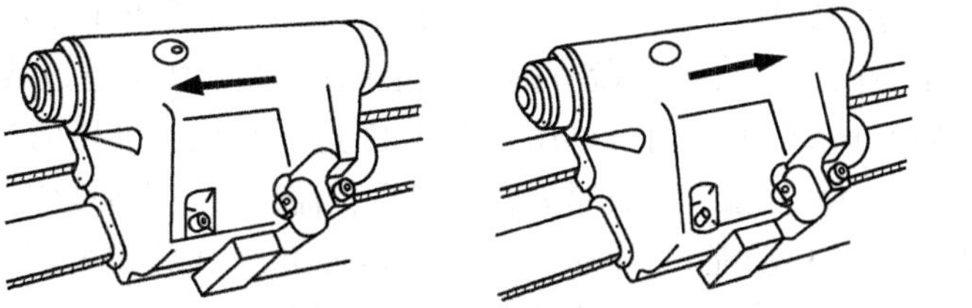

图 4-6 尾座前进与后退指令

a）M21 指令 b）M22 指令

10）M60 对刀仪吹屑指令。一般情况下在对刀时，当对刀仪到位后开始吹屑，延时一段时间以后便停止吹气，主要是吹掉粘附在刀具上的切屑；而在自动对刀时，可用指令 M60 自动控制吹气时间。

11）M73 工件收集器前进指令，如图 4-7a 所示。工件加工完成后，需切断时，将工件收集器伸出（接料状态）。

12）M74 工件收集器后退指令，如图 4-7b 所示。工件切断以后，落入工件收集器内，然后将工件收集器退回。

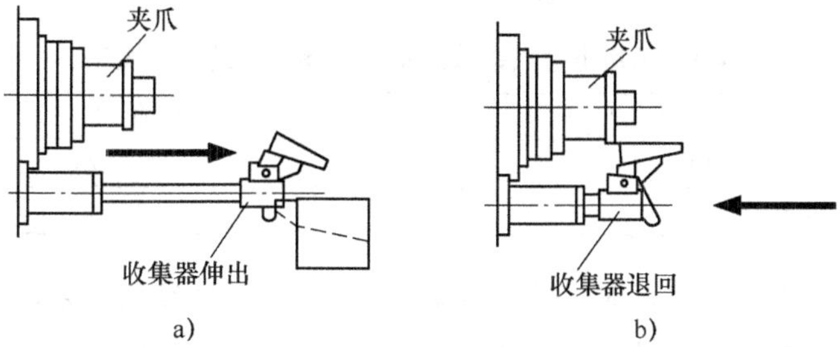

图 4-7 工作收集器进与退

a）M73 指令 b）M74 指令

13）M75 Cs 轮廓控制有效（C 轴有效）指令。由于刀盘上的动力刀具是通过刀架上的端面键实现动力传递的，为了保证两者间可靠地完全啮合，在 C 轴状态下，选择了某一动力刀具并按下选刀启动键后，刀盘抬起顺时针方向换刀，与此同时，动力刀具主轴以 35r/min 的转速旋转，在选刀结束刀盘落下压紧约 2s 后，动力主轴停止旋转，这样就保证了动力刀座与动力轴的可靠啮合。C 轴控制下的 M 代码及其功能见表 4-1。

表 4-1 C 轴控制下的 M 代码及其功能

M 代码	功　能
M75	Cs 轮廓控制有效（C 轴有效）
M76	Cs 轮廓控制无效（C 轴无效）
M03	动力主轴逆时针旋转启动
M04	动力主轴顺时针旋转启动
M05	动力主轴停止
M65	C 轴夹紧（一般在钻孔固定循环指令中使用）
M66	C 轴松开
M67	C 轴阻尼（一般在铣削加工中使用）

14）M82 卡盘夹紧力转换指令。在车薄套类工件时，为了防止工件因夹紧力过大而变形，希望在粗、精车不同工步时，卡盘有高、低不同的夹持力（通过液压系统的减压阀预先调好）。当工件转换到精车工步前，可用指令 M82 进行高压、低压的自动转换。

15）M83 卡盘夹紧力恢复指令。夹紧力转换以后，需恢复正常夹紧压力时，用指令 M83。

（2）第二辅助功能（B 功能） 主轴分度是由地址 B 及其后的 8 位数指令的。B 代码和分度角的对应关系随机床而异，详见机床制造商发布的说明书。

1）指令范围：0 ~ 99999999。

2）指令方法：

① 可以用小数点输入。其指令与输出值的对应关系见表 4-2。

表 4-2 小数点输入时指令与输出值的对应关系

指 令	输 出 值
B10.	10000
B10	10

② 当不用小数点输入时，使用参数 DPI（3401 号参数的第 0 位）可以改变 B 的输出比例系数（1000 或 1），其指令与输出值的对应关系见表 4-3。

表 4-3 不用小数点输入时指令与输出值的对应关系

指 令	输 出 值
B1（当 DPI = 1 时）	1000
B1（当 DPI = 0 时）	1

③ 在英制输入且不用小数点时，使用参数 AUX（3405 号参数的第 0 位）可以在 DPI = 1 的条件下改变 B 的输出比例系数（1000 或者 10000），其指令与输出值的对应关系见表 4-4。

表 4-4 使用参数 AUX 时指令与输出值的对应关系

指 令	输 出 值
（AUX = 1） B1	10000
（AUX = 0） B1	1000

使用此功能时，B 地址不能用于指定轴的运动。

例如在轴上铣出两个键槽，零件如图 4-8 所示，键槽为 180°对称分布。

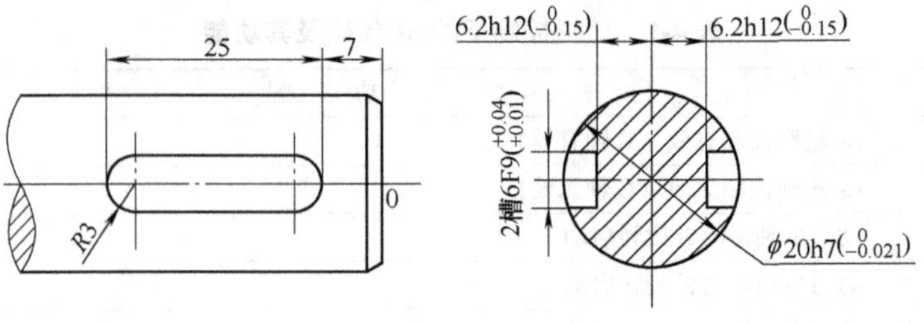

图 4-8 铣两个键槽

用 ϕ6mm 键槽铣刀，指令如下：

```
……
B0;                                         铣键槽 1
M75;
M65;
G00  Z-10.0  X24.0  S600  M03;
G01  X12.15  F20;
     W-19.0;
G00  X24.0;
M66  W19.0;
B180.0;                                     分度 180°，铣键槽 2
G01  X12.15  F20;
     W-19.0;
G00  X24.0;
M76;
……
```

二、车削中心上的钻孔固定循环

钻孔固定循环适用于回转类零件端面上的孔中心不与零件轴线重合的孔或外表面上孔的加工。这种循环操作用一个 G 代码来简化用几个程序段才能完成的加工操作。钻孔固定循环是普通钻孔固定循环 G83/G87、镗孔固定循环 G85/G89 及攻螺纹固定循环 G84/G88 等指令的简称。钻孔固定循环的一般过程如图 4-9 所示，其中在孔底的动作和退回参考点 R 点的移动速度根据具体的钻孔形式不同而不同。参考点 R 点的位置稍高于被加工零件的平面，是为保证钻孔过程的安全可靠而设置的。根据加工需要，可以在零件端面上或侧面上进行钻孔加工。在使用钻孔固定循环时，需注意下列事项。

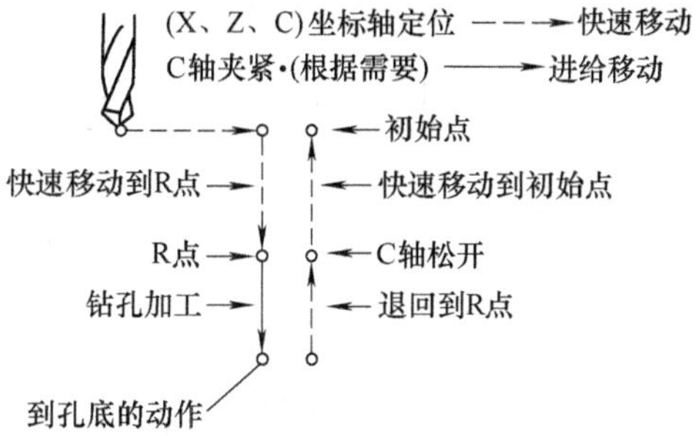

图 4-9　钻孔固定循环的一般过程

1）钻削径向孔或中心不在工件回转轴线上的轴向孔时，数控车床必须带有动力刀具，即车削中心，且动力头分别有轴向的和径向的。但如果只钻削中心与工件回转轴线重合的轴向孔时，则可采用车床主轴旋转的方法来进行。采用动力头时需用 M 代码将车床主轴的旋转运动转换为动力头主轴的运动，钻孔完毕后再用 M 代码将动力头主轴的运动转换为车床主轴的运动。

2）根据零件情况和每种指令的要求设置好有关参数。在端面上进行钻孔时，孔位置用 C 轴和 X 轴定位，Z 轴为钻孔方向轴；在侧面上钻孔时，孔位置用 C 轴和 Z 轴定位，X 轴为钻孔方向轴。

3）需采用 C 轴夹紧/松开功能时，需在机床参数 No. 204 中设置 C 轴夹紧/松开 M 代码。钻孔循环过程中，刀具快速移动到初始点时 C 轴自动夹紧，钻孔循环结束后退回到 R 点时 C 轴自动松开。

4）钻孔固定循环 G 代码是模态指令，直到被取消前一直有效。钻孔模式中的数据一旦指定即被保留，直到修改或取消。进行钻孔循环时，只需改变孔的坐标位置数据即可重复钻孔。

5）在采用动力头钻孔时，工件不转动，因而钻孔时必须以 mm/min 表示钻孔进给速度。

6）钻孔循环可用专用 G 代码 G80 或用 G00、G01、G02 和 G03 取消。

此固定循环符合 JISB6314 标准，见表 4-5。

表 4-5 钻孔固定循环

G 代码	钻 孔 轴	孔加工操作（-向）	孔底位置操作	回退操作（+向）	应 用
G80	—	—	—	—	取消
G83	Z 轴	切削进给/断续	暂停	快速移动	正钻循环
G84	Z 轴	切削进给	暂停→主轴反转	切削进给	正攻螺纹循环
G85	Z 轴	切削进给	—	切削进给	正镗循环
G87	X 轴	切削进给/断续	暂停	快速移动	侧钻循环
G88	X 轴	切削进给	暂停→主轴反转	切削进给	侧攻螺纹循环
G89	X 轴	切削进给	暂停	切削进给	侧镗循环

1. 端面/侧面钻孔循环（G83/G87）

（1）高速啄式钻孔固定循环 高速啄式钻孔固定循环的工作过程如图 4-10 所示。由于每次退刀时不退到 R 平面，因而节省了大量的空行程时间，使钻孔速度大为提高。这种钻孔方式适合于高速钻深孔。是用深孔钻循环还是用高速深孔钻循环取决于 5101 号参数的第 2 位 RTR 的设定。如果不指定每次钻孔的切深，就为普通钻孔循环。参数 RTR（No5101#2）=0 时，为高速深孔钻循环（G83，G87）。

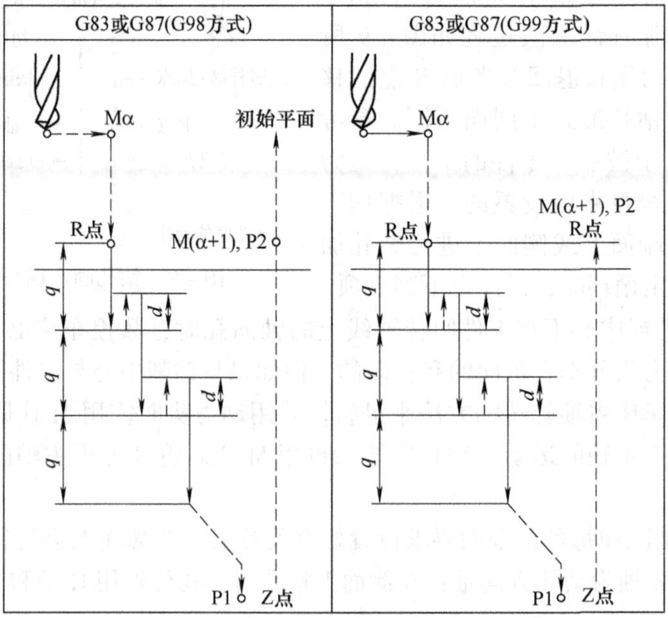

图 4-10 高速啄式钻孔固定循环的工作过程

Mα——C 轴夹紧的 M 代码 M（α+1）——C 轴松开的 M 代码 P1——程序中指定的暂停

P2——参数 5111 号中设定的暂停 *d*——参数 5114 号中设定的回退距离

高速啄式钻孔固定循环的指令格式如下：

G83 X (U) _ C (H) _ Z (W) _ R_ Q_ P_ F_ M_ K_;　　端面钻孔
G87 Z (W) _ C (H) _ X (U) _ R_ Q_ P_ F_ M_ K_;　　侧面钻孔

指令中各参数的意义如下：

X (U) _ C (H) _或Z (W) _ C (H) _：孔位置坐标；
Z (W) _或X (U) _：孔底部坐标，以相对坐标W或U表示时，为R点到孔底的距离；

R：初始点到R点的距离，有正负号；
Q：每次钻削深度；
P：刀具在孔底停留的延迟时间；
F：钻孔进给速度，以mm/min表示；
K：钻孔重复次数（根据需要指定），默认K=1；
M：C轴夹紧M代码（根据需要）。

（2）啄式钻孔固定循环　啄式钻孔固定循环的工作过程如图4-11所示。由于每次退刀时都退到R点，因而空行程时间较长，使钻孔速度比高速啄式钻孔慢，但排屑更充分，更适合于钻深孔（参数5112号2位=1）。

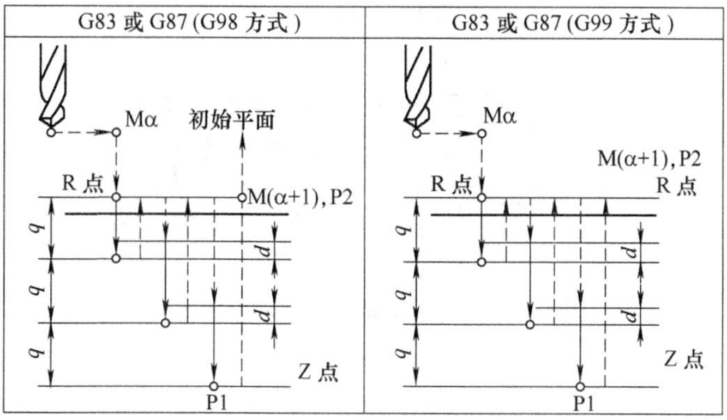

图4-11　啄式钻孔固定循环的工作过程

轴向孔的钻削编程实例：如图4-12所示的零件在周向有4个孔，孔间夹角均为90°，可采用G83指令来钻削，每次钻孔时保持其余参数不变，只改变C轴的旋转角度，则已指定的钻孔指令可重复执行，其数控程序如下：

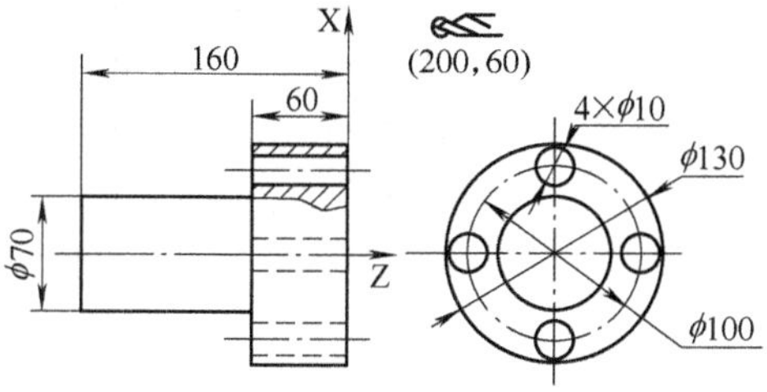

图4-12　G83指令钻削周向分布轴向孔

……
N40 G94 M75;　　采用mm/min进给速度，主切削运动转换到动力头
N42 M03 S2000;

N44 G00 Z30.0; 快速走到钻孔初始平面，该平面距离零件端面 30mm

N46 G83 X100.0 C0.0 Z－65.0 R10.0 Q5000 F5.0 M65; 定位并钻第一个孔，R 平面距离初始平面为 10mm，每次钻削深度为 5.0mm，钻孔进给速度为 5mm/min，车床主轴夹紧代码为 M65

N48 C90.0 M65; 主轴旋转 90°钻第二个孔

N50 C180.0 M65; 主轴旋转 90°钻第三个孔

N52 C270.0 M65; 主轴旋转 90°钻第四个孔

N54 G80 M05; 钻孔完毕，取消钻孔循环

N56 G95 M76; 转换到 mm/r 进给方式，主切削运动转换到车床主轴

N57 G30 U0 W0;

N58 M30;

径向孔钻削编程实例：如图 4-13 所示的轴类零件在圆柱外表面上有 4 个孔，孔间夹角均为 90°，可采用 G87 指令来钻削，每次钻孔时保持其余参数不变，只改变 C 轴的旋转角度，则已指定的钻孔指令可重复执行，其数控程序如下：

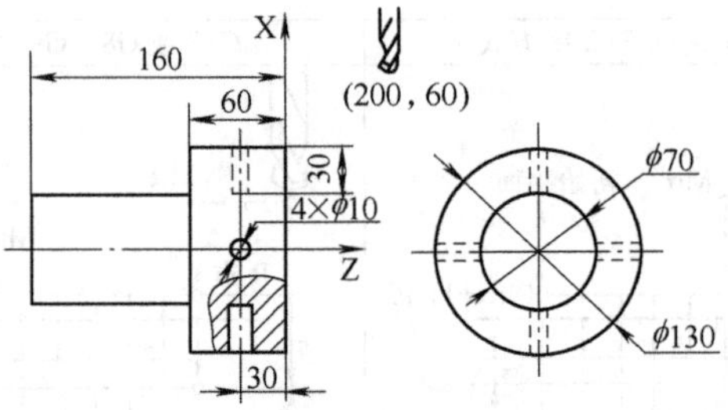

图 4-13 G87 指令钻削圆周分布径向孔

……

N40 G94 M75; 采用 mm/min 进给速度，主切削运动转换到动力头

N42 M03 S2000;

N44 G00 X170.0; 快速走到钻孔初始平面，该平面距离零件外圆柱表面 20mm

N46 G87 Z－30.0 C0.0 X70.0 R10.0 Q5000 F5.0 M65; 定位并钻第一个孔，R 平面距离初始平面为 10mm，钻孔进给速度为 5mm/min，车床主轴夹紧代码为 M65

N48 C90.0 M65; 主轴旋转 90°钻第二个孔

N50 C180.0 M65; 主轴旋转 90°钻第三个孔

N52 C270.0 M65; 主轴旋转 90°钻第四个孔

N54 G80 M05; 钻孔完毕，取消钻孔循环

N56 G95 M76; 转换到 mm/r 进给方式，主切削运动转换到车床主轴

N57 G30 U0 W0;

N58 M30;

（3）钻孔固定循环 钻孔固定循环的工作过程如图 4-14 所示，钻孔过程中没有回退动作，因而这种钻孔方式只适合于钻浅孔。

钻孔固定循环的指令格式和指令参数中除没有 Q（每次钻削深度）外，其余与高速啄

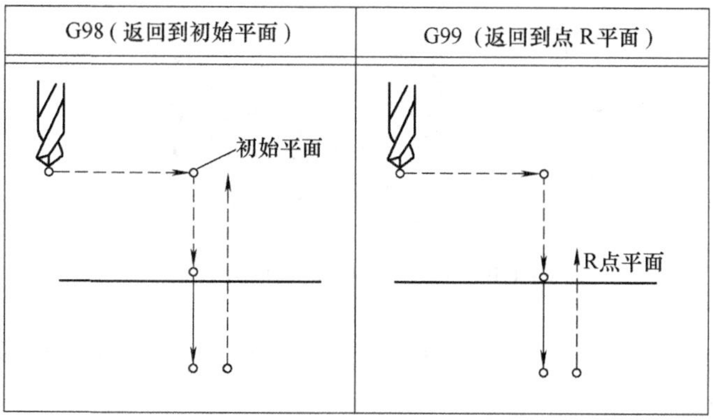

图 4-14　钻孔固定循环的工作过程

式钻孔固定循环相同。

2. 端面/侧面镗孔循环（G85/G89）

镗孔固定循环的工作过程如图 4-15 所示，其指令格式如下：

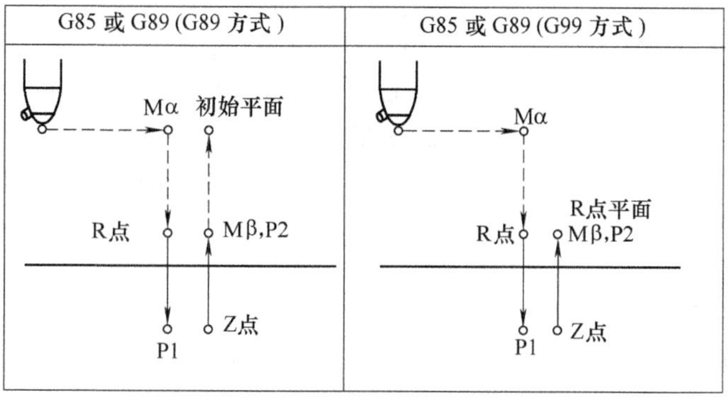

图 4-15　镗孔固定循环的工作过程

G85　X（U）_　C（H）_　Z（W）_　R_　P_　F_　M_　K_；　　端面镗孔

G89　Z（W）_　C（H）_　X（U）_　R_　P_　F_　M_　K_；　　侧面镗孔

指令中各参数的意义如下：

X（U）_C（H）_或 Z（W）_C（H）_：孔位置坐标；

Z（W）_或 X（U）_：孔底部坐标，以增量坐标 W 或 U 表示时，为 R 点到孔底的距离；

R：初始点到 R 点的距离，带正负号；

P：刀具在孔底停留的延迟时间；

F：钻孔进给速度，以 mm/r 表示；

K：钻孔重复次数（根据需要指定）；

M：C 轴夹紧 M 代码（根据需要）。

编程实例：如图 4-16 所示零件在周向有四个孔，孔间夹角均为 90°，可采用 G85 指令来镗孔，每次镗孔时保持其余参数不变，只改变 C 轴，则已指定的镗孔指令可重复执行。其数控程序如下：

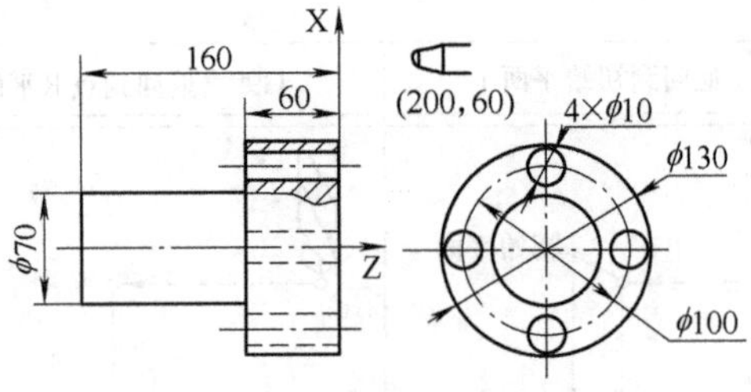

图 4-16　G85 指令镗沿周向分布孔

……

N40　G94　M75；	采用 mm/min 进给速度，主切削运动转换到动力头
N42　M03　S2000；	
N44　G00　Z30.0；	快速走到镗孔初始平面，该平面距离零件端面 30mm
N46　G85　X100.0　C0.0　Z-65.0　R10.0　P500　F5.0　M65；	
	定位并镗第一个孔，R 平面距离初始平面为 10mm，镗孔进给速度为 5mm/min，在孔底延时 500ms（因为是通孔，可以省略），车床主轴夹紧代码为 M65
N48　C90.0　M65；	主轴旋转 90°镗第二个孔
N50　C180.0　M65；	主轴旋转 90°镗第三个孔
N52　C270.0　M65；	主轴旋转 90°镗第四个孔
N54　G80　M05；	镗孔完毕，取消镗孔循环
N56　G95　M76；	转换到 mm/r 进给方式，主切削运动转换到车床主轴
N57　G30　U0　W0；	
N58　M30；	

3. 端面/侧面攻螺纹循环

攻螺纹固定循环的工作过程如图 4-17 所示，其指令格式如下：

G84　X（U）_　C（H）_　Z（W）_　R_　P_　F_　M_　K_；　端面攻螺纹

G88　Z（W）_　C（H）_　X（U）_　R_　P_　F_　M_　K_；　侧面攻螺纹

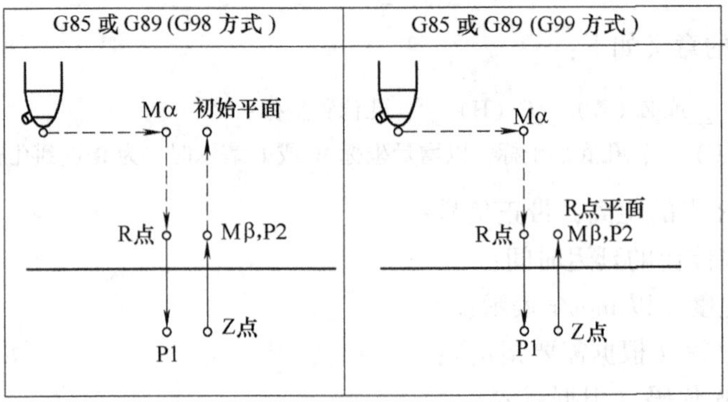

图 4-17　攻螺纹固定循环的工作过程

指令中各参数的意义如下：

X（U）_、C（H）_或 Z（W）_、C（H）_：孔位置坐标；

Z（W）_或 X（U）_：孔底部坐标，以增量坐标 W 或 U 表示时，为 R 点到孔底的距离；

R：初始点到 R 点的距离，带正负号；

P：刀具在孔底停留的延迟时间；

F：攻螺纹进给速度，以 mm/min 表示（F——转数乘以导程）；

K：攻螺纹重复次数（根据需要指定）；

M：C 轴夹紧 M 代码（根据需要）。

与其他钻孔固定循环不同的是，攻螺纹固定循环在刀具到达孔底后，动力头必须反转按 F 设定值运动才能使丝锥退回。在该种工作方式下，进给速度倍率调整无效，在刀具返回动作完成以前，即使按暂停键也不能使动作停止下来。

编程实例：端面上沿直径分布轴向螺纹孔。如图 4-18 所示的零件沿端面直径上有 3 个螺纹孔，可采用 G84 指令来攻螺纹，每次攻螺纹时保持其余参数不变，只改变 X 轴的坐标值，则已指定的攻螺纹指令可重复执行，其数控程序如下：

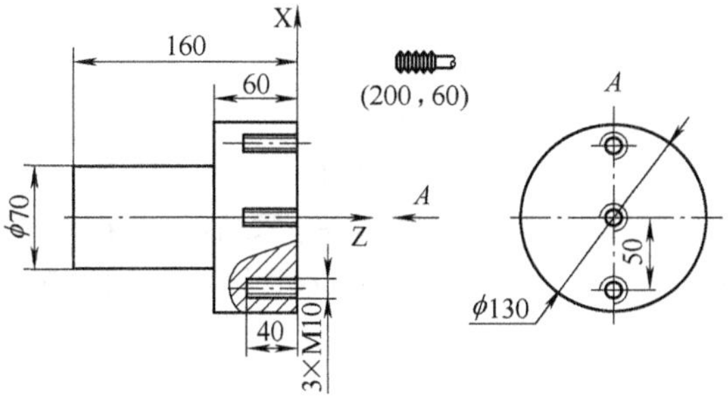

图 4-18 G84 指令攻沿直径分布的轴向螺纹孔

……

N40 G94 M75；	采用 mm/min 进给速度，主切削运动转换到动力头
N42 M03 S100；	
N44 G00 Z30.0；	快速走到钻孔初始平面，该平面距离零件端面 30mm
N46 G84 X100.0 Z-40.0 R10.0 P500 F150.0 M65；	定位并攻第一个孔，R 平面距离初始平面为 10mm，攻螺纹进给速度为 150mm/min，在孔底延时 500ms，车床主轴夹紧代码为 M65
N48 X0 M65；	丝锥移到中心攻第二个孔
N50 X-100.0 M65；	丝锥移到下端攻第三个孔
N54 G80 M05；	攻螺纹完毕，取消攻螺纹循环
N56 G95 M76；	转换到 mm/r 进给方式，主切削运动转换到车床主轴
N57 G30 U0 W0；	
N58 M30；	

编程实例：沿轴向分布径向螺纹孔。如图 4-19 所示的零件，沿外表面上有 5 个螺纹孔，可采用 G88 指令来攻螺纹，每次攻螺纹时保持其余参数不变，只改变 Z 轴的坐标值，则已指定的攻螺纹指令可重复执行，其数控程序如下：

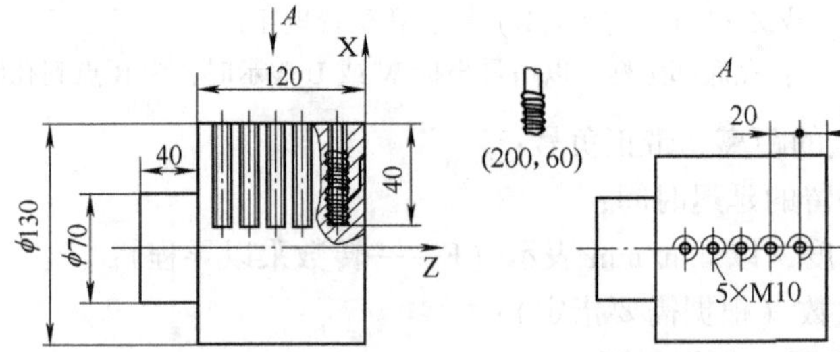

图 4-19 G88 指令攻沿轴向分布的径向螺纹孔

……

N40 G94 M75,	采用 mm/min 进给速度，主切削运动转换到动力头
N42 M03 S100;	
N44 G00 X170.0;	快速走到钻孔初始平面，该平面距离零件外圆 20mm
N46 G88 Z-20.0 X50.0 R10.0 P500 F150.0 M65;	定位并攻第一个孔，R 平面距离初始平面为 10mm，攻螺纹进给速度为 150mm/min，车床主轴夹紧代码为 M65
N48 Z-40.0 M65;	攻第二个孔
N50 Z-60.0 M65;	攻第三个孔
N52 Z-80.0 M65;	攻第四个孔
N54 Z-100.0 M65;	攻第五个孔
N56 G80 M05;	攻螺纹完毕，取消攻螺纹循环
N58 G95 M76;	转换到 mm/r 进给方式，主切削运动转换到车床主轴
N59 G30 U0 W0;	
N60 M30;	

任务实施

本任务编制的程序如下：

O0001;	
M41;	主轴高速挡
G50 S1500;	主轴最高转速为 1500r/min
N1;	工序（一）外圆粗切削
G00 G40 G97 G99 S600 T0202 M04 F0.15;	主轴转速 500r/min，进给量 0.15mm/r，刀具号 T02
X84.00 Z2.0;	粗车循环点
G71 U2.0 R0.5;	外圆粗车指令，每次切削深度 2.0mm，退刀 0.5mm
G71 P10 Q11 U0.5 W1.0;	X 向精加工余量 0.5mm，Z 向精加工余量 1.0mm
N10 G00 G42 X0;	工件起始序号 N10，刀具快速到 X0 点，并进行刀具右补偿
G01 Z0;	进刀至 Z0 点
X60.0 C-2.0;	车端面，切削倒角 C2
Z-30;	车削 ϕ60mm 外圆
X62.0;	车削端面至 ϕ62mm

Z－50.0;	车削 ϕ62mm 外圆
G02 70.0 Z－54.0 R4.0;	车削 R4mm 的倒角
G03 X80.0 Z－59.0 R5.0;	车削 R5mm 的倒角
Z－69.0;	车削 ϕ80mm 外圆
N11 G01 G40 X82.0;	粗车循环 G71 结束号 N11，刀具到 X82.0 点，并取消刀具右补偿
G28 U0 W0 T0200 M05;	刀具自动返回参考点
N2;	工序（二）外圆精车
G00 S800 T0404 M04 F0.08 X84.0 Z2.0	
G70 P10 Q11	
G28 U0 W0 T0400 M05	
N3;	工序（三）车槽
G97 G99 M04 S200 T0606 F0.05;	
G00 X64.0 Z－30.0;	切槽刀快速至 X64.0 Z－30.0，准备车槽
G01 X56.0;	切槽至槽底尺寸
G04 X2.0;	暂停 2s
G01 X62.0 F0.2;	以 0.03mm 的速度退刀至 X62.0 处
G0 X100.0;	快速退刀至 X100.0 处
G28 U0 W0 T0600 M05;	刀具自动返回参考点
N4;	工序（四）切削螺纹
G00 G97 G99 M04 S400 T0707;	
X62.0 Z5.0;	刀具定位至螺纹循环点
G92 X59.2 Z－28.0 F2.0;	螺距为 2.0mm
X58.5;	
X57.9;	
X57.5;	
X57.4;	
G0 X100.0;	
G28 U0 W0 T0700 M05;	
N5;	工序（五）径向孔
M54;	主轴（C 轴）离合器合上
G28 H－30.0	C 轴反向转动 30°，有利于 C 轴回零点
G50 C0;	设定 C 轴坐标系
G00 G97 G98 M04 S1000 T1111 M04 F10;	设定转速 1000r/min，进给量 10mm/min
G00 X64.0 Z－40.0;	铣刀定位
M98 P1000 L6;	调用子程序 O1000 6 次，铣 ϕ8mm 孔
G00 X100.0	
G28 U0 W0 C0 T1100 M05	
N6;	工序（六）铣削端面槽及孔
G50 C0;	设定 C 轴坐标系
G00 G97 G98 T0909 M04 S1000 T0909;	
X44.0 Z1.0;	铣刀定位
M98 P1001 L2;	调用子程序 O1001 两次，铣断面圆弧槽
G0 H－45.0;	铣刀定位，准备铣削 ϕ6mm 孔

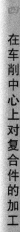

```
G01  Z-5.0  F5.0;                      铣 φ6mm 孔
Z1.0  F20.0;
G00  H180;                             铣刀定位，准备铣削 φ6mm 孔
G01  Z-5.0  F5.0;                      铣 φ6mm 孔
Z1.0  F20.0;
G00  X100.0;
G28  U0  W0  C0  T0900  M05;
M55;                                   主轴（C 轴）离合器断开
M30;
子程序
O1000;
G01  X52.0  F5.0;
G04  U1.0;
X64.0  F20.0;
G00  H60.0;
M99;
O1001;
G00  Z-5.0  F5.0;
G01  H09  F20.0;
Z2.0  F20.0;
H90.0;
M99;
```

[任务巩固]

1. 数控车削机床常用的刀具系统有哪几种？
2. 车削中心上 C 功能与 B 功能有什么不同？
3. 编写如图 4-20 所示零件的加工程序，有条件的情况下在车削中心上将其加工出来。

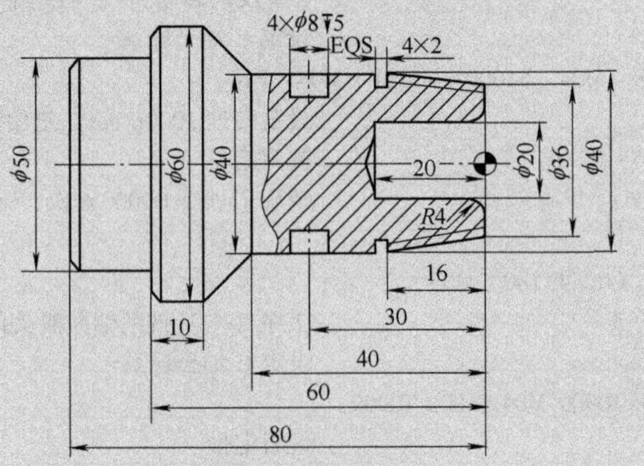

图 4-20 零件图

任务二　车铣复合件的加工

工作任务

加工如图 4-21 所示的零件，材料为 45 钢，毛坯尺寸为 $\phi70\text{mm}\times100\text{mm}$ 的棒料（车削中心的型号为 EX308，数控系统为 FANUC 21i）。

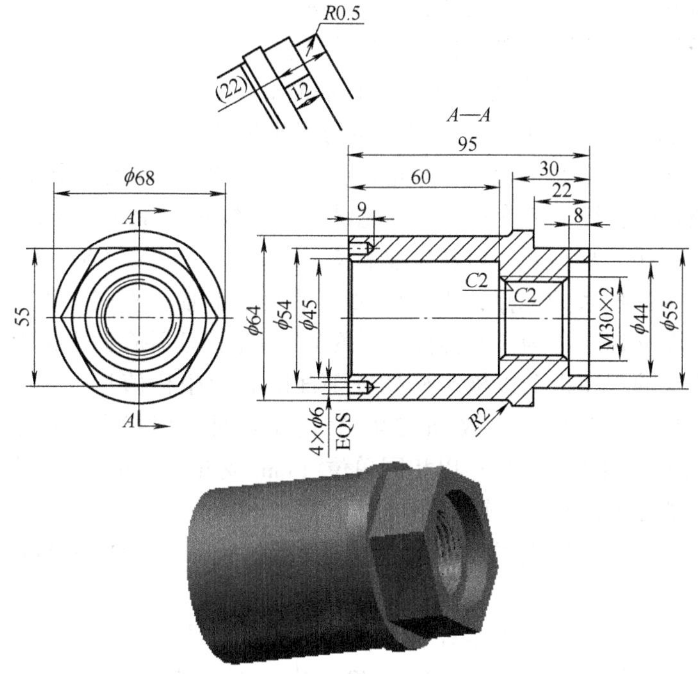

图 4-21　缸套零件图

在工厂的实际加工中，经常会遇到一些需要车、铣多道工序加工，且相互位置要求比较高的工件。因经过车铣等多道工序，故要进行多次安装。传统的多台机床加工的方法会由于多次安装产生装夹误差，使得对加工精度提出了更高的要求，增加了加工难度，而在车削中心上一次安装可进行车、铣、钻等多道工序加工，零件的位置精度得到了保证。

任务目标

一、知识目标

1）掌握极坐标插补的应用方法。

2）掌握同步驱动的应用方法。

二、技能目标

1）掌握加工多面体零件的程序编制方法。

2）掌握在车削中心上车削复合零件的加工方法。

任务准备

一、极坐标插补（G12.1和G13.1）

1. 说明

将在直角坐标系编制程序的指令转换成直线轴的移动（刀具的移动）和旋转轴的旋转（工件的旋转），而进行轮廓控制的机能，称为极坐标插补。

进行极坐标插补，可使用下列G代码（25组）：

G12.1/G112：极坐标插补模式（进行极坐标插补）；

G13.1/G113：极坐标插补取消模式（不进行极坐标插补）。

这些G代码单独在一个程序段内。当电源打开及复位时，取消极坐标插补（G13.1）。

进行极坐标插补的直线轴和旋转轴，事先设定于参数No.5460和No.5461。

以G12.1指令成极坐标模式，以特定坐标系的原点（未指令G52特定坐标系时，以工件坐标系的原点）为坐标系的原点，以直线轴为平面第1轴，直交于直线轴的假想轴为平面第2轴，构成平面（以下称为极坐标插补平面）。极坐标插补在此平面上进行。

极坐标插补模式的程序指令以极坐标插补平面的直角坐标值指令，平面第2轴（假想轴）指令的轴地址使用旋转轴（参数No.5461）的轴地址。但指令单位不是度，而是与平面第1轴（以直线轴的轴地址指令）以相同单位（mm或inch）指令。直径指定或半径指定时，则与平面第1轴无关，与旋转轴相同。

极坐标插补模式中，可用直线插补（G01）及圆弧插补（G02、G03）指令，也可用绝对值和增量值。

对程序指令也可使用刀尖圆弧半径补偿，对刀尖圆弧半径补偿后的路径进行极坐标插补。但在刀尖圆弧半径补偿模式（G41、G42）中，不可进行极坐标插补模式（G12.1、G13.1）的切换。G12.1及G13.1必须以G40模式（刀尖圆弧半径补偿取消模式）指令。

进给速度以极坐标插补平面（直交坐标系）的切线速度（工件和刀具的相对速度）F指令（F的单位为mm/min或in/min）。指令G12.1时，假想轴的坐标值为0，即指令G12.1的位置的角度0，开始极坐标插补。

2. 注意事项

1）指令G12.1以前，必须先设定特定坐标系（或工件坐标系），使旋转轴的中心成为坐标原点。在G12.1模式中，不可进行坐标系变更（G50、G52、G53，相对坐标的重设G54～G59）。

2）G12.1指令前的平面（由G17、G18、G19选择的平面）一旦取消，而遇G13.1（极坐标插补取消）指令时复活。在复位时，极坐标插补模式也取消，成为G17、G18、G19所选平面。

3）在极坐标插补平面进行圆弧插补（G02、G03）时，圆弧半径的指令方法（使用I、J、K中哪两个）由平面第1轴（直线轴）为基本坐标系的那一轴（参数No.1022）决定。

① 直线轴为X轴或其平行轴，当做XY平面，以I、J指令。

② 直线轴为 Y 轴或其平行轴，当做 YZ 平面，以 J、K 指令。

③ 直线轴为 Z 轴或其平行轴，当做 ZX 平面，以 K、I 指令。

④ 也可用 R 指令圆弧半径。

4）在 G12.1 模式中可指令的 G 代码为 G01、G65、G66、G67、G02、G03、G04、G98、G95、G40、G41 和 G42。

5）在 G12.1 模式中，平面其他轴的移动指令与极坐标无关。

6）在刀尖圆弧半径补偿方式下，不能启动或取消极坐标插补方式，必须在刀尖圆弧半径补偿取消方式下指令或取消极坐标插补方式。

7）G12.1 模式中的现在位置显示都显示实际坐标值，但"剩余移动量"的显示，是在极坐标插补平面（直交坐标）程序段的剩余移动量显示。

8）对 G12.1 模式中的程序段，不可进行程序再开始。

9）极坐标插补是将直角坐标系制作程序的形状，变换成旋转轴（C 轴）和直线轴（X 轴）的移动，越接近工件中心，C 轴的成分越大。如图 4-22 所示，考虑直线 L_1、L_2、L_3，直角坐标系的进给 F，使某单位时间的移动量为 ΔX，若 $L_1 \to L_2 \to L_3$ 接近中心，C 轴的移动量 $\theta_1 \to \theta_2 \to \theta_3$ 越来越大，单位时间 C 轴的移动量变大。意味着在工件中心附近，C 轴的速度成分大。

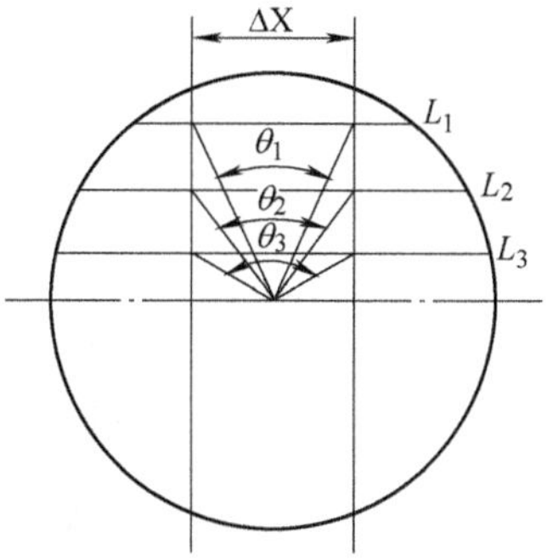

图 4-22　C 轴的速度

由直角坐标系变换成 C 轴和 X 轴的结果，C 轴速度成分若超过 C 轴的最大切削进给速度（参数 No.1422），则可能出现报警。因此，必须将地址 F 指令的进给速度变小，或程序勿近工件中心（刀尖圆弧半径补偿时，刀具中心勿近工件中心），使 C 轴速度成分不超过 C 轴最大切削进给速度。

在极坐标插补时，F 指令速度（mm/min）可由下式得到（请在此范围内执行指令，该式为理论式，实际上有计算误差，必须在比理论值小的范围内才较安全）。

$$v_f < \frac{LR\pi}{180}$$

式中　L——刀具中心距工件中心最近时，刀具中心和工件中心的距离；

R——C 轴的最大切削进给速度，单位为（°）/min。

例如，加工如图 4-23 所示的零件，X 轴（直线轴）和 C 轴（旋转轴）的极坐标插补程序如下：

```
O0001;
…
N010  T0101;
…
N0100  G00  X120.0  C0  Z__;
N0200  G12.1;
N0201  G42  G01  X40.0  F__;
N0202  C10.0;
N0203  G03  X20.0  C20.0  R10.0;
N0204  G01  X-40.0;
```

```
N0205  C-10.0;
N0206  G03  X-200.0  C-20.0  I10.0  J0;
N0207  G01  X40.0;
N0208  C0;
N0209  G40  X120.0;
N0210  G13.1;
N0300  Z__;
N0400  X__  C__;
…
M30;
```

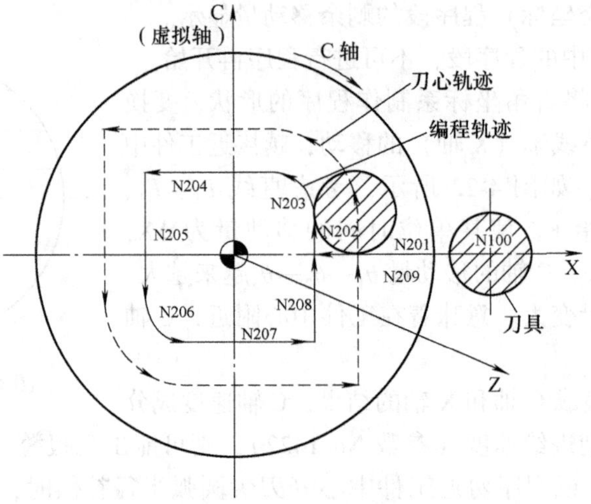

图 4-23　极坐标插补

例 4-1　加工如图 4-24 所示的六方轴，编制其加工程序。

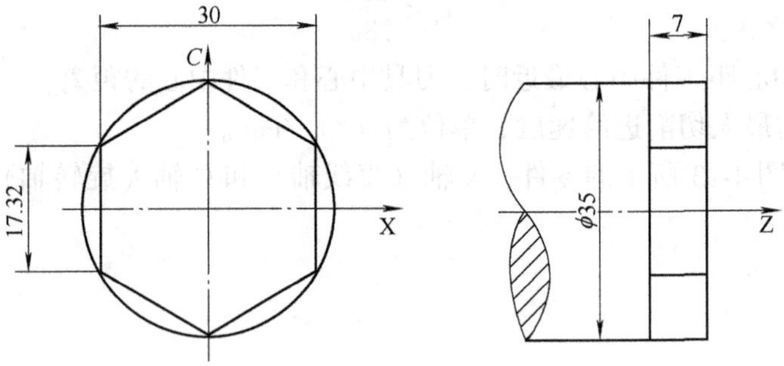

图 4-24　六方轴

其加工程序如下：

```
O0011;
G98  G40  G21  G97;
T0606;
G00  X38.0  Z5.0  M75;        快速定位并把主切削动力转换到动力头
```

```
    S1500  M03;
    C0.0;
    G17  G112;                         极坐标插补有效
    G01  G42  X30.0  Z2.5  F100.0;
    Z-7.0  F90.0;
    C8.66;
    X0.0  C17.32;
    X-30.0  C8.66;
    C-8.66;
    X0.0  C-17.32;
    X30.0  C-8.66;
    C0.0;
    Z5.0  F500;
    G40  U50.0;
    G113;                              取消极坐标插补
G00  X120.0  Z50.0;
M05;
G95  M76;                              主切削动力转换到车床主轴
G30  U0  W0;
M30;
```

二、同步驱动

所谓同步驱动，指主轴和动力刀具之间有固定的传动比，例如用万向轴即可实现同步驱动，如图 4-25 所示。

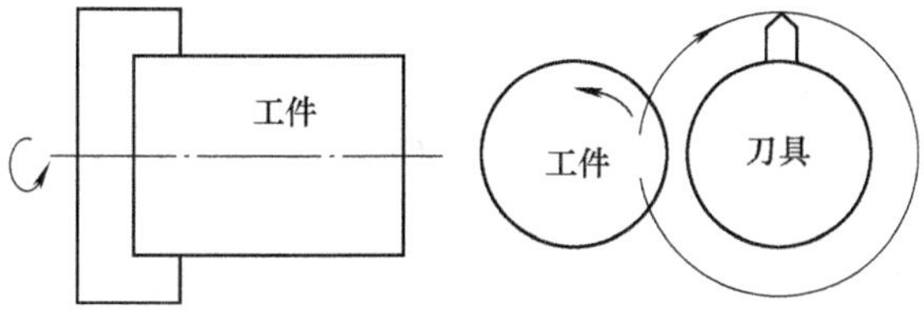

图 4-25　同步驱动

通过改变工件与刀具或刀头数量回转比，就能加工出方形或六边形的工件，与使用极坐标的 C 轴和 X 轴加工多边形相比较，可以减少加工时间，但是加工出的形状并非精确的多边形。通常，同步驱动用于加工方头或六边形的螺钉或螺母。

1. 指令格式

G51.2（G251）　P__　Q__；

P，Q：主轴与 Y 轴的旋转比率；定义范围：对 P 和 Q 为 1～9；

Q 为正值时，*Y* 轴正向旋转；

Q 为负值时，*Y* 轴反向旋转。

2. 说明

1）对于同步驱动，由 CNC 控制的轴控制刀具旋转。在以下的叙述中，该旋转轴称为 Y 轴。

2）Y 轴由 G51.2 指令控制使得安装于主轴上的工件和刀具的旋转速度（由 S 指令）按指定的比率运行。

例如，工件（主轴）对 Y 轴的旋转比率为 1:2，并且 Y 轴正向旋转的指令为：

```
G51.2  P1  Q2;
```

3）由 G51.2 指定同时启动时，开始检测安装在主轴上的位置编码器送来的一转信号。检测到一转信号后，根据指定的回转比（P:Q）控制 Y 轴的回转，即控制 Y 轴的旋转以使主轴和 Y 轴的回转为 P:Q 的关系。这种关系一直保持到执行了同步驱动取消指令（G50.2 或复位操作）。Y 轴的旋转方向取决于代码 Q，而不受位置编码的旋转方向的影响。

3. 主轴和 Y 轴的同步指令取消

指令格式：G50.2（G250）；

当指定 G50.2 时，主轴和 Y 轴的同步被取消，Y 轴停止。在下述情况下，该同步也被取消。

1）切断电源。

2）急停。

3）伺服报警。

4）复位（外部复位信号 ERS，复位/倒带信号 RRW 和 MDI 上的 RESET 键）。

5）发生 No.217～221 P/S 报警。

用 1:1 传动比可以用螺纹铣刀切削螺纹，只要其螺距与工件的螺距相符，即可切削不同直径的螺纹，一般径向切入即可切出与刀宽一致的一段螺纹。若工件长度大于刀宽，可以将铣刀轴向移动，但移动量应当为螺距的倍数。如图 4-26 所示，工件材料为黄铜，螺纹铣刀直径为 ϕ90mm，传动比为 1:1，切削速度为 200m/min，进给量为 0.02mm/r。

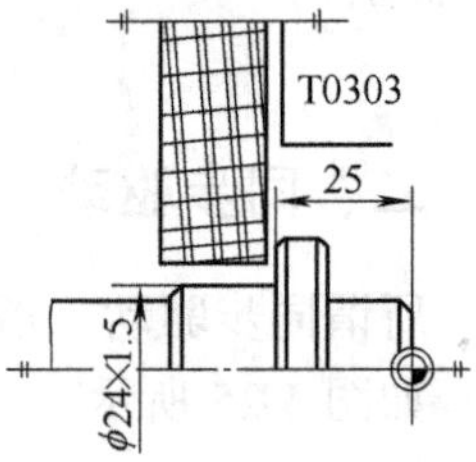

图 4-26 铣螺纹

其主轴转速用下面的公式计算

$$n=\frac{1000v}{\pi(d_1+d_2 i)} \tag{4-1}$$

式中 v——切削速度，单位为 m/min；

d_1——工件直径；

d_2——螺纹铣刀直径；

i——速比；

n——主轴转速，单位为 r/min。

经计算，n=570r/min。编程如下：

```
O0013;
G98  G40  G21  G97;
T0505;
G00  X38.0  Z5.0  M75;
     S570  M03;
G51.2  P1  Q1;
G00  Z-25.5;
```

```
G00  X24.5  M08;
G01  X22.16  F0.02;              X22.16 螺纹底径
G04  X0.5;
G01  X24.5  F0.5;
G50.2;
M76  M09;
M30;
```

借助同步驱动加工多边形的例子如图 4-27 所示。多边形的边数为速比与刀盘上刀头数的乘积，当使用 1:2 时，刀盘上刀头为 3，则可车出六边形。如工件材料为青铜，刀具直径为 ϕ90mm，工件外径为 ϕ31.2mm，切削速度为 300m/min。仍按上述公式计算，n 为 450r/min。编程如下：

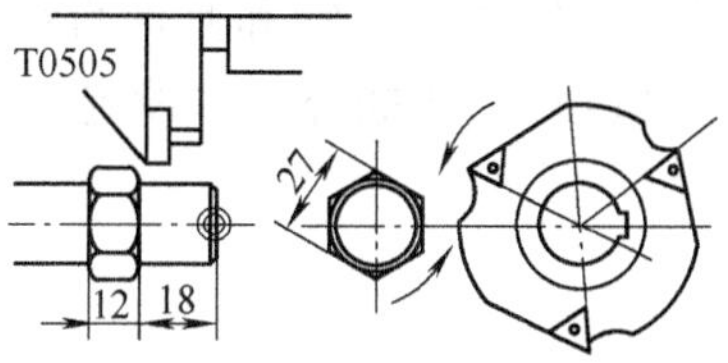

图 4-27　车六边形实例

```
O0014;
G98  G40  G21  G97;
T0505;
G00  X38.0  Z5.0  M75;
     S570  M03;
G51.2  P1  Q2;
G00  Z-17.5;
G00  X27  M08;
G01  Z-31;
G50.2;
G76  M09;
G00  X34;
……
```

三、柱面坐标编程指令 G07.1（G107）

柱面插补模式是将以角度指定的旋转轴移动量先变换成内部圆周上的直线轴距离和其他轴间进行直线插补和圆弧插补，插补后再逆变换成旋转轴的移动量。

柱面插补功能可在柱面侧面展开的形状下编制程序，因此柱面凸轮的沟槽加工程序很容易编制。

G7.1　IPr；旋转轴名称柱面半径；（1）

G7.1　IP0 旋转轴名称 0；　　　　（2）

IP 为回转轴地址；r 为回转半径。

以（1）的指令进入柱面插补模式，指令柱面插补的旋转轴名称。以（2）的指令解除柱面插补模式。如：

```
O0001;
N1  G28  X0  Z0  C0;
…
N6  G7.1  C125.0;              进行柱面插补的旋转轴为C轴，柱面半径为125mm
…
N9  G7.1  C0;                  柱面插补模式解除
…
```

1. 柱面插补模式和其他功能的关系

1）进给速度指定。柱面插补模式指定的进给速度为柱面展开面上的速度。

2）圆弧插补（G02、G03）。

① 平面选择。柱面插补模式必须指令旋转轴和其他直线轴间进行柱面插补的平面选择（G17、G18、G19），如Z轴和C轴进行圆弧插补时，设定参数1022的C轴为第5轴（X轴的平行轴），此时圆弧插补指令为：

```
G18  Z__  C__;
G02 (G03)  Z__  C__  R__;
```

参数1022的C轴为第6轴，此时圆弧插补指令为：

```
G19  C__  Z__;
G02 (G03)  Z__  C__  R__;
```

② 半径指定。柱面插补模式不可用地址I、J、K指定圆心，必须以地址R指令圆弧半径。半径不用角度，而用mm（米制时）或inch（寸制时）作为单位。

3）刀尖圆弧半径补偿。柱面插补模式中进行刀尖圆弧半径补偿，必须和圆弧插补一样进行平面选择。刀尖圆弧半径补偿必须在柱面插补补偿模式中使用或取消。在刀尖圆弧半径补偿状态设定柱面插补模式，无法正确补偿。

4）定位。柱面插补模式中不可进行快速定位（含G28、G53、G73、G74、G76、G81～G89等有快速进给的循环）。快速定位时，必须解除柱面插补模式。

5）坐标系设定。在柱面插补模式中，不可使用工件坐标系（G50、G54～G59）及特定坐标系（G52）。

2. 说明

1）G7.1必须在单独程序段中。

2）柱面插补模式中，不可再设定柱面插补模式。再设定时，需要先将原设定解除。

3）柱面插补可设定的旋转轴只有一个。因此，G7.1不可指令两个以上的旋转轴。

4）快速定位模式（G00）中，不可指令柱面插补。

5）柱面插补模式中，不可指定钻孔用固定循环（G73、G74、G76、G81～G89）。

6）分度功能使用中，不可使用柱面插补指令。

7）柱面插补模式中不能进行复位。

例4-2 加工如图4-28所示的零件，刀具T0101为ϕ8mm的铣刀，编写其加工程序。

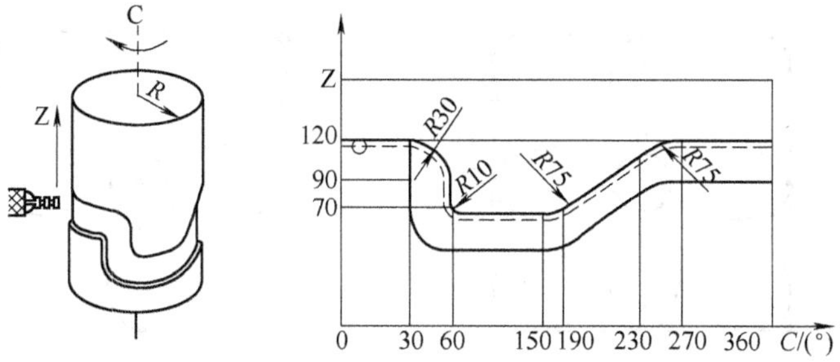

图 4-28　槽的加工

其程序如下：

```
O0001;
N01  G00  Z100.0  C0  T0101;
N02  G01  G18  W0  H0;
N03  G07.1  C57.299;
N04  G01  G42  Z120.0  D01  F250;
N05  C30.0;
N06  G02  Z90.0  C60.0  R30.0;
N07  G01  Z70.0;
N08  G03  Z60.0  C70.0  R10.0;
N09  G01  C150.0;
N10  G03  Z70.0  C190.0  R75.0;
N11  G01  Z110.0  C230.0;
N12  G02  Z120.0  C270.0  R75.0;
N13  C01  C360.0;
N14  G40  Z100.0;
N15  G07.1  C0;
N16  M30;
```

四、多轴车削

一台多轴车床通常有一根主轴和两个独立的转动刀架，有的还有副主轴，副主轴可以独立加工，也可以双主轴加工。图 4-29 所示为多主轴数控车床的一种布局，图 4-30 所示为应用刀尖圆弧半径补偿时不同刀架上车刀的形状和位置。

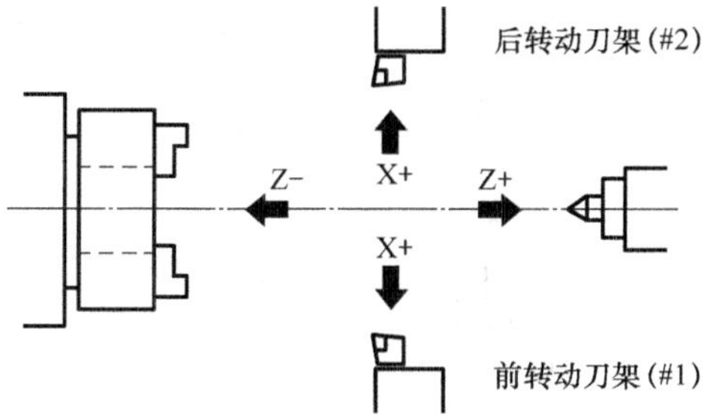

图 4-29　多主轴数控车床的一种布局

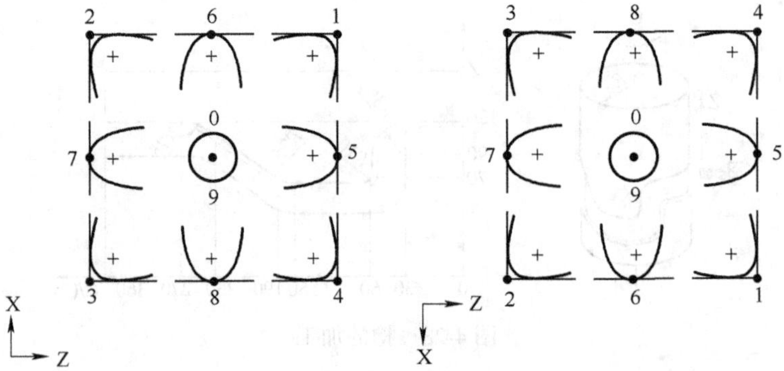

图4-30 不同刀架上车刀的形状和位置

1. 双刀架加工

使用双刀架工作必须对每一个刀架编制一个程序，S1 表示第一个刀架的程序，S2 表示第二个刀架的程序，可以使用同步功能来控制程序的暂停和起动运行。同步函数可以是三位数字的 M 代码（M100 ~ M999）。同步功能总是出现在正在运行的程序中，其原则是：对方动，自身停；对方停，起对方。例如 S1 正在运行，出现同步功能则数控装置判断 S2 的状态，若 S2 正在运行则使 S1 暂停；若 S2 正在暂停，则起动 S2 运行，如图 4-31 所示。有的机床同步函数用“！”来表示，如图 4-32 所示。

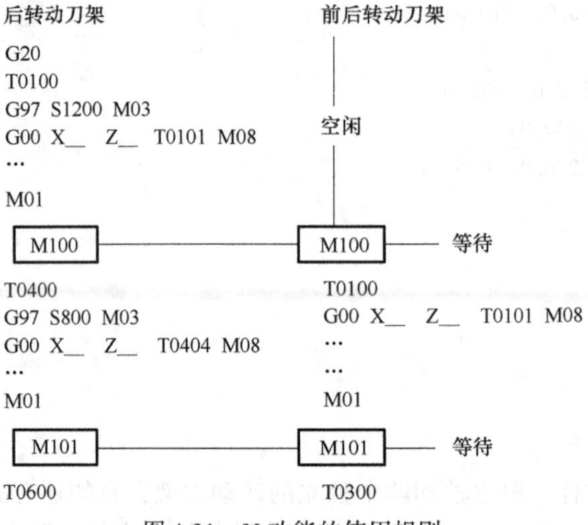

图 4-31 M 功能的使用规则

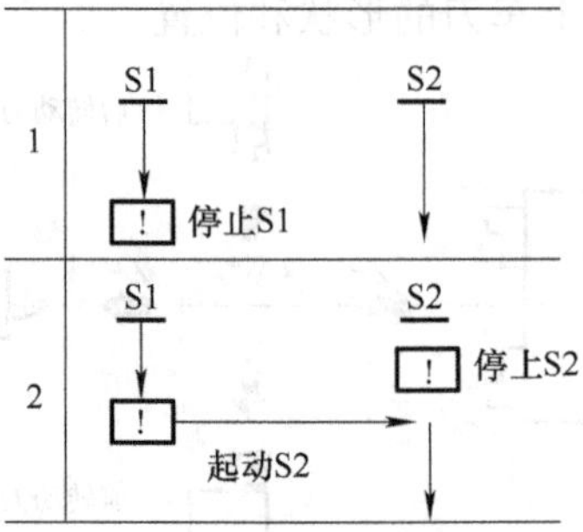

图 4-32 “！”的使用规则

例 4-3 应用双刀架数控车床加工图 4-33 所示零件（本零件是以寸制标注的）。

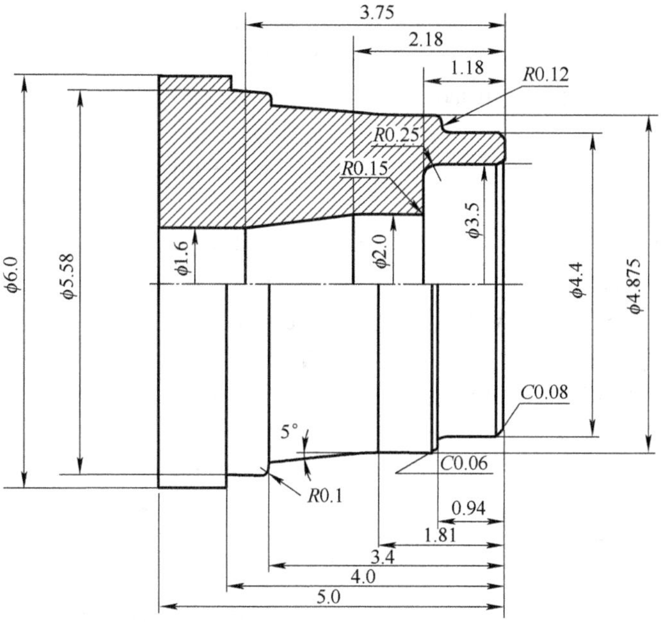

图 4-33 零件图

其程序如下：

（后刀架——内表面切削）

（T01 = 1.5mm 可检索钻头）

N1 G20；	寸制单位
N2 T0100 M41；	换刀 + 低速挡
N3 G97 S1200 M03；	一般主轴/转速
N4 G00 Z0.5 T0101 M08；	安全间隙
N5 X0；	钻孔中心线位置
N6 G01 Z0.1 F0.03；	钻孔起点
N7 Z - 5.15 F0.01；	钻通零件
N8 G00 Z0.5；	返回钻孔
N9 X10.0 Z3.0 T0100；	刀具转换位置
N10 M01；	选择停止
N11 M100；	*** 同步 M100 ***

（T04，粗镗刀具，角度 80°）

N12 T0400 M41；	刀具转换 + 低挡
N13 G97 S800 M03；	一般主轴速度/转速
N14 G00 X1.5 Z0.1 M08；	G71 起始点
N15 G71 P16 Q23 U - 0.06 W0.005 D2000 F0.025；	粗加工循环 ~ 内循环
N16 G00 X3.86；	开始倒角
N17 G01 X3.5 Z - 0.08 F0.012；	前倒角 C0.08
N18 Z - 1.18 R - 0.25；	直径 3.5in + 倒圆角

```
N19 X2.0 R-0.15;                          轴肩+倒角
N20 Z-2.18;                               直径2.0in
N21 X1.6 Z-3.75;                          加工锥面
N22 Z-5.1;                                直径1.6in
N23 X1.4;                                 清空钻孔
N24 G00 G40 X10.0 Z3.0 T0400;             刀具变换位置
N25 M01;                                  选择停止
N26 M101;                                 *** 同步M101 ***
(T06，精镗刀具角度55°)
N27 T0600 M42;                            刀具变换+高挡
N28 G97 S950 M03;                         普通主轴速度/转速
N29 G00 G42 X1.5 Z0.1 M08;                G70起始位置
N30 G70 P16 Q23;                          精加工循环—内循环
N31 G00 G40 X10.0 Z3.0 T0600;             刀具转换位置
N32 M01;                                  选择停止
N33 M102;                                 *** 同步M102 ***
N34 M30;                                  程序结束—后刀架
(前刀架——外表面切削)
(T01，粗车刀具，角度为80°)
N1 M100;                                  *** 同步M100 ***
N2 G20;                                   寸制单位
N3 T0100;                                 刀具变换
N4 G00 X4.2 Z0 T0101 M08;                 表面切削起始点
N5 G01 X1.4 F0.015;                       表面切削，通过钻孔
N6 G00 Z0.1;                              清理表面
N7 X6.1 Z0.1;                             G71起始点
N8 G71 P9 Q17 U0.06 W0.005
D1800 F0.025;                             粗车循环—外循环
N9 G00 X4.04;                             加工斜面
N10 G01 X4.4 Z-0.08 F0.012;               前斜面C0.08
N11 Z-0.94 R0.12;                         直径4.4in+倒圆角
N12 X4.875 C-0.06;                        轴肩
N13 Z-1.81;                               直径4.875in
N14 X5.1532 Z-3.4;                        5°锥角
N15 X5.58 R-0.1;                          轴肩+倒圆角
N16 Z-4.0;                                直径5.58in
N17 X6.2;                                 直径方向间隙
N18 G00 G40 X10.0 Z3.0 T0100;             刀具转换位置
N19 M01;                                  选择停止
N20 M101;                                 *** 同步M101 ***
(T03，精车刀具，角度为55°)
N21 T0300;                                刀具转换
N22 G00 G41 X6.1 Z0.1 T0303 M08;          G70起始点
N23 G70 P9 Q17;                           精加工循环—外循环
```

```
N24  G00  G40  X10.0  Z3.0  T0300;          刀具转换位置
N25  M01;                                    选择性停止
N26  M102;                                   *** 同步 M102 ***
N27  M30;                                    程序停止—前刀架
%
```

2. 副主轴加工

数控车床可以设有一根副主轴，如有的数控车床副主轴设在 S1 刀架的第 7 号刀位上。在工件尚未切断之时，副主轴的中心与主轴中心对准，再使副主轴上的弹簧夹头套住工件并夹紧，工件和副主轴一起旋转，用 S2 刀架上的切断刀将工件切断，工件即转移到副主轴上。此时即可使用 S2 上的刀具或主轴箱端面上的刀架 S3 上的刀具进行背面加工。副主轴的转速一般用 B06 编程，M23 表示顺时针旋转，M24 表示逆时针旋转，M25 表示伺服电动机停转。使用 M62 能使副主轴制动，M63 取消 M62。

副主轴加工还要解决编程原点的设置问题，Z 方向编程原点由刀架相关点转移而来，X 值需冠以负号加以区别。这时使用 M32 来表示由刀架相关点出发计算编程原点，用 M33 取消 M32。如图 4-34 所示工件，其加工程序如下：

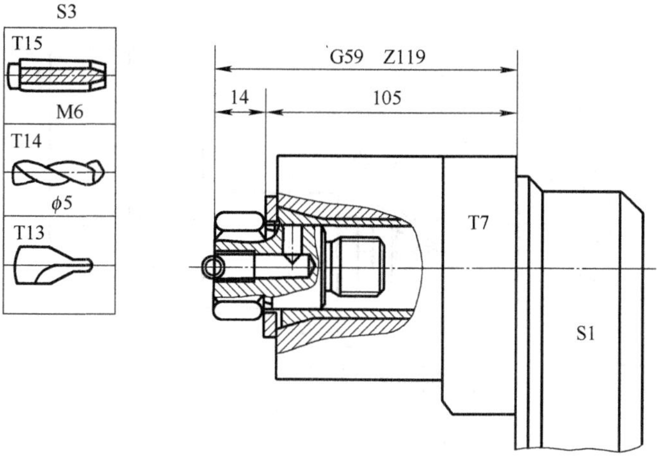

图 4-34　副主轴加工实例

```
……
M32;
G59  X-222  Z119;
T0707;                          副主轴转入工作位
T1313  M23  B061000;            钻中心孔
G94  M54  M08;                  M54 背面加工用切削液，与 M08 合用
G00  X0;
G00  Z1;
G01  Z-4  F100;
G00  Z50;
T1414  B062500;                 钻底孔
```

```
G00  X0;
G00  Z1;
G01  Z-23  F100;
G00  Z50;
T1515  B060200;                  攻螺孔
G00  X0;
G00  Z5;
G01  Z-12  F270  M23;
G01  Z5  F300  M24;
G04  X1;
G27  M25  M55  M09;              用 M55 取消 M54
T1700;                           S3 转到初始位
G95  M33;                        用 M33 取消 M32
G59  X0 Z……;                     恢复主轴上工件的编程原点
```

3. 双主轴加工

图 4-35 所示为副主轴和主轴同步传动，用 S2 进行背面加工的实例。工件原点从机床原点转移过来，即在 G59 X0 Z155 处。其加工程序见表 4-6。

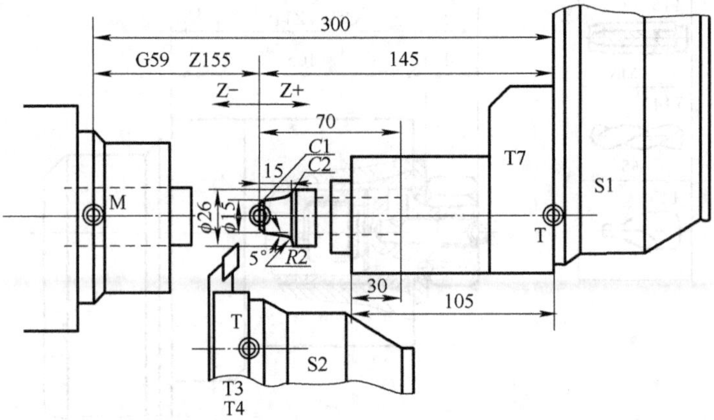

图 4-35 双主轴加工（背面加工用 S2）

表 4-6 加工程序

程序				说明
S1		S2		双刀架
	…		…	
N7	G97 S200 T0707 M04;		!	副主轴，S2 停止
	M37;			
	G00 Z2;			
	G00 X0;			
	G01 Z-30 F1;			
	M66;			副主轴夹紧

(续)

程序				说明
S1		S2		双刀架
	!		N10 G97 S1500 T1010 M04;	启动S2，切断
	!		G00 Z-70.2;	停止S1
			G00 X27 M08;	
			G01 X-0.5 F0.08;	
	G53 X0 Z300;		!	启动S1，T点执行M点快速移动
	!		G01 X-1;	停止S1
			G01 W0.5 F0.5;	
			G26 M09;	
			G59 X0 Z155;	
	!	N3	G96 V180 T0303 M04;	粗车
			G00 Z0;	
			G00 X27 M08;	
			G01 X-1 F0.2;	
			G00 X26 Z-2;	
			G71 P50 Q60 I0.5 K0.1 D2.5 F0.2;	
			G26 M09;	
		N4	G96 V256 T0404 M04;	精车
		N50	G46;	
			G00 X9 Z-1 M08;	
			G01 X15 D2 F0.1 E0.05;	
			G01 Z15 A5 R2 F0.15;	
			G01 X27 D2.5;	
			G01 W3;	
		N60	G40;	
			G24 M09;	
			!	启动S1
	G26 M39;		G26;	
	!		!	
	M30;		M30;	

说明：在编程中用到了V、G46等地址与指令，这是因为系统有异，所以与前面介绍的不同。

任务实施

一、工艺编制

此任务的加工工艺卡见表4-7。

表 4-7 加工工艺卡

工步号	工序内容	工件装夹方式	刀具选择	主轴转速 $n/$（r/min）	进给量 $f/$（mm/r）	切削深度 a_p/mm
左端加工工艺						
1	车左端面	自定心卡盘	90°右偏刀  T0505	1600	0.2	
2	粗、精车左端 ϕ64mm 外圆		90°右偏刀  T0505	1000/1600	0.2/0.08	4/0.5
3	用动力头钻 ϕ6mm 孔		 ϕ6mm 钻头 T0101	2000	0.08	Z 向深 9
4	用动力头钻中心孔		中心钻，钻头 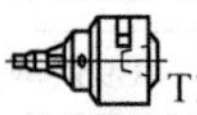 T1010	1500	0.2	Z 向深 6
5	ϕ25mm 钻头钻通孔		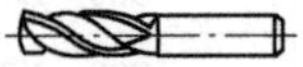 T0909	250	0.1	Z 向深 100
6	镗 ϕ45mm 内孔		 T0808 镗刀	1200	0.2	5
右端加工工艺						
7	调头车右端面，保证总长	用铜皮包住已加工外圆	90°右偏刀  T0101	1600	0.2	
8	粗、精车左端 ϕ55mm 外圆		90°右偏刀  T0505	1000/1600	0.2/0.08	4/0.5
9	ϕ20mm 立铣刀铣六边形		 ϕ20mm立铣刀 T1111	2000	0.1	Z 向深 22
10	镗内孔		 T0808 镗刀	1500	0.14	2
11	倒右端 R0.5mm 圆角		90°右偏刀  T0505	1000/1600	0.2/0.08	4/0.5
12	车 M30×2 内螺纹		 T0303 内螺纹刀	800	5	

二、程序编制

本任务的加工参考程序如下：

O0001；　　　　　　　　　　（工件左侧加工程序 0001 号） 安装、装夹 ϕ70mm 的毛

```
                                        坯外径，伸出长 75mm
G54;
G50  S3000;                             最高限速 3000r/min
N1 (OD);                                使用外圆车刀粗车毛坯
M75;                                    车床模式
T0505;
G00  X200.0  Z100.0;
G97  S1000  M3  M8;
G00  X75.  Z0;                          车端面
G01  G99  X-1.0  F0.2;
G00  W1.0;
     X64.5;                             粗车外圆
G01  Z-63.0;
     U4.0;
     W-5.0;
     U2.0;
G00  Z1.0;
G96  M3  S1600;                         精车外圆
G01  X64.0;
G01  Z0;
G01  Z-63.0  F0.08;
G02  X68.0  W-2.0  R2.0;
G01  W-3.0;
     U2.0;
G00  X200.0  M9;
     Z100.0  T0500;
M5;                                     主轴停转
M1;
N2 (DRILL4-D6);                         进入铣床模式加工端面孔
M76;
G28  H0;
T0101;
G00  X200.0  Z100.0  M8;
G97  S2000  M3;
G00  G99  X54.0  Z10.0;
G83  Z-9.0  C45.0  R5.0  F0.08;         加工端面 4×φ6mm（Z 方向动力头刀具）的孔
H90.0;                                  主轴转 90°（增量值）
H90.0;
H90.0;
G80;                                    取消端面钻孔指令
G00  X200.0  Z100.0  T0100  M9;
M5;
M75;                                    回到车床模式
M01;
N3 (DRILL D=25);                        使用直径 φ25mm 的钻头钻通孔
```

```
T0909;
G00  X200.0  Z105.0  M8;
M75;
M3  S800;
G00  X0;
M98  P0030  L5;
G00  X200.0  Z100.0  T0900  M9;
M5;
M1;
N4;                                          镗φ45mm内孔
T0808;
M3  S1200;
G00  X30.0  Z5.0  M8;
G01  Z-60.0  F0.2;
     U-0.5;
G00  Z1.0;
     X35.0;
G01  Z-60.0  F0.2;
     U-0.5;
G00  Z1.0;
     X40;
G01  Z-60.0  F0.2;
     U-0.5;
G00  Z1.0;
     X44.0;
G01  Z-60.0  F0.2;
     U-0.5;
G00  Z1.0;
     X45.0;
M3  S2000;
G01  Z-60.0  F0.12;
     X34.0;
G01  X28  Z-62.0;
     U-0.5;
G00  Z100.0  M9;
     X200.0 T0800;
M5;
M30;
O0002;                                       (右端加工程序) 调头装夹，为避免接刀痕将加工到Z-32
G55;
G50  S3500;
N1 (OD);                                     粗车毛坯
M75;
T0505;
G00  X200.0  Z150.0;
```

```
G97  S1000  M3  M8;
G00  X75.0  Z0;                              车端面
G01  G99  X-20.0  F0.2;                      粗车φ55mm外圆
G00  W1.0;
     X68.0;
G01  Z-32.0;
     U3.0;
G00  Z2.0;
G90  X64.0  Z-22.0;
     X60.0;
     X56.0;
M3  S1600;                                   精车φ55mm外圆
G01  X55.0;
G01  Z-22.0;
G01  U2.0;
G00  X200.0  Z150.0  T0500  M9;
M5;
M1;
N2 (MILL);                                   使用Z方向动力头加工端面六边形
T1111;                                       φ20mm铣刀
G28  H0;
G00  X200.0  Z150.0;
G97  S800  M3  M8;
G40  G00  X85.0  C0;
G00  Z-15.0;                                 Z方向进刀
G12.1;                                       使用极坐标方式
G01  G42  X63.508  C0  F0.1.;                建立刀补
          X31.754  C27.5;                    加工六边形，X方向以直径表示，C方向以半径表示
          X-31.754;
          X-63.508  C0;
          X-31.754  C-27.5;
          X31.754;
          X63.508  C0;
G01  Z-20.0;                                 Z方向进刀至Z-20加工六边形
     X31.754  C27.5;
     X-31.754;
     X-63.508  C0;
     X-31.754  C-27.5;
     X31.754;
     X63.508  C0;
G01  Z-22.0;                                 Z方向再进刀至Z-22，加工六边形
     X31.754  C27.5;
     X-31.754;
     X-63.508  C0;
     X-31.754  C-27.5;
```

```
        X31.754;
        X63.508   C0;
G40   G01   X85.0;                        取消刀补
G13.1;                                    取消极坐标方式
G00   G99   X200.0   M9;
        Z150.0   T1100;
M5;
M75;                                      车床模式
M1;
N3;                                       镗内孔
T0808;
G00   X200.0   Z150.0   M75;
G97   S1500   M3   M8;
G00   X23.0   Z2.0;
G71   U1.0   R0.5;
G71   P10   Q20   U0   W0   F0.14;
N10   G00   X44.0;
        G01   Z-8.0;
        X31.4;                            倒角
        W-2.0   U-4.0;                    螺纹大径 φ27.4mm
N20   Z-36.0;
G00   X200.0   Z150.0   T0800   M9;
M5;
M1;
N4;                                       倒 φ55mm 端面圆角
T0505;
G00   X200.0   Z150.0   M75;
G97   S1500   M3;
G00   X54.0   Z1.0;
G01   Z0   F0.14;
G03   X55.0   W-0.5   R0.5   F0.12;
G01   U5.0;
G00   X200.0   Z150.0   T0500;
M5;
M1;
N5;                                       加工内螺纹
T0303;
M3 S800;
G00   X26.0   Z5.0;
G92   X28.0   Z36.0   F2.0;
        X28.5;
        X29.0;
        X29.5;
        X29.8;
        X29.9;
```

```
      X30.0;
G00   Z100.0;
      X200.0   T0300;
   M5;
   M30;
O0030;
G00   W-100;
G01   W-25.0;
G04   X1.0;
G00   W105.0;
M99;
```

[任务巩固]

1. 在加工多面体零件时，同步驱动控制与极坐标插补有什么不同？

2. 编写如图4-36和图4-37所示零件的加工程序，有条件的在车削中心上将其加工出来。

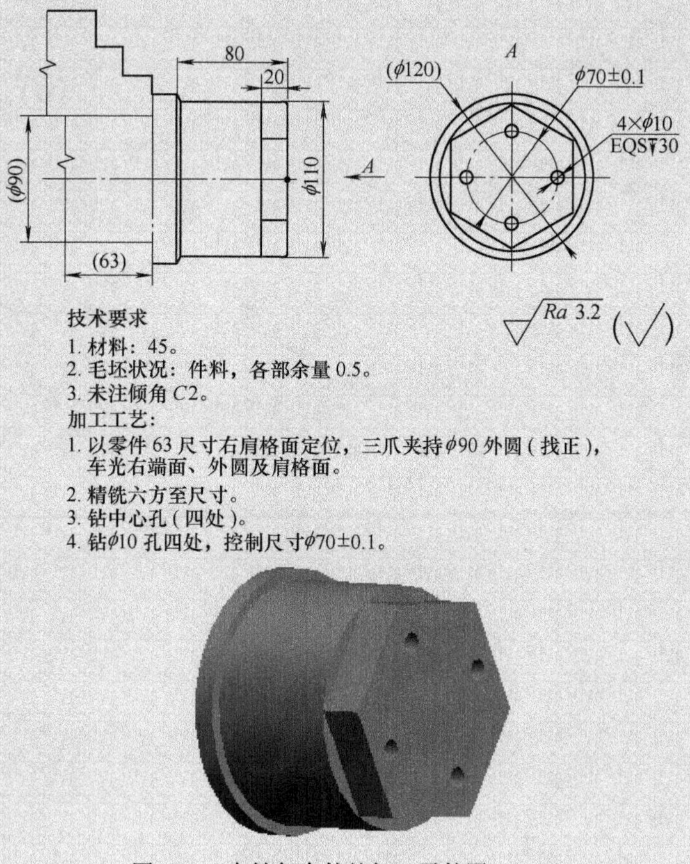

80
20
(φ120)
A
φ70±0.1
4×φ10
EQS▼30
(φ90)
φ110
A
(63)
Ra 3.2
(√)
技术要求
1. 材料：45。
2. 毛坯状况：件料，各部余量0.5。
3. 未注倾角C2。
加工工艺：
1. 以零件63尺寸右肩格面定位，三爪夹持φ90外圆（找正），车光右端面、外圆及肩格面。
2. 精铣六方至尺寸。
3. 钻中心孔（四处）。
4. 钻φ10孔四处，控制尺寸φ70±0.1。

图4-36　车铣复合件的加工零件图（一）

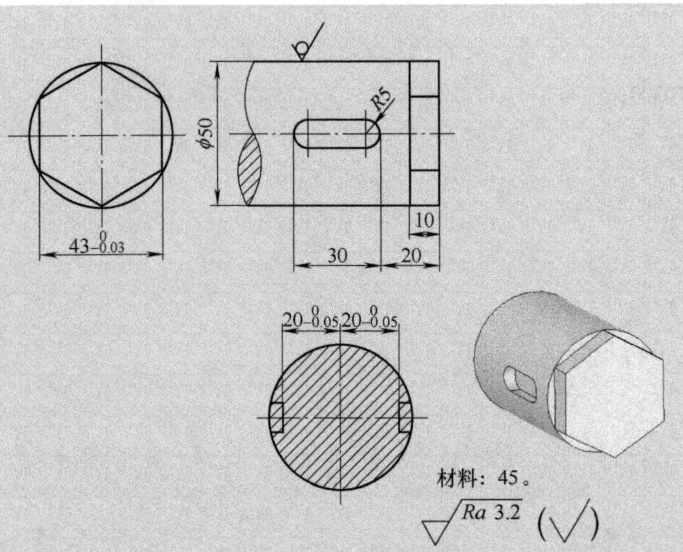

图 4-37 车铣复合件的加工零件图（二）

第二部分

SIEMENS系统数控车床与车削中心

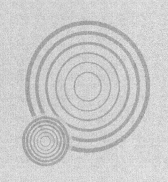

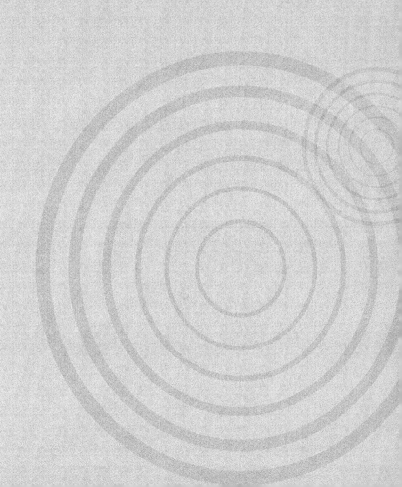

模块五　一般轴类零件的车削

任务一　轮廓的加工

工作任务

加工如图 5-1 所示零件，材料为 45 钢，坯料尺寸为 $\phi50mm \times 115mm$，试编制其加工程序，并在 SIEMENS 数控车床上加工该零件。

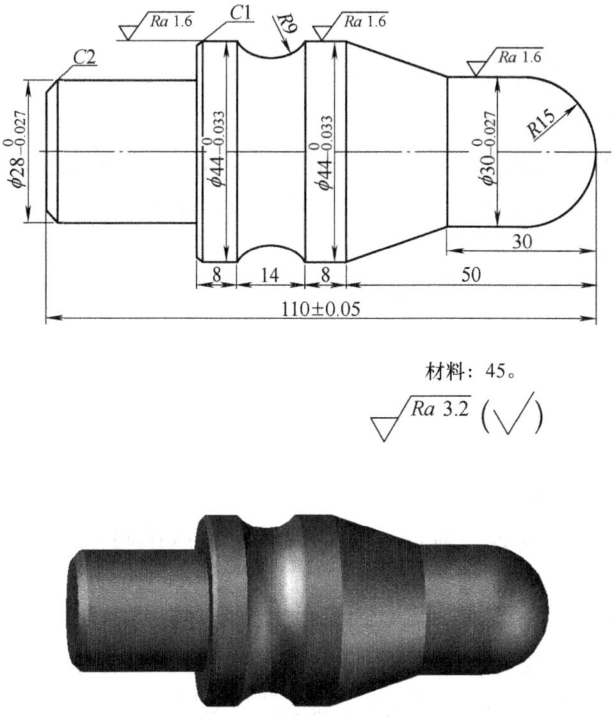

图 5-1　轮廓加工零件图

该零件有外圆、锥、圆弧等元素，是典型的轮廓零件，其加工工艺、切削刀具、零件的检测及部分编程指令等都与 FANUC 系统一样。本任务只介绍与 FANUC 系统不同的知识。编写本任务的加工程序时，如果简单采用 G00 及 G01 等指令进行编程，则程序较长，在编程过程中也容易出错。因此，为了简化编程，本任务引入 SIEMENS 系统的毛坯切削循环指令 CYCLE95。

任务目标

一、知识目标

1）掌握 SIEMENS 数控系统的程序命名原则。
2）掌握 M、S、T 功能的应用方法。
3）掌握基本编程指令的应用方法。
4）掌握循环指令的应用方法。

二、技能目标

1）掌握轮廓零件程序的编制方法。
2）掌握轮廓零件的加工方法。

任务准备

一、SIEMENS 系统数控车床的编程基础

1. 程序命名规则

为了识别、调用程序和便于组织管理，SIEMENS 802D 系统里的每个程序必须有一个标识符号，即程序名。在编制程序时，可按以下规则确定程序名。

1）开始的两个符号必须是字母。
2）其后的符号可以是字母、数字或下划线。
3）最多为 16 个字符。
4）不得使用分隔符。

如 WELLE527。

2. 主轴运动指令

（1）主轴转速 S 及旋转方向

1）功能。当机床具有受控主轴时，主轴的转速可以编写在地址 S 下，单位为 r/min。旋转方向通过 M 指令规定：M3 为主轴顺时针旋转，M4 为主轴逆时针旋转，M5 为主轴停。

2）说明。如果在程序段中不仅有 M3 或 M4 指令，而且还有坐标轴运动指令，则 M3 或 M4 指令在坐标轴运动之前生效，即只有在主轴起动之后，坐标轴才开始运行；如果 M5 指令与坐标轴运行指令在同一程序段，则坐标轴运动结束后主轴才停止。

（2）G25、G26 主轴转速极限

1）功能。通过在程序中写入 G25 或 G26 指令和地址 S 下的转速，可以限制特定情况下主轴转速的极限值范围，如不平衡加工时控制主轴的最高转速以免引起振动或事故。与此同时，原来机床设定的数据被覆盖。

2）编程格式。

G25　S __；限制主轴转速下限；
G26　S __；限制主轴转速上限。

3）说明。G25 或 G26 指令均要求一个独立的程序段，原先编程的转速 S 保持存储状态，主轴转速的最高极限值在机床数据中设定，通过面板操作可以激活用于其他极限情况的设定参数。

3. 刀具与刀具补偿

由于 SIEMENS 系统具有刀具补偿功能，所以在对工件进行编程时，无需考虑刀具长度或刀尖半径值，可直接根据图样进行编程。

刀具长度和半径等参数在启动程序加工前单独输入到专门的数据区，在程序中只需调用所需的刀具号及其补偿参数，系统即可利用这些参数执行所要求的轨迹补偿，从而加工出所要求的工件。

（1）刀具号 T

1）功能。T 指令可以选择刀具：可以用 T 指令直接更换刀具；也可以用 T 指令进行刀具的预选，另外再用 M6 指令进行刀具的更换，这必须要在机床数据中确定。一般数控车床常采用 T 指令直接换刀。

2）编程格式。

T __；刀具号：1 ~ 32000。

数控车床上的实际刀具一般需要根据刀架情况配号，安装刀具时对号入座。因此，刀具号一般从 1 匹配到刀架刀位数。本系统中最多同时存储 15 把刀具。

（2）刀具补偿号 D

1）功能。用 D 及其相应的序号代表补偿存储器号，即刀具补偿号。刀具补偿号可以赋给一个专门的切削刃。一把刀具可以匹配 1 ~ 9 个不同的补偿数据组（用于多个切削刃）。系统中最多可以存储 30 个刀具补偿号，对应存储 30 个刀具补偿数据组，各刀具可自由分配 30 个刀具补偿号，如图 5-2 所示。

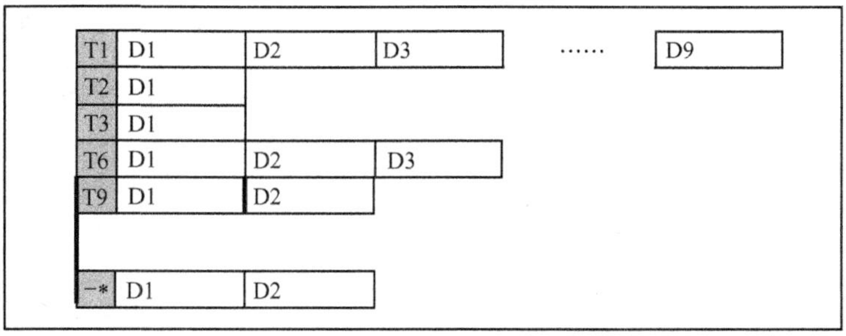

图 5-2　刀具补偿号匹配示意

2）编程举例。

```
N10   T1;                 更换刀具 1，刀具 1 的存储器 D1 中的值自动生效
N20   G0   X__   Z__;     长度补偿生效
…
N80   T6;                 更换成刀具 6，刀具 6 的存储器 D1 中的值自动生效
…
N200   G0   Z__   D2;     刀具 6 的存储器 D2 中的值生效
……
```

调用刀具后，刀具长度补偿立即自动生效。如果没有编程 D 号，则 D1 自动生效；如果编程 D0，则刀具补偿值无效，即表示取消刀具长度和半径补偿。先编程的坐标长度补偿先执行，对应的坐标轴也先运行。

3）补偿存储器内容。在补偿存储器中有如下内容。

① 几何尺寸。几何尺寸由公称尺寸和磨损尺寸两分量组成。系统处理这些分量，计算并得到最后尺寸（如总长度、总半径）。在激活补偿存储器时，这些最终尺寸有效。由刀具类型指令和 G17、G18 指令确定如何在坐标轴中计算出这些尺寸值。

② 刀具类型。由刀具类型可以确定需要哪些几何参数以及怎样进行计算。刀具类型分为钻头和车刀两类，仅以百位数的不同进行区分，如类型 2*xy*——钻头，类型 5*xy*——车刀。其中 *xy* 可以为任意数，用户可以根据自己的需要进行设定。

③ 刀尖位置。在刀具类型为 5*xy*（车刀），并采用刀尖圆弧半径补偿时，还需要给出刀尖位置参数。刀尖位置根据假想刀尖与实际刀尖圆弧中心的相对关系进行判别分类，如图 5-3 所示。

说明 此处刀具类型中的钻头和车刀不同于金属切削刀具中的含义，而只是从补偿角度出发。凡仅需要有一个 Z 向长度需要补偿的刀具均为“钻头”，而“车刀”则有 X、Z 两个方向的长度需要补偿，甚至还有刀尖半径需要补偿，如图 5-4 所示。

4）补偿磨损量的应用。系统对刀具长度或半径是按计算得到的最终尺寸（总长度、总半径）进行补偿的，而最终尺寸是由公称尺寸和磨损尺寸相减而得。因此，当一把刀具用过一段时间有一定的磨损后，实际尺寸发生了变化，此时可以直接修改补偿公称尺寸，也可以加入一个磨损量，使最终补偿量与实际刀具尺寸相一致，从而加工出合格的零件。

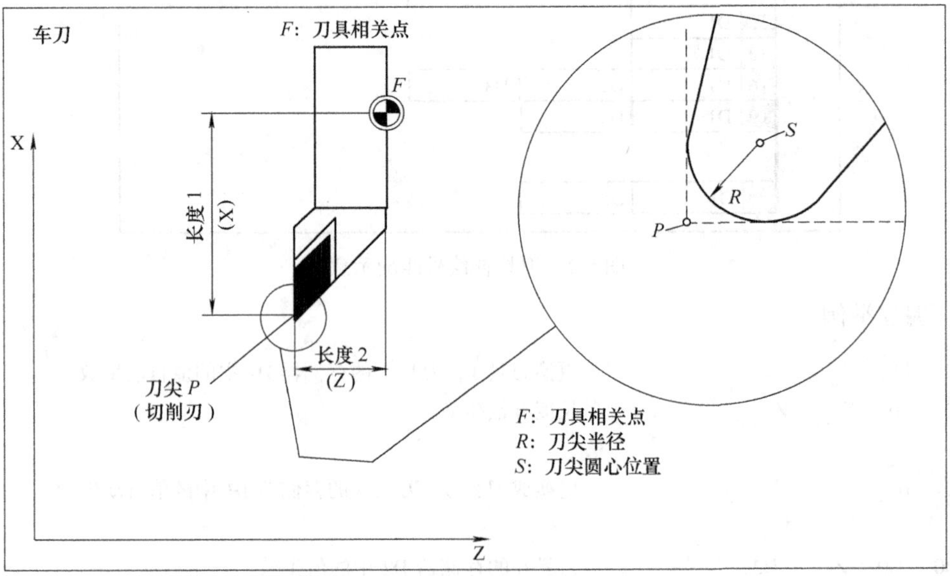

图 5-3　具有刀尖圆弧半径补偿的车刀所要求的补偿参数

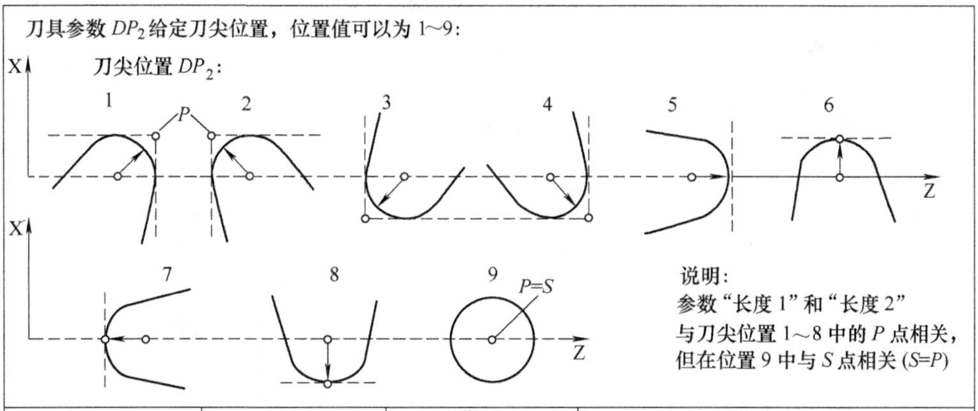

刀具参数			作用	
		磨损量尺寸按要求		
DP_1	5xy		G18:	X 向长度 1 Z 向长度 2
DP_2	1~9			
DP_3	长度 1	所有其他数值置零		
DP_4	长度 2			
DP_6	半径			

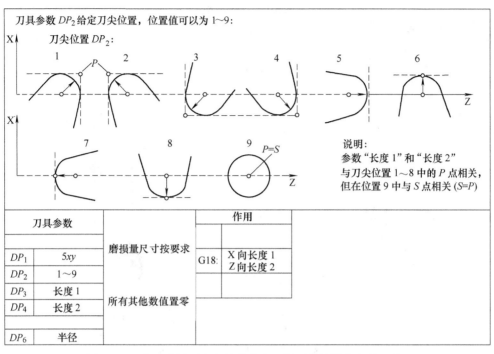

图 5-3　具有刀尖圆弧半径补偿的车刀所要求的补偿参数（续）

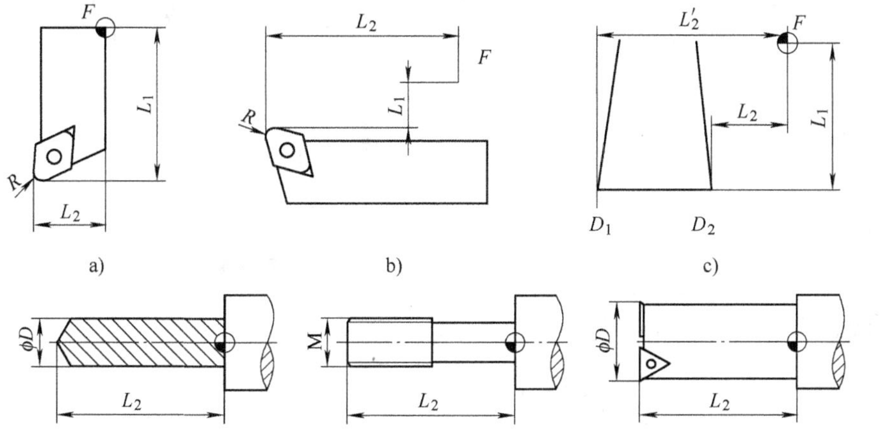

图 5-4　刀具类型

a）外圆车刀　b）500 类刀具单刃镗刀　c）切断刀　d）麻花钻　e）200 类刀具丝锥　f）多刃镗刀

在零件试加工过程中，由于对刀等误差的影响，执行一次程序加工结束，不可能一定保证零件就符合图样要求，有可能出现超差。如果有超差但尚有余量，则可以进行修正，即可利用原来的刀具和加工程序的一部分（精加工部分），不需要对程序作任何坐标修改，而只需在刀具磨损补偿中增加一个磨损量后，再补充加工一次，就可将余量切去。此时，实际刀具并没有磨损，故此磨损量称为虚拟磨损量。

5）刀具参数。在 DP 的位置上填上相应的刀具参数的数值。使用哪些参数取决于刀具类型，不需要的刀具参数上添上数值零，见表 5-1 及图 5-5、图 5-6 和图 5-7 所示。

表 5-1 刀具参数

刀具类型	DP_1	
刀尖位置	DP_2	
	公称尺寸	磨损尺寸
长度 1	DP_3	DP_{12}
长度 2	DP_4	DP_{13}
半径	DP_6	DP_{15}

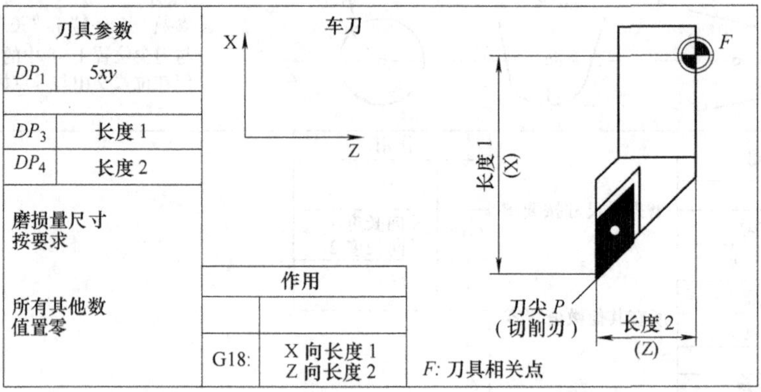

图 5-5 车刀所要求的长度补偿参数

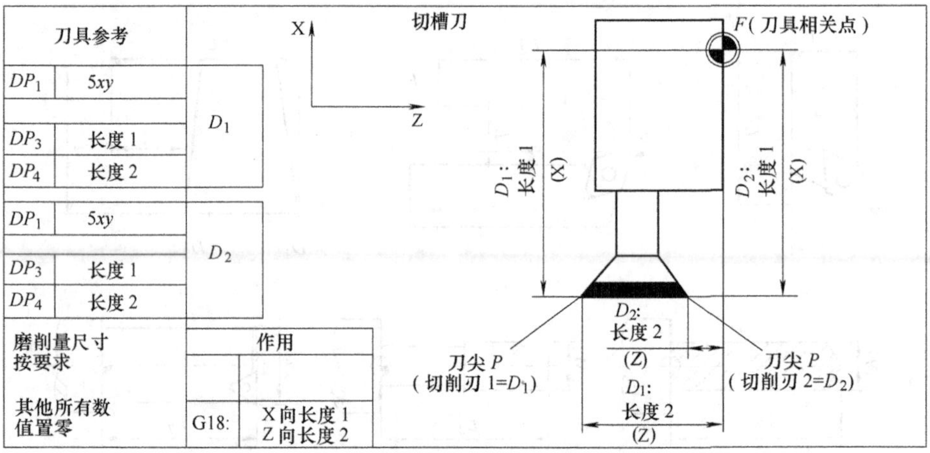

图 5-6 具有两个切削刃的车刀的长度补偿参数

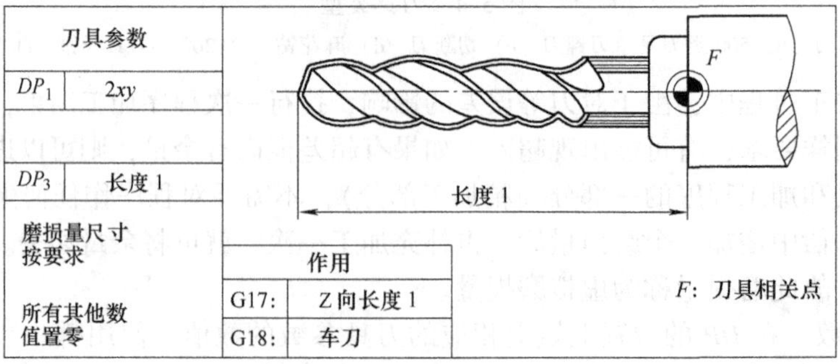

图 5-7 钻头所要求的补偿参数

>>> **注意**　在进行中心孔加工时，必须要将平面选择转换到 G17，钻头的长度补偿方向为 Z 轴方向。当钻削加工结束后，用 G18 转换回正常车削平面。这里的“中心孔”加工不同于传统机械加工中采用中心钻钻中心孔的概念。在这里，采用 2xy 类刀具在工件回转中心进行孔加工都称为“中心孔”加工。其共同特点是刀具必须与回转轴同轴，加工刀具只需一个 Z 向的长度补偿。

4. G74 返回参考点

（1）功能　用 G74 指令实现 NC 程序中回参考点功能，每个轴的方向和速度都存储在机床数据中。所谓参考点，也是机床上的一个固定点，它与机床原点间具有固定的精确关系，如图 5-8 所示。返回参考点也就是校验其位置，从而可以确定机床原点的位置，并建立机床坐标系。G74 指令要求一独立程序段，并按程序段方式有效。在 G74 指令之后的程序段中，原“插补方式”组中的 G 指令（G0、G1、G2……）将再次生效。

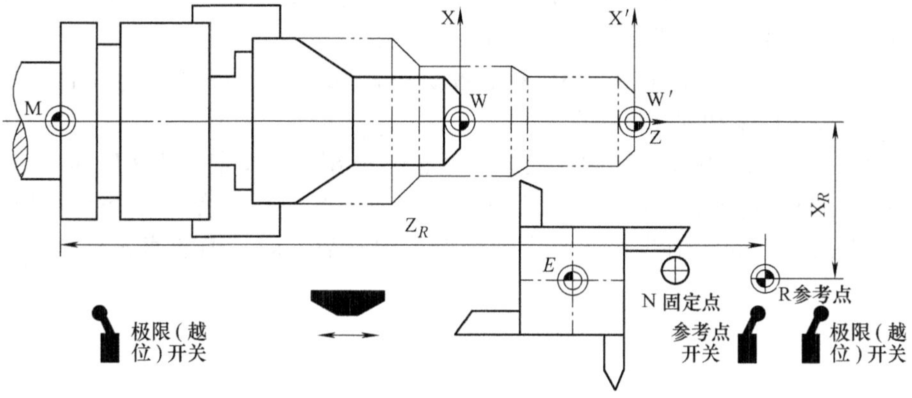

图 5-8　固定点和参考点

（2）指令格式

G74　X1 = 0　Z1 = 0；

（3）说明　G74 中的 X、Z 坐标后面的数字没有实在意义。对于经济型系统（步进系统）机床，由于各种因素的影响，可能会引起步进电动机丢步并累积，从而产生较大的误差。此时可在程序中多插入 G74 程序段，以自动返回参考点。校验机床原点位置后，重新以机床原点为基准计量运行坐标位置，消除累积误差。

5. G75 返回固定点

（1）功能　用 G75 指令可以返回到机床中某个固定点，比如换刀点，如图 5-8 所示。固定点位置通过设置与机床原点的偏移量确定，固定地存储在机床数据中，不会产生偏移。采用 G75 指令返回固定点时，每个轴的返回速度就是其快速移动速度。G75 指令要求一独立程序段，并按程序段方式有效。在 G75 指令之后的程序段中，原先“插补方式”组中的 G 指令（G0、G1、G2……）将再次生效。

（2）编程格式

G75　X1 = 0　Z1 = 0；

>> **说明**　G75 指令中的 X、Z 坐标后面的数字没有实在意义。返回固定点一般常用于换刀，但要注意的是，这里的固定点是以机床坐标系为基准设定的，使用时必须明确其实际位置。固定点不能适应不同工件的状况，这容易引起干涉，使用时应慎重，可代之以“G0　X _ Z _”。此时，X、Z 是在相应的工件坐标系中的数据，如图 5-8 所示，可以适应不同长度的工件。

6. 进给功能

（1）F 进给率及 G94/G95

1）功能。进给率 F 是刀具轨迹（切削）速度，是所有移动坐标轴速度的矢量和。坐标轴速度是刀具轨迹速度在坐标轴上的分量。进给率 F 在 G1、G2、G3、G5 插补方式中生效，并且一直有效，直到被一个新的地址 F 取代为止。

2）进给率 F 的单位。F 的单位由 G94/G95 确定。G94 表示直线进给率，即进给速度，单位为 mm/min。G95 表示旋转进给率即进给量，单位为 mm/r。G94 F200 表示进给量为 200mm/min；G95 F0.3 表示进给量为 0.3mm/r。

3）使用说明。系统默认 G95。G94 和 G95 更换时要求写入一个新的地址 F。

（2）G96/G97 恒定切削速度指令

1）功能。在主轴为受控主轴的前提下，可通过 G96 指令设定恒线速度加工功能。G96 功能生效后，主轴转速随着当前加工工件直径（横向坐标轴）的变化而变化，从而始终保证刀具切削点处执行的切削线速度 S 为编程设定的常数，即主轴转速 × 直径 = 常数，如图 5-9所示。

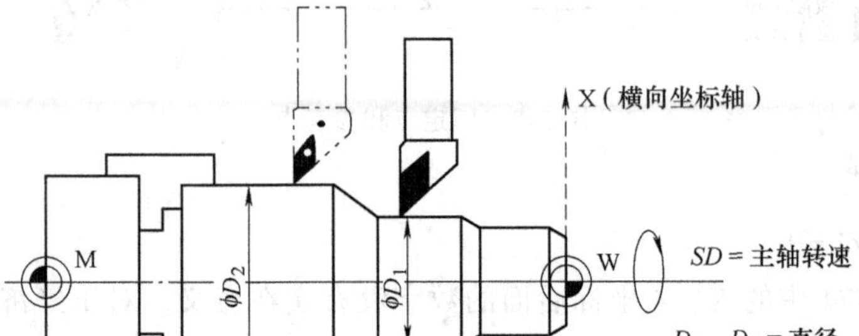

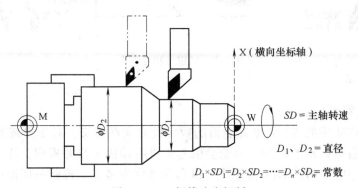

图 5-9　G96 恒线速度切削

从 G96 程序段开始，地址 S 下的数值作为切削线速度处理。G96 为模态有效，直到被同组中其他 G 功能指令（G94、G95、G97）替代为止。

2）编程格式。

```
G96　S _　LIMS = _　F _；设定恒线速度切削
G97；　　　　　　　　　　取消恒线速度切削
```

G96 段中各字地址的含义见表 5-2，此处进给率始终为 G95 旋转进给率，单位为 mm/r。如果在此之前为 G94 有效而非 G95 有效，则必须重新写入一个合适的地址 F 值。

表 5-2　G96 段中各字地址的含义

指　令	说　明
S	切削速度，单位为 m/min
LIMS	主轴转速上限，单位为 r/min，只在 G96 中生效
F	旋转进给率，单位为 mm/r，与在 G95 中相同

3）快速移动运行。用 G0 进行快速移动时，不进行转速调整。但如果以快速运行回轮廓，并且下一个程序段中含有插补方式指令 G1 或 G2、G3、G5（轮廓程序段），则在用 G0 快速移动的同时已经调整下面用于进行轮廓插补的主轴转速。

4）转速上限 LIMS =。根据公式计算转速 $SD = 1000S/(\pi D)$，当工件从大直径加工到小直径时，主轴转速可能提高得非常多。特别是加工端面时，当切到工件中心时，转速将为无穷大，这是绝对不允许的。因而，在此可以通过“LIMS = _”限定一个主轴转速极限值，LIMS 地址下的值只对 G96 功能生效。

编程极限值“LIMS = _”后，设定数据中的数值被覆盖，但不允许其超出 G26 编程的或机床数据中设定的上极限。

5）取消恒线速度切削 G97。用 G97 指令取消“恒线速度切削”功能。如果 G97 指令生效，则地址 S 下的数值又恢复为 r/min。如果没有重新写地址 S，则主轴以原来 G96 功能生效时的转速旋转。G96 功能也可以用 G94 或 G95 指令（同一 G 功能组）取消。在这种情况下，如果没有写入新的地址 S，则主轴按在此之前最后编程的主轴转速旋转。

说明　传统的恒转速加工根据刀具和工件材料性能等确定切削速度，然后按最大加工直径计算主轴转速。这样带来的问题是，当刀具加工到小直径处时性能得不到充分发挥，从而影响了实际的加工生产率，同时在不同直径处表面质量会有较大的差异。恒线速度加工较好地解决了上述问题，因此当加工零件直径变化较大时，应尽可能选择恒线速度编程加工。

7. 工件坐标系

与工件坐标系有关的指令有 G54 ~ G59、G500、G53 和 G153 等。

可设定的零点偏置给出了工件零点在机床坐标系中的位置（工件零点以机床零点为基准偏移），如图 5-10 所示。当工件装夹到机床上后，求出偏移量，并通过操作面板预置输入到规定的偏置寄存器（如 G54 ~ G59）中。程序可以通过选择相应的 G54 ~ G59 偏置寄存器激活预置值，从而确定工件零点的位置，建立工件坐标系。

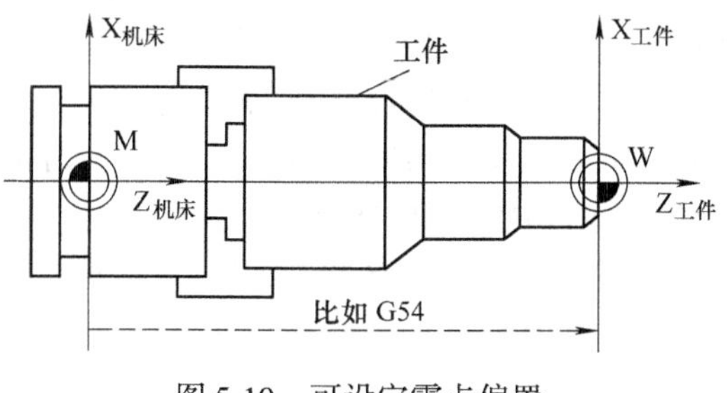

图 5-10　可设定零点偏置

G500：取消可设定零点偏置，模态有效；G53、G153：取消可设定零点偏置，程序段有效，可编程的零点偏置也一起取消，从而转变为直接按机床坐标系编程，这种情况较少使用。

8. 绝对和增量位置数据（G90、G91、AC、IC）

（1）功能　G90 和 G91 指令分别对应着绝对位置数据输入和增量位置数据输入。其中 G90 表示坐标系中目标点的坐标尺寸，G91 表示待运行的位移量。G90/G91 适用于所有坐标轴。

当位置数据不同于 G90/G91 的设定时，可以在程序段中通过 AC/IC 以绝对尺寸/增量尺寸方式进行设定。这两个指令不决定到达终点位置的轨迹，而是由 G 功能组中的其他 G 功能指令决定（G0，G1，G2，G3 等）。

（2）编程

G90；绝对尺寸；

G91；增量尺寸；

X = AC（____）；某轴（X 轴）以绝对尺寸输入，程序段方式

X = IC（____）；某轴（X 轴）以增量尺寸输入，程序段方式

（3）编程举例

N10 G90 X20 Z90；	绝对尺寸
N20 X75 Z = IC（-32）；	X 仍然是绝对尺寸，Z 是增量尺寸
…	
N180 G91 X40 Z20；	转换为增量尺寸
N190 X12 Z = AC（17）；	X 仍然是增量尺寸，Z 是绝对尺寸

9. 米制尺寸/寸制尺寸（G71、G70、G710、G700）

（1）功能　工件所标注尺寸的尺寸系统可能不同于系统设定的尺寸系统（米制或寸制），但这些尺寸可以直接输入到程序中，系统会完成尺寸的转换工作。

（2）编程

G70；寸制尺寸；

G71；米制尺寸；

G700；寸制尺寸，也适用于进给率 F；

G710；米制尺寸，也适用于进给率 F。

（3）说明　系统根据所设定的状态把所有的几何值转换为米制尺寸或寸制尺寸（这里刀具补偿值和可设定零点偏置值也作为几何尺寸）。同样，进给率 F 的单位分别为 mm/min 或 in/min，其基本状态可以通过机床数据设定。

用 G70 或 G71 编程所有与工件直接相关的几何数据，比如在 G0、G1、G2、G3、G33、CIP、CT 功能下的位置数据（X，Z）、插补参数（I，K）、螺距、圆弧半径 CR 和可编程的零点偏置（TRANS，ATRANS）。所有其他与工件没有直接关系的几何数值，诸如进给率、刀具补偿、可设定的零点偏置，都与 G70/G71 的编程无关。

G700/G710 用于设定进给率 F 的尺寸系统（in/min，in/r 或 mm/min，mm/r）。

10. 半径/直径数据尺寸（DIAMOF、DIAMON）

（1）功能　在车床上加工零件时通常把 X 轴（横向坐标轴）的位置数据作为直径数据编程，控制器把所输入的数值设定为直径尺寸，但仅限于 X 轴，在需要时也可以将其转换为半径尺寸。

（2）编程格式

DIAMOF；半径数据尺寸；

DIAMON；直径数据尺寸。

（3）编程举例

N10　DIAMON　X44　Z30；	X 轴直径数据方式
N20　X48　Z25；	DIAMON 继续生效
N30　Z10	
…	
N110　DIAMOF　X22　Z30；	X 轴开始转换为半径数据方式
N120　X24　Z25	
N130　Z10	
……	

11. 可编程的工作区域限制（G25、G26、WALIMON、WALIMOF）

（1）功能　可以用 G25/G26 定义所有轴的工作区域，规定哪些区域可以运行、哪些区域不可以运行，从而确定机床在一定条件下的实际允许工作范围，如图 5-11 所示。一旦工作区域限制范围设定有效，则机床只能在该设定范围内工作。当刀具长度补偿有效时，刀尖必须在此规定区域内；当没有刀具长度补偿时，刀具相关点必须在此区域内。WALIMON/WALIMOF 定义使能或取消 G25/G26，即可以设定 G25/G26 是否有效。

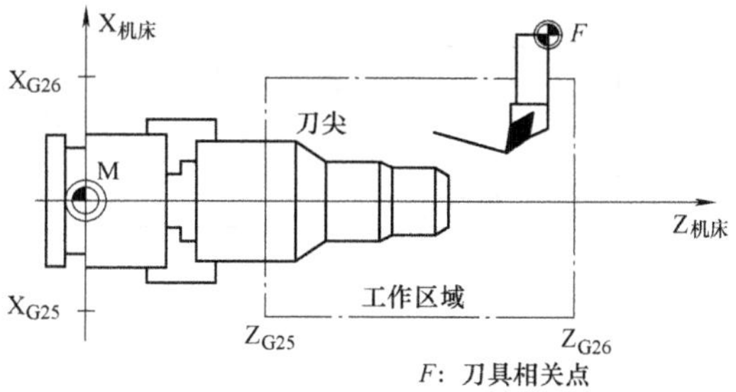

图 5-11　可编程工作区域限制

（2）编程格式

G25　X__　Z__；	工作区域下限
G26　X__　Z__；	工作区域上限
WALIMON；	工作区域限制使能
WALIMOF；	工作区域限制取消

说明　可编程工作区域限制通常用于某些特定情况下限制机床的实际运行范围，防止在工作范围外的障碍物造成意外干涉，从而起到安全保护的作用。因此，它通常称为软限位，也称为软保护。可编程工作区域限制是以机床坐标系为参照系而设定的，因此只有在坐标轴回过参考点，即建立起机床坐标系后才能有效。除了通过 G25/G26 指令在程序中编程这些值之外，也可以通过操作面板在设定数据中输入这些值。

二、基本指令介绍

这里只介绍与 FANUC 数控车削系统不同的指令。

1. G4 暂停

（1）功能　通过两个程序段之间插入一个 G4 程序段，可以使进给加工中断给定的时间，程序暂时停止运行，刀架停止进给，但主轴继续旋转。G4 程序段（含地址 F 或 S）只对自身程序段有效。

（2）指令格式

G4　F __；暂停 F 地址下给定的时间，单位为 s；

G4　S __；暂停主轴转速地址 S 下设定的转数所耗的时间（仍然是进给停）。

（3）应用说明　“G4　S __；”只有在受控主轴情况下才有效（当转速给定值同样通过 S 功能编程时）。

2. 倒棱 CHF、倒圆 RND

（1）功能　在一个轮廓拐角处可以插入倒棱或倒圆指令，与加工拐角的轴运动指令一起写入到程序段中，可以实现拐角处的自动倒棱或倒圆过渡，即在直线轮廓之间、圆弧轮廓之间以及直线轮廓和圆弧轮廓之间插入直线或圆弧过渡，如图 5-12 所示。

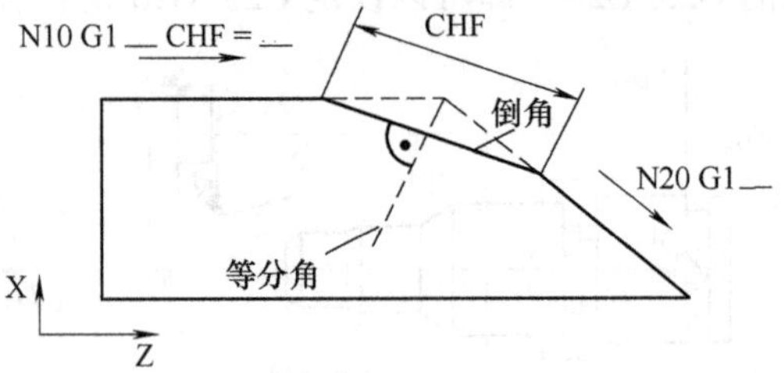

a)

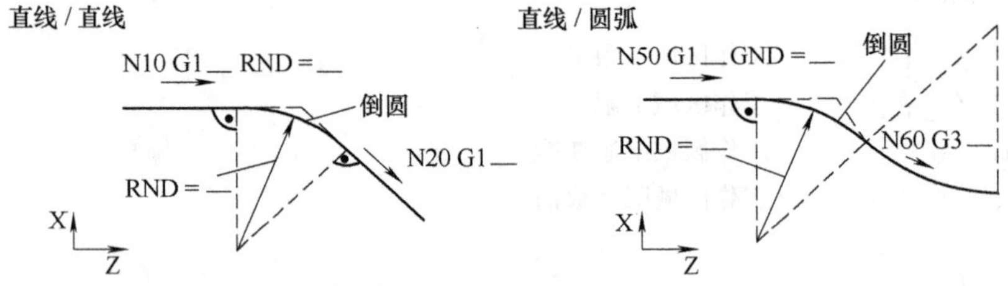

b)

图 5-12　倒棱与倒圆

a）倒棱　b）倒圆

（2）编程格式

CHF = ____；插入倒棱，数值等于倒棱长度；

RND = ____；插入倒圆，数值等于倒圆半径。

>>> **说明**　轮廓的直线和圆弧角可以利用直线插补 G1 指令或圆弧插补 G2/G3 指令直接编程，但需要知道倒棱线或倒圆与轮廓的交点坐标。利用 CHF 或 RND 编程只需知道未倒棱或倒圆轮廓的交点坐标，符合图样尺寸标注习惯。当进行“CHF =”或“RND =”编程加工时，如果其中一个程序段轮廓长度不够，则在倒圆或倒棱时会自动削减编程值。如果几个连续编程的程序段中有不含坐标轴移动指令的程序段，则不可以进行倒棱或倒圆编程。

3. G2/G3 指令

（1）功能　刀具以圆弧轨迹从起点移动到终点，方向由指令确定，G2 为顺时针圆弧插补指令，G3 为逆时针圆弧插补指令。圆弧的顺、逆应逆着插补平面的垂直轴反方向进行观察判断，如图 5-13 所示。

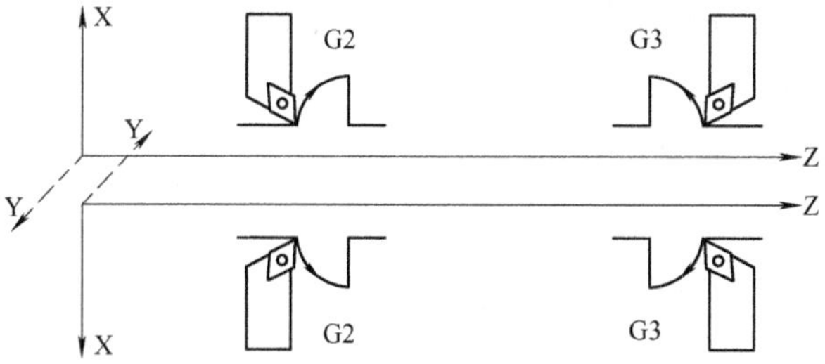

图 5-13　圆弧插补指令 G2/G3 方向的规定

（2）指令格式　圆弧可按如图 5-14 所示的四种不同方式编程。

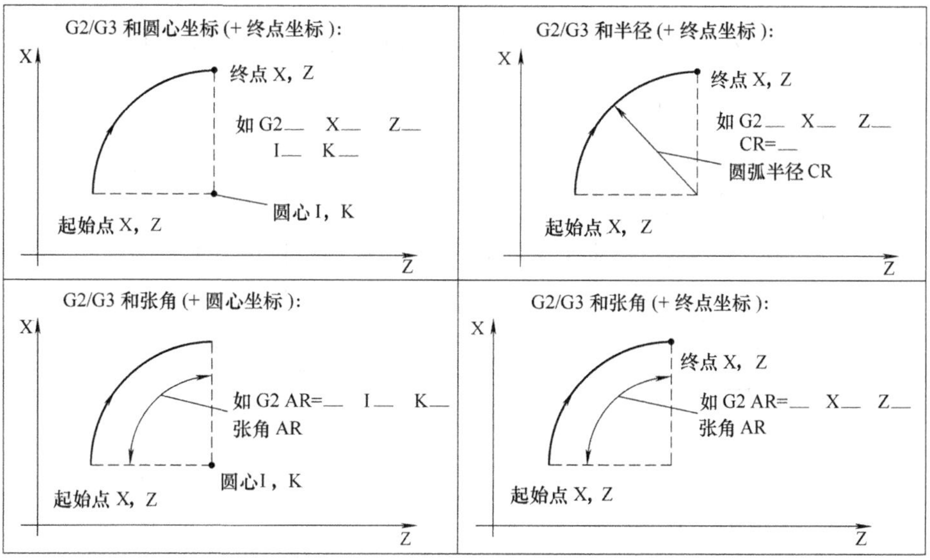

图 5-14　圆弧编程的方式

G2/G3　X__　Z__　I__　K__　F__;　　终点坐标加圆心坐标；

G2/G3　X__　Z__　CR = __　F__;　　终点坐标和半径；

G2/G3　AR = __　I__　K__　F__;　　张角和圆心坐标；

G2/G3　AR = __　X__　Z__　F__;　　张角和终点坐标；

CIP X__ Z__ I1 =__ K1 =__; 终点和中间点;
CT X__ Z__; 切线过渡。

>> **说明** 圆弧插补共有如上六种形式,X、Z 是圆弧终点的坐标,I、K 为圆心坐标,且不管是在绝对值编程方式下还是在增量编程方式下,永远是圆心相对于圆弧起点的增量坐标。CR 是圆弧的半径,AR 是圆弧对应的圆心角。G2/G3 指令都是模态指令,一旦使用一直有效,直到被同组中其他 G 功能指令取代为止。I1 为圆弧上任一中间点在 X 坐标轴上的半径量;K1 为圆弧上任一中间点的 Z 向坐标值。

例 5-1 如图 5-15 所示,*BC* 为一段 1/4 的顺圆圆弧,试写出其精加工程序。

将编程原点设在工件右端面与中心线的交点上,按终点和圆心方式编程,其程序段如下:

G2 X50 Z-25 I10 K0

按终点半径方式编程,其程序段如下:

G2 X50 Z-25 CR=10

按张角圆心方式编程,其程序段如下:

G2 AR=90 I10 K0

按张角终点方式编程,其程序段如下:

G2 AR=90 X50 Z-25

例 5-2 如图 5-16 所示,*AB* 为一段 1/4 的逆圆圆弧,试写出其精加工程序。

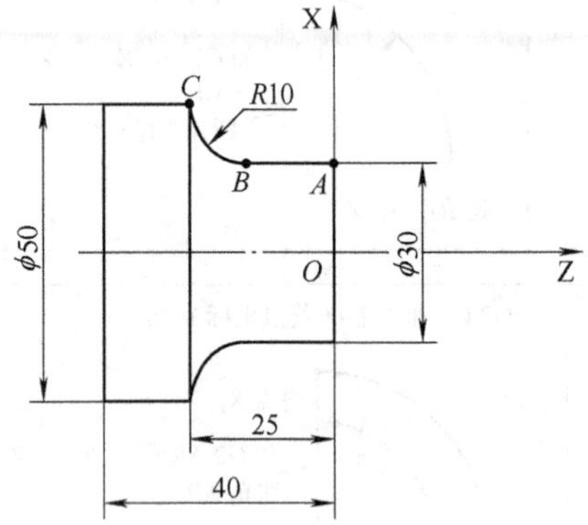

图 5-15 顺圆编程实例

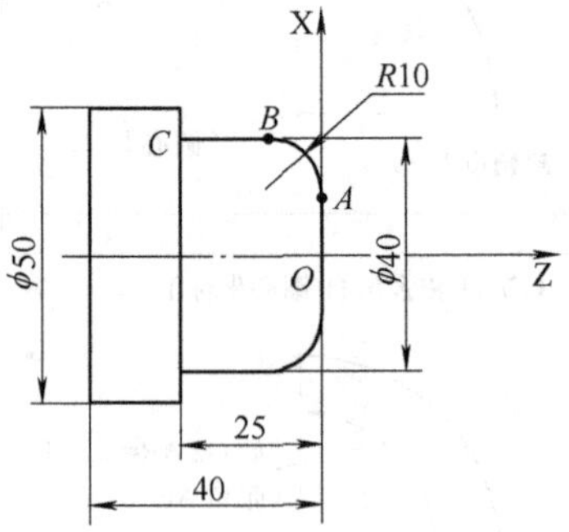

图 5-16 逆圆编程实例

按终点圆心方式编程,其程序如下:

G3 X40 Z-10 I0 K-10

按终点半径方式编程,其程序如下:

G3 X40 Z-10 CR=10

按张角圆心方式编程,其程序如下:

G3　AR = 90　I0　K − 10

按张角终点方式编程，其程序如下：

G3　AR = 90　X40　Z − 10

例 5-3　图 5-17 所示圆弧的编程示例如下：

N30　G00　X60　Z10；　　　　　　　　　　用于指定 N40 段的圆弧起点

N40　CIP　X60　Z30　I1 = 40　K1 = 25；　　圆弧终点和中间点

说明：该指令是根据“不在一条直线上的三个点可确定一个圆”的数学原理，由系统自动计算其圆弧的半径及圆心位置并进行插补运行的。

例 5-4　图 5-18 所示圆弧的编程示例如下：

G01　X80　Z10；　　　　　　　　圆弧起点和切点

CT　X72　Z34；　　　　　　　　圆弧终点

说明：该指令由圆弧终点和切点（圆弧起点）来确定圆弧半径的大小。

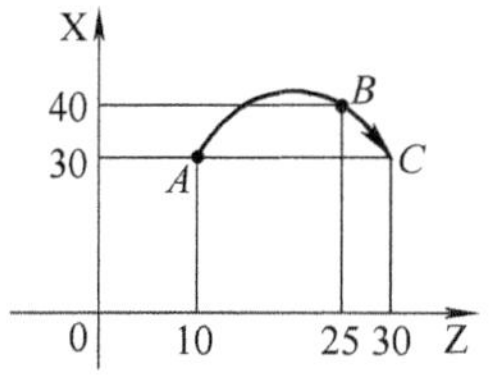

图 5-17　中间点圆弧插补示例

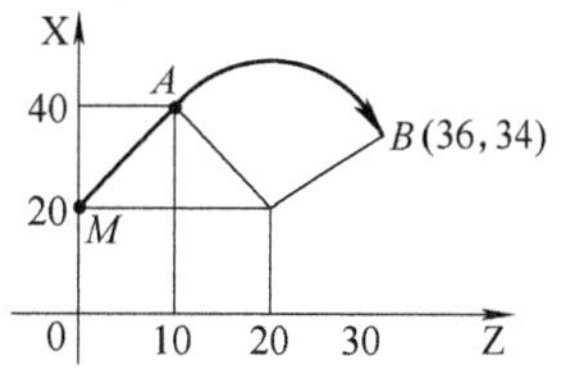

图 5-18　切线过渡圆弧插补示例

三、毛坯切削循环

1. 指令格式

CYCLE95（NPP，MID，FALZ，FALX，FAL，FF1，FF2，FF3，VARI，DT，DAM，VRT）

2. 参数说明

802D 系统中的 CYCLE95 参数说明见表 5-3。

表 5-3　802D 系统中的 CYCLE95 参数

参　数	功能、含义及规定
NPP	轮廓子程序名称
MID	最大粗加工背吃刀量，无符号输入
FALZ	Z 向的精加工余量，无符号输入
FALX	X 向的精加工余量，无符号输入，半径量
FAL	沿轮廓方向的精加工余量
FF1	非退刀槽加工的进给速度
FF2	进入凹凸切削时的进给速度
FF3	精加工时的进给速度
VARI	加工类型，用数值 1 ~ 12 表示
DT	粗加工时，用于断屑的停顿时间
DAM	因断屑而中断粗加工时所经过的路径长度
VRT	粗加工时，从轮廓退刀的距离，X 向为半径无符号输入

3. 加工方式与切削动作

毛坯切削循环的加工方式用参数 VARI 表示，按其形式分成三类 12 种：第一类为纵向加工与横向加工；第二类为内部加工与外部加工；第三类为粗加工、精加工与综合加工。这 12 种形式见表 5-4。

表 5-4 毛坯切削循环加工形式

数值（VARI）	纵向/横向	外部/内部	粗加工/精加工/综合加工
1	纵向	外部	粗加工
2	横向	外部	粗加工
3	纵向	内部	粗加工
4	横向	内部	粗加工
5	纵向	外部	精加工
6	横向	外部	精加工
7	纵向	内部	精加工
8	横向	内部	精加工
9	纵向	外部	综合加工
10	横向	外部	综合加工
11	纵向	内部	综合加工
12	横向	内部	综合加工

（1）纵向与横向加工

1）纵向加工。纵向加工方式是指沿 X 轴方向切深进给，而沿 Z 轴方向切削进给的一种加工方式，刀具的切削动作如图 5-19 所示。

① 刀具定位至循环起点（刀具以 G00 方式定位到循环起点 *C*）；

② 轨迹 11 以 G01 方式沿 X 方向根据系统计算出的参数 MID 值进给至 *E* 点；

③ 轨迹 12 以 G01 方式按参数 FF1 指定的进给速度进给至交点 *J*；

④ 轨迹 13 以 G01/G02/G03 方式按参数 FF1 指定的进给速度沿着"轮廓 + 精加工余量"粗加工到最后一点 *K*；

⑤ 轨迹 14、轨迹 15 以 G00 方式退刀至循环起点 *C*，完成第一刀切削加工循环；

⑥ 重复以上过程，完成切削循环（如此重复以上过程，完成第二刀等：轨迹 21 ~ 25 等）。

2）横向加工。横向加工方式是指沿 Z 轴方向切深进给，而沿 X 轴方向切削进给的一种加工方式。

横向加工方式的切削动作如图 5-20 所示，它与纵向加工切削动作相似，不同之处在于纵向加工是沿 X 轴方向进行多刀循环切削的，而横向加工是沿 Z 轴方向进行多刀循环切削的。其进给路线为：进刀（*CD*，轨迹 11）→X 向切削（轨迹 12）→沿工件轮廓切削（轨迹 13）→退刀（轨迹 14 和 15）→重复以上动作（轨迹 21 ~ 25 等）。

（2）外部和内部加工

1）纵向加工方式中的内部与外部加工。纵向加工方式中，当毛坯切削循环刀具的切削深度方向为 -X 方向时，则该加工方式为纵向外部加工方式（VARI = 1/5/9），如图 5-21a 所示；反之，当毛坯切削循环刀具的切削深度方向为 X 方向时，该加工方式为纵向内部加工方式（VARI＝3/7/11），如图 5-21b 所示。

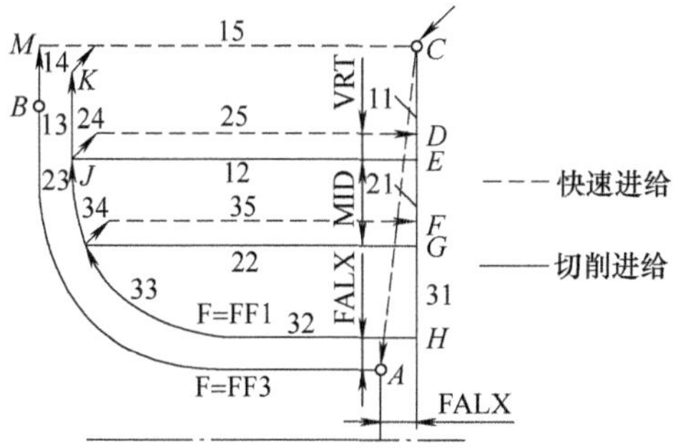

图 5-19　纵向加工方式的切削动作

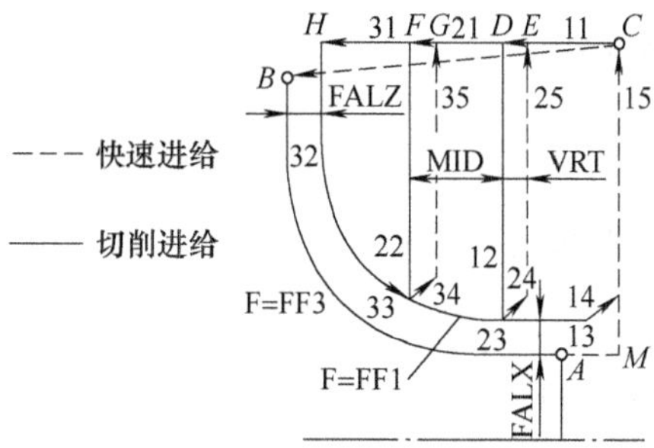

图 5-20　横向加工方式的切削动作

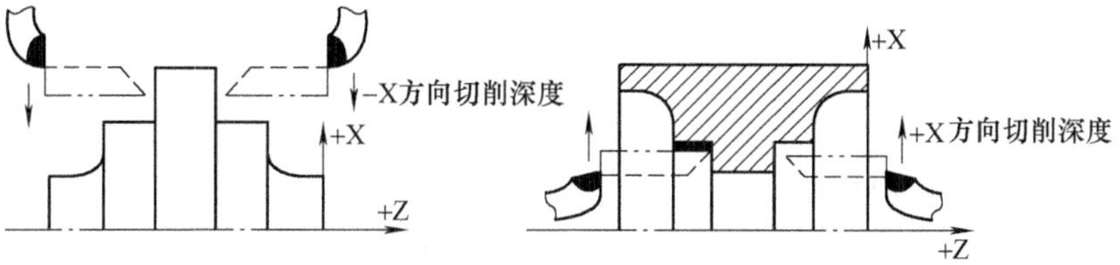

a)　　b)

图 5-21　纵向加工中的内部与外部加工

2）横向加工方式中的内部与外部加工。横向加工方式中的内部与外部加工如图 5-22 所示。当毛坯切削循环刀具的切削深度方向为－Z 方向时，该加工方式为横向外部加工方式（VARI＝2/6/10）；反之，当毛坯切削循环刀具的切削深度方向为 Z 方向时，该加工方式为纵向内部加工方式（VARI＝4/8/12）。

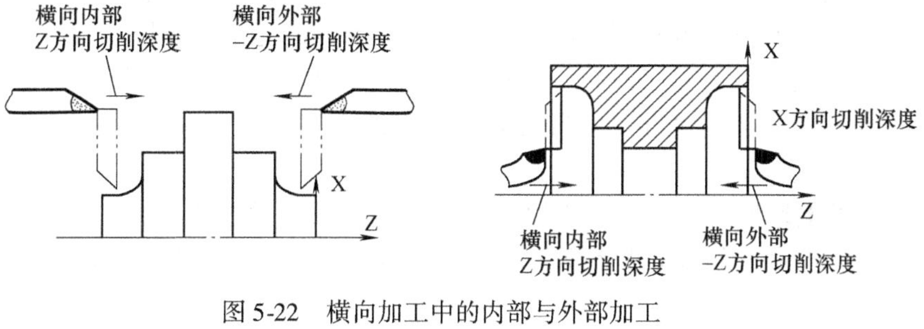

图 5-22　横向加工中的内部与外部加工

（3）粗加工、精加工和综合加工

1）粗加工。粗加工（VARI＝1/2/3/4）是指采用分层切削的方式切除余量的一种加工方式，粗加工完成后保留精加工余量。

2）精加工。精加工（VARI＝5/6/7/8）是指刀具沿轮廓轨迹一次性进行加工的一种加工方式。精加工循环时，系统将自动启用刀尖圆弧半径补偿功能。

3）综合加工。综合加工（VARI＝9/10/11/12）是粗加工和精加工的合成。执行综合加工时，先进行粗加工，再进行精加工。

4. 轮廓的定义与调用

（1）轮廓的定义　轮廓调用的方法有两种，一种是将工件轮廓编写在子程序中，在主程序中通过参数“NPP”对轮廓子程序进行调用，如例 5-5 所示；另一种是用“ANFANG:ENDE”表示的轮廓，直接跟在主程序循环调用后，如例 5-6 所示。

例 5-5

```
MAIN1. MPF
…
CYCLE95 ( "SUB2", ……)
…
M02
SUB2. SPF
…
RET
```

例 5-6

```
MAIN1. MPF
…
CYCLE95 ( "ANFANG:ENDE", ……)
ANFANG:;                                  (定义轮廓)
…
ENDE:
…
M02
```

（2）轮廓定义的要求

1）轮廓由直线或圆弧组成，并可以在其中使用圆角（RND）和倒角（CHA）指令。

2）轮廓必须含有三个具有两个进给轴的加工平面内的运动程序段。

3）定义轮廓的第一个程序段必须含有 G00、G01、G02 和 G03 指令中的一个。

4）轮廓子程序中不能含有刀尖圆弧半径补偿指令。

5. 轮廓的切削步骤

802D 系统的毛坯切削循环不仅能加工单调递增或单调递减的轮廓，还可以加工内凹的轮廓及超过 1/4 圆的圆弧。内凹轮廓的切削步骤如图 5-23 所示，按（一）、（二）、（三）的顺序进行切削。

6. 循环起点的确定

循环起点的坐标值根据工件加工轮廓、精加工余量、退刀量等因素由系统自动计算，具体计算方法如图 5-24 所示。

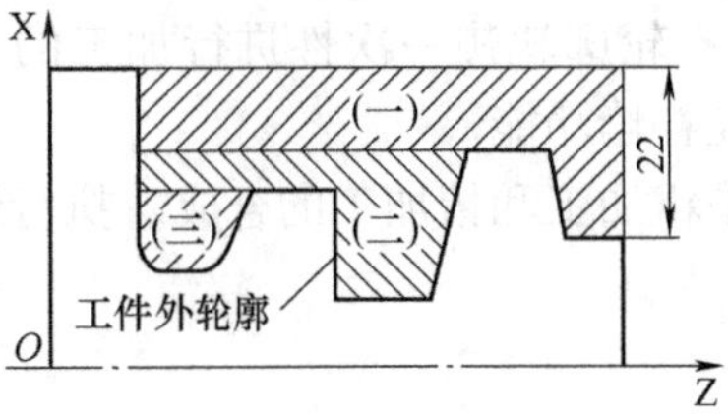

图 5-23 内凹轮廓的切削步骤

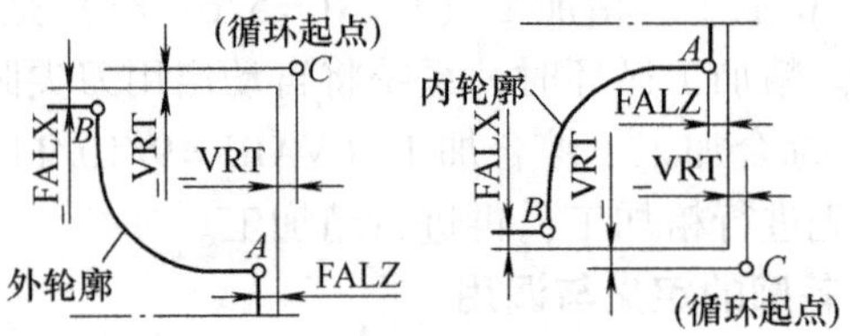

图 5-24 循环起点的计算

刀具定位及退刀至循环起点的方式有两种。粗加工时，刀具两轴同时返回循环起点；精加工时，刀具分别返回循环起点，且先返回刀具切削进刀轴。

7. 粗加工进刀深度

参数 MID 定义的是粗加工最大可能的进刀深度，实际切削时的进刀深度由循环自动计算得出，且每次进刀深度相等。计算时，系统根据最大可能的进刀深度和待加工的总深度计算出总的进刀数，再根据进刀数和待加工的总深度计算出每次粗加工的进刀深度。

如图 5-23 中步骤（一）的总切深量为 22mm，参数 MID 中定义的值为 5mm，则系统先计算出总的进刀数为 5 次，再计算出实际加工过程中的进刀深度为 4.4mm。

8. 精加工余量

在 802D 系统中，分别用参数 FALX、FALZ 和 FAL 定义 X 轴、Z 轴和根据轮廓的精加工余量，X 方向的精加工余量以半径值表示。

例 5-7 试用内部加工方式并按 SIEMENS 802D 的规定编写如图 5-25 所示工件（毛坯已钻出 ϕ18mm 预孔）内轮廓的加工程序。

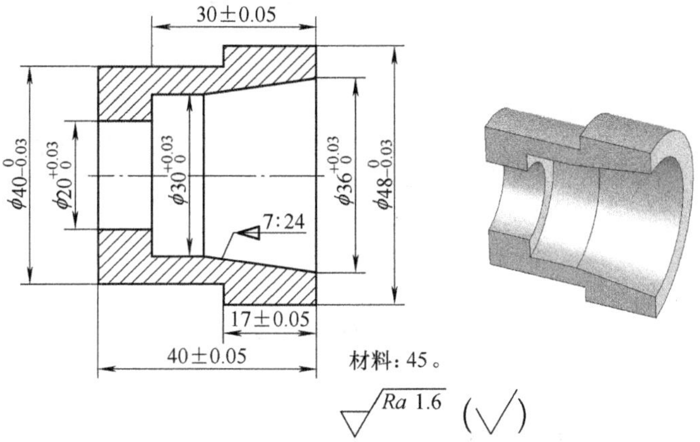

图 5-25 内部加工方式实例

其加工程序如下：

```
AA402. MPF
  G90  G95  G40  G71;                        程序初始化
  T1D1;                                      换 1 号内孔车刀
  M03  S600  F0.2
  G00  X16  Z2;                              刀具定位至循环起点
  CYCLE95 ("BB402", 1, 0.05, 0.2,, 0.2, 0.1, 0.1, 11,,, 0.5)
  G74  X1 =0  Z1 =0;                         刀具返回参考点
  M30
BB402. SPF;                                  精加工轮廓子程序
  G00  X36;                                  沿 X 向切深
  G01  Z0
       X24  Z-20.57
       Z-30
```

```
    X20
    Z－42
    X18
RET
```

例 5-8 用纵向、外部加工方式并按 SIEMENS 802D 的规定编写图 5-26 所示工件（外圆已加工至 ϕ48mm，材料为 45 钢）的数控车加工程序。

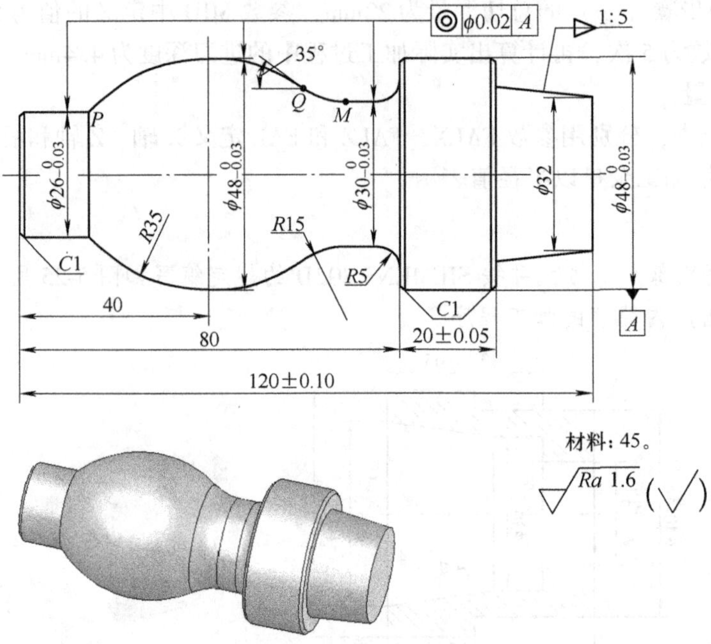

图 5-26 毛坯切削循环编程示例

编程说明：本例工件以外部、纵向综合加工方式进行加工，轮廓子程序为“BB401”和“BB402”，精加工余量为 0.2mm，退刀量为 0.5mm，粗加工进给量为 0.2mm/r，精加工和内凹轮廓加工时的进给量为 0.1mm/r。其加工程序如下：

```
AA401. MPF
  G90   G95   G40   G71;                        程序初始化
  T1D1;                                         换 1 号棱形刀片可转位车刀
  M03   S600   F0. 2
  G00   X50   Z2;                               刀具定位至循环起点
  CYCLE95 ( “BB401”, 1, 0. 05, 0. 2,, 0. 2, 0. 1, 0. 1, 9,,, 0. 5)
  G74   X1 =0   Z1 =0;                          刀具返回参考点
  M30
BB401. SPF;                                     精加工右侧轮廓子程序
  G00   X32
  G01   Z0
        X36   Z－20
        X46
        X48   Z－21
```

```
        Z-45
    G01 X52
    RET
BB402.SPF;                              精加工左侧轮廓子程序
    G42 G00 X24;                        刀尖圆弧半径补偿
    G01 Z0
        X26 Z-1
        Z-14.52
    G03 X35.40 Z-60.03 CR=35
    G02 X30 Z-68.62 CR=15
    G01 Z-75
    G02 X40 Z-80 CR=5
    G01 X46
        X48 Z-81
    G40 G01 X52
    RET
```

任务实施

一、工、量、刃具准备（见表5-5）

表5-5 工、量、刃具准备

序号	名称	型号	数量
1	外圆粗车刀	93°粗车刀	1
2	外圆精车刀	35°菱形精车刀	1
3	千分尺	25～50mm	1
4	游标卡尺	0.02mm，0～150mm	1
5	游标深度尺	0.02mm，0～150mm	1
6	半径样板		1套
7	薄铜皮	0.05～0.1mm	若干
8	磁性表座		1
9	百分表	分度值0.01mm	1
10	垫刀片		若干

二、工艺分析

为解决第一个加工难点，需要更换精车刀具。如采用90°或93°车刀加工凹弧，有可能造成过切或欠切现象。为了避免过切或欠切现象的出现，采用35°菱形精车刀加工凹弧。

为解决第二个加工难点，可采取以下工艺措施。

1）编制加工工序时，应按粗、精加工分开的原则进行编制。先夹住毛坯外圆，粗、精加工零件左端轮廓，然后调头夹住 $\phi 28_{-0.027}^{\ 0}$ mm 外圆，加工零件右端轮廓。调头装夹时，应使 $\phi 44_{-0.033}^{\ 0}$ mm 左端面紧贴卡爪端面，并用百分表找正。

2）为了保证锥体和圆弧表面粗糙度的要求，精加工时，采用恒线速切削。

3）用带有刀尖圆弧半径的刀具加工圆弧时，存在加工误差，为了避免刀尖圆弧半径对加工精度的影响，编制加工程序时，采用刀尖圆弧半径补偿功能。这样可以避免刀尖圆弧半径对尺寸的影响，编制程序时，可按零件轮廓进行编制。

三、相关工艺卡片的填写

1. 数控加工刀具卡（表 5-6）

表 5-6 圆弧类零件数控加工刀具卡

产品名称或代号		×××	零件名称	螺纹轴	零件图号	××
序号	刀具号	刀具规格名称	数量	加工表面	刀尖半径/mm	备注
1	T01	93°硬质合金偏刀	1	工件外轮廓粗车	0.4	20×20
2	T02	35°菱形偏刀	1	工件外轮廓精车	0.2	20×20
编制		审核		批准	年 月 日	共 页	第 页

2. 数控加工工艺卡（表 5-7）

表 5-7 圆弧类零件数控加工工艺卡

单位名称	×××	产品名称或代号	零件名称	零件图号
		×××	×××	××
工序号	程序编号	夹具名称	使用设备	车间
001	×××	自定心卡盘	CK6140	数控

工步号	工步内容	刀具号	刀具规格/(mm×mm)	主轴转速/(r/min)	进给速度/(mm/min)	背吃刀量/mm	备注
用自定心卡盘夹持毛坯面，车齐端面，粗、精车工件左端轮廓							
1	齐端面	T01	20×20	600	100	1.5	自动
2	粗车左外轮廓	T01	20×20	600	150	1.5	自动
3	精车左外轮廓	T02	20×20	G96 S200	100	0.5	自动
调头装夹，夹住 $\phi 28_{-0.027}^{\ 0}$ mm 外圆，粗、精车右端轮廓							
4	粗车右外轮廓	T01	20×20	600	150	1.5	自动
5	精车右外轮廓	T02	20×20	G96 S200	100	0.5	自动
编制		审核		批准	年 月 日	共 页	第 页

四、程序编制

1. 编制左端轮廓加工程序

（1）建立工件坐标系　加工左端轮廓时，夹住毛坯外圆，工件坐标系设在工件左端面的轴线上，如图 5-27 所示。

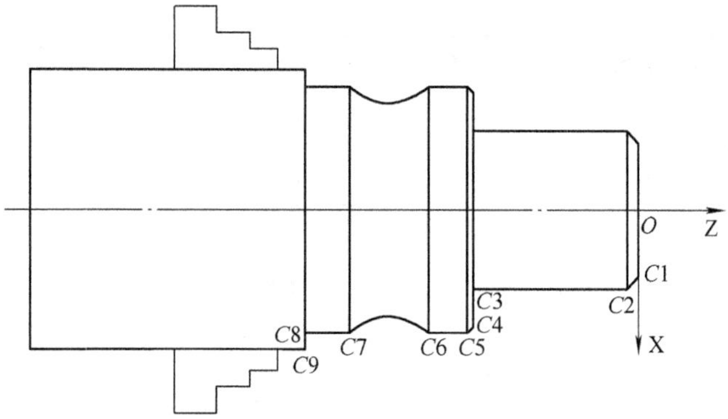

图 5-27　加工左端轮廓的工件坐标系及基点

（2）左端基点的坐标值　见表 5-8。

表 5-8　左端基点的坐标值

基　点	坐标值（X，Z）	基　点	坐标值（X，Z）
O	（0，0）	*C*5	（43.984，－31.0）
*C*1	（23.987，0）	*C*6	（43.984.0，－38.0）
*C*2	（27.987，－2.0）	*C*7	（43.984，－52.0）
*C*3	（27.987，－30.0）	*C*8	（43.984，－60.0）
*C*4	（41.984，－30.0）	*C*9	（51.0，－60.0）

（3）参考程序　见表 5-9。

表 5-9　西门子 802D 参考程序

西门子 802D 数控程序	注　释
SKC301. MPF；	程序名
N1　G40　G95　G97　G21；	设置初始化
N2　T01D1　S600　M03；	设置刀具、主轴转速
N3　G00　X52.0　Z0.0；	快速到达刀具起点
N4　G1　X0.0　F100；	车齐端面
N5　G00　X52.0　Z2.0；	快速到达循环起点
CYCLE95（ZC31，1.5，0，0.5，，150，，，1，，，0.5）；	调用毛坯外圆循环，设置加工参数 子程序见表 5-10
N6　G00　X100.0　Z50.0；	刀具快速退至换刀点
N7　M05；	主轴停
N8　M00；	程序暂停
N9　T02D1　G96　S200　M03；	调用精车刀，采用恒线速切削

（续）

西门子 802D 数控程序	注　释
N10　LIMS = 2000；	限制主轴最高转速
N11　G00　G42　X52.0　Z2.0；	刀具快速靠近工件
N12　X44.5　Z－38.0	到达圆弧车削起点
N13　G02　Z－52.0　CR = 9.0　F100；	粗车 *R*9mm 圆弧
N14　G00　Z2.0	Z 向退刀
N15　X23.987；	X 向进刀
N16　G01　Z0　F100；	刀具到达倒角起点
N17　X27.987　Z－2.0；	倒 *C*2 角
N18　Z－30.0；	精车 ϕ28mm 外圆
N19　X41.984；	精车端面
N20　X43.984　Z－31.0；	倒 *C*1 角
N21　Z－38.0；	精车 ϕ44mm 外圆
N22　G02　Z－52.0　CR = 9.0；	精车 *R*9mm 圆弧
N23　G01　Z－61.0	精车 ϕ28mm 外圆
N24　X52.0	X 向退刀
N25　G00　G40　X100.0　Z50.0；	快速退至换刀点
N26　M05；	主轴停
N27　M30；	程序结束

表 5-10　西门子 802D 左端轮廓加工子程序

程序内容	注　释
ZC31.SPF；	子程序名
N1　G00　X23.987；	X 向进刀
N2　G01　Z0；	Z 向进刀
N3　X27.987　Z－2.0；	倒 *C*2 角
N4　Z－30.0；	精加工 ϕ28mm 外圆
N5　X41.984；	加工端面
N6　X43.984　Z－31.0；	倒 *C*1 角
N7　Z－61.0；	加工 ϕ40mm 外圆
N8　X52.0；	X 向退刀
N9　M17；	子程序结束

2. 编制右端轮廓加工程序

（1）设置工件坐标系　调头装夹，夹住 $\phi28_{-0.027}^{0}$mm 外圆，粗、精车右端轮廓。工件坐标系设在工件端面轴线上，如图 5-28 所示。

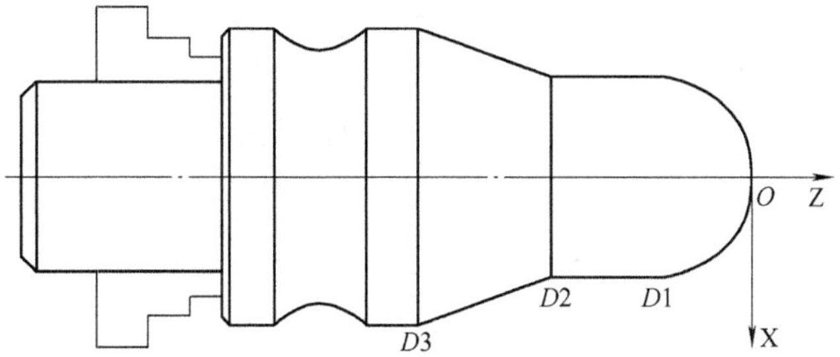

图 5-28　加工右端轮廓工件坐标系及基点

（2）右端基点坐标值　见表 5-11。

表 5-11　右端基点坐标值

基　　点	坐标值（X，Z）	基　　点	坐标值（X，Z）
O	（0，0）	*D2*	（29.987，-30.0）
D1	（29.987，-15.0）	*D3*	（43.984，-50.0）

（3）参考程序　见表 5-12。

表 5-12　西门子 802D 参考程序

西门子 802D 数控程序	注　　释
SKC302. MPF;	程序名
N1　G40　G95　G97　G21;	设置初始化
N2　T01　D1　S600　M03;	设置刀具、主轴转速
N3　G00　X52.0　Z5.0;	快速到达循环起点
CYCLE95（LZC32，1.5，0，0.5，，150，，，1，，，0.5）;	调用毛坯外圆循环，设置加工参数 子程序见表 5-13
N4　M05;	主轴停
N5　M00;	程序暂停
N6　T02　D1　G96　S200　M03;	换精车刀
N7　LIMS = 2000;	
N8　G00　G42　X52.0　Z2.0;	快速靠近工件
N9　LZC32;	FANUC 0i 系统采用 G70 进行精加工，西门子 802D 采用子程序进行精加工
N9　G00　G40　X100.0　Z50.0;	快速退至换刀点
N10　M05;	主轴停
N11　M30;	主程序结束

表 5-13　西门子 802D 右端轮廓加工子程序

程序内容	注释
LZC32. SPF;	子程序名
N1　G00　X0. 0;	X 向进刀
N2　G01　Z0. 0　F100;	Z 向进刀
N3　G03　X29. 983　Z－15. 0　CR＝15. 0;	车 R15mm 圆弧
N4　Z－30. 0;	加工 ϕ30mm 外圆
N5　X43. 984　Z－50. 0;	加工锥体
N6　M17;	子程序结束

五、工件加工

1. 加工准备

1）检查毛坯尺寸。

2）开机，回参考点。

3）输入程序并校验。把编制好的加工程序输入到数控系统，并应用空运行或图形模拟校验所编制的加工程序。验证程序合格后，方能进行以下步骤。

4）装夹工件。用自定心卡盘夹住毛坯外圆，伸出 65mm 左右，找正并夹紧；调头装夹，以工件 $\phi 44_{-0.033}^{0}$mm 左端面定位，用铜皮包住 $\phi 28_{-0.027}^{0}$mm 外圆，用自定心卡盘夹持，并用百分表找正，粗、精车右端轮廓。

5）装夹刀具。把外圆粗车刀和外圆精车刀按要求依次装入 T01 和 T02 号刀位。

6）对刀。将上述两把刀具依次对好，并将有关数值输入到刀具参数中，如刀尖圆弧半径和刀尖方位等。调头装夹后，两把刀具应重新对刀。

2. 零件的自动加工

将数控车床置于自动加工模式，首先将加工程序调入数控系统，调好进给倍率进行自动加工，加工过程中要进行精度控制，具体方法如下：

左、右两侧轮廓均设置外圆精车刀（T02）X、Z 向刀具磨损量，然后运行精加工程序。程序结束后，停车测量。根据测量结果，修调刀具磨损量，重新执行外圆精加工程序，直到达到尺寸要求为止。

3. 加工结束，清理机床

略。

六、工件检测

1. 长度尺寸

总长（110±0. 05mm）采用游标卡尺测量，长度 30mm 用游标深度尺测量，其余长度用游标卡尺测量。

2. 外圆尺寸

用千分尺结合游标卡尺测量。

3. 圆弧

用半径样板测量。

任务扩展

蓝图编程

如果从图样中无法看出轮廓终点坐标，则可以用角度确定一条直线。在任何一个轮廓拐角都可以插入倒圆和倒棱。在拐角程序段中写入相应的指令 CHR = __或者 RND = __。可以在含有 G00 或 G01 指令的程序段中使用蓝图编程。

一、角度 ANG =

如果在平面中一条直线只给出终点坐标，或者几个程序段确定的轮廓仅给出其最终终点坐标，则可以通过一个角度参数来明确地定义该直线。该角度始终以 Z 轴为参考（通常情况下 G18 有效），角度以逆时针方向为正方向（见图 5-29）。

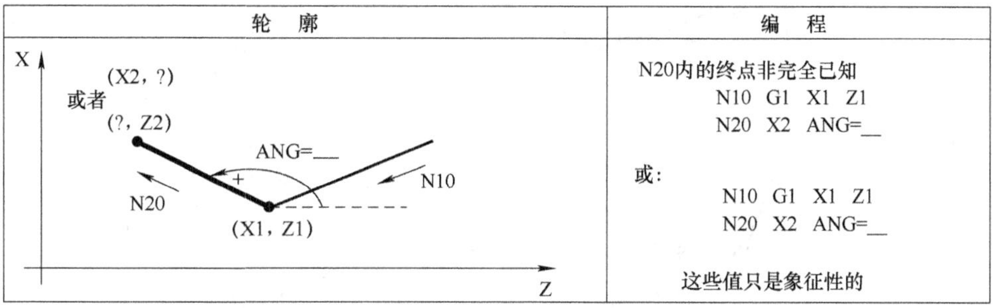

图 5-29 定义直线的角度参数

二、倒棱 CHR =

在拐角处的两段直线之间插入一段直线，编程值就是倒棱的直角边长（见图 5-30）。

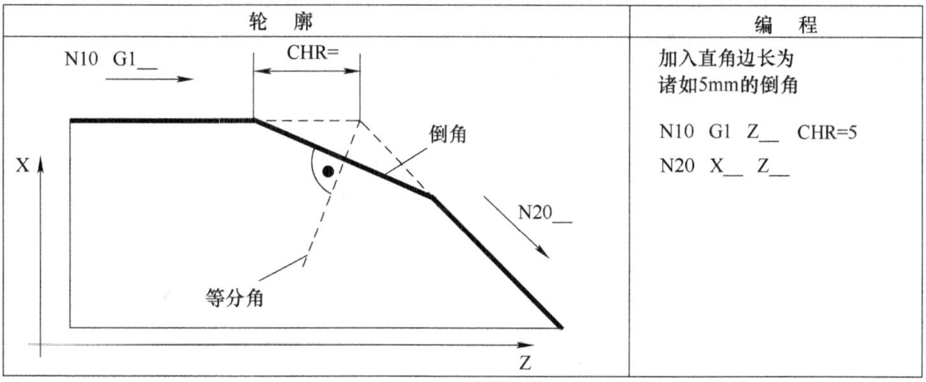

图 5-30 用 CHR 插入一个倒棱

三、基本轮廓编程

在 SIEMENS 系统中把两点的连接、圆弧连接、两直线连接、直线倒角、圆弧倒角、直线到圆弧的平滑过渡、圆弧到直线的平滑过渡、圆弧与圆弧的平滑过渡几种外形组合称为基本轮廓编程（蓝图编程的主要形式），其具体的形状与指令格式如图5-31所示。

轮 廓	编 程
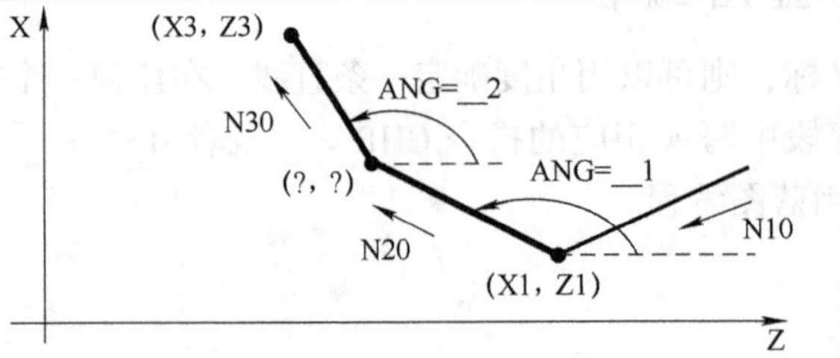	N20内的终点未知 N10 G1 X1 Z1 N20 ANG=__1 N30 X3 Z3 ANG=__2 这些值只是象征性的
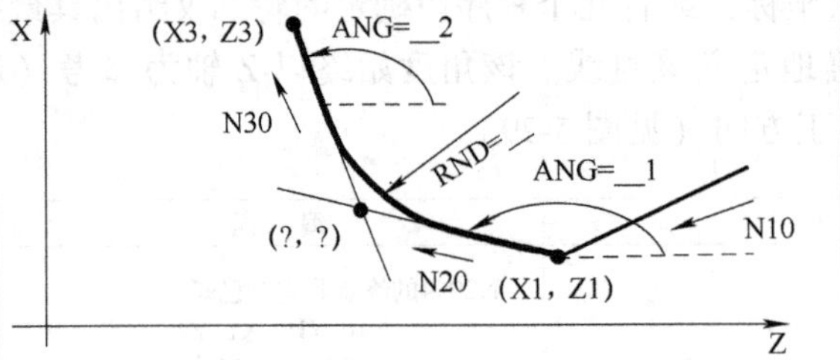	N20内的终点未知 插入倒圆： N10 G1 X1 Z1 N20 ANG=__1 RND=__ N30 X3 Z3 ANG=__2 类似地 插入倒角： N10 G1 X1 Z1 N20 ANG=__1 CHR=__ N30 X3 Z3 ANG=__2
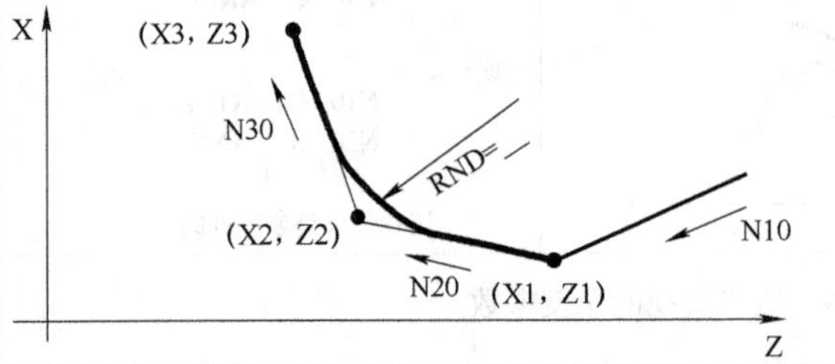	N20内的终点已知 插入倒圆： N10 G1 X1 Z1 N20 X2 Z2 RND=__ N30 X3 Z3 类似地 插入倒角： N10 G1 X1 Z1 N20 X2 Z2 CHR=__ N30 X3 Z3
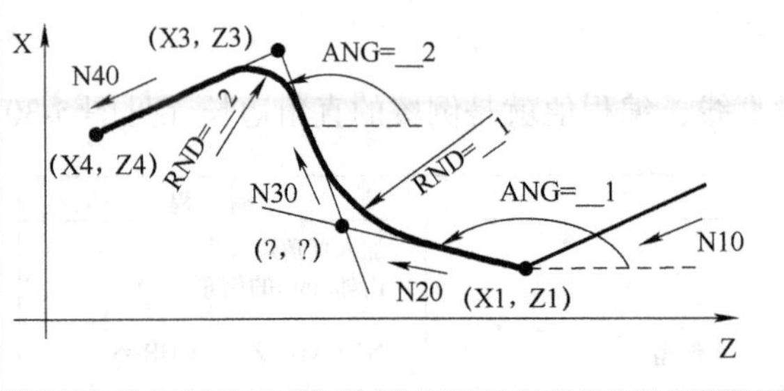	N20内的终点未知 插入倒圆： N10 G1 X1 Z1 N20 ANG=__1 RND=__1 N30 X3 Z3 ANG=__2 RND=__2 N40 X4 Z4 类似地 插入倒角： N10 G1 X1 Z1 N20 ANG=__1 CHR=__1 N30 X3 Z3 ANG=__2 CHR=__2 N40 X4 Z4

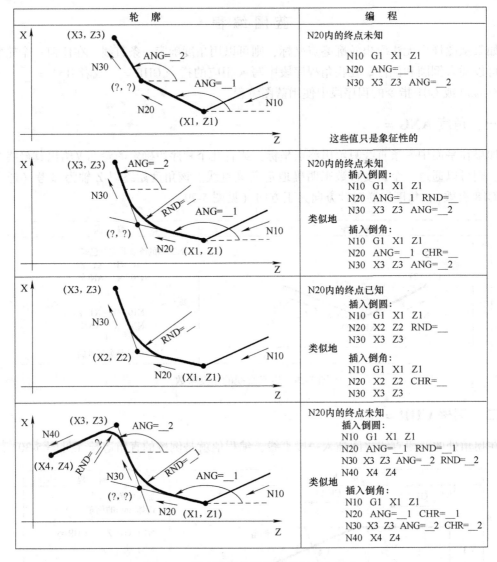

图5-31 基本轮廓的具体形状与指令格式

[任务巩固]

1. SIEMENS 802D系统的数控车床程序命名原则与FANUC系统有什么不同？
2. SIEMENS 802D系统数控车床的圆弧加工指令有哪几种？
3. 用不同的方法编写如图5-32所示零件的加工程序，并将其加工出来。

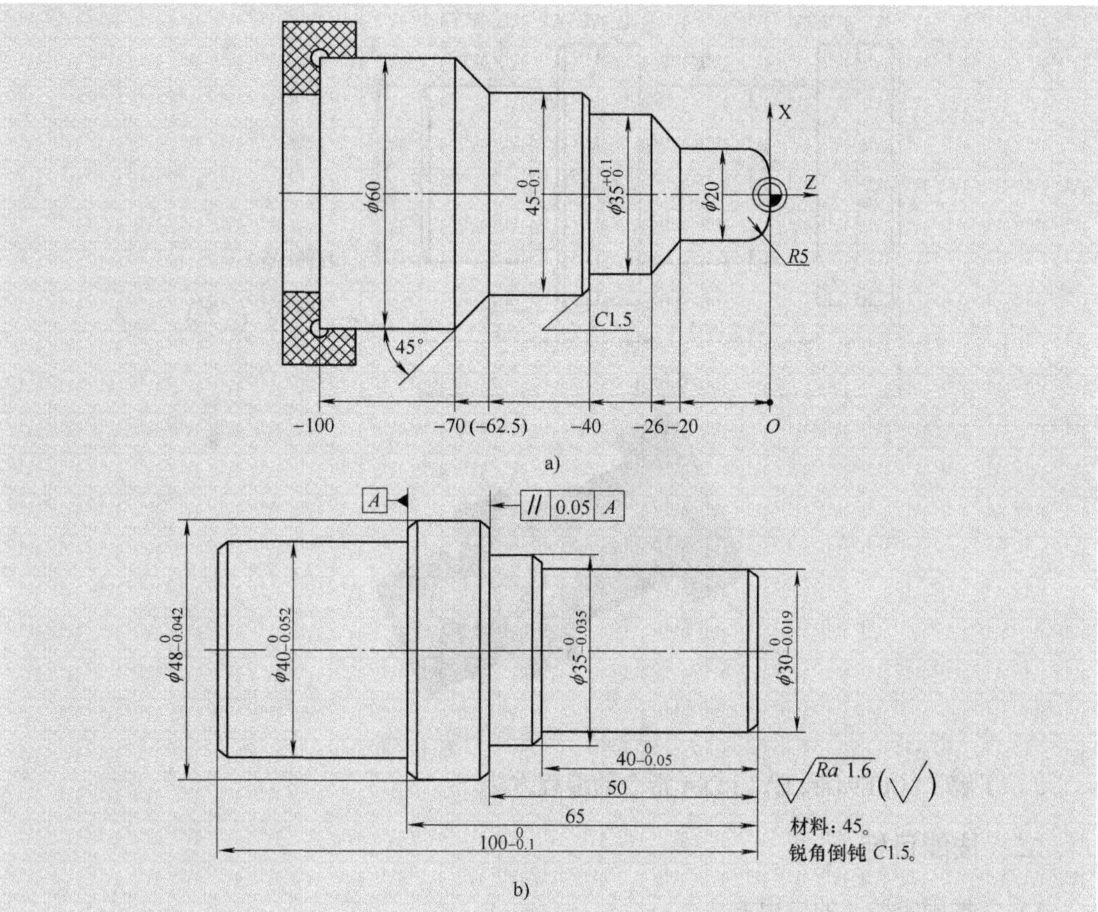

图 5-32　轮廓加工零件图

任务二　槽类零件的加工

工作任务

用 SIEMENS 802D 系统的车槽循环指令编写如图 5-33 所示工件的数控车削程序，并将其加工出来。

本任务加工的外形槽较宽，如采用一般的 G01 指令加工，加工程序长，且容易出错。因此，本任务引入 SIEMENS 802D 系统的切槽循环指令。

任务目标

一、知识目标

1）掌握 CYCLE93 指令的编程方法。

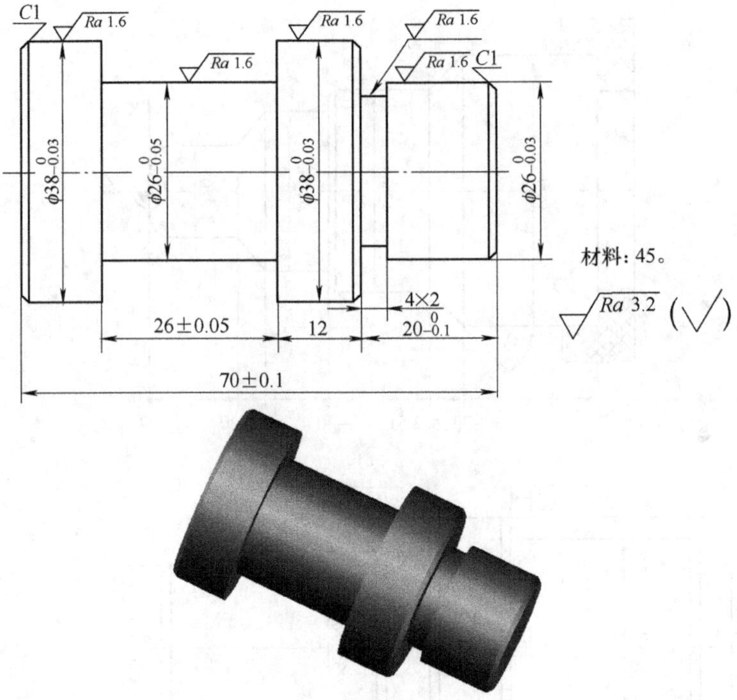

图 5-33 槽类零件图

2）了解 CYCLE94 和 CYCLE96 指令的编程方法。

二、技能目标

1）掌握固定循环的应用方法。

2）掌握槽类零件程序的编制方法。

任务准备

一、车槽循环指令（CYCLE93）

1. 指令格式

CYCLE93（SPD，SPL，WIDG，DIAG，STA1，ANG1，ANG2，RCO1，RCO2，RCI1，RCI2，FAL1，FAL2，IDEP，DTB，VARI）

例：CYCLE93（50，－10.36，8，5，0，10，10，1，1，1，1，0.3，0.3，3，1，1）

各参数具体含义见表 5-14。

2. 加工方式与切削动作

车槽循环的加工方式用参数 VARI 表示，分成三类共 8 种，第一类为纵向或横向加工，第二类为内部或外部加工，第三类为起刀点位于槽左侧或右侧。这 8 种方式见表 5-15。

（1）纵向与横向加工

1）纵向加工。纵向加工是指槽的深度方向为 X 方向、槽的宽度方向为 Z 方向的一种加工方式。以纵向外部槽为例，其切槽循环参数如图 5-34a 所示，其加工动作如图 5-34b 所示。

5 MODULE

表 5-14　802D 系统 GYGLE93 各参数含义说明

参　数	功能、含义及规定
SPD	横向坐标轴起始点，直径值
SPL	纵向坐标轴起始点
WIDG	槽宽，无符号
DIAG	槽深，无符号（X 向为半径值）
STA1	轮廓和纵向轴之间的角度，数值为 0°～180°
ANG1	侧面角 1，在车槽一边，由起始点决定
ANG2	侧面角 2，在车槽另一边，数值为 0～89.999
RCO1	半径/倒角 1，外部位于起始点决定的一边
RCO2	半径/倒角 2，外部位于起始点的另一边
RCI1	半径/倒角 1，内部位于起始点决定的一边
RCI2	半径/倒角 2，内部位于起始点的另一边
FAL1	槽底面精加工余量
FAL2	槽侧面精加工余量
IDEP	车入深度，无符号（X 向为半径值）
DTB	槽底停留时间
VARI	加工类型，数值为 1～8 和 11～18

表 5-15　车槽方式

数　值	纵向/横向	外部/内部	起始点位置
1	纵向	外部	左边
2	横向	外部	左边
3	纵向	内部	左边
4	横向	内部	左边
5	纵向	外部	右边
6	横向	外部	右边
7	纵向	内部	右边
8	横向	内部	右边

纵向、外部加工方式中的刀具切削动作说明如下：

① 刀具定位到循环起点后，沿深度方向（X 轴方向）车削，每次切深 IDEP 指令值后，回退 1mm，再次切深，如此循环直至切深至距轮廓为 FAL1 指令值处，X 向快退至循环起点 X 坐标处；

② 刀具沿 Z 方向平移，重复以上动作，直至 Z 方向切出槽宽；

③ 分别用刀尖（*A* 点和 *B* 点）对左、右槽侧各进行一次槽侧的粗切削，槽侧切削后各留 FAL2 值的精加工余量；

④ 用刀尖（*B* 点）沿轮廓 *CD* 进行精加工并快速退回 *E* 点，然后用刀尖（*A* 点）沿轮廓 *FD* 进行精加工并快速退回 *E* 点；

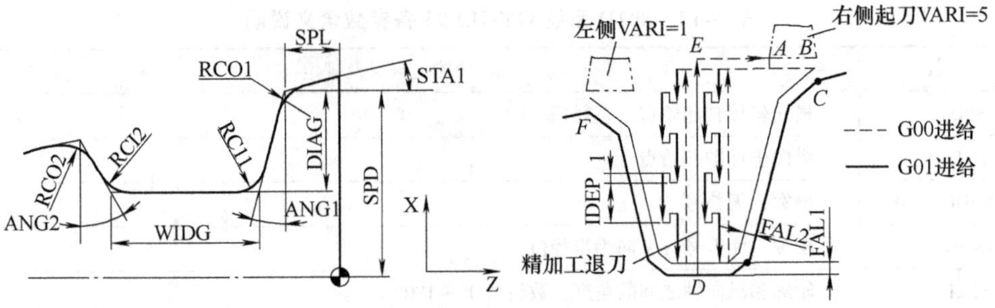

a) b)

图 5-34 纵向车槽加工的参数与切削动作

⑤ 退回循环起点，完成全部车槽动作。

2）横向加工。横向加工是指槽的深度方向为 Z 方向、槽的宽度方向是 X 方向的一种加工方式。以横向右侧槽为例，其车槽循环参数如图 5-35a 所示，加工动作如图 5-35b 所示。

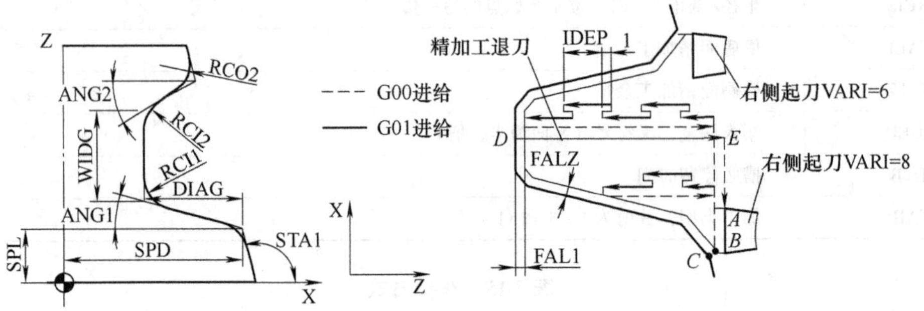

a) b)

图 5-35 横向车槽加工的参数与切削动作

横向右侧加工方式中的刀具切削动作说明如下：

① 刀具定位至循环起点，刀具先沿 –Z 方向分层切深至距离轮廓 FAL1 指令值处，再沿 Z 方向快速回退至循环起点 Z 坐标处；

② 刀具沿 X 向平移，重复以上动作，如此循环直至切出槽宽；

③ 粗车槽两侧，相似于纵向车槽；

④ 精车槽轮廓，相似于纵向车槽。

（2）左侧与右侧加工 车槽循环加工类型中关于左侧起刀和右侧起刀的判断方法是：站在操作者位置观察刀具，不管是纵向车槽还是横向车槽，当循环起点位于槽的右侧时，称为右侧起刀；反之，称为左侧起刀。

（3）外部与内部加工 车槽循环加工类型中关于外部和内部加工的判断方法是：当刀具在 X 轴方向向 –X 方向切入时，均称为外部加工；反之，则称为内部加工。

车槽加工类型的判断如图 5-36 所示。

3. 刀宽的设定

802D 系统的车槽循环中，没有用于设定刀具宽度的参数。实际所用刀具宽度是通过该车槽刀两个连续的刀沿号中设定的偏置值由系统自动计算得出的。因此，在加工前，必须对车槽刀的两个刀尖进行对刀，并将对刀值设定在该刀具的连续两个刀沿号中。加工编程时，只需激活第一个刀沿号即可。

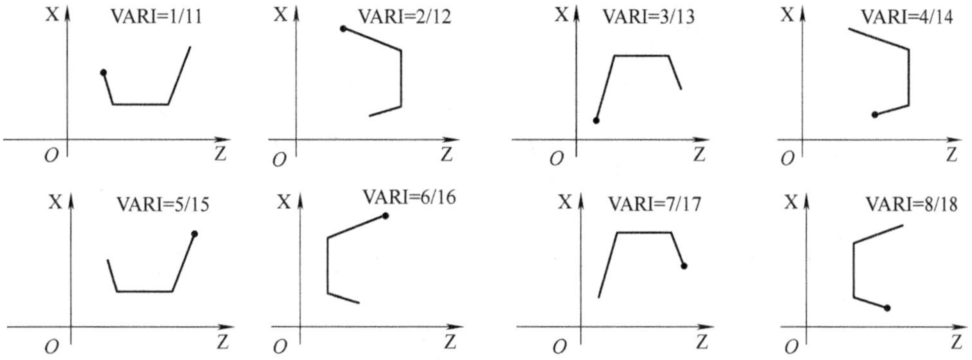

图 5-36　车槽加工类型的判断

应注意的是，刀宽必须小于槽宽，否则会产生刀具宽度定义错误的报警。

4. 使用车槽循环（802D 系统）编程时的注意事项

1）参数 STA1 用于指定槽的斜线角，取值范围为 0°～180°，且始终用于纵向轴。

2）参数 RCO 与 RCI 可以指定倒圆，也可以指定倒角。当指定倒圆时，参数用正值表示；当指定倒角时，参数用负值表示。

3）车槽加工中的刀具分层切深进给后，刀具回退量为 1mm。

4）在车槽加工过程中，经一次切深后刀具在左、右方向平移量的大小是根据刀具宽度和槽宽由系统自行计算的，每次平移量在不大于 95% 的刀宽基础上取较大值。

5）参数 DTB 中设定的槽底停留时间，其最小值至少为主轴旋转一周的时间。

二、E 型和 F 型退刀槽切削循环指令（CYCLE94）

1. 指令格式

CYCLE94（SPD，SPL，FORM）；

其中：SPD 为横向坐标轴起始点（直径值）；SPL 为纵向坐标轴起始点；FORM 为该参数用于形状的定义，其值为 E（用于形状为 E）和 F（用于形状为 F）。

例：CYCLE94（50，－10，“E”）；

2. 指令说明

如图 5-37 所示，E 型和 F 型退刀槽为“DIN509”标准（该标准为德国国家标准）系列槽（见图 5-38），槽宽及槽深等参数均采用标准尺寸。加工这类槽时只需确定槽的位置（程序中用参数 SPD 和 SPL 确定）即可。

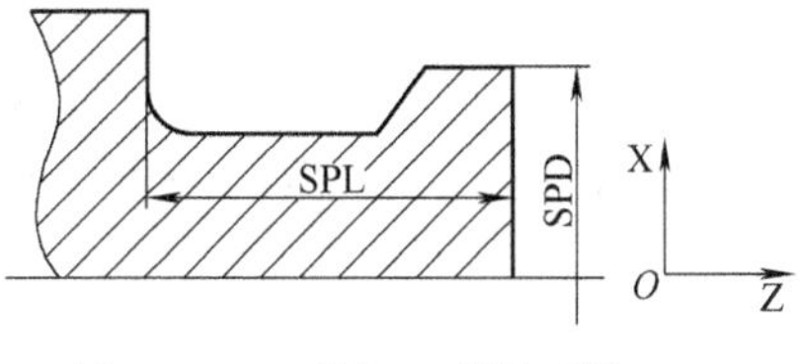

图 5-37　E 型和 F 型退刀槽

该循环的执行过程如下：

1）刀具以 G00 方式移动至循环开始前的起点。

2）根据当前刀尖切削沿号，选择刀尖圆弧半径补偿，按照循环调用前指定的进给率沿退刀槽的轮廓进行切削加工。

3）刀具以 G00 方式返回起始点，并取消刀尖圆弧半径补偿。

在调用 CYCLE94 循环前，必须激活刀具补偿，而且定义的刀具切削沿号必须为 1～4，如图 5-39 所示，否则会在执行过程中出现程序出错的报警。

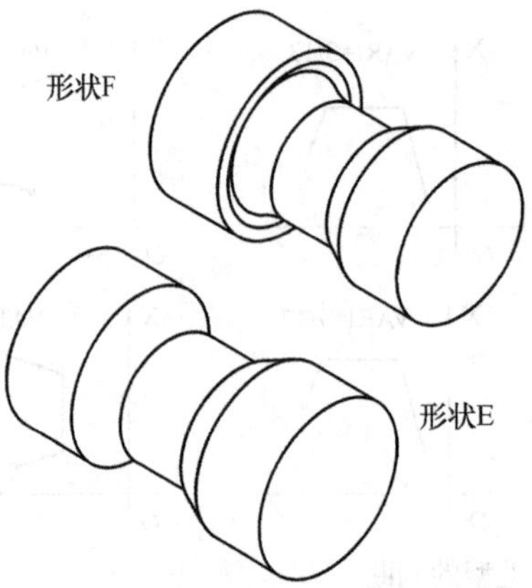

图 5-38　E 型和 F 型退刀槽的形状

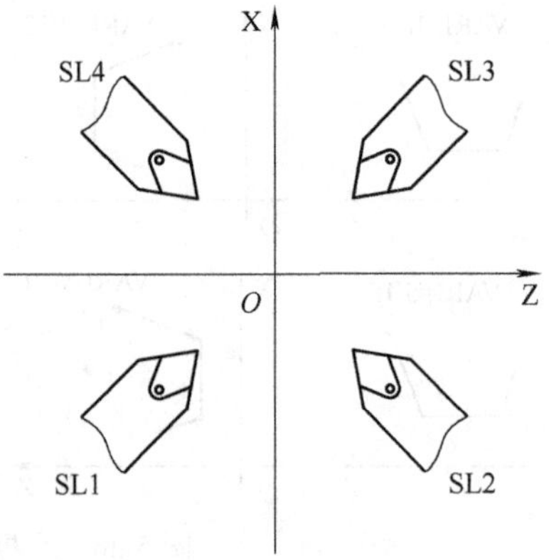

图 5-39　刀具切削沿

3. 加工示例

例 5-9　加工如图 5-37 所示的 E 型退刀槽（SPL = −40，SPD = 36），试编写其加工程序。
其加工程序如下：

```
AA333. MPF
T1D1   M03   S400   G94   F100
G00   X50   Z2
CYCLE94（36，−40，“E”）
……
```

三、螺纹退刀槽指令（CYCLE96）

1. 指令格式

CYCLE96（DIATH，SPL，FORM）

其中，DIATH 为螺纹的公称直径；SPL 为纵向坐标轴起始点；FORM 为该参数用于形状的定义，其值为 A、B、C 和 D（分别用于定义 A、B、C 和 D 型螺纹退刀槽），如图 5-40 所示。

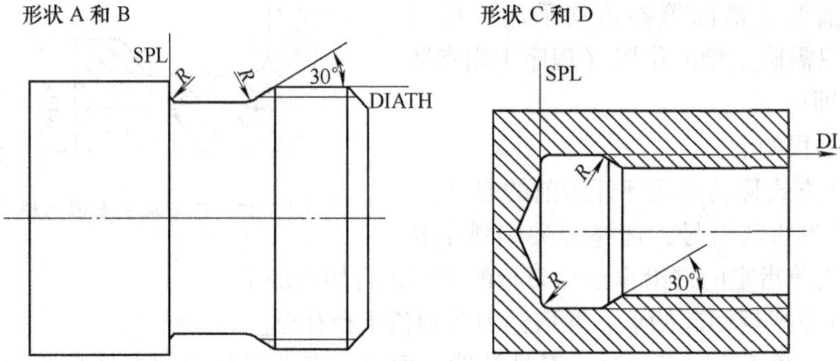

图 5-40　退刀槽的形状

例：CYCLE96（36，−30，“A”）

2. 指令说明

如图 5-41 所示，此处的螺纹退刀槽为“DIN76”标准系列米制螺纹退刀槽，槽宽及槽深等参数均采用标准尺寸。加工这类槽时，只需确定螺纹的公称直径及槽纵向位置（程序中用参数 DIATH 和 SPL 确定）即可。

该循环的执行过程与 CYCLE94 的执行过程相同。在调用 CYCLE96 循环前，必须激活刀具补偿，而且定义的刀具切削沿号必须为 1 ~4，否则会在执行过程中出现程序出错的报警。

3. 加工示例

例 5-10 加工如图 5-41 所示的 A 型螺纹退刀槽（SPL = -40，DIATH =36），试编写其加工程序。

其加工程序如下：

```
AA334. MPF
T1D3    M03    S400    G94    F100
G00    X50    Z2
CYCLE96（36，-40，“A”）
……
```

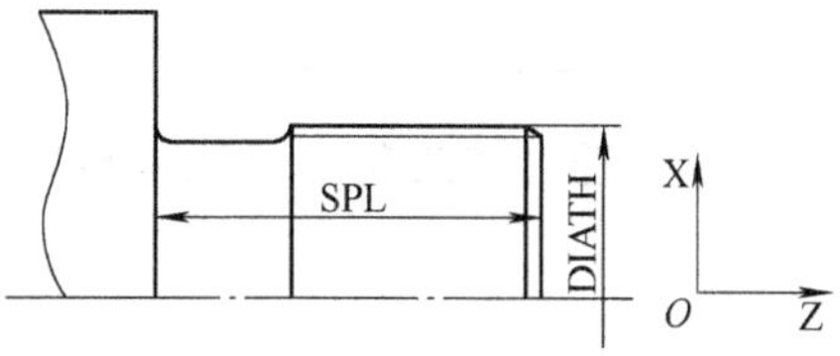

图 5-41 螺纹退刀槽

任务实施

一、工、量、刃具准备（见表 5-16）

表 5-16 工、量、刃具准备

序 号	名 称	型 号	数 量
1	千分尺	25 ~50mm	1
2	游标卡尺	0. 02mm，0 ~150mm	1
3	游标深度尺	0. 02mm，0 ~150mm	1
4	薄铜皮	0. 05 ~0. 1mm	若干
5	磁性表座		1
6	百分表	分度值 0. 01mm	1
7	垫刀片		若干
8	其他	草稿纸与计算器	

二、工艺分析

该零件的整体加工尺寸精度及表面质量都要求较高，编制加工工序时，应按粗、精加工分开的原则进行编制。先夹住毛坯外圆，粗、精加工零件右端轮廓，然后调头夹住 $\phi26^{\ 0}_{-0.03}$mm 外圆，加工零件左端轮廓。调头装夹时，应使 $\phi38^{\ 0}_{-0.03}$mm 右端面离开卡爪端面一段距离（防止加工时刀具与卡爪相撞），并用百分表找正。通过上述分析，可制订如下加工路线。

1）用自定心卡盘夹持毛坯面，车端面，粗、精车工件右端轮廓至要求的尺寸。

2）调头装夹，夹住 $\phi 26_{-0.03}^{\ 0}$mm 外圆，车端面，粗、精加工工件左端轮廓至尺寸。

三、相关工艺卡片的填写

1. 数控加工刀具卡（表 5-17）

表 5-17 槽类零件数控加工刀具卡

产品名称或代号		×××	零件名称	螺纹轴	零件图号	××
序号	刀具号	刀具规格名称	数量	加工表面	刀尖半径/mm	备注
1	T01	90°硬质合金偏刀	1	粗、精车外轮廓	0.2	20×20
2	T02	4mm 宽切断刀	1	加工窄槽和宽槽	—	20×20
编制		审核	批准	年 月 日	共 页	第 页

2. 数控加工工艺卡（见表 5-18）

表 5-18 槽类零件数控加工工艺卡

单位名称		×××	产品名称或代号		零件名称	零件图号	
			×××		×××	××	
工序号		程序编号	夹具名称		使用设备	车间	
001		×××	自定心卡盘		CK6140	数控	
工步号	工步内容	刀具号	刀具规格/(mm×mm)	主轴转速/(r/min)	进给速度/(mm/min)	背吃刀量/(mm)	备注
用自定心卡盘夹持毛坯面，齐端面，粗、精车工件右端轮廓							
1	车端面	T01	20×20	600	100	1.5	自动
2	粗车右外轮廓	T01	20×20	600	150	1.5	自动
3	精车右外轮廓	T01	20×20	800	100	0.5	自动
4	粗、精车 4mm×2mm 槽	T02	20×20	300	50	—	自动
调头装夹，夹住 $\phi 26_{-0.03}^{\ 0}$mm 外圆，粗、精车左端轮廓							
5	车端面	T01	20×20	600	100	1.5	自动
6	粗车右外轮廓	T01	20×20	600	150	1.5	自动
7	精车右外轮廓	T01	20×20	800	100	0.5	自动
8	粗、精车宽槽	T02	20×20	300	50	—	自动
编制		审核		批准	年 月 日	共 页	第 页

四、程序编制

1. 编制右端轮廓的加工程序

（1）建立工件坐标系　加工右端轮廓时，夹住毛坯外圆，工件坐标系设在工件右端面的轴线上，如图 5-42 所示。

（2）右端基点的坐标值（见表 5-19）　由于右端只有一个外圆尺寸，求各基点坐标时，外圆尺寸按公称尺寸计算，长度按中值计算。

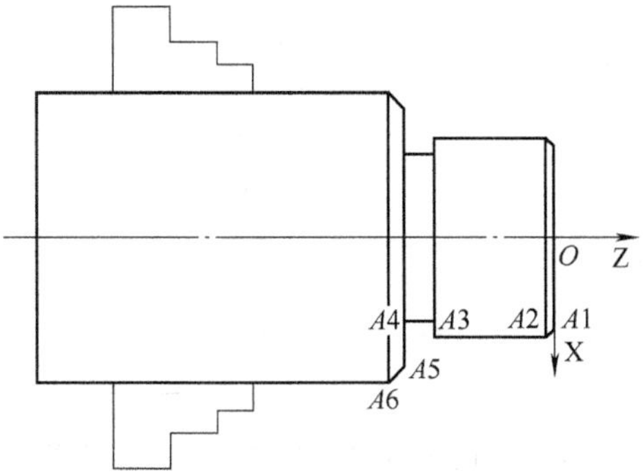

图 5-42　加工右端轮廓的工件坐标系及基点

表 5-19　右端基点坐标值

基　　点	坐标值（X，Z）	基　　点	坐标值（X，Z）
O	（0，0）	*A4*	（22.0，－19.95）
A1	（24.0，0）	*A5*	（36.0，－19.95）
A2	（26.0，－1.0）	*A6*	（40.0，－21.95）
A3	（26.0，－15.95）		

（3）参考程序　见表 5-20。

表 5-20　西门子 802D 数控参考程序

西门子 802D 数控程序	注　　释
SKC401. MPF	程序名
N1　G40　G95　G97　G21；	设置初始化
N2　T01D1　S600　M03；	设置刀具、主轴转速
N3　G00　X52　Z0；	快速到达刀具起点
N4　G1　X0　F100；	齐端面
N5　G00　X42　Z2；	快速到达循环起点
CYCLE95（LZC41，1.5，0，0.5，，150，，，1，，，0.5）；	调用毛坯外圆循环，设置加工参数 西门子 802D 右端轮廓精加工子程序见表 5-21
N7　M05；	主轴停
N8　M00；	程序暂停
N9　S800　M03	
N10　LZC41；	FANUC 0i 采用精车循环进行精车，西门子 802D 采用子程序进行精车
N12　M05；	主轴停止
N13　M00；	程序暂停
N14　T02D1　S300　M03；	换切断刀，左刀尖对刀
N15　G00　X42　Z－19.95；	快速靠近工件
N16　G01　X22　F50；	车槽

（续）

西门子 802D 数控程序	注　释
N17　G04　X2；	刀具暂停 2s
N18　X42；	X 向退刀
N19　G00　X100　Z50；	快速退至换刀点
N20　M05；	主轴停
N21　M30；	程序结束

表 5-21　西门子 802D 右端轮廓精加工子程序

程 序 内 容	注　释
LZC41. SPF；	子程序名
N1　G00　G42　X24；	X 向进刀
N2　G01　Z0；	Z 向进刀
N3　X26　Z－1；	倒 *C*1 角
N4　Z－19. 95；	精加工 ϕ26mm 外圆
N5　X36；	加工端面
N6　X40　Z－21. 95；	倒 *C*2 角
N7　X42；	X 向退刀
N8　G00　G40　X100　Z50	
N10　M17；	子程序结束

2. 编制左端轮廓加工程序

（1）设置工件坐标系　调头装夹，夹住 $\phi26^{\ 0}_{-0.03}$mm 外圆，粗、精车左端轮廓。工件坐标系设在工件端面的轴线上，如图 5-43 所示。

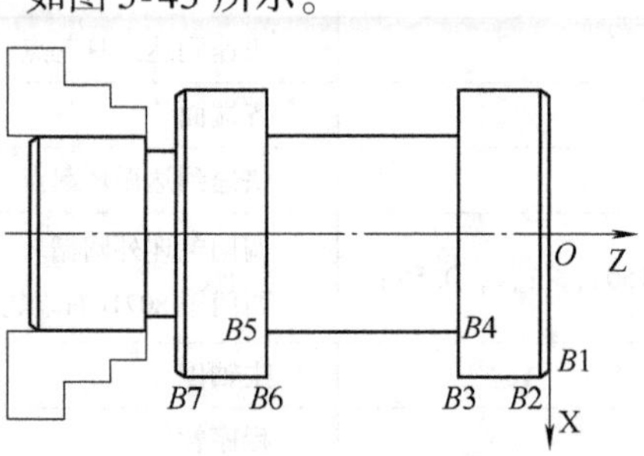

图 5-43　加工左端轮廓的工件坐标系及基点

（2）左端基点坐标值（见表 5-22）　由于左端外圆尺寸公差一致，求各基点坐标时，外圆尺寸按公称尺寸计算，长度按中值计算。同时，需要求解左端 $\phi38^{\ 0}_{-0.03}$mm 外圆的公称尺寸与偏差，其长度按照中值计算。

公称尺寸：70mm－（26＋12＋20）mm＝12mm；

上极限偏差：0. 1mm－（－0. 05－0. 1）mm＝0. 25mm；

下极限偏差：－0. 1mm－（0. 05＋0）mm＝－0. 15mm；

中值为：12mm＋（0. 25－0. 15）mm/2＝12. 05mm。

表 5-22 左端基点坐标值

基　点	坐标值（X，Z）	基　点	坐标值（X，Z）
O	（0，0）	*B*4	（26.0，-12.05）
*B*1	（36.0，0）	*B*5	（26.0，-38.05）
*B*2	（38.0，-1）	*B*6	（38.0，-38.05）
*B*3	（38.0，-12.05）	*B*7	（38.0，-50.05）

（3）左端轮廓加工参考程序　见表 5-23。

表 5-23 西门子 802D 数控参考程序

西门子 802D 数控程序	注　释
SKC402. MPF	程序名
N1 G40 G95 G97 G21；	设置初始化
N2 T01D1 S600 M03；	设置刀具、主轴转速
N3 G00 X42 Z5 M08；	快速到达循环起点
CYCLE95（LZC42，1.5，0，0.5，，150，，，1，，，0.5）；	调用毛坯外圆循环，设置加工参数 西门子 802D 轮廓精加工子程序见“LZC42. SPF”
N4 M05；	主轴停
N5 M00；	程序暂停
N6 S800 M03；	换精车刀
N7 LZC42；	FANUC 0i 系统采用 G70 进行精加工，西门子 802D 采用子程序进行精加工，见表 5-24
N9 M05；	主轴停
N10 M00；	主程序结束
N11 T02D1 S300 M03；	换切断刀，左刀尖对刀
N12 G00 X40 Z-16.05；	快速到达车槽起点
CYCLE93（38，-16.05，26，6，0，0，0，0，0，0，0，0.5，0.1，3，1，5）	FANUC 0i 系统采用 G75 车槽循环粗加工宽槽，西门子 802D 采用 CYCLE93 车槽循环粗加工宽槽
N13 G00 X40 Z-16.05；	精车槽壁和槽底
N14 G01 X26 F50；	
N15 Z-38.05；	
N16 X40；	
N17 G00 X100 Z50 M09；	快速退至换刀点
N18 M05；	主轴停
N19 M30；	程序结束

表 5-24　西门子 802D 右端轮廓精加工子程序

程序内容	注　释
LZC42. SPF;	子程序名
N6　G00　X36;	X 向进刀
N7　G01　Z0　F100;	Z 向进刀
N8　X38　Z－1;	倒角 C1
N9　Z－50;	加工 ϕ38mm 外圆
N10　X42;	X 向退刀
N11　G00　G40　X100　Z50	
N12　M17;	子程序结束

五、SIEMENS 802D 数控车床的操作

1. SIEMENS 802D 数控车床系统界面

（1）SIEMENS 802D 系统控制面板　SIEMENS 802D 数控车床系统控制面板如图 5-44 所示，其中各按键的功能见表 5-25。

图 5-44　SIEMENS 802D 系统数控车床控制面板

表 5-25　SIEMENS 802D 系统数控车床控制面板按键功能一览表

按　键	名　　称	功　　　能
ALARM CANCEL	报警应答键	用于报警后数控系统的复位
CHANNEL	通道转换键	用于转换数控系统数据传输的通道
HELP	信息键	用于显示数控系统的特定信息
SHIFT	上挡键	对数据键上的两种功能进行转换。当不按下上挡键，只按数据键时，键上的大字符被输入；当按下上挡键，再按数据键时，左上角的小字符被输入
CTRL	复合键	与不同的键组合，可有不同的功能
ALT	复合键	与不同的键组合，可有不同的功能
␣	空格键	在编辑程序时，按此键可以输入空格
BACKSPACE	删除键（退格键）	自右向左删除字符，每按一次删除一个字符
DEL	删除键	删除光标所在位置的字符
INSERT	插入键	在光标处插入字符
TAB	制表键	用于制表
INPUT	回车/输入键	1）接受一个编辑值 2）打开、关闭一个文件目录 3）打开文件
PAGE UP　PAGE DOWN	翻页键	可以向前或向后翻一页
NEXT WINDOW	光标移动键	用于将光标移至程序开头
END		用于将光标移至程序末尾
← → ↑ ↓	方向键	用于上、下、左、右移动光标
SELECT	选择转换键	一般用于单选、多选框
POSITION	加工操作区域键	按此键，进入机床加工操作区域
PROGRAM	程序操作区域键	按此键，进入程序编辑区域
OFFSET PARAM	参数操作区域键	按此键，进入参数操作区域
PROGRAM MANAGER	程序管理操作区域键	按此键，进入程序管理操作区域
SYSTEM ALARM	报警/系统操作区域键	按此键，可以显示报警信息
CUSTOM	图形显示区域键	按此键，可以显示刀具的运动轨迹
其余各键	数据键	用于程序、命令、数据等的输入

（2）SIEMENS 802D 数控系统屏幕的划分　SIEMENS 802D 数控系统的屏幕显示画面如图 5-45 所示。由图可知，SIEMENS 802D 数控系统的屏幕可以划分为三部分：状态区域、应

用区域、说明及软键区域。

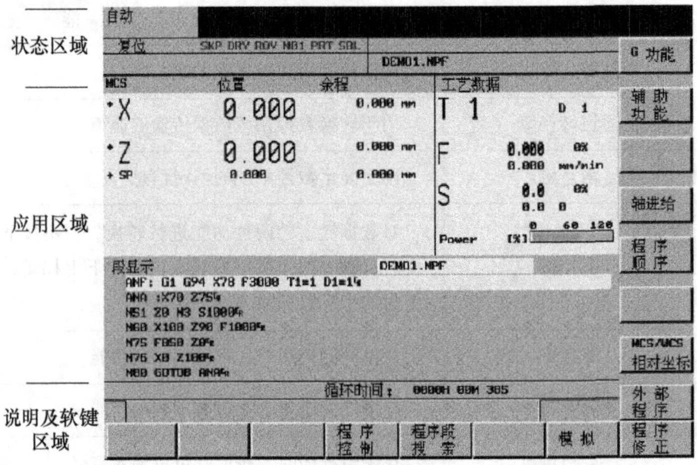

图 5-45　屏幕显示画面

1）状态区域。状态区域的显示界面如图 5-46 所示，其各部分的功能见表 5-26。

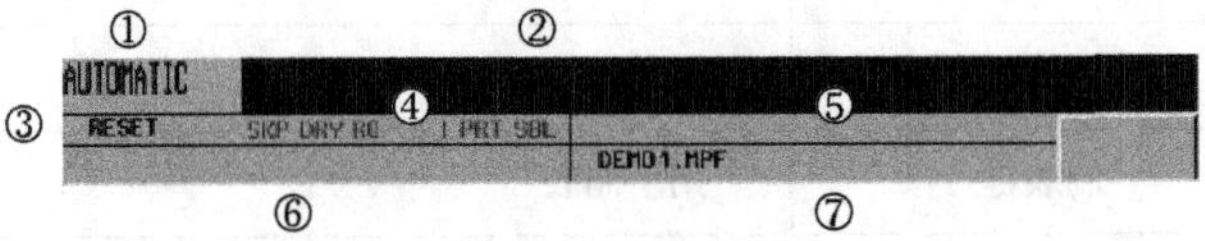

图 5-46　状态区域的显示界面

表 5-26　状态区域显示界面中各部分的功能

图中标号	功　能
①	当前操作区域，有效方式 加工方式 JOG；1 INC，10 INC，100 INC，1000 INC，VAR INC（JOG 方式下增量大小） MDA AUTOMATIC 参数 程序 程序管理器 系统 报警 G291 标记的“外部语言”
②	报警信息行，显示以下内容 1）报警号和报警文本 2）信息内容
③	程序状态 RESET：程序复位/基本状态 RUN：程序运行 STOP：程序停止

图中标号	功　　能
④	自动方式下的程序控制
⑤	保留
⑥	NC 信息
⑦	所选择的零件程序（主程序）

2）应用区域。应用区域的界面显示刀架当前坐标、工艺参数和当前运行程序。

3）说明及软键区域。说明及软键区域的界面如图 5-47 所示，其各部分的含义见表 5-27。

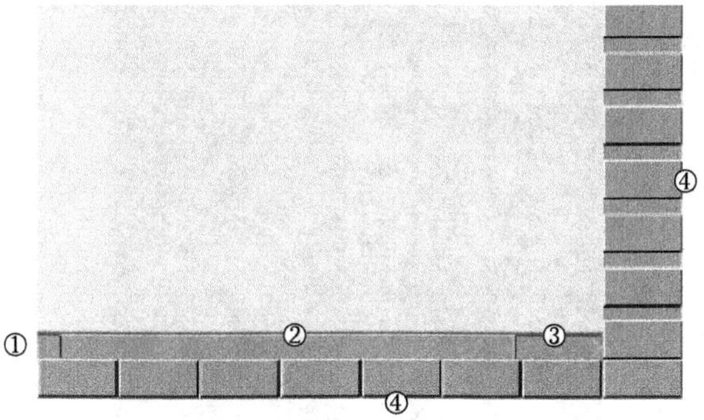

图 5-47　说明及软键区域

表 5-27　说明及软键区域中各部分的功能含义

图中示号	缩 略 图	功 能 含 义
①		返回键：按此键返回到上一级菜单
②		提示：显示提示信息
③	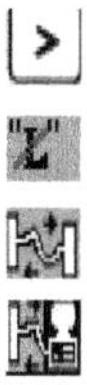	扩展键：表明还有其他软键功能 大小写字符转换键 执行数据传送键 链接 PLC 编程工具键
④		垂直和水平软键栏（常用的软键有返回、中断、接收、确认和功能转换等）

（3）操作区域键　在系统面板图 5-44 中，控制器中的基本功能可以划分为以下几个操作区域。

1）机床加工操作区域键：显示程序运行时的信息及刀架的当前坐标和一些工艺信息。

2）参数操作区域键：用于输入刀具补偿值和设定参数。

3）程序操作区域键：用于新程序的输入和已有程序的编辑与修改。

4）程序管理操作区域键：显示程序目录清单。

5）系统操作区域键：用于诊断和调试系统。

6）报警键：用于显示报警信息和信息表。

在机床的实际操作时，通过按相应的键可以转换到相应的操作区域。

（4）SIEMENS 802D 机床控制面板　SIEMENS 802D 系统标准车床的机床控制面板即操作面板如图 5-48 所示，其中各按键及旋钮的功能见表 5-28。

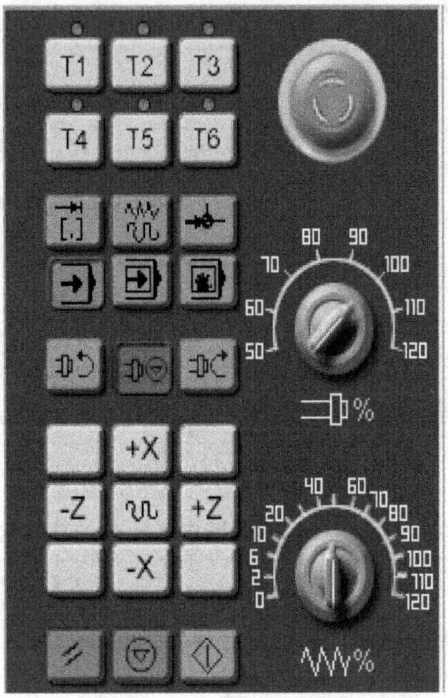

图 5-48　机床控制面板

表 5-28　SIEMENS 802D 机床控制面板按键及旋钮功能一览表

按　键	名　称	功　能
	紧急停止	按下此按钮，机床的一切动作立即停止
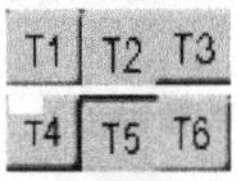	换刀按钮	在手动状态下按相应的按钮，可以将对应的刀具转换为当前刀具
	点动距离选择按钮	在单步或手轮方式下，用于选择移动刀具距离
	手动方式	该方式下可以手动移动刀具
	回零方式	机床开机后必须首先执行回零（参考点）操作，然后才可以运行
	自动方式	该方式下可以自动运行加工程序
	单段	该方式下运行程序时每次只执行一条数控指令
	手动数据输入（MDA）	在此方式下，可以执行当前输入的一条指令

（续）

按　键	名　称	功　能
	主轴正转	按下此按钮，主轴开始正转
	主轴停止	按下此按钮，主轴停止转动
	主轴反转	按下此按钮，主轴开始反转
	快速按钮	在手动方式下，按下此按钮后，再按下移动按钮则可以快速移动机床刀具
+X -X +Z -Z	坐标轴移动按钮	按下 +X 键刀具向 X 轴正向移动，按下 -X 键刀具向 X 轴负向移动；按下 +Z 键刀具向 Z 轴正向移动，按下 -Z 键刀具向 Z 轴负向移动
	复位	按下此键，复位 CNC 系统，包括取消报警、主轴故障复位、中途退出自动操作循环和输入、输出过程等
	循环保持	程序运行暂停按钮。在程序运行过程中，按下此按钮运行暂停，按  恢复运行
	运行开始	按下此按钮程序运行开始
	主轴倍率修调	旋转此旋钮可以调节主轴的转速率，调节范围为 50% ~120%
	进给倍率修调	旋转此旋钮可以调节数控程序自动运行时的进给速度倍率，调节范围为 0 ~ 120%

2. 数控车床的手动操作

（1）开机

1）首先检查机床各组成部分是否正常，是否有损坏的现象，并检查交接班设备运行记录，看是否有问题存在。

2）开机时，先打开电源总开关，电源指示灯亮。

3）再打开数控电源开关。

（2）回参考点　回参考点的步骤如下：

1）按一下回参考点按钮，使机床进入回参考点模式。

2）按  键，使机床进入加工操作区域显示画面。

3）按一下操作面板上的 +X 键，机床刀架便可沿 X 轴正方向回到参考点。回参考点后，X 轴的回参考点灯将从  变为 。

4）对 Z 轴也执行同样的操作。

（3）JOG 运行方式　JOG 运行方式就是机床的手动方式。在这种方式下，可以手动拖动机床刀架，用于对刀时的试切削和其他需要手动移动刀具的情况。其操作步骤如下：

1）先按操作面板上的键，使机床进入手动状态。

2）按下 +Z 键，并保持按住，刀具可以沿 Z 轴正方向移动；在按下键的同时，再按下 +Z 键，刀具可快速地沿 Z 轴正方向移动。

3）其他轴执行相同操作。

（4）手轮的运行　手摇脉冲发生器用于手动加工或对刀时，精确调节机床刀架的运行，其操作方法如下：

1）使机床进入“加工”操作区域。

2）单击键进入手动方式，单击键设置手摇脉冲发生器进给速率（1 INC、10 INC、100 INC、1000 INC）。

3）用软键 X 或 Z 可以选择当前需要用手摇脉冲发生器操作的轴。

4）摇动手轮，就可以使刀架发生微小的位移。

3. MDA 手动输入方式

在 MDA 运行方式下可以编制一个零件程序段加以执行，其操作步骤如下：

1）按机床控制面板上的键，使机床进入 MDA 运行方式。

2）通过系统面板输入程序段。

3）按机床控制面板上的循环启动键，便可以运行刚输入的程序段。

4. 程序编辑

（1）输入新程序　用于建立一个新程序，其操作步骤如下：

1）按系统面板上的 OFFSET PARAM 键，打开“程序”管理器。

2）按“新程序”软键，弹出新程序命名窗口。在新程序命名输入框中输入新程序的名字，程序名开始两字符为字母，其后可以为字母、数字或下划线。若为主程序，则扩展名为 MPF，扩展名可省略，省略时系统会自动加入；若为子程序，其扩展名为 SPF，子程序的扩展名必需一起输入。

3）输入完程序名后，按“确认”软键，可以建立一个新程序；在新打开的界面中，可以依次输入程序的内容，也可以按“中断”软键，则不建立新程序，返回上一画面。

（2）零件程序的编辑　零件程序不处于执行状态时，可以进行编辑，在零件程序中进行的任何修改均立即被存储，其操作方法如下：

1）先进入程序管理操作区域，选中要进行编辑的程序，按“打开”软键，即可打开程序界面。

2）在程序界面中，可以进行程序的编辑与修改，包括增加程序段、删除程序段和复制程序段等多种操作。

5. 图形模拟

图形模拟功能可以显示自动运行或手动运行期间刀具的移动轨迹，通过观察屏显的轨迹可以检查加工过程。显示的图形可以通过软键进行放大或缩小。

在自动运行方式下，选择好待加工的程序，按“PROGRAM”程序操作区域键，在其界面中按“模拟”软键，屏幕显示初始状态，如图 5-49 所示，按数控启动键开始模拟所选择的零件程序。

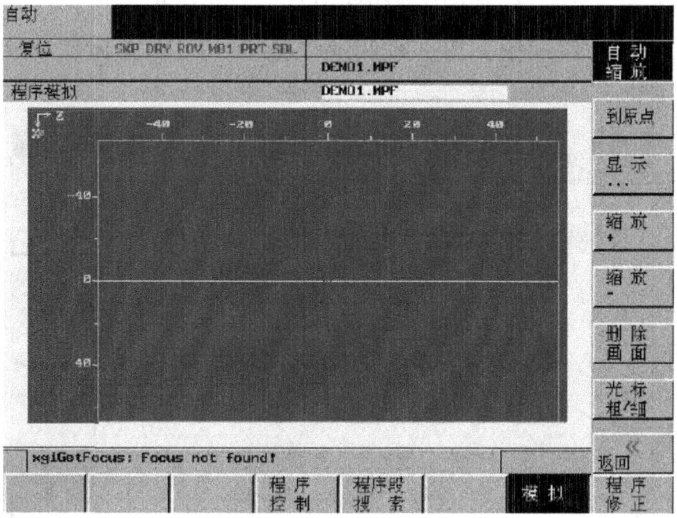

图 5-49　模拟初始状态

6. 参数的设定

在 CNC 进行工作之前，必须在 NC 系统上对刀具参数、刀具补偿参数、零点偏置和设定数据等参数进行输入、修改和调整。

（1）输入刀具参数及刀具补偿参数　刀具参数包括刀具几何参数、磨损量参数和刀具型号参数。不同类型的刀具均有一个确定的参数数量，每个刀具有一个刀具号（T 号）。其操作步骤如下：

1）按“参数操作区域”键，打开刀具补偿参数窗口，单击“刀具表”软健，显示所使用的刀具参数表，如图 5-50 所示。

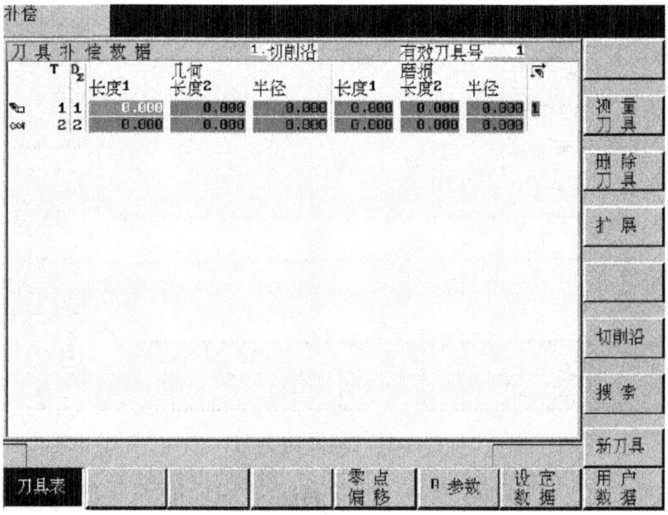

图 5-50　刀具参数表

2）可以通过光标键和“上一页”、“下一页”键选出所要求的刀具。

3）将光标定位到需要输入或修改数据的位置。

4）输入数据，按确认键或移动光标即可将数据输入。

（2）建立新刀具　在刀具参数表中创建新刀具，其操作步骤如下：

1）在图5-50所示的界面中，按“新刀具”软键，可以弹出创建新刀具对话框，如图5-51所示。

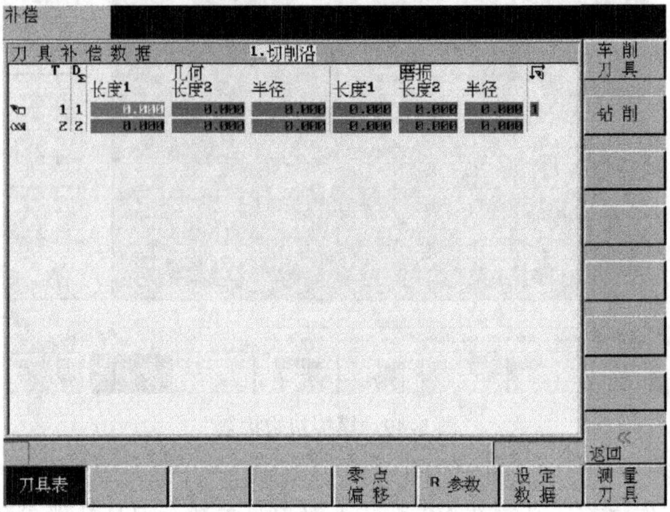

图5-51　创建新刀具对话框

2）选择刀具类型，若为车刀，则按“车削刀具”软键，弹出如图5-52所示的界面。在刀具号框中输入刀具号，按“确认”软键，则创建新刀具；若按“中断”软键，则不创建新刀具，只返回上一界面。

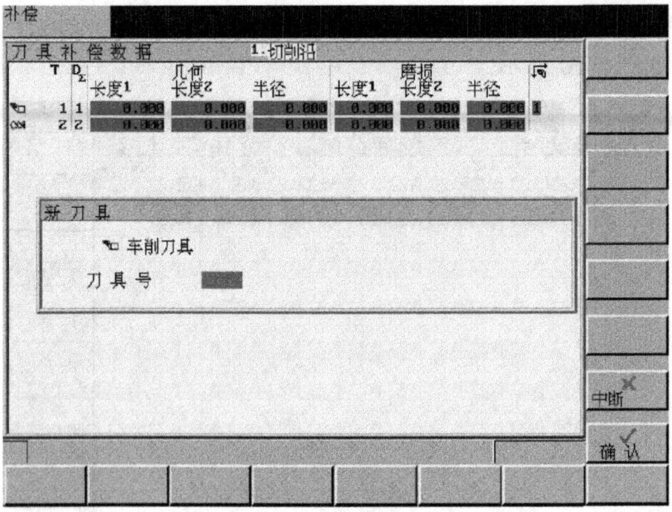

图5-52　输入刀具号

（3）确定刀具补偿值（手动对刀）　用以确定未知长度刀具的刀具参数，其操作步骤如下：

1）将需对刀的刀具置为当前刀具，按 键，使机床进入手动状态，并按“参数操作区域”键进入对刀界面，如图5-53所示。

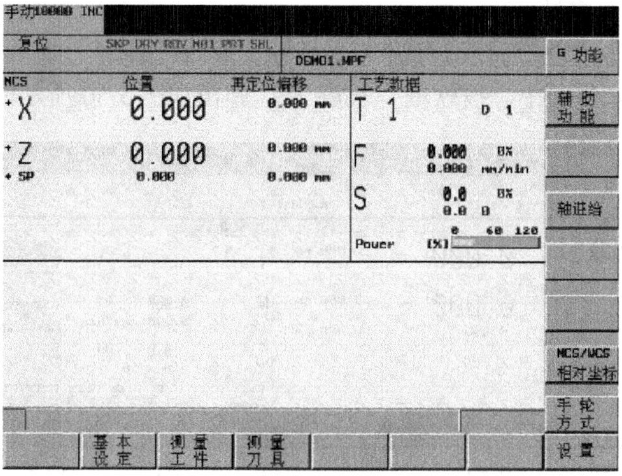

图 5-53　对刀界面

2）利用所选刀具试切工件外圆。试切完成后，使刀具沿 Z 坐标轴正方向退出，并测量出试切部分的直径，如图 5-54 所示。

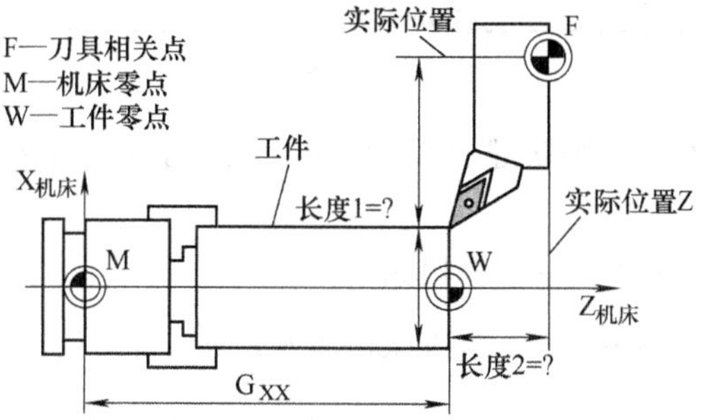

图 5-54　试切工件

3）在图 5-53 所示的界面中，依次按“测量刀具”、“手动测量”软键，则进入如图 5-55所示的界面。

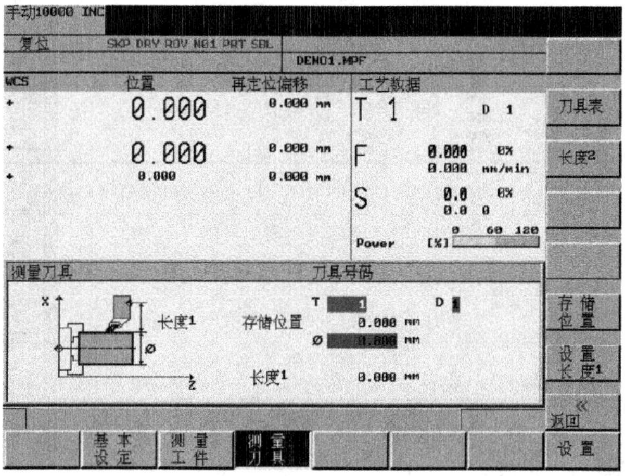

图 5-55　X 方向参数

4）按软键“存储位置”，再在 ϕ 后面输入试切外圆的直径，并按软键“设置长度 1”，即可获得 X 方向的刀具参数。

5）试切工件端面，完成后使刀具沿 X 坐标轴正方向退出。

6）在图 5-55 所示界面中，按软键“长度 2”，弹出如图 5-56 所示的界面。

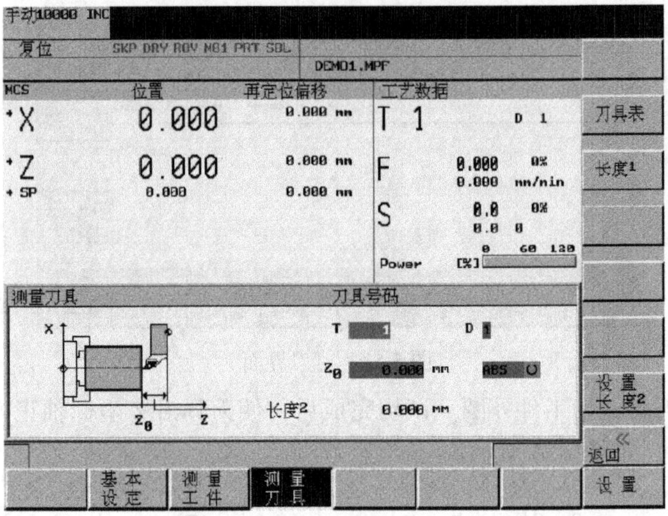

图 5-56 Z 方向参数

7）在 Z_0后面输入 0. 0，再按软键“设置长度 2”，则可获得 Z 方向的参数。

7. 自动加工

（1）选择和启动零件程序 操作步骤如下：

1）按机床控制面板上的键，使机床进入自动加工状态。

2）按数控控制面板上的键，进入程序管理操作区，如图 5-57 所示。选中待加工的程序，然后按“执行”软键，可将选中的程序置为当前程序。

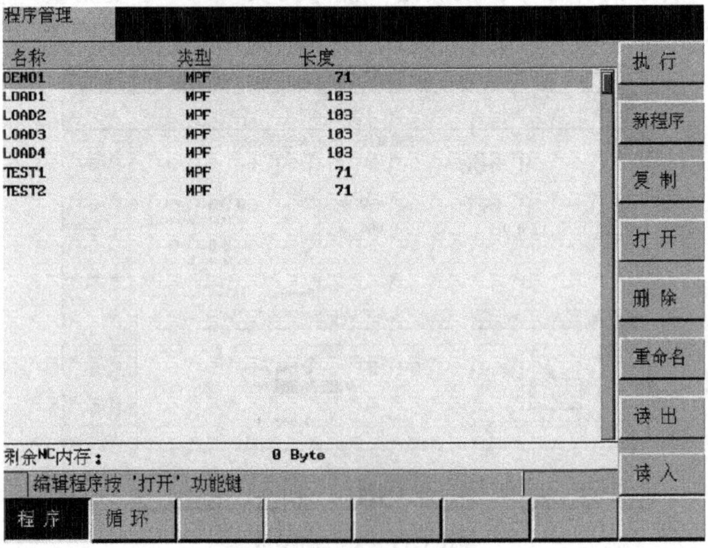

图 5-57 程序管理操作区

3）按数控控制面板上的 M 键，进入加工操作区。

4）按机床控制面板上的循环启动键 ◇，程序开始自动运行，并完成对工件的加工。

（2）停止/中断零件程序　用于加工程序的停止或暂停，以检查加工程序的正确性，其操作方法如下：

1）用数控停止键停止加工的零件程序，按数控启动键可恢复被中断了的程序运行。

2）用复位键中断加工的零件程序，按数控启动键重新启动，程序从头开始运行。

六、工件加工

1. 加工准备

1）检查毛坯尺寸。

2）开机，回参考点。

3）输入程序并校验。把编制好的加工程序输入到数控系统，并应用图形模拟和空运行校验所编制的加工程序，验证程序合格后，方能进行以下步骤。

4）装夹工件。用自定心卡盘夹住毛坯外圆，伸出 30mm 左右，找正并夹紧；调头夹住 $\phi26_{-0.03}^{\ 0}$ mm 外圆，加工零件左端轮廓。调头装夹时，应使 $\phi38_{-0.03}^{\ 0}$ mm 右端面离开卡爪端面一段距离（防止加工时刀具与卡爪相撞），并用百分表找正。

5）装夹刀具。把外圆车刀和切断刀按要求依次装入 T01、T02 号刀位。

6）对刀。将上述两把刀具依次对好，并将有关数值输入到刀具参数中，如刀尖圆弧半径和刀尖方位等。调头装夹后，两把刀具应重新对刀。

2. 零件的自动加工

将数控车床置于自动加工模式，首先将加工程序调入数控系统，调好进给倍率进行自动加工，加工过程中要进行精度控制，具体方法如下：

（1）外圆及台阶长度的控制　左、右两侧轮廓均通过设置外圆精车刀（T01）X、Z 向刀具磨损量，然后运行精加工程序，程序结束后，停车测量。根据测量结果，修调刀具磨损量，重新执行外圆精加工程序，直到达到尺寸要求为止。

（2）槽加工精度控制　加工槽前，把切断刀（T02）X 向刀具磨损量设置为 0.1 ~ 0.2mm，循环运行后，停车测量；根据测量结果，调整刀具磨损量，重新运行切槽指令，直至符合尺寸要求为止。

任务扩展

子程序编程

一、SIEMENS 系统中的子程序命名规则

SIEMENS 数控系统规定程序名由文件名和文件扩展名组成。文件名可以由字母或字母 + 数字组成。文件扩展名有两种，即“. MPF”和“. SPF”，其中“. MPF”表示主程序，如“AA123. MPF”；“. SPF”表示子程序，如“L123. SPF”。文件名的命名有如下规则。

1）以字母、数字或下划线来命名文件名，字符间不能有分隔符，且最多不能超过 8 个字符。另外，程序名开始的两个符号必须是字母，如“SHENG123”和“AA12”等。该命名规则同时适用主程序和子程序文件名的命名，如省略其后缀，则默认为“. MPF”。

2）以地址“L”加数字来命名程序名，L 后的值可有 7 位，且 L 后的每个零都有具体意义，不能省略，如 L123 不同于 L00123。该命名规则同时适用主程序和子程序文件名的命名，如省略其后缀，则默认为“. SPF”。

二、子程序的嵌套

当主程序调用子程序时，该子程序被认为是一级子程序。在 SIEMENS 802C/S/D 系统中，子程序可有四级程序界面即 3 级嵌套，如图 5-58 所示。

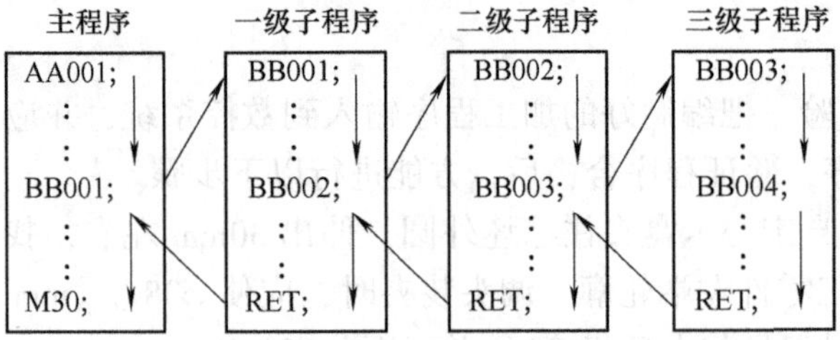

图 5-58 子程序的嵌套

三、子程序的调用

1. 子程序的格式

在 SIEMENS 系统中，子程序除程序后缀名和程序结束指令与主程序略有不同外，在内容和结构上与主程序并无本质区别。

子程序的结束标记通常使用辅助功能指令 M17 表示。在 SIEMENS 数控系统（如 802D/C/S、810D、840D）中，子程序的结束标记除可采用 M17 外，还可以使用 M02 和 RET 等指令表示。子程序的格式如下：

L456；（子程序名）

…

RET；（子程序结束并返回主程序）

RET 要求单独占用一程序段。另外，当使用 RET 指令结束子程序并返回主程序时，不会中断 G64 连续路径运行方式；而用 M02 指令时，则会中断 G64 运行方式，并进入停止状态。

2. 子程序的调用

调用子程序的格式如下：

L×××× P×××或×××× P×××

其中，L 为给定子程序名，P 为指定循环次数。如 L785 P2 表示调用子程序“L785”两次，而 SS11 P5 表示调用子程序“SS11”5 次。

子程序的执行过程如下：

```
AA456.MPF
N10 ……                         L0100.SPF
N20 L0100                       …
N30 ……                          M17
   …
   …                            L785
N60 L785 P2                     …
   …                            M17
N100 M02
```

例 5-11 试用子程序的编程方式编写如图 5-59 所示手柄外形槽的数控车加工程序（设切槽刀刀宽为 2mm，左刀尖为刀位点）。

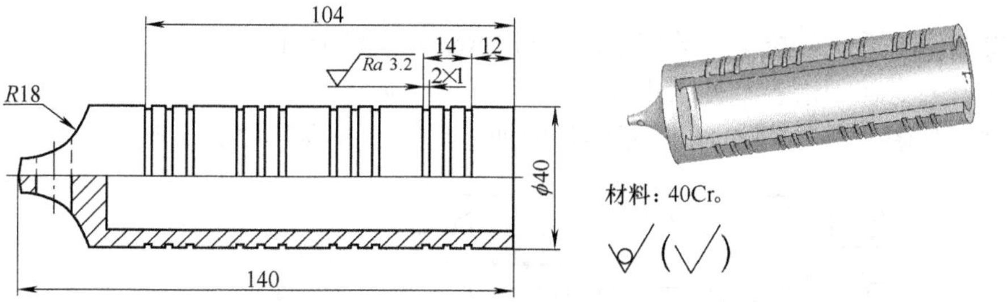

图 5-59 子程序编程实例

其加工程序见表 5-29。

表 5-29 手柄外形槽的数控车加工程序

刀　具	1 号刀具，93°硬质合金外圆车刀；2 号刀具，定制切槽刀	
程序段号	SIEMENS 802D 系统程序	程序说明
	AA301. MPF	主程序
N10	G90　G94　G40　G71；	程序开始部分
N20	T1D1；	
N30	M03　S500　F100；	
N40	G00　X41　Z－104；	
N50	BB302　P4；	调用子程序 4 次
N60	G90　G00　X100　Z100；	程序结束部分
N70	M30；	
	BB302. SPF	一级子程序
N10	BB303　P3；	子程序一级嵌套
N20	G01　Z8；	
N30	RET；	
	BB303. SPF	二级子程序

（续）

刀　具	1号刀具，93°硬质合金外圆车刀；2号刀具，定制切槽刀	
程序段号	SIEMENS 802D 系统程序	程序说明
	AA301. MPF	主程序
N10	G91　G01　X-3；	子程序内容
N20	X3；	
N30	Z6；	
N40	RET；	

［任务巩固］

1. SIEMENS 系统数控车床的切槽循环与 FANUC 系统有什么不同？
2. 四种刀具切削沿各有什么用处？
3. 编写如图 5-60、图 5-61 所示零件的加工程序，并将其加工出来。

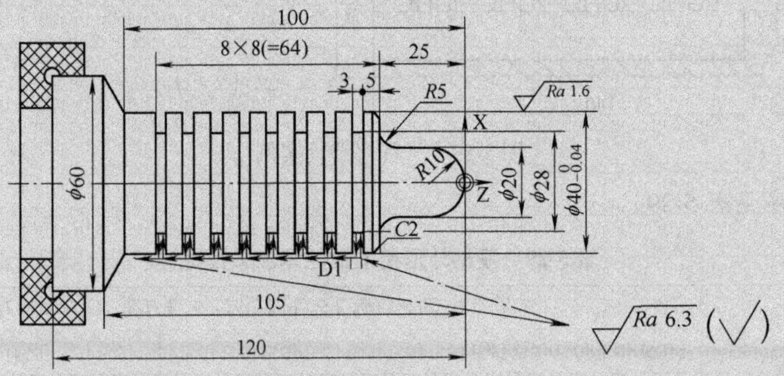

图 5-60　槽类零件加工零件图

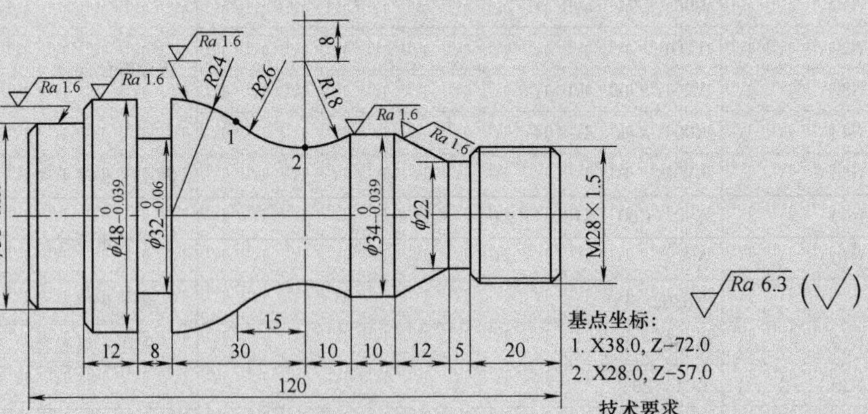

图 5-61　复杂轴类零件加工零件图

任务三　螺纹的加工

工作任务

加工如图 5-62 所示具有梯形内螺纹和三角形外螺纹的零件。

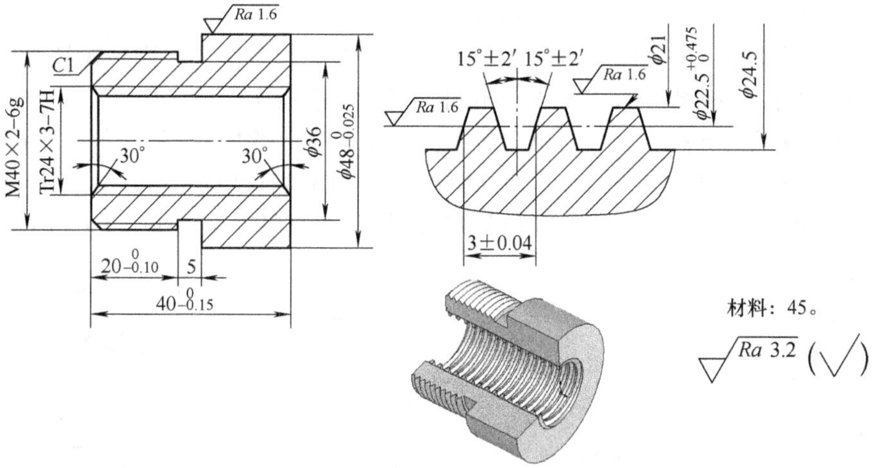

图 5-62　螺纹切削编程实例

本任务的外螺纹为三角形螺纹，采用普通的螺纹切削指令即能进行加工。内螺纹为梯形螺纹时，加工深度较大，无法采用直进法加工。因此，SIEMENS 系统加工梯形螺纹时，宜选用螺纹切削循环指令 CYCLE97 采用斜进法进行编程与加工。螺纹切削前的内、外形轮廓则采用 CYCLE95 指令进行编程与加工。

任务目标

一、知识目标

1）掌握等距螺纹切削指令的应用方法。
2）了解变距螺纹切削指令的应用方法。
3）掌握攻螺纹指令的应用方法。
4）掌握螺纹切削循环指令的应用方法。

二、技能目标

1）掌握三角形螺纹的加工方法。
2）掌握梯形螺纹的加工方法。

任务准备

一、等距螺纹切削指令 G33

1. 指令格式

G33　Z__　K__　SF__;　　　　　圆柱螺纹
G33　X__　Z__　K__;　　　　　　圆锥螺纹
G33　X__　Z__　I__;　　　　　　圆锥螺纹

X__Z__为螺纹的终点坐标。如果螺纹 X 向的终点与起点相同，则该螺纹为圆柱螺纹，相同的坐标可省略；如果螺纹起点与终点不同，则为圆锥螺纹。

K__为圆柱螺纹的导程，如果是单线螺纹，则为螺距。当加工圆锥螺纹时，K 为圆锥螺纹的 Z 向螺距，其锥角小于45°，即 Z 轴位移较大，如图 5-63 所示。

I__为圆锥螺纹 X 向螺距，其锥角大于 45°，即 X 轴位移较大，如图 5-63 所示。

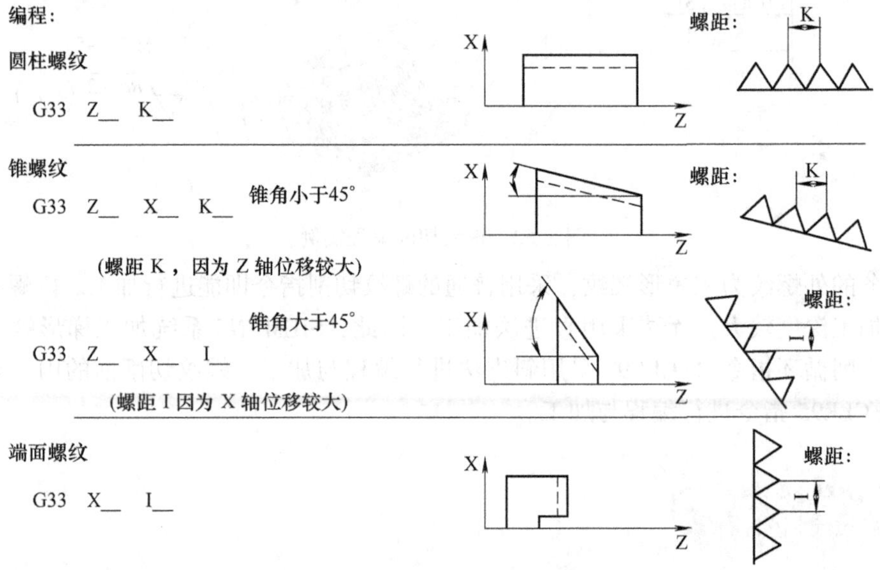

图 5-63　螺纹编程的四种情况

SF__为螺纹起始角。该值为不带小数点的非模态值，其单位为 0.001°。如果是单线螺纹，则该值不用指定并为 0，如图 5-64 所示。

螺纹车削加工时（包括内、外螺纹），主轴的旋向和刀具的进给方向确定了螺纹的旋向，如图 5-65 所示。

2. 指令说明

G33 圆柱螺纹的运动轨迹如图 5-66a 所示。G33 指令相似于 G01 指令，刀具从 *B* 点以每转进给 1 个导程/螺距的速度切削至 *C* 点。该指令切削前的进刀和切削后的退刀都要通过其他移动指令来实现，如图中的 *AB*、*CD*、*DA* 三段轨迹。

G33 圆锥螺纹的运动轨迹如图 5-66b 所示，与 G33 圆柱螺纹的运动轨迹相似。

多线螺纹的加工可以采用周向起始点偏移法或轴向起始点偏移法，如图 5-67 所示。周

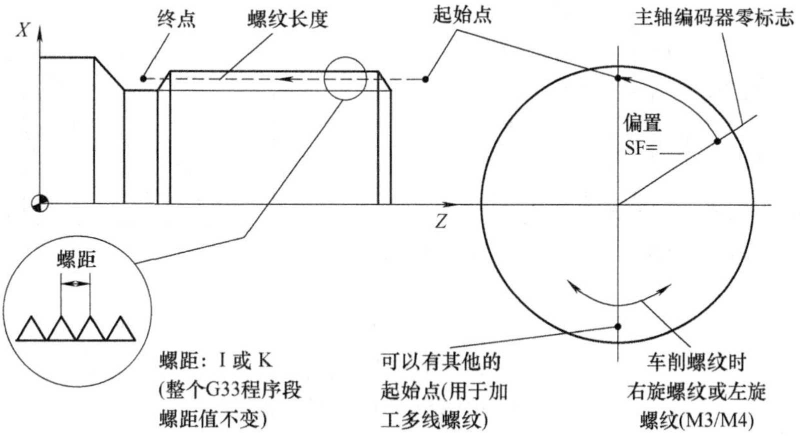

图 5-64　G33 起始点偏移等可编程量

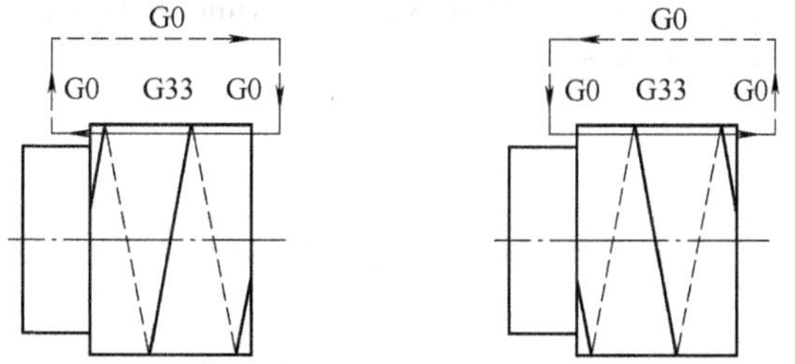

a)　　　　b)

图 5-65　车削左旋或右旋螺纹

a）车削左旋螺纹　b）车削右旋螺纹

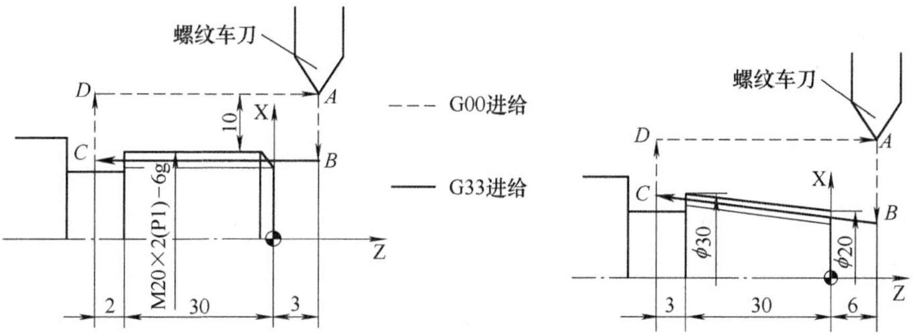

a)　　　　b)

图 5-66　G33 螺纹切削的运动轨迹

向起始点偏移法车多线螺纹时，不同螺旋线在同一起点切入，利用 SF 周向错位 360°/n（n 为螺纹线数）的方法分别进行车削。轴向起始点偏移法车多线螺纹时，不同螺旋线在轴向错开一个螺距位置切入，采用相同的 SF（可共用默认值）。

例 5-12　在后置刀架式数控车床上，试用 G33 指令编写如图 5-66a 所示工件的螺纹加工程序。

在螺纹加工前，其外圆已车至 ϕ19.8mm，以保证大径的公差要求（取其中值）。螺纹切

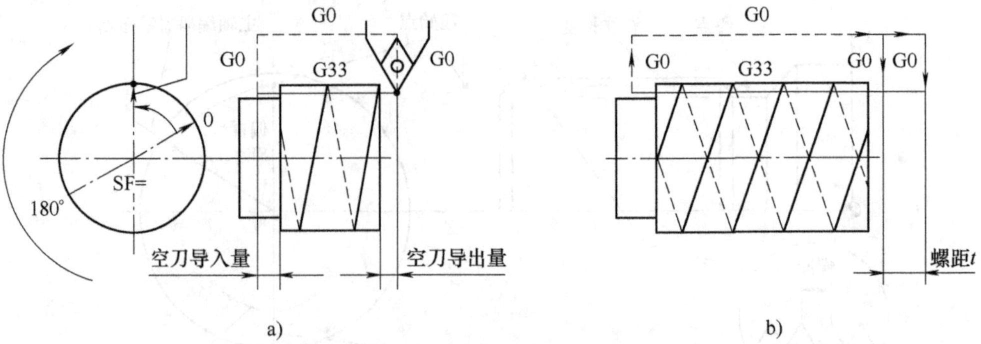

图 5-67 多线螺纹的加工

a）周向起始点偏移法 b）轴向起始点偏移法

削导入距离 δ_1 取 3mm，导出距离 δ_2 取 2mm。螺纹的总切深量为 1.3mm（即编程小径为 18.7mm），分三次切削，背吃刀量依次为 0.8mm、0.4mm 和 0.1mm。先加工其中一条螺旋线后，再加工另一条螺旋线。其加工程序如下：

```
AA318.MPF
G90   G94   G40   G71
T1D1;                                   车刀反装，前刀面向下
M04   S600
G00   X40   Z3;                         螺纹导入量 δ1 =3mm
G91   X-20.8
G33   Z-35   K1   SF=0;                 第 1 刀切削，背吃刀量为 0.8mm
G00   X20.8
      Z35
      X-21.2
G33   Z-35   K1   SF=0;                 背吃刀量为 0.3mm
G00   X21.2
      Z35
      X-21.3
G33   Z-35   K1   SF=0;                 背吃刀量为 0.1mm
G00   X21.3
      Z35
      X-20.8;                           完成第一条螺旋线的切削
G33   Z-35   K1   SF=180;               开始第二条螺旋线的切削，起始角为 180°
G00   X20.8
…
G90   G00   X100   Z100
M30
```

二、变距螺纹切削指令

G34：螺距增大的螺纹；

G35：螺距减小的螺纹。

这两个功能的其他方面与 G33 功能相同并要求具备相同的前提条件。

G34 或 G35 指令在程序段中将一直生效，直至被其他 G 功能取代（G0，G1，G2，G3，G33，……）。

1. 指令格式

G34 Z__ K__ F__;	增螺距圆柱螺纹
G35 X__ I__ F__;	减螺距端面螺纹
G35 X__ Z__ K__ F__;	减螺距圆锥螺纹

其中，G34 为增螺距螺纹；

G35 为减螺距螺纹；

I、K 为起始处螺距；

F 为主轴每转螺距的增量或减量。

如果一个螺纹的初始和结束螺距已知，便可按照以下方程式计算所要编程的螺距变化率 F

$$F = \frac{|K_e^2 - K_a^2|}{2L_G}$$

式中 K_e——轴目标点坐标的螺距；

K_a——螺纹初始螺距（在 I，K 中编程）；

L_G——螺纹长度（mm）。

其余参数同 G33 指令的参数。

如：G34 Z-30 K4 F0.1；

例 5-13 加工圆柱螺纹且螺距不断减小，编制其加工程序。

其程序如下：

N10 M3 S40;	开启主轴
N20 G0 G54 G90 G64 Z10 X60;	回起始点
N30 G33 Z-100 K5 SF=15;	螺纹，恒定螺距为 5mm；15°时的起始点
N40 G35 Z-150 K5 F0.16;	起始螺距为 5mm；螺距减小量为0.16mm/r；螺纹长度为 50mm；所要求的段末螺距为 3mm
N50 G0 X80;	在 X 中的退刀
N60 Z120	
N100 M2	

2. 使用螺纹切削指令（G33、G34、G35）**时的注意事项**

1）在螺纹切削过程中，进给速度倍率无效。

2）在螺纹切削过程中，循环暂停功能无效。如果在螺纹切削过程中按下了循环暂停按钮，刀具将在执行了非螺纹切削的程序段后停止。

3）在螺纹切削过程中，主轴速度倍率功能无效。

4）在螺纹切削过程中，不要使用恒线速度控制，而应采用合适的恒转速控制。

5）与 FNANUC 系统的 G32 指令类似，运用 SIEMENS 系统的 G33 指令还可以加工圆锥螺纹、多线螺纹、端面螺纹和连续螺纹等特殊螺纹。

三、攻螺纹指令（G331/G332）

1. 功能

要求主轴必须是位置控制的主轴，且具有位移测量系统。用 G331/G332 指令进行不带补偿夹具的攻螺纹工作。

如果在这种情况下还是使用了补偿夹具，则由补偿夹具接受的行程差值会减小，从而可以进行高速主轴攻螺纹。

2. 指令

G331　Z＿　K＿攻螺纹；

G332　Z＿　K＿退刀。

说明：

1）攻螺纹深度通过 Z 轴进行规定；螺距通过相关 K 参数确定（在此为 K）。

2）在 G332 指令中编程的螺距与在 G331 指令中编程的螺距一样，主轴自动反向。

3）主轴转速用 S 编程，不带 M3/M4。

4）在攻螺纹之前，必须用 SPOS =＿指令使主轴准停于某一位置。

5）根据螺距的符号确定主轴方向，螺距符号为正，螺纹为右旋；螺距符号为负，螺纹为左旋。

G331/G332 指令中在攻螺纹时的速度由主轴转速和螺距确定，与进给率 F 无关系，但不能超过数控系统规定的最大速度，否则将报警。

例 5-14　编制加工 M5 ×0.8 螺纹（孔已加工完成）的加工程序。

其程序如下：

N5　G54　G0　G90　X10　Z5；	回起始点
N10　SPOS =0；	主轴准停
N20　G331　Z -25　K0.8　S600；	攻螺纹，K 为正，表示主轴右旋终点 -25mm。
N40　G332　Z5　K0.8；	退刀
N50……	

四、螺纹切削循环（CYCLE97）

螺纹切削循环可以方便地车出各种圆柱或圆锥内、外螺纹，并且既能加工单线螺纹也能加工多线螺纹。在切削过程中，其每一刀的背吃刀量可由系统自动设定。

1. 指令格式

CYCLE97（PIT，MPIT，SPL，FPL，DM1，DM2，APP，ROP，TDEP，FAL，IANG，NSP，NRC，NID，VARI，NUMT）

螺纹切削循环的参数和动作分别如图 5-68 和图 5-69 所示，具体含义见表 5-30。

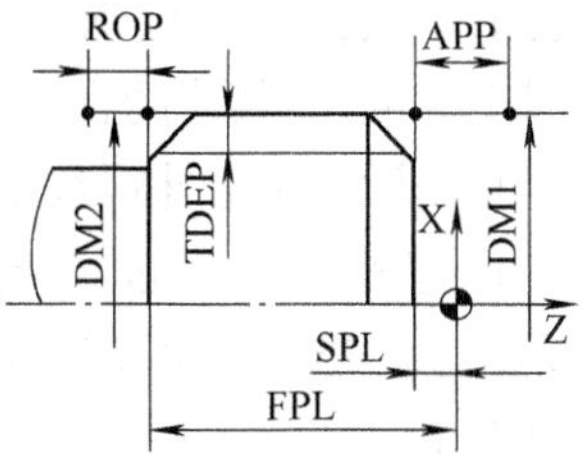

图 5-68　螺纹切削循环的参数

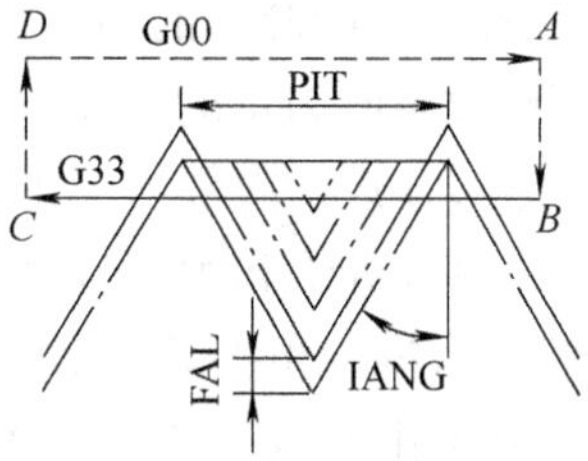

图 5-69　螺纹切削循环的动作

表 5-30　SIEMENS 802D 系统规定的 CYCLE97 参数的具体含义

参　数	功能、含义及规定
PIT	螺距作为数值，无符号输入
MPIT	螺距产生于螺纹尺寸，M3 ~ M60（3 表示 M3）
SPL	螺纹起始点的纵坐标
FPL	螺纹终点的纵坐标
DM1	起始点的螺纹直径
DM2	终点的螺纹直径
APP	空刀导入量，无符号输入
ROP	空刀导出量，无符号输入
TDEP	螺纹深度，无符号输入
FAL	精加工余量，半径量并为无符号输入
IANG	切入进给角，“+”表示沿侧面进给，“-”表示交错进给
NSP	首牙螺纹的起始点偏移，无符号角度值
NRC	粗加工切削数量，无符号输入
NID	空进刀数（输入时不带正负号）
VARI	螺纹加工类型：数值 1 ~ 4
NUMT	螺纹线数，无符号输入

如：CYCLE97（6，，0，-36，35.7，35.7，6，6，3.5，0.05，-15，0，20，1，3，1）

在该语句中，每个数字表示的意义可与指令格式中的代号一一对应，如果格式中的“，”前无数值，则表示该数值可省略，但注意不能省略“，”。

2. 指令说明

（1）螺纹切削循环的动作　执行螺纹切削循环时，刀具切削的动作如图 5-69 所示，说明如下：

1）刀具以 G00 方式定位至第一条螺纹线空刀导入量的起始处，即循环起点（*A* 点）处。

2）按照参数 VARI 确定的加工方式，根据系统计算出的背吃刀量沿深度方向进刀至 *B* 点处。

3）以 G33 方式切削加工至空刀退出终点 *C* 处。

4）退刀（图中轨迹 *CD*、*DA*）至循环起点。

5）根据指令的粗切削次数重复以上动作，分多刀粗车螺纹。

6）以 G33 方式精车螺纹。

(2) 加工方式　CYCLE97的加工方式用参数VARI表示，该参数不仅确定了螺纹的加工类型，还确定了螺纹背吃刀量的定义方法。参数VARI的值为1~4，其值的含义见表5-31。

1) 内部与外部方式。内部方式即指内螺纹的加工，外部方式即指外螺纹的加工。

2) 恒定背吃刀量进给和恒定切削截面积进给方式。恒定背吃刀量进给方式如图5-70a所示，此时螺纹切入进给角参数IANG的值为0，刀具以直进法进刀。螺纹粗加工时，每次背吃刀量相等，其值由参数TDEP、FAL和NRC确定，计算式为

$$a_p = (TDEP - FAL)/NRC$$

式中　a_p——粗加工每次背吃刀量；

TDEP——螺纹总切深量；

FAL——螺纹精加工余量；

NRC——螺纹粗切削次数。

表5-31　参数VARI的含义

加工类型	外部/内部	进给方式
1	外部	恒定背吃刀量进给
2	内部	恒定背吃刀量进给
3	外部	恒定切削截面积进给
4	内部	恒定切削截面积进给

恒定切削截面积的进给方式如图5-70b及图5-70c所示，螺纹切入进给角参数IANG的值不为零。此时，刀具的进刀方式有两种，一种是当参数IANG的值为正值时，刀具始终沿牙型同一侧面（即斜向）进刀，如图5-70b所示；另一种是当参数IANG的值为负值时，刀具分别沿牙型两侧交错进刀，如图5-70c所示。采用恒定切削截面积进给方式进行螺纹粗加工时，背吃刀量按递减规律自动分配，并使每次切除表面的截面积近似相等。

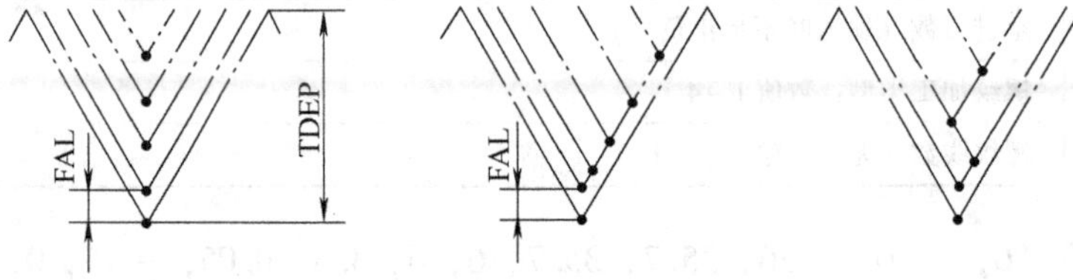

a)　b)　c)

图5-70　螺纹切削循环的背吃刀量

(3) 螺纹加工空刀导入量和空刀导出量　空刀导入量用参数APP表示，该值一般取2P~3P（螺距）。空刀退出量用参数POP表示，该值一般取P~2P。

(4) 螺距的确定　螺纹的螺距可用两种方法表示，即用参数PIT表示实际螺距数值的大小或用参数MPIT表示螺纹公称直径的大小，其螺距的大小则由普通粗牙螺纹的尺寸确定（如当MPIT=10时，虽在PIT中不能输入数据，但其实际值为1.5）。在实际设定时，只能设定其中的一个参数。

(5) 使用CYCLE97编程时的注意事项

1) 螺纹切削循环的进刀方式如采用直进法进刀，因在螺纹切削循环中每次的背吃刀量均相等，随着切削深度的增加，切削面积将越来越大，切削力也越来越大，容易产生扎刀现象。所以，应根据实际情况选择适当的VARI参数。

2）对于循环开始时刀具所到达的位置，可以是任意位置，但应保证刀具在螺纹切削完成后退回到该位置时，不发生任何碰撞。

3）使用G33、G34和G35指令编程时的注意事项在这里仍然有效。

4）使用CYCLE97编程时，应注意DM参数与TDEP是相互关联的。以加工普通外螺纹为例，当DM取其公称直径时，则TDEP取推荐值1.3*P*。

3. 编程示例

例5-15 在前置刀架式数控车床上，试用螺纹加工循环指令编写如图5-71所示内螺纹的加工程序。

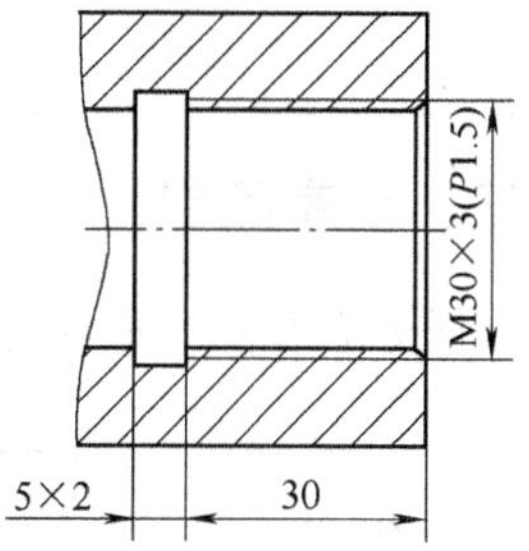

图5-71 螺纹切削循环编程示例

其加工程序如下：

```
AA390. MPF
G90   G95   G40   G71
T1D1
M03   S600
G00   X25   Z6
CYCLE97（1.5,, 0, -30, 28.5, 28.5, 3, 2, 0.75, 0.05, 30,
0, 6, 1, 4, 2）
G74   X1 =0    Z1 =0
M30
```

螺纹切削循环说明：螺纹的螺距为1.5mm，螺纹纵向起点为Z0，终点为Z-30，起、终点直径为X28.5mm，导入量为3mm，导出量为2mm，螺纹深度为0.75mm（半径量），精车余量为0.05mm，采用沿牙型同一侧面进刀，切入进给角为30°（即牙型角为60°），螺纹起点无偏移，粗车6刀，停顿时间为1s，加工类型为内部并进行恒定切削截面积进给，螺纹为双线螺纹。

任务实施

一、机床选择

选用CKA6150数控车床，SIEMENS 802D系统。

二、工、量、刃具准备

此任务所用工、量、刃具见表5-32。

表5-32 工、量、刃具准备

序 号	名 称	型 号	数 量
1	外圆粗车刀	90°粗车刀	1
2	外圆精车刀	35°菱形精车刀	1
3	外圆粗车刀	90°粗车刀	1

（续）

序　号	名　称	型　号	数　量
4	外圆精车刀	35°菱形精车刀	1
5	千分尺	25～50mm	1
6	游标卡尺	0.02mm，0～150mm	1
7	游标深度尺	0.02mm，0～150mm	1
8	薄铜皮	0.05～0.1mm	若干
9	磁性表座		1
10	百分表	0.01mm	1
11	垫刀片		若干

三、程序编制

此任务螺纹加工程序见表5-33，其他部分的加工程序可由读者自己编制。

表5-33　加工程序

程序段号	SIEMENS 802D 系统程序	程序说明
	AA123. MPF；	加工外螺纹的程序
N10	G90　G95　G40　G71；	程序初始化
N20	T1D1；	换三角形外螺纹车刀
N30	M03　S600；	快速点定位至循环起点
N40	G00　X42　Z3；	
N50	CYCLE97（2，，0，－20，40，40，3，2，1.3，0.05，30，0，6，1，3）；	螺纹切削循环
N60	G74　X1＝0　Z1＝0；	程序结束部分
N70	M30；	
	AA124. MPF；	加工梯形内螺纹的程序
N10	G90　G95　G40　G71；	程序初始化
N20	T2D1；	换梯形内螺纹车刀
N30	M03　S400；	快速点定位至循环起点
N40	G00　X25　Z6；	
N50	CYCLE97（3，，0，－45，21，21，6，3，1.75，0.05，15，0，20，1，4）；	梯形螺纹切削循环
N60	G74　X1＝0　Z1＝0；	退刀时注意顶尖的位置
N70	M30；	程序结束

注：梯形螺纹和三角形螺纹均采用螺纹切削循环指令 CYCLE97 进行编程与加工。

任务扩展

螺纹的相邻排列（CYCLE98）

1. 指令格式

CYCLE98（PO1，DM1，PO2，DM2，PO3，DM3，PO4，DM4，APP，ROP，TDEP，

FAL, IANG, NSP, NRC, NID, PP1, PP2, PP3, VARI, NUMT)

2. 参数说明

CYCLE98 的参数说明见表 5-34。

表 5-34 CYCLE98 的参数

参　数	种　类	说　明
PO1	实数	螺纹在纵向轴上的起始点
DM1	实数	螺纹在起始点处的直径
PO2	实数	纵向轴上的第一个中间点
DM2	实数	第一个中间点处的直径
PO3	实数	第二个中间点
DM3	实数	第二个中间点处的直径
PO4	实数	螺纹在纵向轴上的终点
DM4	实数	终点处的直径
APP	实数	导入行程（升速进刀段），输入时不带正负号
ROP	实数	导出行程（降速退刀段），输入时不带正负号
TDEP	实数	螺纹深度（输入时不带正负号）
FAL	实数	精加工余量（输入时不带正负号）
IANG	实数	进给角度值域："+"表示侧面的侧面进给；"-"表示交互侧面进给
NSP	实数	第一个螺纹导程的起始点偏移（输入时不带正负号）
NRC	整数	粗加工切削次数（输入时不带正负号）
NID	整数	空进刀数（输入时不带正负号）
PP1	实数	螺距 1 作为数值（输入时不带正负号）
PP2	实数	螺距 2 作为数值（输入时不带正负号）
PP3	实数	螺距 3 作为数值（输入时不带正负号）
VARI	整数	确定螺纹的加工方式值域：1～4
NUMT	整数	螺纹导程数（输入时不带正负号）

说明：

1）该循环能够加工多个并排的圆柱或圆锥螺纹。各个螺纹段的螺距可以不同，但是螺距在一个螺纹段内部则必须是恒定的。

2）循环启动前到达的位置：起始位置可以是任意位置，只需从该位置返回，可以无碰撞地回到所编程的螺纹起始点＋导入行程。

3）循环形成以下动作顺序。

① 导入行程开始，加工第一个螺纹导程时，用 G0 指令返回循环内部测定的起始点。

② 进行粗加工时的进刀位移应根据 VARI 中所规定的进给方式进行选择。

③ 刀具将根据已编程的粗加工段数重复进行加工。

④ 在随后进行的以 G33 指令切削中，将把精加工余量切削完。

⑤ 根据空进刀数重复该步骤。

⑥ 对于以后的每一个螺纹导程，都将重复整个动作过程。

3. 参数含义

该参数的含义如图 5-72 所示。

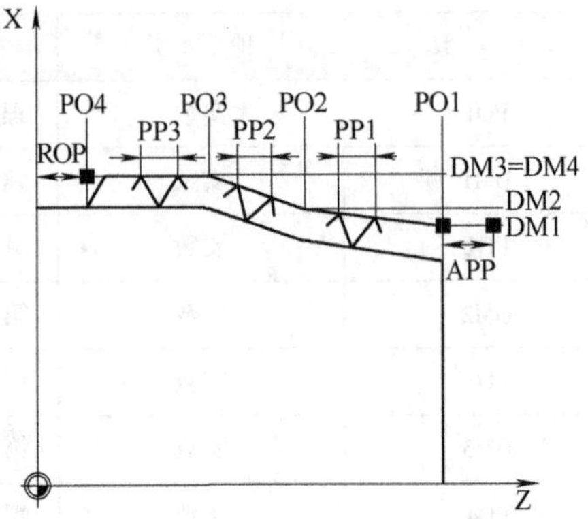

图 5-72 参数含义

（1）PO1 和 DM1（起始点和直径） 利用这些参数将确定螺纹列的原始起始点。由循环自行测定的起始点将在开始时以 G0 返回，该起始点位于所编程的起始点之前，距离等于导入行程。

（2）PO2、DM2 和 PO3、DM3（中间点和直径） 利用这些参数，将确定螺纹中的两个中间点。

（3）PO4 和 DM4（终点和直径） 螺纹的原始终点将在参数 PO4 和 DM4 下进行编程。

对于内螺纹，DM1 ~ DM4 为内螺纹大径。

（4）APP 和 ROP 的关系（导入、导出行程） 循环中所使用的起始点是向前偏移了导入行程 APP 之后的起始点，而终点也是相应向后偏移了导出行程 ROP 后的编程终点。

在横向轴上，循环所确定的起始点总是位于编程螺纹直径之上 1mm。该退刀面将在控制系统内部自动形成。

（5）TDEP、FAL、NRC 和 NID（螺纹深度、精加工余量、粗加工和空进刀次数）的关系 所编程的精加工余量从规定的螺纹深度 TDEP 中减去，而剩下的余量则在粗加工中被切削掉。该循环将自行根据参数 VARI 计算当前的各个进给深度。当以恒定的切削断面进给切削所要加工的螺纹深度时，切削压力在所有粗加工段中都保持恒定，然后将以不同的进给深度值进行进给。当将整个螺纹深度分为多个恒定的进给深度时，切削断面将逐段增大，但是当螺纹深度的数值较小时，该项工艺将带来较好的切削条件。

精加工余量 FAL 将在粗加工后一次性切削掉，然后将执行参数 NID 下所编程的空进刀。

（6）IANG（进给角度，见图 5-70） 利用参数 IANG 将确定在螺纹中进给的角度。如果要求垂直于切削方向在螺纹中进给，则应将该参数的值设为零。该参数也可以在参数表中被省略，此时，其值将预设为零。如果要沿着侧面进给，则该参数的绝对值最大可以达到刀尖角的一半。

该参数的符号将确定进给的执行方式。如果是正数，则始终在同一个侧面进给；如果是负数，则在两个侧面上交替进给。交替侧面进给方式只能在圆柱螺纹中采用。如果圆锥螺纹中的 IANG 值为负数，循环沿着一个侧面进行侧面进给。

（7）NSP（起始点偏移） 在该参数下，可以编入角度值，用于确定车削件圆周上的第一个螺纹导程的切入点。这里实际上是一个起始点偏移。该参数的值可以为 0.0001° ~ 359.9999°。如果未设定起始点偏移，或该参数在参数表中被省略，则第一个螺纹导程就将自动在 0°标记处开始。

（8）PP1、PP2 和 PP3（螺距） 利用这些参数可以确定从分成三段的螺纹列中确定螺距值。同时，螺距值应作为平行于轴的值输入，且不带正负号。

（9）VARI（加工方式） 利用参数 VARI 可确定将在外部还是内部进行加工以及在粗加工时采用哪种进给工艺。参数 VARI 的值可以为 1 ~4，其含义见图 5-70 与表 5-31。

（10）NUMT（导程数目） 利用参数 NUMT 可确定多线螺纹中的螺纹线数。对于单线螺纹而言，该参数应设为零，或在参数表中省略掉。

螺纹导程将均匀地分配在车削件的圆周上，第一个螺纹导程将通过参数 NSP 确定。

如果在加工一个多线螺纹时，要求其各个螺纹导程在圆周上不均匀分布，便需要在对相应的起始点偏移进行编程时，对于每个螺纹导程调用该循环（见图 5-73）。

例 5-16 加工如图 5-74 所示零件。利用该程序可以加工一个以圆柱螺纹开始的并排螺纹。进刀位移垂直于螺纹，对精加工余量和起始点偏移均不进行编程。执行 5 个粗加工段和一个空进刀，加工方式规定为纵向、外部，恒定车削断面。

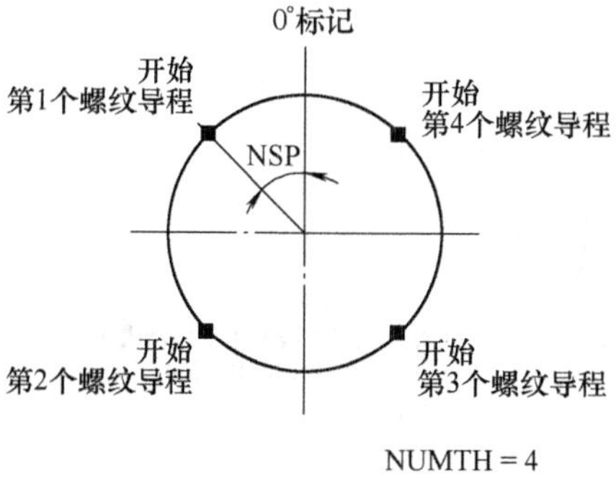

图 5-73 导程数目

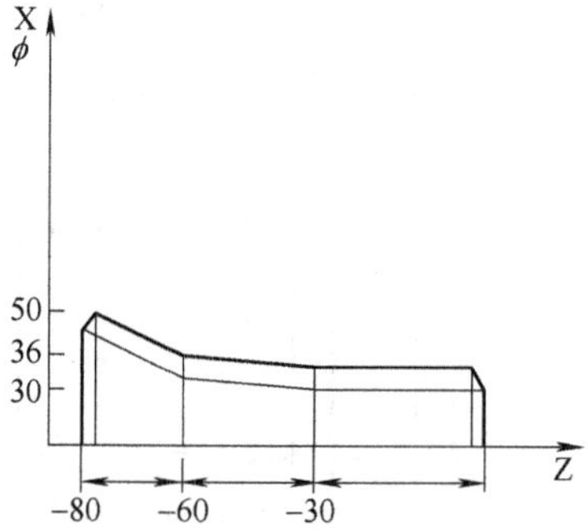

图 5-74 加工实例

其程序如下：

N10 G95 T5 D1 S1000 M4;	工艺值的规定
N20 G0 X40 Z10;	回到起始位置
N30 CYCLE98 (0, 30, −30, 30, −60, 36, −80, 50, 10, 10, 0.92,,,, 5, 1, 1.5, 2, 2, 3, 1);	循环调用
N40 G0 X55	
N50 Z10;	Z 轴运行
N60 X40	
N70 M2;	程序结束

[任务巩固]

1. SIEMEMS 系统的螺纹加工指令与 FANUC 系统有什么不同?

2. 加工如图 5-75 和图 5-76 所示的零件。工件左侧 ϕ50mm 轮廓已加工，作为右端加工的夹持面，ϕ60mm 外圆与 ϕ18mm 底孔同样已预加工。

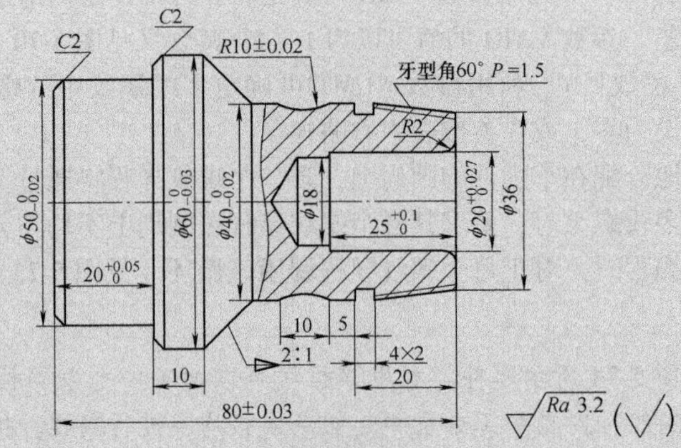

材料：45，毛坯ϕ65。

图 5-75　螺纹加工零件图（一）

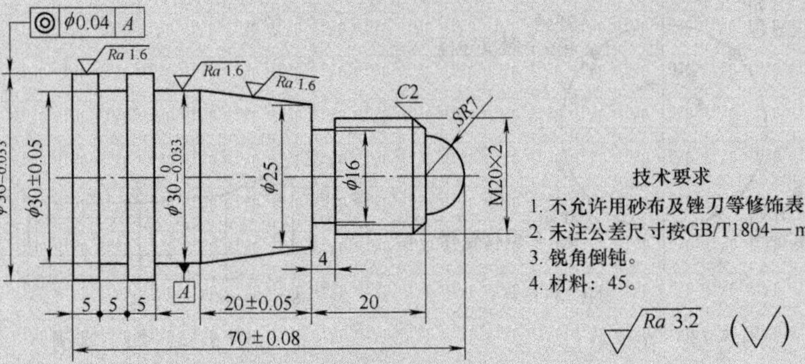

技术要求

1. 不允许用砂布及锉刀等修饰表面。
2. 未注公差尺寸按GB/T1804—m规定。
3. 锐角倒钝。
4. 材料：45。

图 5-76　螺纹加工零件图（二）

任务四　非圆曲线特形面的加工

工作任务

加工如图 5-77 所示工件，圆钢备料 ϕ48mm × 95mm。

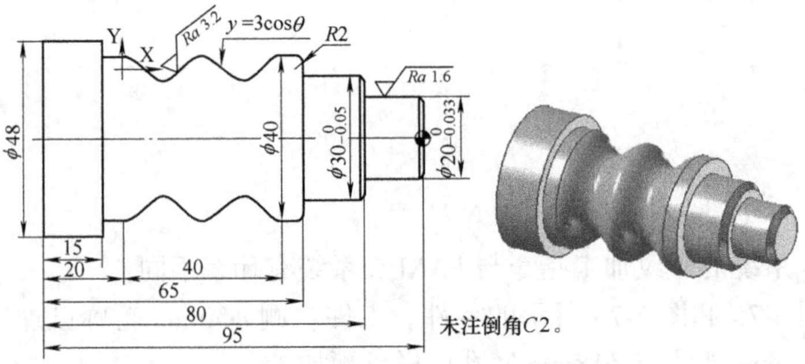

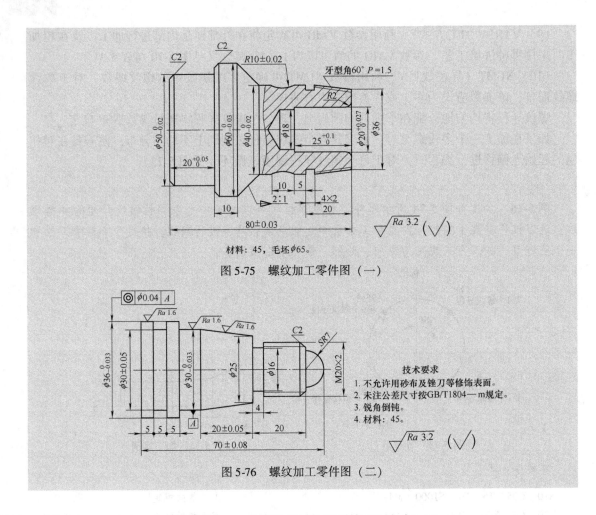

图 5-77　余弦曲线类工件的加工

本任务中含有一个余弦曲线轮廓，而 SIEMENS 802D 系统中无非圆曲线插补功能，故需采用 SIEMENS 系统中的 R 参数编程。R 参数编程的思路与 FANUC 系统的宏程序相同。

任务目标

一、知识目标

1）掌握 R 参数的格式与种类。
2）掌握 R 参数的运算格式。
3）掌握程序跳转指令的应用方法。
4）了解坐标变换的应用方法。

二、技能目标

1）掌握非圆曲线特形面加工程序的编制方法。
2）能应用坐标变换编写加工程序。

任务准备

一、R 参数编程

1. R 参数的格式与种类

（1）R 参数的表示方法　R 参数由地址符 R 与若干位（通常为 3 位）数字组成，例如 R1、R10 和 R105 等。

（2）R 参数的引用　除地址符 N、G、L 外，R 参数可以用来代替其他任何地址符后面的数值。但是使用参数编程时，地址符与参数间必须通过“＝”连接，这一点与 FANUC 系统中的宏程序编写格式有所不同。

例如：G01　X＝R10　Y＝－R11　F＝100－R12；

当 R10＝100、R11＝50、R12＝20 时，上式即表示为：G01　X100　Y－50　F80；

R 参数可以在主程序和子程序中进行定义（赋值），也可以与其他指令编在同一程序段中。

例如：

```
……
N30  R1=10  R2=20  R3=-5  S500  M03;
N40  G01  X=R1  Z=R3  F100;
……
```

在参数赋值过程中，数值取整数时可省略小数点，正号可以省略不写。

（3）R 参数的种类　R 参数分成三类，即自由参数、加工循环传递参数和加工循环内部计算参数。

1）R0～R99 为自由参数，可以在程序中自由使用。

2）R100～R249 为加工循环传递参数。对于这部分参数，如果在程序中没有使用固定循环，则这部分参数可以自由使用。

3）R250～R299 为加工循环内部计算参数。同样，对于这部分参数，如果在程序中没有使用固定循环，则这部分参数也可以自由使用。

2. R 参数的运算格式与运算次序

（1）R 参数的运算格式　R 参数的运算是直接使用“运算表达式”进行编写的，其常用的运算格式见表 5-35。

表 5-35　R 参数的运算格式

功　能	格　式	备注与示例
定义、转换	Ri = Rj	R1 = R2；R1 = 30
加法	Ri = Rj + Rk	R1 = R1 + R2
减法	Ri = Rj - Rk	R1 = 100 - R2
乘法	Ri = Rj * Rk	R1 = R1 * R2
除法	Ri = Rj/Rk	R1 = R1/30
正弦	Ri = SIN（Rj）	R10 = SIN（R1）
余弦	Ri = COS（Rj）	R10 = COS（36.3 + R2）
正切	Ri = TAN（Rj）	R11 = TAN（35）
平方根	Ri = SQRT（Rj）	R10 = SQRT（R1 * R1 - 100）

在参数运算过程中，函数 SIN、COS 等的角度单位是度，分和秒要换算成带小数点的度。如 90°30′换算成 90.5°，而 30°18′换算成 30.3°。

（2）R 参数运算的次序　R 参数的运算次序依次为：函数运算（SIN、COS、TAN 等）、乘和除运算（*、/、AND 等）、加和减运算（+、-、OR、XOR 等）。

例如：R1 = R2 + R3 * SIN（R4）的运算次序为：

1）函数 SIN（R4）。

2）乘和除运算 R3 * SIN（R4）。

3）加和减运算 R2 + R3 * SIN（R4）。

在 R 参数的运算过程中，允许使用括号，以改变运算次序，且括号允许嵌套使用。

例如：R1 = SIN（((R2 + R3) * 4 + R5) /R6）。

二、程序跳转语句及其应用

1. 跳转标记符——程序跳转目标

标记符用于标记程序段中所跳转的目标程序段，用跳转功能可以实现程序运行分支。标记符可以自由选取，但必须由 2～8 个字母或数字组成，其中开始两个符号必须是字母或下划线。跳转目标程序段中标记符后面必须为冒号，标记符位于程序段段首。如果程序段有段号，则标记符紧跟着段号。在一个程序段中，标记符不能含有其他意义。

如：

N10 MARKE1：G1 X20；MARKE1 为标记符，作为跳转目标程序段的标记

…

MA2：G0 X10 Z20；MA2 为标记符，跳转目标程序段没有段号

2. 绝对跳转（无条件跳转）

（1）功能　NC 程序在运行时，以写入时的顺序执行程序段。程序在运行时可通过插入

程序跳转指令改变执行顺序。跳转目标只能是有标记符的程序段，此程序段必须位于程序之内。绝对跳转指令必须占有一个独立的程序段。

（2）编程格式

GOTOF Label；向前（向程序结束方向）跳转

GOTOB Label；向后（向程序开始方向）跳转

例如：

```
……
N20   GOTOF   MARK2;           （向前跳转到 MARK2）
N30   MARK1: R1 = R1 + R2（MARK1）
…
N60   MARK2: R5 = R5 - R2（MARK2）
…
N100   GOTOB   MARK1;          （向后跳转到 MARK1）
……
```

此例中，GOTOF 为无条件跳转指令。当程序执行到 N20 段时，无条件向前跳转到标记符“MARK2”（即程序段 N60）处执行；当执行到 N100 段时，又无条件向后跳转到标记符“MARK1”（即程序段 N30）处执行。

3. 条件跳转

（1）功能　用 IF 条件语句表示有条件跳转。如果满足跳转条件（也就是条件表达式的真值不等于零)，则进行跳转。跳转目标只能是有标记的程序段，该程序段必须在此程序之内。有条件跳转指令要求一个独立的程序段。在一个程序段中可以有许多个条件跳转指令，使用了条件跳转指令后会使程序得到明显的简化。

（2）编程格式

IF 条件 GOTOF Label；向前（向程序结束方向）跳转

IF 条件 GOTOB Label；向后（向程序开始方向）跳转

条件跳转格式字的含义及条件比较运算所采用的符号见表 5-36 和表 5-37。

表 5-36　条件跳转格式字说明

指　令	说　明	指　令	说　明
GOTOF	向程序结束方向跳转	IF	跳转条件导入符
GOTOB	向程序开始方向跳转	条件	跳转的“条件”既可以是任何单一比较运算，也可以是逻辑操作［结果为 TRUE（真）或 FALSE（假），如果结果是 TRUE，则实行跳转］
Label	所选标记符		

表 5-37　比较运算符的书写格式

运　算　符	书写格式	运　算　符	书写格式
等于	==	大于	>
不等于	<>	小于等于	<=
小于	<	大于等于	>=

跳转条件的书写格式有多种，通过以下各例说明。

例 5-17 IF R1 > R2 GOTOB MA1;

该“条件”为单一比较式，如果 R1 大于 R2，那么就跳转到 MA1。

例 5-18 IF R1 > = R2 + R3 * 31 GOTOF MA2;

该“条件”为复合形式，即如果 R1 大于或等于 R2 + R3 * 31 时，均跳转到 MA2。

例 5-19 IF R1 GOTOF MA3;

该例说明，在“条件”中，允许只确定一个变量（INT、CHAR 等），如果变量值为 0（= FALSE），则条件不满足；而对于其他不等于 0 的所有值，其条件满足，则进行跳转。

例 5-20 IF R1 = = R2 GOTOB MA1 IF R1 = = R3 GOTOB MA2;

该例说明，如果一个程序段中有多个条件跳转命令时，当其一个条件被满足后就执行跳转。

三、坐标变换编程

在 SIEMENS 系统中，为达到简化编程的目的，除设置了常用的编程指令外，还规定了一些特殊的坐标变换指令。常用的坐标变换功能指令有坐标平移、坐标旋转、坐标缩放和坐标镜像等。这些指令在数控车床中应用得不是太多，只有坐标平移指令应用得相对多些。

1. 坐标平移指令

（1）指令格式

TRANS X__ Z__；可编程坐标平移

ATRANS X__ Z__；可编程附加坐标平移

TRANS；或 ATRANS；取消坐标平移

例如：TRANS X10 Z2;

（2）指令说明 坐标平移指令的编程示例如图 5-78 所示。通过将工件坐标系平移一个距离，从而给程序选择一个新的坐标系。

TRANS 为可编程零点偏置，其参考基准是当前的有效工件坐标原点，即使用 G54 ~ G59 指令而设定的工件坐标系。

ATRANS 为附加编程零位偏置，其参考基准为当前设定的或最后编程的有效工件零位。

TRANS 或 ATRANS 指令后面如果没有轴移动参数而单独使用，则表示取消所有坐标变换指令，保留原工件坐标系。

2. 可编程的比例系数（SCALE、ASCALE）

（1）功能 用 SCALE、ASCALE 可以为所有坐标轴编程一个比例系数，按此比例使所给定的轴放大或缩小，从而以同一程序加工出不同大小的相似零件。SCALE、ASCALE 以当前设定的坐标系作为比例缩放的参照标准，如图 5-79 所示。

（2）编程格式

SCALE X__ Z__;	可编程的比例系数，清除所有有关偏移、旋转、比例系数、镜像的指令
ASCALE X__ Z__;	可编程的比例系数，附加于当前的指令
SCALE;	不带数值：清除所有有关偏移、旋转、比例系数、镜像的指令

SCALE、ASCALE 指令要求一个独立的程序段。

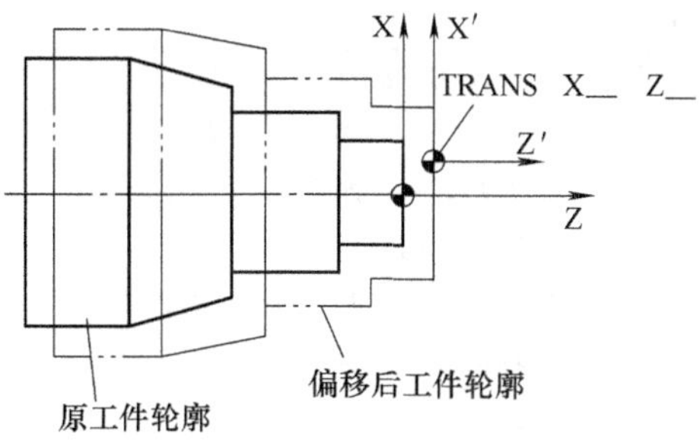

图 5-78 坐标平移示意图

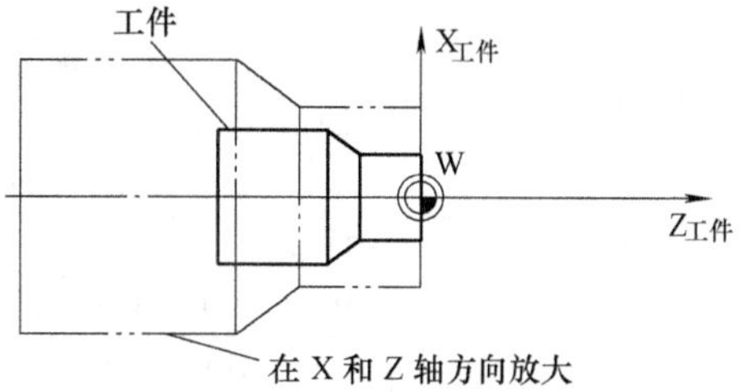

图 5-79 SCALE/ASCALE 示意图

例如：

```
N20 L10;                    编程的轮廓——原尺寸
N30   SCALE   X2   Z2;
N40   L10;                  X 轴和 Z 轴方向的轮廓放大两倍
…
```

例 5-21 加工如图 5-80 所示工件，工件毛坯为锻件，工件总长、ϕ24mm 的圆柱部分和中心孔已加工完成。

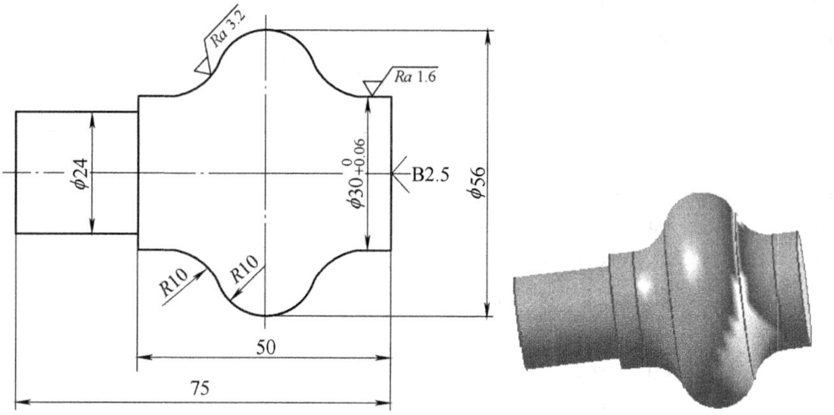

图 5-80 坐标转换类工件的加工

1）解题思路。图 5-81 中虚线为毛坯外形，粗实线为工件外形。本例可先按工件外形编制精加工程序，粗加工程序可采用坐标平移指令使刀具轨迹沿 X 方向多次平移（见图 5-81 细实线）而得。

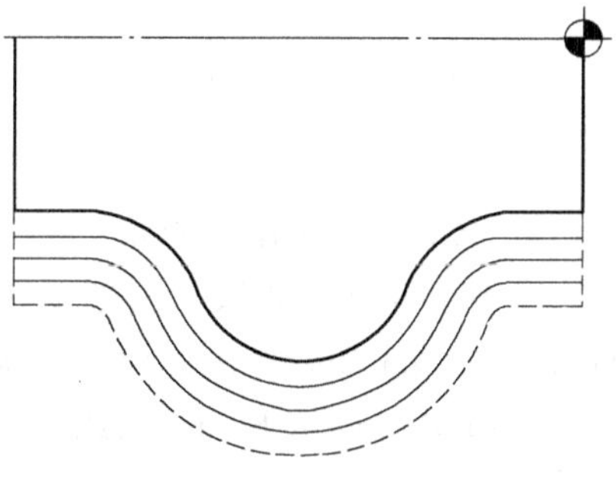

图 5-81 坐标平移解题思路

2）基点坐标。采用 AUTOCAD 捕捉点功能得各点坐标为：*A*（30，－6.29）、*B*（43，－15.72）、*C*（43，－34.39）、*D*（30，－43.76）。

3）刀具选用。本例选用菱形刀具，转速为 800r/min，粗加工进给率为 0.2mm/r，精加工进给率为 0.1mm/r。

4）参考程序见表 5-38。

表 5-38 参考程序

刀 具	1 号：外圆车刀；2 号：外圆车槽刀；3 号：螺纹刀	
程 序 号	加 工 程 序	程 序 说 明
	MAIN062. MPF	工件右端加工程序
N10	G95 G71 G40 G90	程序初始化
N20	T1D1	换 1 号刀，取 1 号刀沿长度补偿
N30	M03 S800 M08 F0. 2	主轴正转，切削液开
N40	G00 X100 Z50	目测安全位置
N50	X62 Z2	快进至切削起点
N60	R1 = 13	通过坐标平移去余量
N70	MA1：TRANS X = R1 Z0	
N80	SUB001	
N90	TRANS	
N100	R1 = R1 - 2	
N110	IF R1 > = 1GOTO MA1	
N120	G00 X60 Z2	轮廓精加工
N130	M03 S1000 F0. 1	轮廓精加工
N140	SUB001	
N150	G00 X100 Z50	主程序结束
N160	M05 M09	
N170	M02	
	阶梯轴加工子程序	
	SUB001. SPF	轮廓子程序
N10	G01 X30 Z0	轮廓轨迹描述
N20	Z - 6. 29	
N30	G02 X43 Z - 15. 72 CR = 10	
N40	G03 X43 Z - 34. 39 CR = 10	
N50	G02 X30 Z - 43. 76 CR = 10	
N60	G01 Z - 50	
N70	G01 X60	退刀
N80	G01 Z2	
N90	RET	子程序结束并返回主程序

任务实施

1. 余弦曲线的解题思路

本任务可先用外圆车刀把零件加工成如图 5-82 所示的阶梯轴。解析曲线内凹且表面粗糙度值为 $Ra3.2\mu m$，因此此处可采用 $R3$mm 的圆弧刀加工，圆弧刀加工范围可从 Z - 30 处至 Z - 75 处（即从 $R2$mm 圆弧开始至余弦曲线结束），如图 5-83 所示。余弦曲线处采用 R 参数编程，变量为 θ。

2. 余弦曲线上各点的坐标值计算

如图 5-83 所示余弦曲线上各点的坐标为：

$X=2\times(17+3\cos\theta)$，$Z=-35-\left(40-\dfrac{40\theta}{720}\right)$；$\theta$ 由 720°～0°变化。

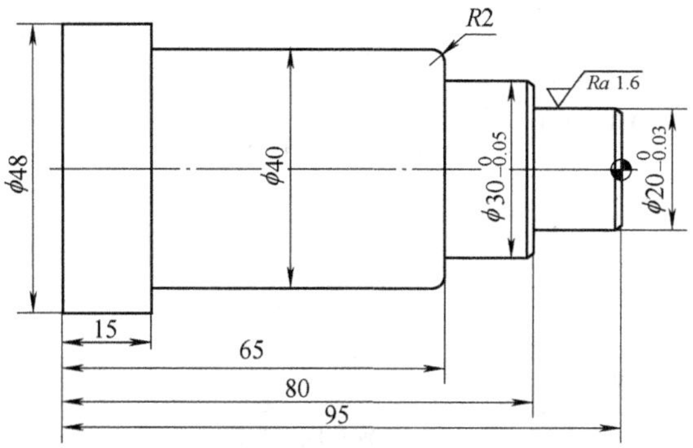

图 5-82　阶梯轴

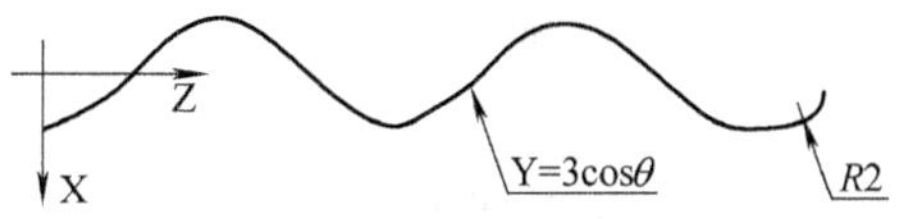

图 5-83　圆弧刀加工部分

3. 刀具及切削用量的选用（见表 5-39）

表 5-39　各工序刀具及切削用量

加工工序		刀具与切削参数					
序　号	加 工 内 容	刀 具 规 格			主轴转速/(r/min)	进给率/(mm/min)	刀具补偿
		刀号	刀具名称	材料			
1	车外圆	T1	90°外圆车刀	硬质合金	600	0.2	D1
2	车削全余弦曲线	T2	R3mm 圆弧刀	硬质合金	300	0.1	D1

4. 参考程序（见表 5-40）

表 5-40　参考程序

刀　具	1 号：外圆车刀；2 号：圆弧刀；3 号：螺纹刀	
程 序 号	加 工 程 序	程 序 说 明
	MAIN062. MPF	工件右端加工程序
N10	G95　G71　G40　G90	程序初始化
N20	T1D1	换 1 号刀，取 1 号刀沿长度补偿
N30	M03　S800　M08	主轴正转，切削液开
N40	G00　X100　Z50	目测安全位置
N50	X50　Z2	快进至切削起点
N60	CYCLE95（"SUB001"，2，0，0.5，，0.2，0.1，0.05，9，，，0.5）	外圆切削循环
N70	G00　X100　Z50	换 2 号圆弧刀
N100	M05　M09	
N110	T2D　1	
N120	M03　S300　M08　F0.05	刀具快速定位至切削位置
N130	G00　X50　Z－25	

（续）

刀　具	1号：外圆车刀；2号：圆弧刀；3号：螺纹刀	
程 序 号	加 工 程 序	程 序 说 明
	MAIN062. MPF	工件右端加工程序
N140	CYCLE95（“SUB002”，1，0，0.5，，0.2，0.1，0.05，9，，，0.5）	余弦部分切削循环
N150	G00　X100　Z50	程序结束
N160	M05　M09	
N170	M02	
	阶梯轴加工子程序	
	SUB001. SPF	阶梯轴轮廓子程序
N10	G01　X16　Z0	加工阶梯轴
N20	X20　Z-2	
N30	Z-15	
N40	X26	
N50	X30　Z-17	
N60	Z-30	
N70	X36	
N100	G03　X40　Z-32　CR=2	
N110	G01　Z-80	
N120	G01　X48	
N130	RET	子程序结束并返回主程序
	余弦曲线部分加工子程序	
N10	SUB002. SPF	余弦部分子程序
N20	G42　G01　X36　Z-30	执行刀尖圆弧半径补偿
N30	G03　X40　Z-32　CR=2	加工 *R*2mm 圆弧部分
N40	Z-35	
N50	R1=720	加工全余弦部分
N60	MA1：R2=2*（17+3*COS（R1））	
N70	R3=-35-（40-40*R1/720）	
N100	G01　X=R2　Z=R3	
N110	R1=R1-1	
N120	IF R1>=0 GOTOMA1	
N130	G40　G01　X48	取消刀尖圆弧半径补偿
N140	RET	子程序结束并返回主程序

5. 加工

通过CF卡进行加工，其步骤如下：

1）按复位键，使系统复位。

2）按键：选择自动运行方式和程序管理器。

3）按键：使用光标来选择需要处理的程序。

4）按键：把程序传送到缓冲存储器并被自动选择且显示在程序选择栏中。

5）按键：开始执行程序。

6）程序运行结束后自动从控制系统删除。

任务扩展

通用程序的编制

1. 程序编制

（1）分析　编制一个车削加工如图5-84所示带有双曲线过渡类零件的通用程序，假设工件最终加工大外圆外径为ϕX_2，小外圆外径为ϕX_1。过渡双曲线方程为$\frac{X^2}{a^2}-\frac{Z^2}{b^2}=1$，双曲线实半轴长为$a$，虚半轴长为$b$。

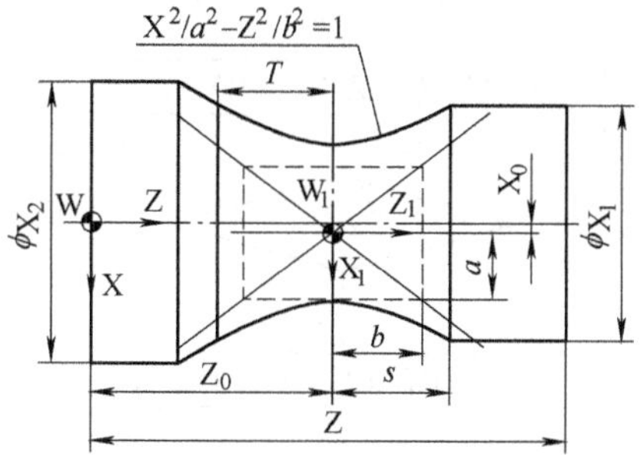

图5-84　双曲线过渡类零件示意图

工艺分析：车削图5-84所示双曲线过渡的回转零件时，一般先把工件坐标原点偏置到双曲线对称中心上，然后采用直线逼近（也称拟合）法，即在Z向分段，以0.2～0.5mm为一个步距，并把Z作为自变量，X作为Z的函数。为了适应不同的双曲线（即不同的实、虚轴）、不同的起始点和不同的步距，可以编制一个只用变量不用具体数据的R参数程序，然后在主程序中调用该程序时，为上述变量赋值。这样，对于不同的双曲线、不同的起始点和不同的步距，不必更改程序，而只要修改主程序中的赋值数据就可以了。

双曲线的一般方程为

$$\frac{X^2}{a^2}-\frac{Z^2}{b^2}=1$$

在第一、第四象限内可转换为

$$X=a\sqrt{1+\frac{Z^2}{b^2}}$$

在第二、第三象限内可转换为

$$X = -a\sqrt{1+\frac{Z^2}{b^2}}$$

用变量来表达上式为：

R23 = R1 * SQRT (1 + (R19 * R19)/(R2 * R2)) 或 R23 = - R1 * SQRT (1 + (R19 * R19)/(R2 * R2))。

根据上述工艺分析，可画出双曲线 R 参数的程序结构流程框图，如图 5-85 所示。

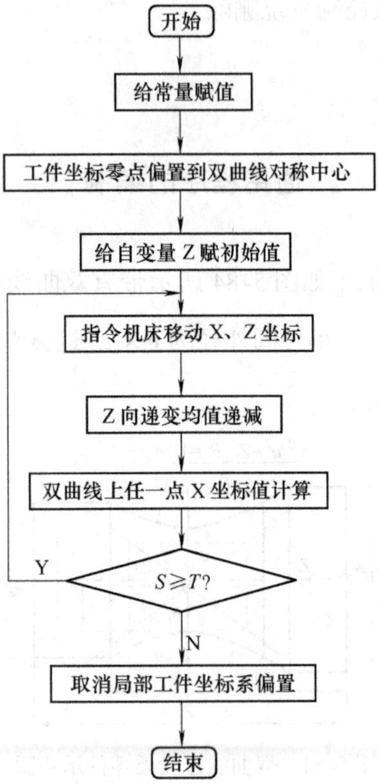

图 5-85 双曲线 R 参数的程序结构流程框图

（2）参数定义 见表 5-41。

表 5-41 参数定义

参　数	定　义	说　明
R24	X_0	双曲线对称中心的工件坐标横向绝对坐标值
R26	Z_0	双曲线对称中心的工件坐标纵向绝对坐标值
R1	a	双曲线实半轴长
R2	b	双曲线虚半轴长
R19	S	双曲线起点离开对称中心的 Z 向距离值
R20	T	双曲线终点离开对称中心的 Z 向距离值
R21	U	双曲线起点的 X 向半径坐标值
R6	Z	步距
R9	F	切削速度

(3) 编写程序

1) 主程序。

```
ABCDR. MPF;                                  程序名
N010   G18   G95   G97   G54   G40;          工艺加工状态设置
…
N050   T02   D02;                            调用车削椭圆曲线轮廓的刀具
N055   M03   S1000;                          切换精加工转速
N060   R24 = __  R26 = __  R1 = __  R2 = __  R19 = __  R20 = __  R21 = __  R6 = __  R9 = __
N065   L32;                                  调用车削双曲线类零件的用户 R 参数程序
N085   M05;                                  主轴停止
N090   M02;                                  程序结束并返回程序开头
```

2) 子程序。

```
L32. SPF;                                    R 参数子程序名
N010   TRANS   X = R24   Z = R26;            以双曲线对称中心设定局部工件坐标系
N015   MARKE1: R21 = 2 * R21
N018   G01X = R21   Z = R19   F = R9;        沿着双曲线作直线插补
N020   R19 = R19 - R6;
N025   R21 = R1 * SQRT (1 + (R19 * R19) /    双曲线上任一点 X 坐标值的计算
            (R2 * R2));
N030   IF R19 > = R20   GOTOB   MARKE1;      如果 R19 大于或等于 R20，跳转到
                                             MARKE1 程序段
N035   TRANS   ;                             取消局部工件坐标系偏置
N040   RET     ;                             子程序结果并返回主程序
```

2. 编程实例

在数控车床上加工如图 5-86 所示的双曲线过渡类零件，工件最终加工大外圆外径为 ϕ36mm，小外圆外径为 ϕ30mm，过渡双曲线方程为$\frac{X^2}{10^2}-\frac{Z^2}{13^2}=1$，双曲线实半轴长为 10mm，虚半轴长为 13mm。使用参数编制此零件的加工程序。

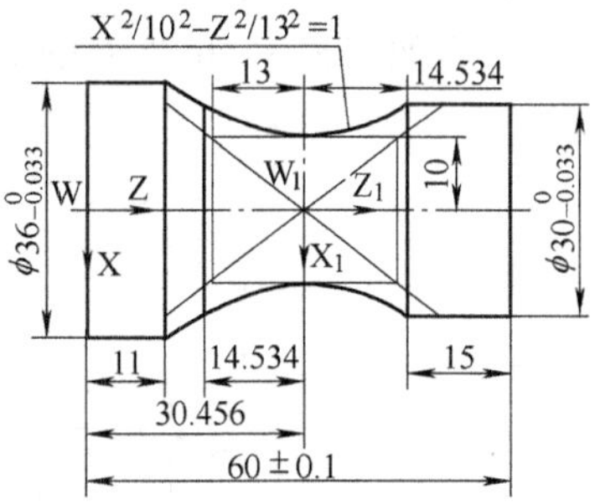

图 5-86　双曲线过渡类零件实例

(1) 工艺设计　建立如图 5-86 所示编程坐标系，机床坐标系偏置值设置在 G54 寄存器中。先用数控系统的外圆粗加工复合循环粗车零件各级外圆，然后再粗加工过渡双曲线，最后对工件进行精加工。

(2) 切削用量　1 号刀为外圆粗车刀，粗加工时主轴转速为 600r/min，进给量为 0. 35mm/r；2 号刀为外圆精车刀，精加工时主轴转速为 850r/min，进给量为 0. 2mm/r；车刀起始位置在工件坐标系右侧 (50，57 处)，精加工余量为 0. 5mm。

(3) 编制程序如下

```
N10   G54   G18   G21   G95
N15   M03   S600   T01D01
N20   G00   X50   Z100   M07
N25   G01   X30   Z64   F0. 5
```

```
N30   G01   Z-44.68
N35   G00   X50
N40   G00   Z100;                            刀具退回到起刀点
N45   R24=15   R26=30.456   R21=15   R1=10   R2=13   R19=14.543   R20=-14.543 R6=
0.5   R9=0.35;
                                             参数设置
N50   L32;                                   调用双曲线加工宏程序粗加工
N55   R24=10
N60   L32
N65   R24=5
N70   L32
N75   R24=1
N80   L32
N85   G00   X50
N87   Z100;                                  刀具退回到起刀点
N90   M03S850   T02D01;                      主轴正转850r/min，调用精车刀
N95   G00   X30   Z57;                       刀具快速移动到精加工准备点
N100  R24=0   R6=0.2   R9=0.2;               参数设置
N105  L32
N110  G01   X36   Z11;                       精车削斜面
N115  G01   Z-1;                             精车削φ36mm外圆
N120  G00   X45   M09;                       刀具退离零件，切削液停止
N125  G00   X80   Z100   M05;                刀具退到换刀点，主轴停止
N130  M02;                                   程序结束并返回程序开头
```

[任务巩固]

1. SIEMENS 系统的 R 参数编程与 FANUC 系统的宏程序有什么区别？
2. SIEMENS 系统的 R 参数编程有哪几种运算指令？
3. 完成如图 5-87 和图 5-88 所示零件的编程与加工。

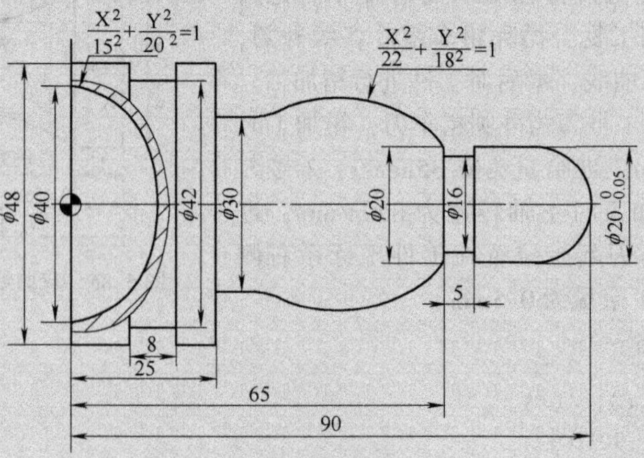

图 5-87 非圆曲线加工零件图（一）

5 MODULE

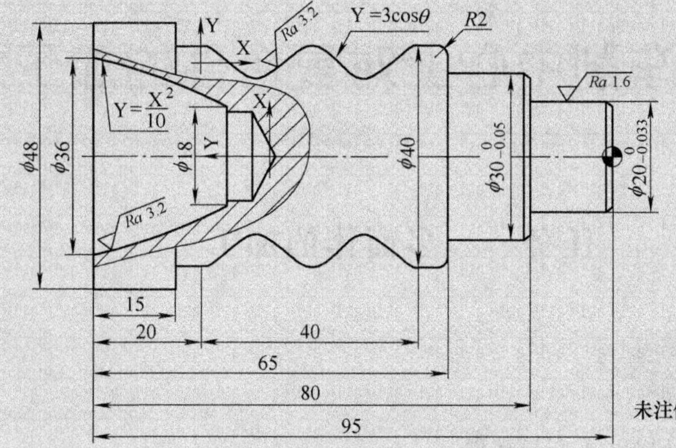

图 5-88　非圆曲线加工零件图（二）

模块六　在车削中心上对复合件的加工

任务一　多面体的加工

工作任务

在车削中心上加工如图 6-1 所示零件。

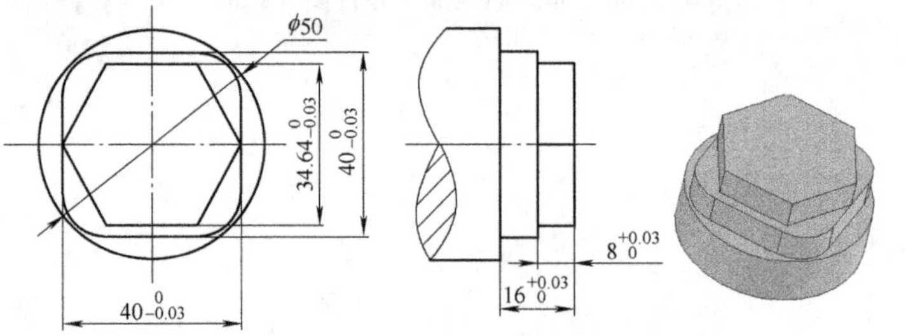

图 6-1　多面体加工零件图

本任务工件外圆轮廓的加工程序较为简单，而对于端面轮廓，则采用车削中心中的端面铣削指令“TRANSMIT”进行编程与加工。

任务目标

一、知识目标

1）掌握第 2 主轴功能的应用方法。
2）掌握第 3 轴和第 4 轴功能的应用方法。
3）掌握数控车削中心上铣削功能的应用方法。

二、技能目标

1）掌握在数控车削中心上加工多面体零件的程序编制方法。
2）掌握在数控车削中心上加工多面体零件的加工方法。

任务准备

一、第 2 主轴

在 SIEMENS 802D 数控车削中心上，可提供第 2 主轴，但这不适用于 802D－bi。使用动态转换功能 TRANSMIT 和 TRACYL 可进行车削和铣削。第 2 主轴用于铣刀。

主主轴是通过设计（机床数据）来定义的。主主轴通常为主轴 1，也可以在程序中定义其他主轴为主主轴。

1. SETMS（n）

当前的主主轴为主轴 n（$n=1$ 或 2）。

2. 进行转换

1）SETMS：所设计的主主轴从现在起重新成为主主轴。

2）SETMS（1）：主轴 1 从现在起重新成为主主轴。

3）与主主轴相关的功能（只适用于该主轴）。

① G95：每转进给。

② G96、G97：恒定切削速度。

③ LIMS：使用 G96、G97 时的转速上限。

④ G33、G34、G35、G331、G332：切削螺纹，螺纹插补。

⑤ M3、M4、M5、S __：简单规定旋转方向、停止点和转速。

⑥ S1 = __、S2 = __　：主轴 1、2 的主轴转速。

⑦ M1 =3，M1 =4，M1 =5：规定主轴 1 的旋转方向和停止点。

⑧ M2 =3，M2 =4，M2 =5：规定主轴 2 的旋转方向和停止点。

⑨ M1 =40，…，M1 =45：主轴 1 的传动级（如果存在的话）。

⑩ M2 =40，…，M2 =45：主轴 2 的传动级（如果存在的话）。

⑪ SPOS（n）：主轴 n 准停。

二、第 3 轴和第 4 轴

1. 第 3 轴和第 4 轴的定义

有的数控车床有一个第 3 轴和第 4 轴，它们可以是直线轴，也可以是回转轴，其名称相应地为 U 或 C 或 A 等。若第 3 轴和第 4 轴为回转轴，则其运行范围为 0° ~360°。第 3 轴或第 4 轴可以作为线性轴与原先的进给轴一起运行。如果该轴与原先的进给轴（X、Z）一起在一个程序段中，并且含有 G1 或 G2/G3 指令，其速度取决于 X、Z 轴的运动时间，并且与原先的进给轴一起开始和结束。但是，该速度值不能大于所规定的极限值。

第 3 轴和第 4 轴仅在所在程序段含有 G1 指令时以有效的进给率 F 运行。如果第 3 轴和第 4 轴为回转轴，则用 G94 指令时，其单位是（°）/min；用 G95 指令时，单位为（°）/r。

第 3 轴和第 4 轴可以设定偏移量（G54 ~ G57）并且进行零点偏置（TRANS，ATRANS）。

编程示例：假设第 4 轴为旋转轴，名称为 A，其程序如下：

```
N5    G94;                           F 的单位为 mm/min 或者（°）/min
N10   G0   X10   Z30   A45;          快速移动 X、Z 轴，A 同时运动
N20   G1   X12   Z33   A60   F400;   以 400mm/min 运行 X、Z 轴，A 同时运动
N30   G1   A90   F3000;              仅 A 轴以进给率 3000°/min 运行到 90°位置
```

2. 回转轴中使用的特殊指令（DC、ACP、ACN）

比如对回转轴 A：

A = DC（____）：绝对数据输入，直接回到位置（使用最短距离）
A = ACP（____）：绝对数据输入，在正方向逼近位置
A = ACN（____）：绝对数据输入，在负方向逼近位置

例如：N10 A = ACP（55.7）；表示在正方向逼近位置55.7°。

三、铣削功能

1. 刀具补偿

（1）补偿号　一个刀具可以匹配1~9个不同补偿的数据组（用于多个切削刃），如图5-2所示。用D及其相应的序号可以编制一个专门的切削刃。

如果没有编写D指令，则D1值自动生效；如果编程D0，则刀具补偿无效。

编程格式：

D _；	刀具补偿号：1~9
D0；	补偿值无效

说明：刀具更换后，程序中调用的刀具长度补偿和半径补偿立即生效；如果没有编程D号，则D1值自动生效。先编程的长度补偿先执行，对应的坐标轴也先运行。

系统中最多可以同时存储64个刀具补偿数据组。刀具半径补偿必须与G41/G42指令一起执行。

编程示例：

1）不用M6更换刀具（只用T）。

N05　G17；	确定待补偿的平面
N10　T1；	刀具1，补偿值D1值生效
N11　G00　Z _；	在G17平面中，Z是刀具长度补偿
N50　T4　D2；	更换刀具4，T4中D2值生效
…	
N70　G00　Z _　D1；	刀具4中D1值生效，在此更换切削刃

2）用M6更换刀具。

N05　G17；	确定待补偿的平面
N10　T1；	预选刀具
…	
N15　M06；	更换刀具4，T1中D1值生效
N16　G00　Z _；	在G17平面中，Z是刀具长度补偿
…	
N20　G00　Z _　D2；	刀具1中D2值生效
N50　T4；	刀具预选T4，注意：T1中D2仍然有效
…	
N55　D3　M06；	更换刀具4，T4中D3值生效
……	

（2）补偿内容

1）几何尺寸、长度、半径。几何尺寸由公称尺寸和磨损尺寸组成。控制器处理这些尺寸，计算并得到最后尺寸（如长度总和、半径总和）。在接通补偿存储器时，这些最终（总

和）尺寸有效。

由刀具类型指令和 G17、G18、G19 指令确定如何在坐标轴中计算出这些尺寸值，如图 6-2 所示。

有效性		
G17:	长度 1Z 轴方向 长度 2Y 轴方向 长度 3X 轴方向 X/Y 平面中半径	Z, Y, X
G18:	长度 1Y 轴方向 长度 2X 轴方向 长度 3Z 轴方向 Z/X 平面中半径	Y, X, Z
G19:	长度 1X 轴方向 长度 2Z 轴方向 长度 3Y 轴方向 Y/Z 平面中半径	X, Z, Y

刀具为钻头时不考虑半径
F—刀具相关点

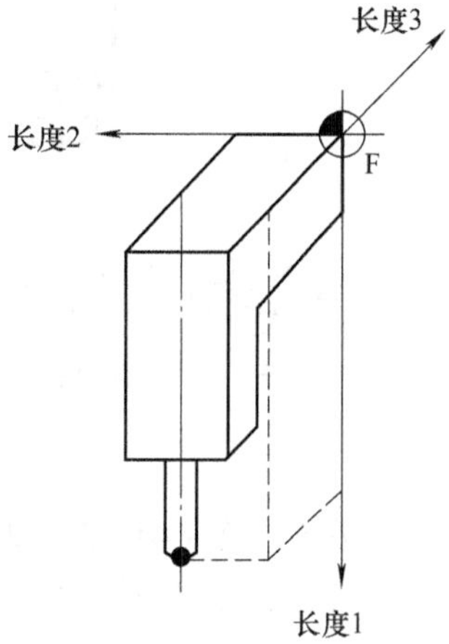

图 6-2　三维刀具长度补偿有效（特殊情况）

2）刀具类型。由刀具类型（铣刀或钻头）可以确定需要哪些几何参数以及怎样进行计算，如图 6-2 和图 6-3 所示。

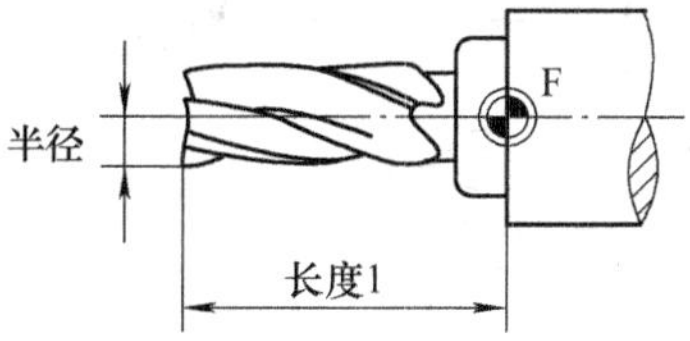

作用	
G17	长度 1 为 Z 轴 X/Y 平面中半径
G18	长度 1 为 Y 轴 Z/X 平面中半径
G19	长度 1 为 X 轴 Y/Z 平面中半径

F—刀具相关点

图 6-3　铣刀所要求的补偿参数

刀具的特殊情况：在铣刀和钻头中，长度 2 和长度 3 的参数仅用于特殊情况，比如弯头结构的多尺寸长度补偿。

（3）刀具半径补偿中的几个特殊情况

1）重复执行相同的补偿方式时，可以直接进行新的编程而无需在其中写入 G40 指令。新补偿调用之前的程序段在其轨迹终点处按补偿矢量的正常状态结束，然后开始新的补偿。

2）可以在补偿运行过程中变化补偿号 D。补偿号变换后，在新补偿号程序段的起始处，新刀具半径补偿就已经生效，但整个变化须等到程序段结束才能发生。这些修改值由整个程序段连续执行，在圆弧插补时也如此。

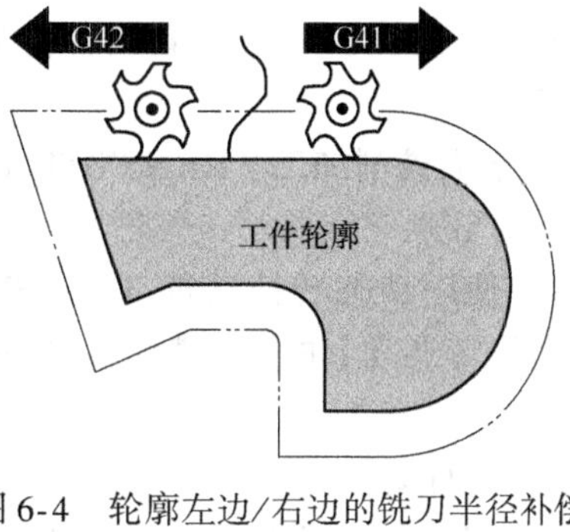

图 6-4　轮廓左边/右边的铣刀半径补偿

3）铣刀半径补偿 G41、G42 指令（见图 6-4）开始补偿时刀具以直线方式运动，并在轮廓起始点处与轨迹切向垂直（见图 6-5）。

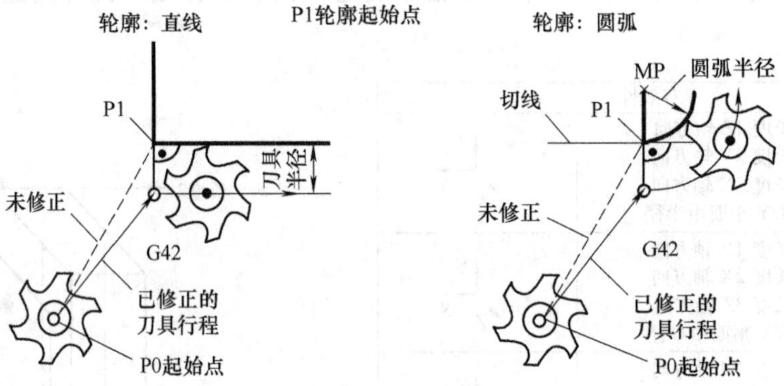

图 6-5　开始进行铣刀半径补偿

4）补偿方向指令 G41 和 G42 可以相互变换，无需在其中再写入 G40 指令。原补偿方向的程序段在其轨迹终点处按补偿矢量的正常状态结束，然后在新的补偿方向开始进行补偿，如图 6-6 所示。

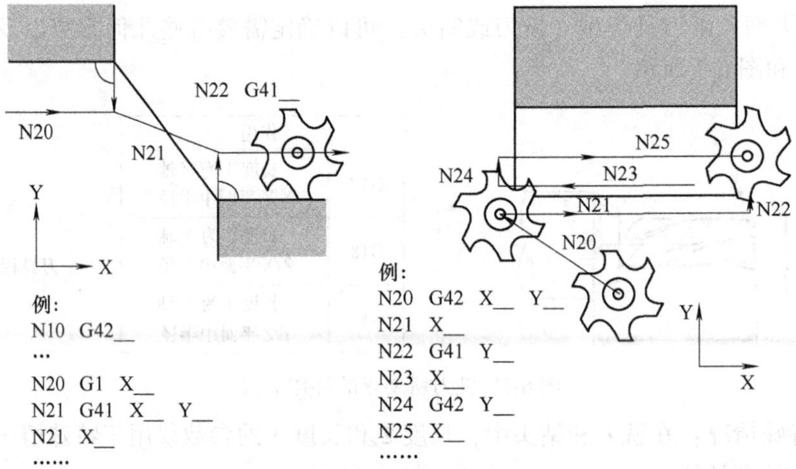

图 6-6　更换补偿方向

5）如果通过 M02（程序结束）而不是用 G40 指令结束补偿运行，则最后的程序段以补偿矢量正常位置坐标结束，不进行撤销补偿移动，程序以此刀具位置结束。

2. 端面铣削加工 TRANSMIT（见图 6-7）

（1）说明

1）使用动态转换功能 TRANSMIT 时，可以对装夹在旋转夹具上的待车削的工件进行端面铣削或钻削。

2）编程此加工工序时，应使用笛卡儿坐标系。

3）控制系统将编程的笛卡儿坐标系中的进给

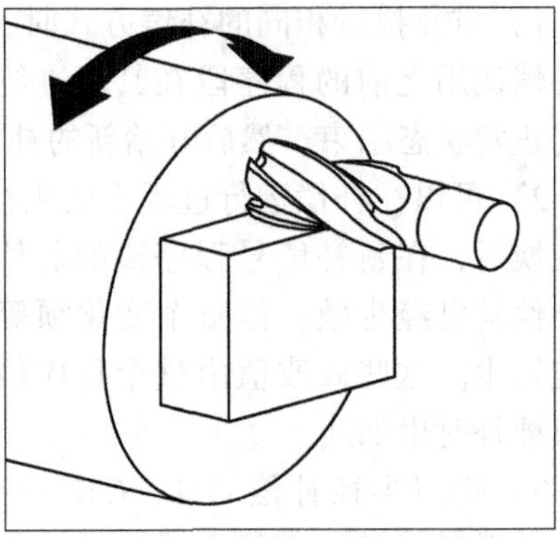

图 6-7　端面铣削加工

运动转换为实际加工轴的运动，此时主主轴用作机床回转轴。

4）必须通过专用的机床数据设计 TRANSMIT。允许使用相对于车削中心的刀具中心偏移，并允许通过这些机床数据进行设计。

5）除了刀具长度补偿外，也可使用刀具半径补偿（G41、G42）进行加工。

6）速度控制考虑到了旋转运动定义的极限。

（2）编程格式

TRANSMIT；	开启 TRANSMIT（单独程序段）
TRAFOOF；	关闭（单独程序段）
TRAFOOF；	将取消任何有效的转换功能。

例 6-1 加工如图 6-8 所示的零件，编制其加工程序。

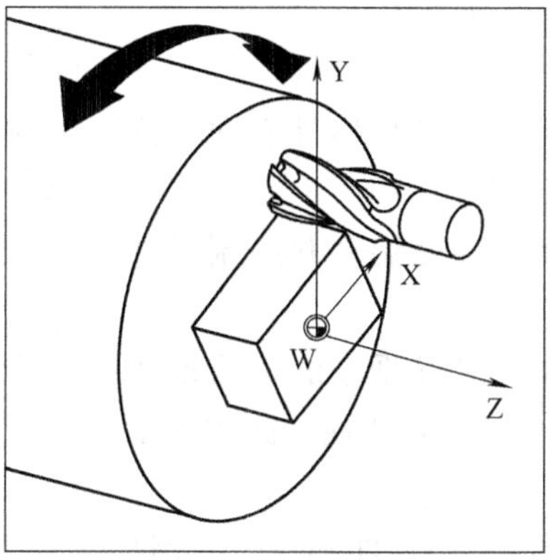

图 6-8 例 6-1 图

使用 TRANSMIT 编程时，笛卡儿坐标系 X、Y、Z 的原点位于工件的端面上。

铣四边形的程序如下：

N10 T1 F400 G94 G54；	铣刀，进给率，进给方式
N20 G0 X50 Z60 SPOS = 0；	返回到起始位置
N25 SETMS (2)；	主主轴现在为铣削主轴
N30 TRANSMIT；	激活 TRANSMIT 功能
N35 G55 G17；	激活零点偏移，X/Y 平面
N40 ROT RPL = -45；	在 X/Y 平面内的可编程旋转
N50 ATRANS X-2 Y3；	可编程偏移
N55 S600 M3；	开启铣刀主轴
N60 G1 X12 Y-10 G41；	开启刀具半径补偿
N65 Z-5；	铣刀进给
N70 X-10	
N80 Y10	
N90 X10	
N100 Y-12	
N110 G0 Z40；	铣刀退刀

```
N120  X15  Y-15  G40;                          关闭刀具半径补偿
N130  TRANS;                                   关闭可编程偏移和旋转
N140  M5;                                      关闭铣刀主轴
N150  TRAFOOF;                                 关闭 TRANSMIT
N160  SETMS;                                   主主轴现在重新为车削主轴
N170  G54  G18  G0  X50  Z60  SPOS=0;          返回起始位置
N200  M2
```

说明：

车削中心将 X0/Y0 标记为原点，因此不建议在原点附近加工工件。因为在某些情况下，要求进给率减小以防止旋转轴过载。刀具位置正处于极点时，应避免选择 TRANSMIT，避免使原点 X0/Y0 经过刀具中点。

3. 柱面铣削加工 TRACYL（见图 6-9）

（1）说明

1）动态转换功能 TRACYL 用于圆柱体外表面的铣削加工，可以生成任意方向开口的槽。

2）以特定的加工圆柱直径将柱面展开并编制了外表面槽铣削程序。

3）控制系统将编程的笛卡儿坐标系中的进给动作转换为实际机床轴的动作，要求使用回转轴，此时主主轴用作机床回转轴。

4）必须使用专用的机床数据设计 TRACYL。设计 TRACYL 的同时也定义了回转轴的 Y=0 位置。

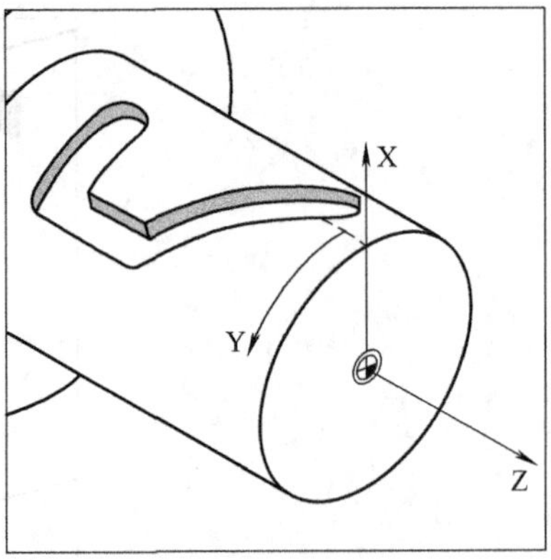

图 6-9 柱面铣削加工

5）如图 6-10 所示的车削中心具有一个实际的加工轴 Y（YM），因此可以设计一个扩展的 TRACYL 变量，这样就可以加工槽，使用槽壁修正（见图 6-11，槽壁与槽底相互垂直）后，即可使用直径小于槽宽的刀具。否则，只能采用直径与槽宽相等的刀具。

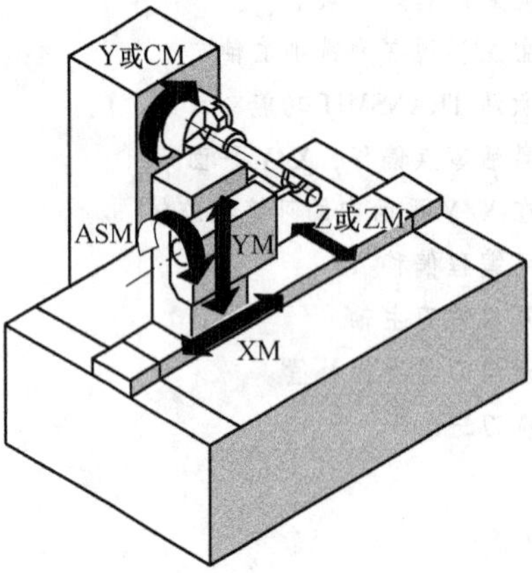

图 6-10 带有附件机床 Y 轴（YM）的特殊机床运动

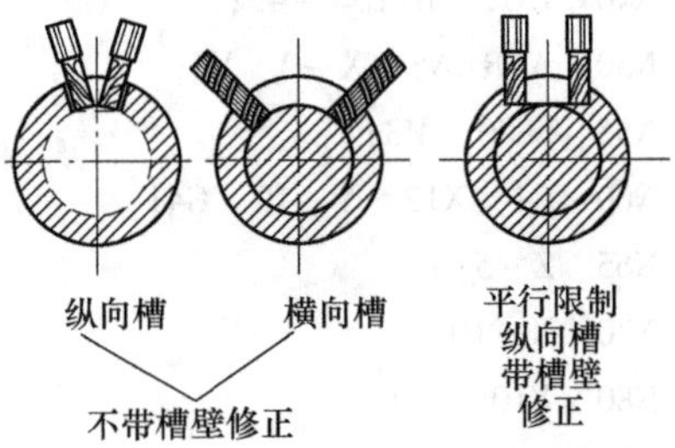

图 6-11 各种槽（截面视图）

（2）编程格式

TRACYL（d）；　　　　　　　　激活 TRACYL（单独程序段）
TRAFOOF；　　　　　　　　　　取消（单独程序段）

其中 d 为圆柱的加工直径，单位为 mm。

TRAFOOF 将取消任何有效的转换功能。

（3）OFFN 地址说明

1）OFFN 定义槽壁到所编程路径的距离，通常需编程槽中心线。使用刀具半径补偿（G41、G42）时，OFFN 定义槽宽（一半，见图 6-12）。

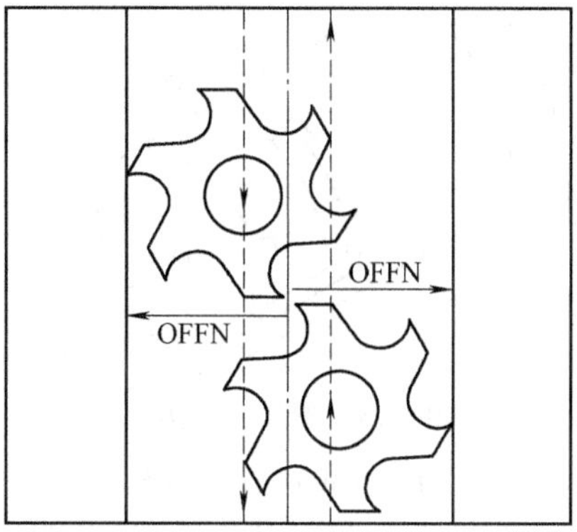

图 6-12　使用 OFFN 定义槽宽

2）编程格式

OFFN = _；　　　　　距离，以 mm 为单位

3）槽加工好以后，设定 OFFN = 0。除了 TRACYL，OFFN 也可以使用 G41、G42 编程去除毛坯余量。

4）为了可以使用 TRACYL 铣削槽，零件程序通过槽的中心线，定义坐标，并且通过 OFFN 设定槽宽（其值为槽宽的一半）。

5）OFFN 只在选择刀具半径补偿后才生效。而且，必须保证 OFFN 不小于刀具半径，以避免损坏槽壁。

6）通常，铣槽的零件程序中包含以下内容。

刀具的选择→TRACYL 的选择→相应零点偏移的选择→定位→OFFN 编程→TRC 的选择→返回程序段（返回到槽壁，考虑 TRC）→通过槽中心线的槽加工程序→取消 TRC→出发程序段（从槽壁出发，考虑 TRC）→定位→OFFN 删除→TRAFOOF（取消 TRACYL）→重新选择原来的零点偏移。

7）导槽：使用与槽宽完全匹配的刀具直径，可以加工准确的槽。刀具半径补偿（TRC）需一直有效。使用 TRACYL 时，也可以用直径小于槽宽的刀具来加工槽。在这种情况下需充分利用刀具半径补偿（G41、G42）和 OFFN。为了达到精度要求，刀具直径可略小于槽宽。

8）使用带槽壁补偿的 TRACYL 时，应根据槽中心编程。

9）选择刀具半径补偿（TRC）：为了使刀具移动到槽壁的左侧（槽中心线的右侧），输入 G42；相应地，如果要使刀具移向槽壁的右侧（槽中心线的左侧），必须输入 G41。如果要修改刀具补偿方式，可以在 OFFN 中定义负的槽宽。

10）TRC 有效时，如果也不使用 TRACYL，但考虑 OFFN，则在 TRAFOOF 之后，OFFN 应复位到零。使用与不使用 TRAYCL 下的 OFFN 的作用不同。

11）可在零件程序中更改 OFFN，这样可以修改实际的中心线。

例 6-2　加工如图 6-13 所示的零件，进给路线如图 6-14 所示。槽底部圆柱形的加工直径为 35.0mm，所要求的槽的总宽度为 24.8mm，所使用的铣刀半径为 10.123mm。

其加工程序如下：

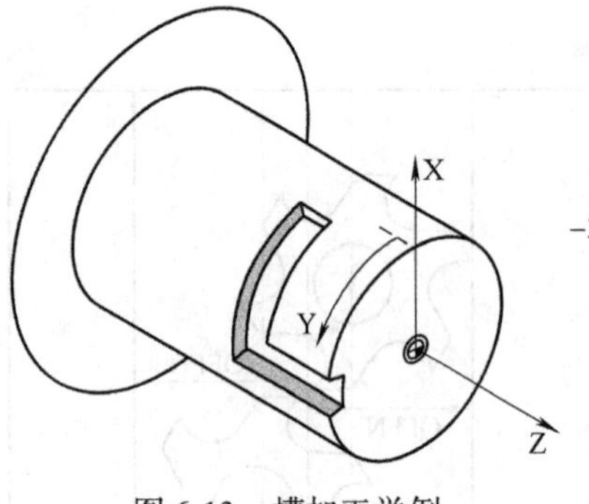

图 6-13 槽加工举例

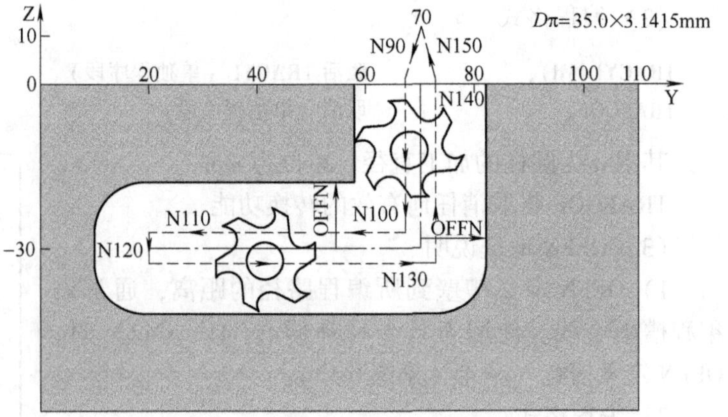

图 6-14 进给路线

N10 T1 F400 G94 G54;	铣刀，进给率，进给方式，零偏补偿值
N30 G0 X25 Z50 SPOS=200;	返回起始位置
N35 SETMS (2);	主主轴现在为铣削主轴
N40 TRACYL (35.0);	开启 TRACYL，加工直径为 35.0mm
N50 G55 G19;	零偏补偿值，平面选择：Y/Z 平面
N60 S800 M3;	开启铣刀主轴
N70 G0 Y70 Z10;	起始位置 Y/Z
N80 G1 X17.5;	铣刀进到槽底部
N70 OFFN=12.4;	槽壁与槽中线距离为 12.4mm
N90 G1 Y70 Z1 G42;	开启 TRC，返回槽壁
N100 Z-30;	槽截面平行于圆柱轴
N110 Y20;	槽截面平行于圆周
N120 G42 G1 Y20 Z-30;	TRC 重新开始，返回另一个槽壁，槽壁与槽中线间的距离仍为 12.4mm
N130 Y70 F600;	槽截面平行于圆周
N140 Z1;	槽截面平行于圆柱轴
N150 Y70 Z10 G40;	关闭 TRC
N160 G0 X25;	铣刀退刀
N170 M5 OFFN=0;	关闭铣刀主轴，删除槽壁距离
N180 TRAFOOF;	关闭 TRACYL
N190 SETMS;	主主轴现在重新改为车削主轴
N200 G54 G18 G0 X25 Z50 SPOS=200;	返回起始位置
N210 M2;	

任务实施

一、机床选择

选用 CH6145A 车削中心机床，SIEMENS 802D 系统。

二、刀具选择

选用 ϕ20mm 立铣刀。

三、程序编制

本任务的加工程序如下：

AA447. MPF；	
G90　G94　G40　G17　G54　T1D1　SPOS=0；	程序初始化
SETMS（2）；	设定主轴为铣削主轴
TRANSMIT；	激活端面铣削功能
G55；	设定端面铣削加工时的工件坐标系
M03　S600	
G00　X-35　Y30	
Z5	
G01　Z-8　F100；	加工六方体
G41　G01　Y17.32	
X10	
X20　Y0	
X10　Y-17.32	
X-10	
X-20　Y0	
X-10　Y17.32	
G40　G01　X35　Y30	
G01　Z-16；	加工四方体
G41　G01　Y20	
X10	
G02　X20　Y10　CR=10	
G01　Y10	
G02　X10　Y-20　CR=10	
G01　X-10	
G02　X-20　Y-10　CR=10	
G01　Y10	
G02　X-10　Y20　CR=10	
G40　G01　X35　Y30	
G00　Z50	
M05	
TRAFOOF；	取消端面铣削
SETMS；	恢复主主轴为旋转轴
G18　G00　X100　Z100　SPOS=0	
M30	

四、对刀

1）确定已进行过手动返回参考点操作后，按下机内对刀仪对刀操作键，使指示灯点亮，开始进入对刀测量状态。

2）选择要测定的刀具后，将刀偏页面内的光标移至该刀具对应的刀偏地址号上，手动操作使刀具接近测头。

3）用手轮进给使刀尖接触到传感器，传感器指示灯亮，蜂鸣器响起，CNC 将自动记下刀具偏移值。

[任务巩固]

1. 第 2 主轴的作用是什么？

2. 数控车削中心上具有铣削功能的好处是什么？

3. 在车削中心上，使用 SIEMENS 802D 编写如图 6-15 所示零件的加工程序，并在车削中心上完成该工件的加工。

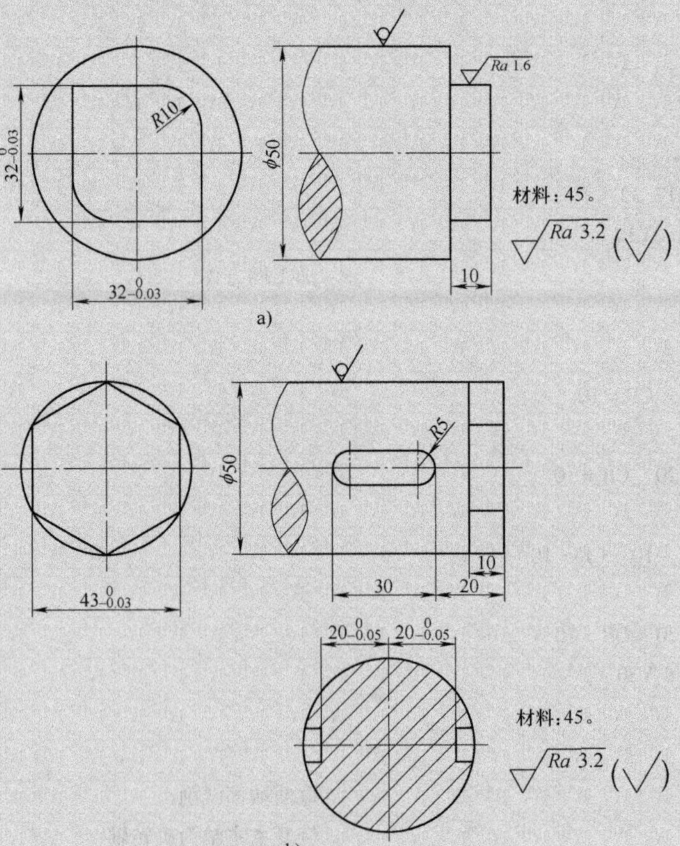

图 6-15　多面体加工零件图

任务二　孔系零件的加工

工作任务

加工如图 6-16 所示零件，编制其加工程序，并在 SIEMENS 系统数控车削中心上加工出来。

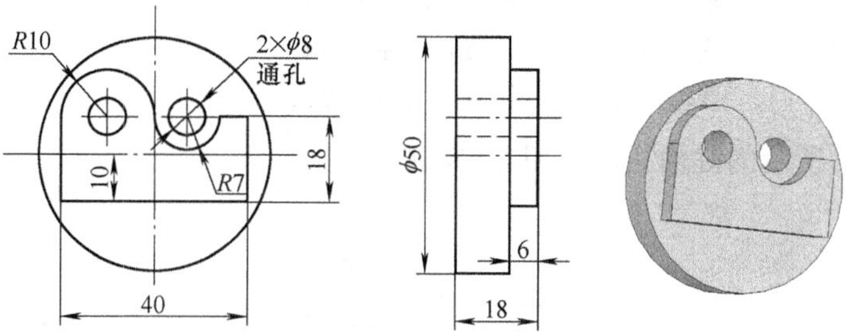

图 6-16　轴线与 Z 轴不重合孔的加工

本任务的两个孔为圆柱端面上轴线与 Z 轴不重合的孔，不能应用主轴旋转的方法来完成加工，应采用车削中心上的动力刀具完成，可采用 CYCLE 循环加工。

任务目标

一、知识目标

1）掌握主轴准停功能的应用方法。

2）掌握数控车削中心上单孔加工循环的应用方法。

3）掌握数控车削中心上多孔加工循环的应用方法。

二、技能目标

1）掌握轴线与 Z 轴不重合单孔加工程序的编制方法。

2）掌握多孔加工程序的编制方法。

任务准备

一、SPOS 主轴准停

1. 功能

在主轴设计成可以进行位置控制运行的前提下，利用功能 SPOS 可以把主轴定位到一个确定的转角位置，然后通过位置控制保持这一位置，以便进行后续操作。定位运行速度在机床数据中规定。

从主轴运行状态（顺时针或逆时针旋转）进行准停时，准停运行方向保持不变；从静止状态进行定位时，准停运行按最短位移进行，方向从起始点位置到终点位置。

主轴首次运行时，测量系统还没有进行同步，此时，准停运行方向由机床中的数据规定。

主轴准停运行可以与同一程序段中的坐标轴运行同时发生。当两种运行都结束以后，此程序段才结束。

2. 编程格式

SPOS = __；	绝对位置：0°～360°（小于360°）
SPOS = DC（__）；	绝对数据输入，直接回到位置（使用最短距离）
SPOS = ACP（__）；	绝对数据输入，在正方向逼近位置
SPOS = ACN（__）；	绝对数据输入，在负方向逼近位置
SPOS = IC（__）；	增量尺寸说明，符号规定运行方向

如加工图6-17所示的键槽，就可用准停功能。

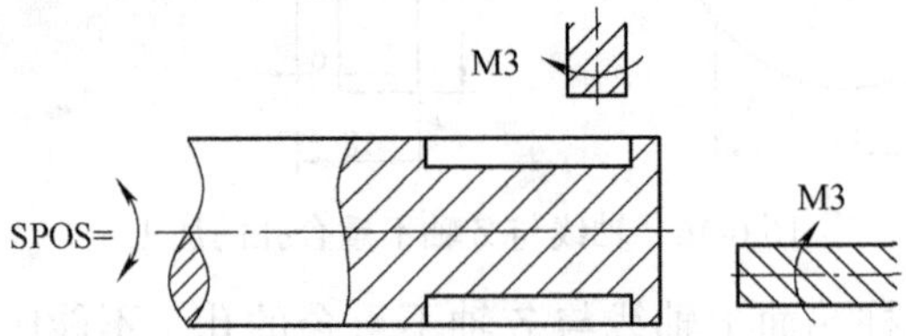

图6-17 主轴准停功能的应用

3. 说明

具体应用主轴准停SPOS功能时应注意实际机床的硬件配置情况，这与主轴所采用的控制模式有关。图6-17中，主轴准停后要加工键槽，则必须将主轴锁住，还必须使用动力刀具。

二、孔加工循环

1. 参数的类型

1）几何参数（见图6-18）。几何参数在所有钻孔循环中都相同，包括参考平面、返回平面、安全间隙和绝对或相对的最后钻孔深度。

2）加工参数。加工参数在各个循环中具有不同的含义和作用，因此它们在每个循环中单独编程。

3）平面定义。钻孔循环时，通常通过选择平面G17，并激活可编程的偏移来定义进行加工的当前工件坐标系。钻孔轴始终是垂直于当前平面坐标系的轴。

4）循环调用前必须选择刀具长度补偿。其作用是始终与所选平面垂直并保持有效，即使在循环结束后（见图6-19）。

车削时，钻孔轴为Z轴，在工件的端面钻孔。

5）停留时间编程。钻孔循环中的停留时间参数始终分配给有关参数，必须以秒为单位。

2. 钻削、中心钻孔CYCLE81

（1）书写格式　CYCLE81（RTP，RFP，SDIS，DP，DPR）

（2）参数　见表6-1和图6-20。

1）RFT和RTP（参考平面和返回平面）。通常，参考平面（RFP）和返回平面（RTP）具有不同的值。在循环中，返回平面定义在参考平面之前。从返回平面到最后钻孔深度的距离大于参考平面到最后钻孔深度间的距离。

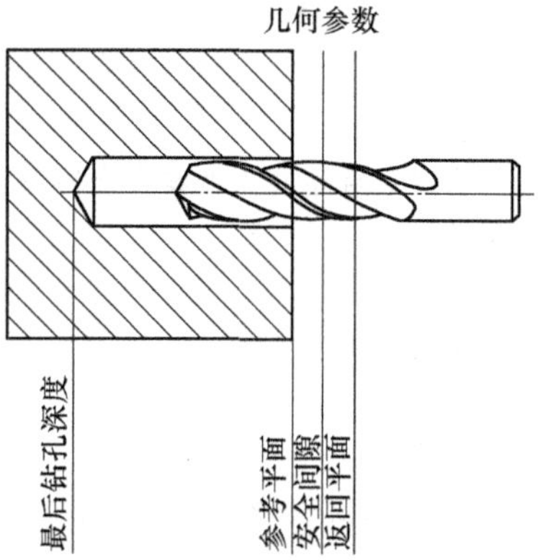

图 6-18　几何参数

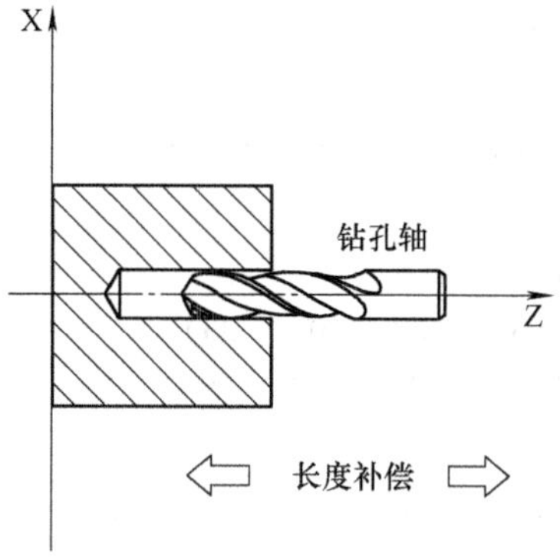

图 6-19　刀具长度补偿

表 6-1　CYCLE81 参数

参　数	性　质	说　明
RTP	实数	返回平面（绝对）
RFP	实数	参考平面（绝对值）
SDIS	实数	安全间隙（输入时不带正负号）
DP	实数	最后钻孔深度（绝对值）
DPR	实数	相对于参考平面的最后钻孔深度（输入时不带正负号）

2）SDIS（安全间隙）。安全间隙作用于参考平面，参考平面由安全间隙产生。安全间隙作用的方向由循环自动决定。

3）DP 和 DPR（最后钻孔深度）。最后钻孔深度可以定义成参考平面的绝对值或相对值。相对值定义时，循环将使用参考平面和返回平面的位置自动计算出深度。如果一个值同时输入给 DP 和 DPR，则最后钻孔深度来自 DPR。如果该值不同于由 DP 编程的绝对值深度，在信息栏会出现“深度：符合相对深度值”。

如果参考平面和返回平面的值相同，深度不能用相对值定义，否则将输出错误信息 61101（参考平面定义不正确）且不执行循环。如果返回平面在参考平面后，将输出错误信息。

例 6-3　加工如图 6-21 所示的零件，编制其加工程序。

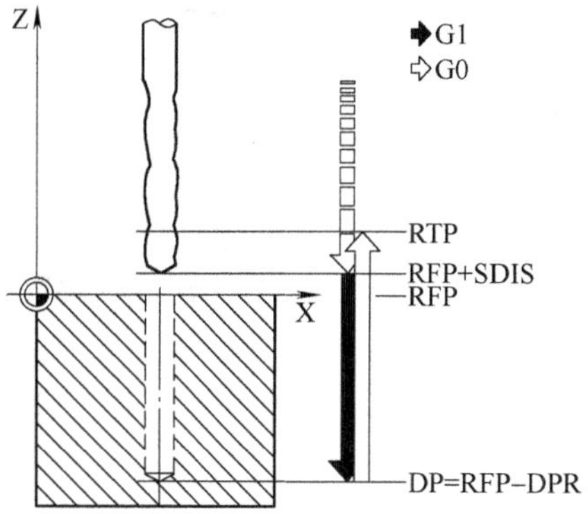

图 6-20　CYCLE81 参数

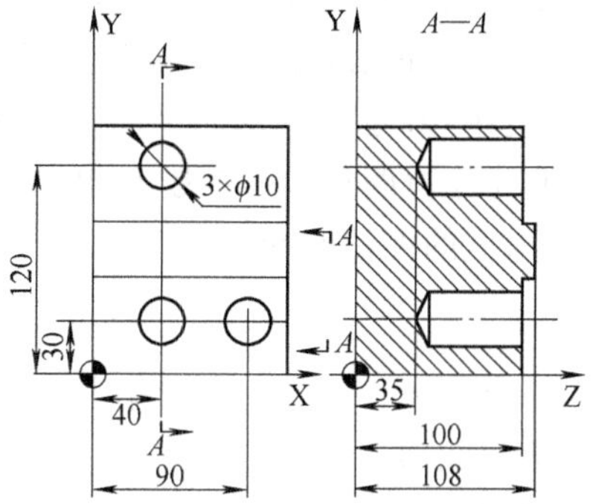

图 6-21　CYCLE81 加工实例

其加工程序如下：

```
N10  G0  G17  G90  F200  S300  M3
N20  D3  T3  Z110;                          回到返回平面
N30  X40  Y120;                             返回首次钻孔位置
N40  CYCLE81 (110, 100, 2, 35);             使用绝对值指定最后钻孔深度和安全间隙，以不完整的
                                            参数表调用循环
N50  Y30;                                   移到下一个钻孔位置
N60  CYCLE81 (110, 102,, 35);               无安全间隙调用循环
N70  G0  G90  F180  S300  M03
N80  X90;                                   移到下一个位置
N90  CYCLE81 (110, 100, 2,, 65);            使用相对最后钻孔深度，安全间隙调用循环
N100  M2;                                   程序结束
```

3. 钻孔、锪平面 CYCLE82

（1）书写格式 CYCLE82（RTP，RFP，SDIS，DP，DPR，DTB）

（2）参数 见表6-2 和图6-22。

表6-2 CYCLE82 参数

参　数	性　质	说　明
RTP	实数	返回平面（绝对）
RFP	实数	参考平面（绝对值）
SDIS	实数	安全间隙（输入时不带正负号）
DP	实数	最后钻孔深度（绝对值）
DPR	实数	相对于参考平面的最后钻孔深度（输入时不带正负号）
DTB	实数	最后钻孔深度时的停留时间（断屑）

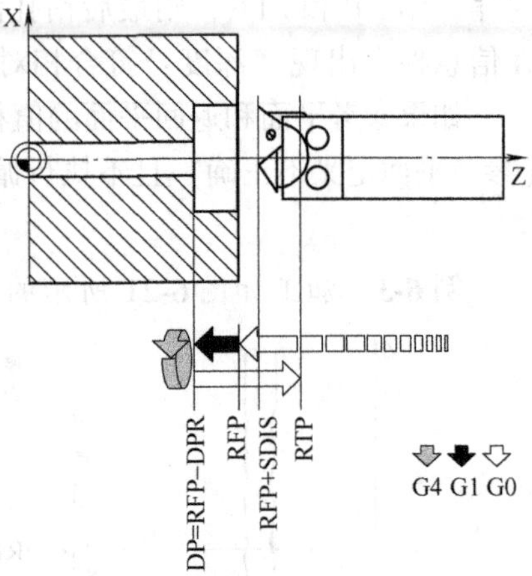

图6-22 CYCLE82 参数

说明：

1）按照编程的主轴速度和进给率进行钻孔，直至达到最后钻孔深度。到达最后钻孔深度时允许的停留时间由DBT确定。

2）动作组成：循环启动前到达位置，钻孔位置在所选平面的两个进给轴中；使用G0回到安全间隙之前的参考平面；按循环调用前所编程的进给率（G1）移动到最后的钻孔深度；在最后钻孔深度处的停留时间；使用G0返回到返回平面。

3）DTB（停留时间）。参数DTB以秒为单位编制到达钻孔深度的停留时间（断屑）。

例6-4 使用CYCLE82循环编写在X0处加工一个深20mm孔的加工程序，停留时间为3s，安全间隙为2.4mm。

其程序如下：

```
N10  G95  G0  G90  G54  F2  S300  M3;             工艺值的规定
N20  D1  T6  Z50;                                  回到返回平面
N30  G17  X0;                                      返回钻孔位置
N40  CYCLE82 (3, 1.1, 2.4, -20,, 3);              最后钻孔深度绝对值和安全间隙的循环调用
N50  M2;                                           程序结束
```

4. 深孔钻削 CYCLE83

（1）书写格式　CYCLE83（RTP，RFP，SDIS，DP，DPR，FDEP，FDPR，DAM，DTB，DTS，FRF，VARI）

（2）参数　见表6-3与图6-23、图6-24。

表6-3　CYCLE83的参数

参　数	性　质	说　明
RTP	实数	返回平面（绝对）
RFP	实数	参考平面（绝对值）
SDIS	实数	安全间隙（输入时不带正负号）
DP	实数	最后钻孔深度（绝对值）
DPR	实数	相对于参考平面的最后钻孔深度（输入时不带正负号）
FDEP	实数	起始钻孔深度（绝对值）
FDPR	实数	相对于参考平面的起始钻孔深度（输入时不带正负号）
DAM	实数	递减量（输入时不带正负号）
DTB	实数	最后钻孔深度时的停留时间（断屑）
DTS	实数	起始点处用于排屑的停留时间
FRF	实数	起始钻孔深度的进给系数（输入时不带正负号），值域：0.001～1
VARI	整数	加工方式：断屑=0；排屑=1

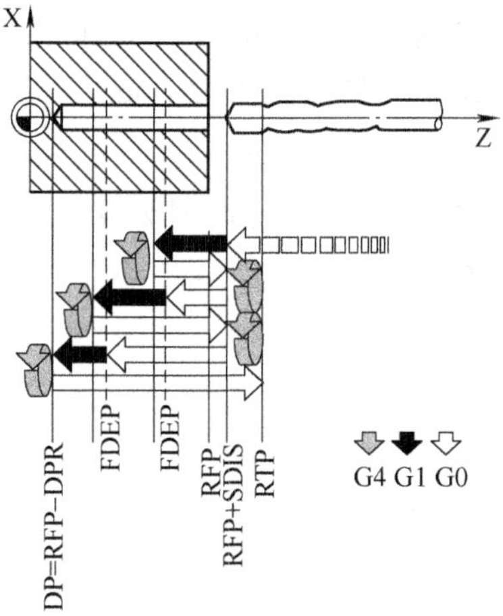

图6-23　深孔排屑钻

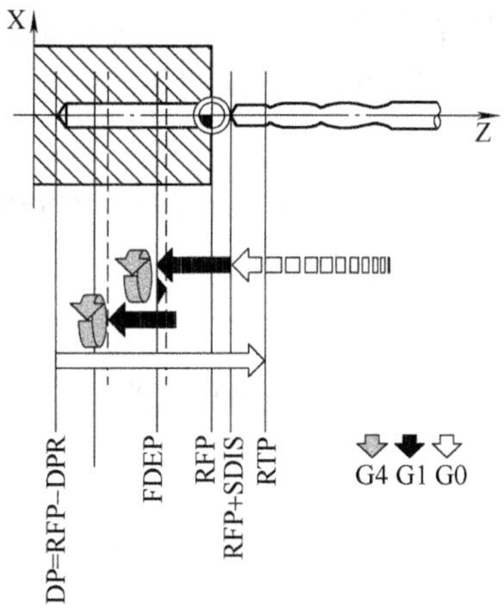

图6-24　深孔往复排屑钻

说明：

1）钻头可以在每次进给深度完成以后退回到参考平面+安全间隙用于排屑，或者每次退回1mm用于断屑。

2）动作组成。循环启动前到达位置，钻孔位置在所选平面的两个坐标轴中，动作组成如下：

① 深孔钻削排屑（VARI=1）：使用G0回到安全间隙之前的参考平面；使用G1移动到起始钻孔深度，进给率来自程序调用中的进给率，取决于参数FRF（进给系数）；在最后钻孔深度处的停留时间（参数DTB）；使用G0返回到安全间隙之前的参考平面，用于排屑；起始点的停留时间（参数DTS）；使用G0回到上次到达的钻孔深度，并保持预留量距离；使用G1钻削到下一个钻孔深度（持续动作顺序直至到达最后钻孔深度）；使用G0返回到返回平面。

② 深孔钻削断屑（VARI=0）：使用G0回到安全间隙之前的参考平面；用G1钻孔到起始深度，进给率来自程序调用中的进给率，取决于参数FRF（进给系数）；在最后钻孔深度处的停留时间（参数DTB）；使用G1从当前钻孔深度后退1mm，采用调用程序中的编程的进给率（用于断屑）；用G1按所编程的进给率执行下一次钻孔切削（该过程一直进行下去，直至到达最终钻削深度）；使用G0返回到返回平面。

3）参数DP（或DPR）、FDEP（或FDPR）和DMA。DP钻孔深度是最后钻孔深度，首次钻孔深度和递减量在循环中的计算方法是：首先，进行首次钻深，只要不超出总的钻孔深度；从第二次钻深开始，每次的钻深由上一次钻深减去递减量获得，但要求钻深大于所编程的递减量；当剩余量大于两倍的递减量时，以后的钻削量等于递减量；最终的两次钻削行程被平分，所以始终大于一半的递减量；如果第一次的钻深值和总钻深不符，则输出错误信息61107：首次钻深定义错误，则不执行循环程序。

4）DTB（停留时间）。参数DTB以秒为单位编制了到达最后钻孔深度的停留时间（断屑）。

5）DTS（停留时间）。起始点的停留时间只在VARI=1时执行。

6）FRF（进给系数）。有效进给率的缩减系数，该系数只适用于循环中的首次钻孔深度。

7）VARI（加工方式）。VARI=0，钻头在每次到达钻深后退回1mm用于断屑。VARI=1（用于排屑），钻头每次移动到安全间隙之前的参考平面。

8）预期间隙的大小由循环内部计算所得。如果钻深为30mm，预期间隙的值始终是0.6mm；对于更大的钻深，预期间隙的值为孔深的1/50，且最大值为7mm。

例6-5 在位置X0处执行循环CYCLE83。首次钻孔时，停留时间为零且加工方式为断屑。最后钻深和首次钻深的值为绝对值，钻孔轴是Z轴，编制其加工程序。

其程序如下：

```
N10  G0  G54  G90  F5  S500  M4;         工艺值的规定
N20  D1  T6  Z50;                        回到返回平面
N30  G17  X0;                            返回钻孔位置
N40  CYCLE83 (3.3, 0, 0, -80, 0, -10, 0, 0, 0, 0, 1, 0);
                                         调用循环，深度参数的值为绝对值
N50  M2;                                 程序结束
```

5. 攻螺纹（G331/G332）

（1）书写格式　G331　Z＿　K＿

（2）说明

1）要求主轴必须是位置控制的主轴，且具有位移测量系统。

2）如果主轴和坐标轴的动态性能许可，可以用G331/G332进行不带补偿夹具的螺纹切削。

3）如果在攻螺纹的情况下还是使用了补偿夹具，则由补偿夹具接受的行程差值会减小，从而可以进行高速主轴攻螺纹。

4）用G331加工螺纹，用G332退刀。

5）攻螺纹深度通过诸如Z轴进行规定，螺距通过相关的插补参数确定（在此为K）。

6）在G332中编程的螺距与在G331中编程的螺距相同，主轴自动反向。

7）主轴转速用S编程，不带M3/M4。

8）在攻螺纹之前，必须用SPOS=__指令使主轴处于位置控制运行状态。

9）右旋/左旋螺纹。用螺距的符号确定主轴方向，螺距符号为正，主轴右旋（同M3）；螺距符号负，主轴左旋（同M4）。

10）用G331/G332加工螺纹时，坐标轴速度由主轴转速和螺距确定，与进给率F没有关系。它仍被存储，不允许超过机床数据中规定的最大轴速度（快速移动速度），否则发生报警。

例6-6 加工米制螺纹，螺距为5mm，主轴转速为0.8mm/r，钻孔已预先完成，编制其加工程序。

其程序如下：

```
N5  G54  G0  G90  X10  Z5;        回起始点
N10  SPOS=0;                      主轴处于位置控制状态
N20  G331  Z-25  K0.8  S600;      攻螺纹，K为正，表示主轴右转，终点-25mm
N40  G332  Z5  K0.8;              退刀
N50  G0  X__  Z__
……
```

6. 刚性攻螺纹CYCLE84

（1）书写格式 CYCLE84（RTP，RFP，SDIS，DP，DPR，DTB，SDAC，MPIT，PIT，POSS，SST，SST1）

（2）参数 见表6-4与图6-25。

表6-4 CYCLE84的参数

参数	性质	说明
RTP	实数	返回平面（绝对值）
RFP	实数	参考平面（绝对值）
SDIS	实数	安全间隙（输入时不带正负号）
DP	实数	最后钻孔深度（绝对值）
DPR	实数	相对于参考平面的最后钻孔深度（输入时不带正负号）
DTB	实数	螺纹到达深度时的停留时间（断屑）
SDAC	整数	循环结束后的旋转方向值：3、4或5（用于M3、M4或M5）
MPIT	实数	螺距作为螺纹尺寸（有符号），数值范围为3（用于M3）~48（用于M48），符号决定了在螺纹中的旋转方向

（续）

参　数	性　质	说　明
PIT	实数	螺距作为数值（有符号），数值范围为0.001～2000.000mm，符号决定了在螺纹中的旋转方向
POSS	实数	循环中主轴准停位置（以度为单位）
SST	实数	攻螺纹速度
SST1	实数	退回速度

说明：

1）循环启动前到达攻螺纹的位置，螺孔位置在所选平面的两个坐标轴中。

2）动作组成：使用G0回到安全间隙之前的参考平面；主轴准停（角度值在参数POSS中）以及将主轴转换为进给轴模式；攻螺纹至最终钻孔深度，速度为SST；螺纹深度处的停留时间（参数DTB）；退回到安全间隙前的参考平面，速度为SST1且方向相反；使用G0退回到返回平面；通过在循环调用前重新编程有效的主轴速度以及SDAC下编程的旋转方向，从而改变主轴模式。

3）DTB（停留时间）。停留时间以秒为单位编程。攻螺纹孔时，建议忽略停留时间。

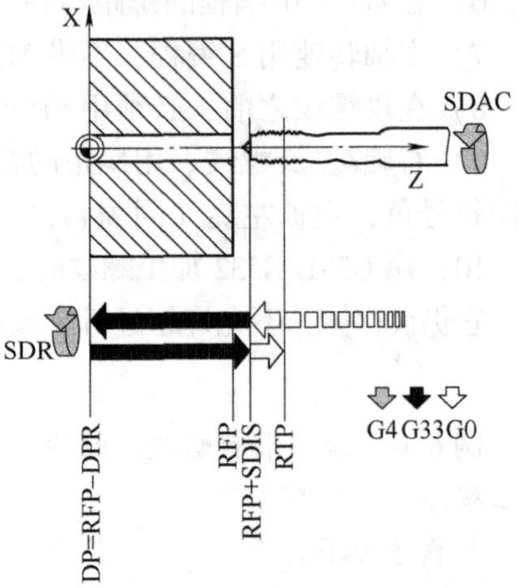

图6-25　刚性攻螺纹CYCLE84

4）SDAC（循环结束后的旋转方向）。在SDAC中，将对主轴在循环结束后的旋转方向进行编程。在循环内部自动执行攻螺纹时的反方向。

5）MPIT和PIT（以螺距作为螺纹尺寸和数值）。可以将螺纹螺距的值定义为螺纹大小（公称螺纹只在M3～M48范围内）或一个值（导程作为数值），不需要的参数在调用中省略或赋值为零。右旋螺纹或左旋螺纹由螺距参数符号定义。如果两个螺纹螺距参数的值有冲突，循环将产生报警（61001“螺纹螺距错误且循环中断”）。

6）POSS（主轴准停位置）。攻螺纹前，使用命令SPOS使主轴准停在循环中定义的位置并转换成位置控制，使用POSS命令设定主轴的准停位置。

7）SST（速度）。参数SST包含了用于攻螺纹程序的主轴转速。

8）SST1（退回速度）。在SST1中，可以在用地址为G332的程序段攻螺纹后，对退回转速进行编程。如果该参数的值为零，则按照SST下编程的速度退回。

9）循环中攻螺纹时的旋转方向始终自动颠倒。

例6-7　加工在位置X0处，将在没有补偿夹具的情况下攻螺纹，攻螺纹轴为Z轴。未编程停留时，编程的深度值为相对值，必须给旋转方向参数和螺距参数赋值。被加工螺纹的公称直径为M5，编制其加工程序。

其程序如下：

```
N10  G00  G90  G54  T6  D1
```

```
N20  G17  X0  Z40;                                       返回钻孔位置
N30  CYCLE84 (4, 0, 2,, 30,, 3, 5,, 90, 200, 500);       循环调用，主轴在90°位置停止：攻螺纹
                                                         速度是200r/min，退回速度是500r/min
N40  M2;                                                 程序结束
```

7. 带补偿夹具攻螺纹 CYCLE840

（1）书写格式　CYCLE840（RTP，RFP，SDIS，DP，DPR，DTB，SDR，SDAC，ENC，MPIT，PIT）

（2）参数　见表6-5与图6-26。

表6-5　CYCLE840的参数

参　数	性　质	说　明
RTP	实数	返回平面（绝对值）
RFP	实数	参考平面（绝对值）
SDIS	实数	安全间隙（输入时不带正负号）
DP	实数	最后钻孔深度（绝对值）
DPR	实数	相对于参考平面的最后钻孔深度（输入时不带正负号）
DTB	实数	螺纹深度时的停留时间（断屑）
SDR	整数	退回时的旋转方向，值为0（旋转方向自动颠倒）、3或4（用于M3或M4）
SDAC	整数	循环结束后的旋转方向，值为3、4或5（用于M3、M4或M5）
ENC	整数	带/不带编码器攻螺纹；值为：0＝带编码器；1＝不带编码器
MPIT	实数	螺距作为螺纹尺寸（有符号），数值范围为3（用于M3）～48（用于M48）
PIT	实数	螺距作为数值（有符号），数值范围为0.001～2000.000mm

说明：

1）使用此循环，可以进行带补偿夹具的攻螺纹，包括无编码器和有编码器两种。

2）动作组成：使用G0回到安全间隙之前的参考平面；攻螺纹至最终钻孔深度；螺纹深度处的停留时间（参数DTB）；退回到安全间隙前的参考平面；使用G0返回到返回平面。

3）DTB（停留时间）。停留时间以秒为单位编程，仅在不带编码器进行攻螺纹时生效。

4）SDR（退回时的旋转方向）。如果要使主轴方向自动颠倒，必须设置SDR＝0。如果机床数据定义成无编码器（机床数据MD30200NUM_ENCS为0），参数值必须定义为3或4，否则将输出报警61202“主轴方向未编程”且循环中断。

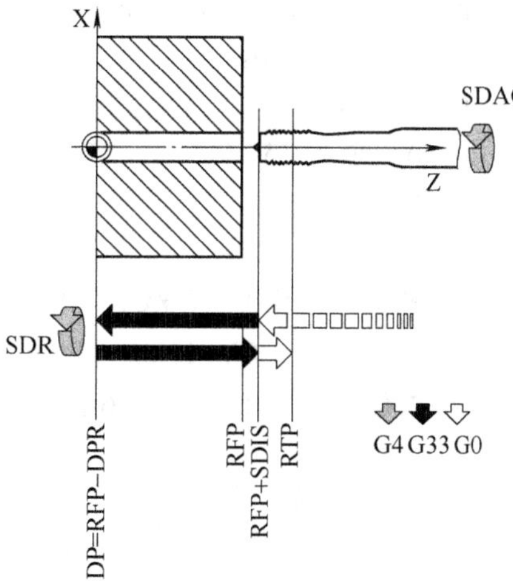

图6-26　CYCLE840参数

5）SDAC（旋转方向）。参数SDAC下对此方向进行编程，该方向与首次调用前在前面程序中编程的旋转方向一致。如果SDR＝0，SDAC的值在循环中没有意义，可以在参数化时忽略。

6）ENC（攻螺纹）。尽管有编码器存在，如果要进行无编码器攻螺纹，参数ENC的值也必须设为1。如果没有安装编码器且参数值为0，循环中不考虑编码器。

7）MPIT和PIT（以螺距作为螺纹尺寸和数值）。如果螺距参数只对带编码器的攻螺纹有意义，循环通过主轴速度和螺距计算出进给率，可以将螺纹螺距的值定义为螺纹大小（公称螺纹为M3～M48）或一个值（数值为螺纹导程）。不需要的参数在调用中省略或赋值为零。如果两个螺纹螺距参数的值有冲突，循环将输出报警61001“螺纹螺距错误”，且循环中断。

8）根据机床数据MD30200 NUM_ ENCS中的设定，循环可以选择攻螺纹时带或不带编码器。丝锥的旋转方向必须在循环调用之前用M3或M4编程。

例6-8 不带编码器在位置X0处攻螺纹，钻孔轴为Z轴，必须给旋转方向参数SDR和SDAC赋值，参数ENC的值为1，深度的值是绝对值，可以忽略螺距参数PIT，加工时使用补偿夹具，编制其加工程序。

其程序如下：

```
N10 G90 G0 G54 D1 T6 S500 M3;              工艺值的规定
N20 G17 X0 Z60;                            返回钻孔位置
N30 G1 F200;                               规定轨迹进给率
N40 CYCLE840 (5, 0, 3, -5,, 1, 4, 3, 1, 10,,);停留时间1s，退回时主轴转向M04，循环时
                                           主轴转向M03
N50 M2;                                    程序结束
```

例6-9 带编码器在位置X0处攻螺纹，钻孔轴是Z轴，必须定义螺距参数，旋转方向自动颠倒已编程。加工时使用补偿夹具，编制其加工程序。

其程序如下：

```
N10 G90 G0 G54 D1 T6 S500 M3;              工艺值的规定
N20 G17 X0 Z60;                            返回钻孔位置
N30 G1 F200;                               规定轨迹进给率
N40 CYCLE840 (5, 0, 3, -15,, 1, 0,,,, 1.5);  无安全间隙调用循环
N50 M2;                                    程序结束
```

8. 铰孔1（镗孔1）**CYCLE85**

（1）书写格式 CYCLE85（RTP，RFP，SDIS，DP，DPR，DTB，FFR，RFF）

（2）参数 见表6-6与图6-27。

表6-6 CYCLE85的参数

参 数	性 质	说 明
RTP	实数	返回平面（绝对值）
RFP	实数	参考平面（绝对值）
SDIS	实数	安全间隙（输入时不带正负号）
DP	实数	最后铰孔坐标（绝对值）
DPR	实数	相对于参考平面的最后铰孔坐标（输入时不带正负号）
DTB	实数	铰孔到孔底时的停留时间（断屑）

（续）

参　数	性　质	说　明
FFR	实数	进给率
RFF	实数	退回进给率

说明：

1）DTB（停留时间）。DTB 以秒为单位设定最后铰孔深度时的停留时间。

2）FFR（进给率）。铰孔时 FFR 下编程的进给率值有效。

3）RFF（退回进给率）。从孔底退回到参考平面+安全间隙时，RFF 下编程的进给率值有效。

例如：在 Z70　X0 处调用循环 CYCLE85，镗孔轴是 Z 轴，循环调用中最后铰孔深度的值是作为相对值来编程的，未编程停留时间。工件的上沿在 Z0 处。

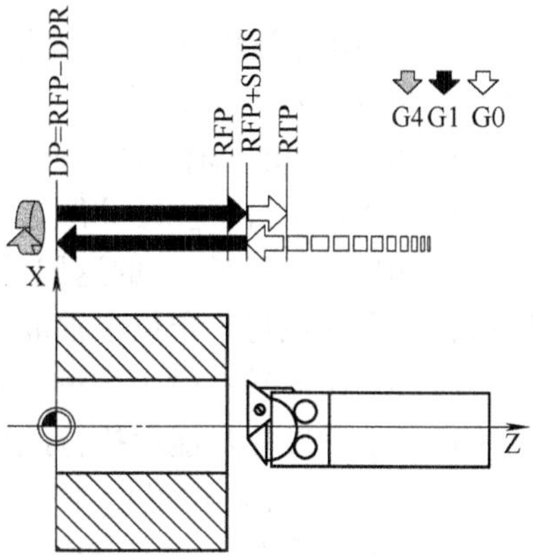

图 6-27　CYCLE85 参数

其程序如下：

```
N10  G90  G0  S300  M3
N20  T3  G17  G54  Z70  X0;                      返回钻孔位置
N30  CYCLE85（10，2，2，，25，，300，450）;       循环调用
N40  M2;                                         程序结束
```

9. 镗孔（镗孔 2）**CYCLE86**

（1）书写格式　CYCLE86（RTP，RFP，SDIS，DP，DPR，DTB，SDIR，RPA，RPO，RPAP　POSS）

（2）参数　见表 6-7 与图 6-28。

表 6-7　CYCLE86 的参数

参　数	性　质	说　明
RTP	实数	返回平面（绝对值）
RFP	实数	参考平面（绝对值）
SDIS	实数	安全间隙（输入时不带正负号）
DP	实数	最后镗孔坐标（绝对值）
DPR	实数	相对于参考平面的最后镗孔坐标（输入时不带正负号）
DTB	实数	镗孔到孔底时的停留时间（断屑）
SDIR	整数	旋转方向，值为 3（用于 M3）或 4（用于 M4）
RPA	实数	平面中第一轴上的返回路径（增量，带符号输入）
RPO	实数	平面中第二轴上的返回路径（增量，带符号输入）
RPAP	实数	镗孔轴上的返回路径（增量，带符号输入）
POSS	实数	循环中定位主轴准停的位置（以度为单位）

说明：

1）此循环可以用来使用镗刀进行镗孔。

2）镗孔 2 时，一旦到达镗孔深度，便激活了定位主轴停止功能。然后，主轴从返回平面快速回到编程的返回位置。

3）动作组成：使用G0回到安全间隙之前的参考平面；使用G1和循环调用前编程的进给率移到最终镗孔深度；执行最后镗孔深度处的停留时间；定位主轴停止在POSS下编程的位置；使用G0在三个轴方向上返回；使用G0在镗孔轴方向返回到安全间隙前的参考平面；使用G0退回到返回平面（平面的两个轴方向上的初始镗孔位置）。

4）SDIR（旋转方向）。如果参数的值不是3或4（M3/M4），则产生报警61102“未编程主轴方向”且不执行循环。

5）RPA（第一轴上的返回路径）。定义在第一轴上（横坐标）的返回路径，当到达最后镗孔深度并执行了主轴准停后执行此返回路径。

6）RPO（第二轴上的返回路径）。定义在第二轴上（纵坐标）的返回路径，当到达最后镗孔深度并执行了定位主轴准停后执行此返回路径。

7）RPAP（镗孔轴上的返回路径）。定义在镗孔轴上的返回路径，当到达最后镗孔深度并执行了主轴准停功能后执行此返回路径。

8）POSS（主轴位置）。使用POSS编程定位主轴准停的位置，单位为度。该功能在到达最后镗孔深度后执行；可以使当前有效的主轴准停在某个方向；使用转换参数编程角度值。

例6-10 利用镗孔2在XY平面中的X70 Y50处调用CYCLE86。镗孔轴是Z轴，编程的最后镗孔深度值为绝对值，未定义安全间隙。在最后镗孔深度处的停留时间是2s。工件的上沿在Z110处。在此循环中，主轴以M3旋转并停在45°位置（见图6-29），编制其加工程序。

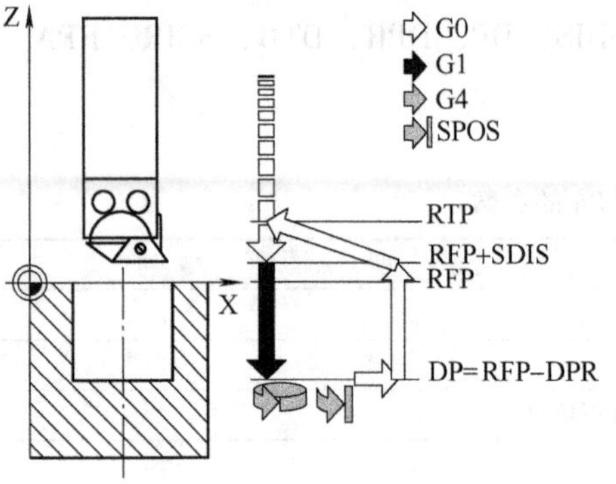

图6-28 CYCLE86参数

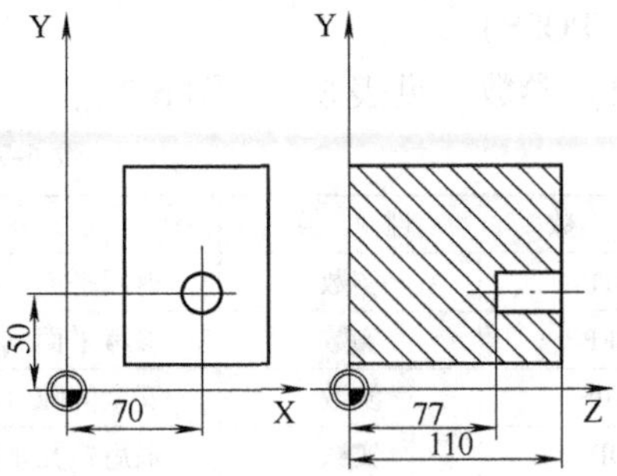

图6-29 CYCLE86加工实例

其程序如下：

N10 G0 G17 G90 F200 S300 M3;	工艺值的规定
N20 T11 D1 Z112;	回到返回平面
N30 X70 Y50;	返回钻孔位置
N40 CYCLE86（112，110，，77，，2，3，−1，−1，1，45）；	使用绝对钻孔深度调用循环
N50 M2;	程序结束

10. 带停止钻孔1（镗孔3）**CYCLE87**

（1）书写格式 CYCLE87（RTP，RFP，SDIS，DP，DPR，SDIR）

（2）参数　见表6-8与图6-30。

表6-8　CYCLE87的参数

参　数	性　质	说　明
RTP	实数	返回平面（绝对值）
RFP	实数	参考平面（绝对值）
SDIS	实数	安全间隙（输入时不带正负号）
DP	实数	最后钻孔深度（绝对值）
DPR	实数	相对于参考平面的最后钻孔深度（输入时不带正负号）
SDIR	整数	旋转方向，值为3（用于M3）或4（用于M4）

说明：

1）镗孔3时，一旦到达钻孔深度，便激活了主轴停止功能M5，并生成编程暂停M0。按NC启动键继续快速返回，直至到达返回平面。

2）动作组成：使用G0回到安全间隙之前的参考平面；使用G1和循环调用前编程的进给率移到最终钻孔深度；使用M5主轴停止；按NC启动继续；使用G0返回到返回平面。

例6-11　利用镗孔3在XY平面中的X70 Y50处调用CYCLE87。钻孔轴是Z轴，最后钻孔深度以绝对值定义，安全间隙为2mm（见图6-31），编制其加工程序。

其程序如下：

```
DEF  REAL  DR  SDIS;                         参数定义
N10  DP=77  SDIS=2;                          赋值
N20  G0  G17  G90  F200  S300;               工艺值的规定
N30  D3  T3  Z113;                           回到返回平面
N40  X70  Y50;                               返回钻孔位置
N50  CYCLE87（113，110，SDIS，DP，，3）;      使用编程的主轴旋转方向M3调用循环
N60  M02
```

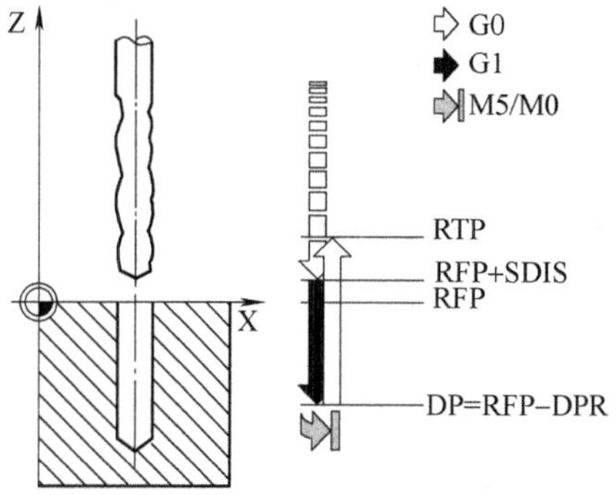

图6-30　CYCLE87参数

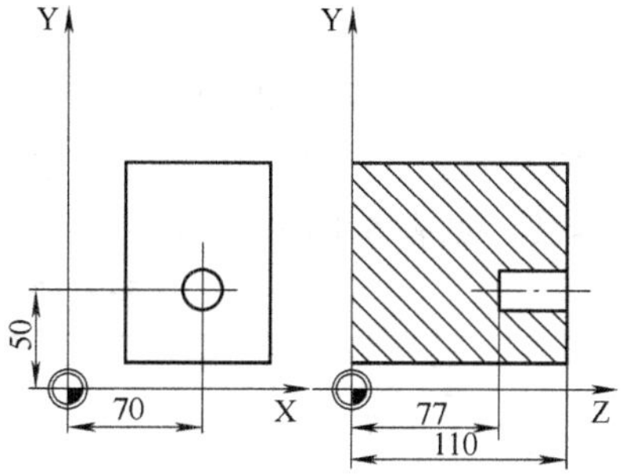

图6-31　CYCLE87加工实例

11. 带停止钻孔2（镗孔4）CYCLE88

（1）书写格式　CYCLE88（RTP，RFP，SDIS，DP DPR，DTB，SDIR）

（2）参数　见表6-9与图6-32。

表 6-9 CYCLE88 的参数

参 数	性 质	说 明
RTP	实数	返回平面（绝对）
RFP	实数	参考平面（绝对值）
SDIS	实数	安全间隙（输入时不带正负号）
DP	实数	最后钻孔深度（绝对值）
DPR	实数	相对于参考平面的最后钻孔深度（输入时不带正负号）
DTB	实数	最后钻孔深度时的停留时间（断屑）
SDIR	整数	旋转方向，值为 3（用于 M3）或 4（用于 M4）

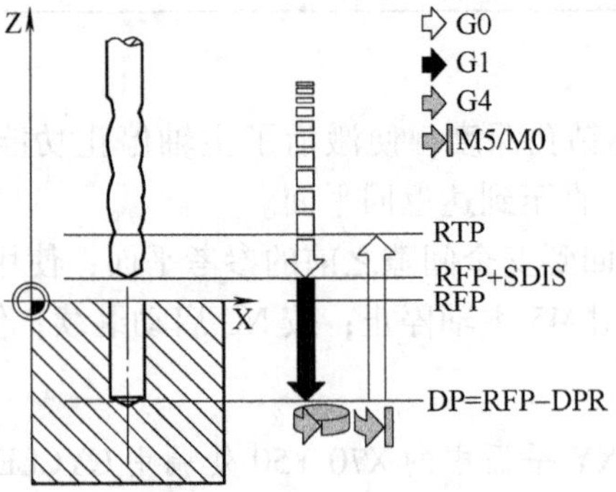

图 6-32 CYCLE88 参数

例 6-12 使用镗孔 4 循环 CYCLE88 编制在 X0，钻孔轴是 Z 轴；安全距离编程值为 3mm；最后钻孔深度定义为参考平面的相对值；M4 在循环中有效的程序。

其程序如下：

```
N10  T1  S300  M3
N20  G17  G54  G90  F1  S450;              工艺值的规定
N30  G0  X0  Z10;                          返回钻孔位置
N40  CYCLE88 (5, 2, 3,, 72, 3, 4);         使用编程的主轴旋转方向 M4 调用循环
N50  M2;                                   程序结束
```

12. 铰孔 2（镗孔 5）CYCLE89

（1）书写格式 CYCLE89（RTP，RFP，SDIS，DP，DPR，DTB）

（2）参数 见表 6-10 与图 6-33。

表 6-10 CYCLE89 的参数

参 数	性 质	说 明
RTP	实数	返回平面（绝对）
RFP	实数	参考平面（绝对值）
SDIS	实数	安全间隙（输入时不带正负号）
DP	实数	最后钻孔深度（绝对值）
DPR	实数	相对于参考平面的最后钻孔深度（输入时不带正负号）
DTB	实数	最后钻孔深度时的停留时间（断屑）

例 6-13 加工如图 6-34 所示零件，在 XY 平面的 X80Y90 处，调用钻孔循环 CYCLE89，安全间隙为 5mm，最后钻孔深度定义为绝对值，钻孔轴是 Z 轴，编制其加工程序。

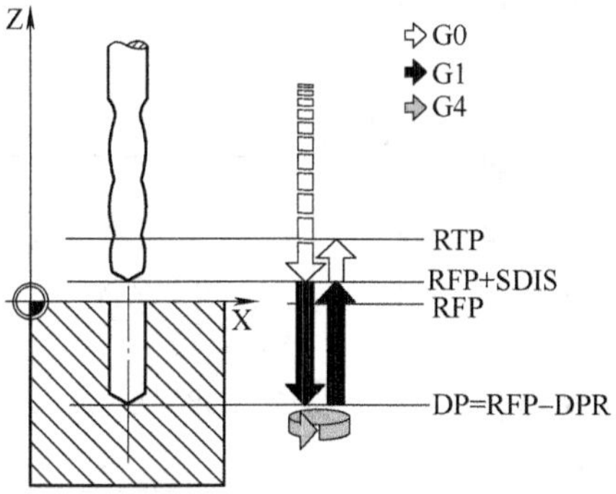

图 6-33 CYCLE89 参数

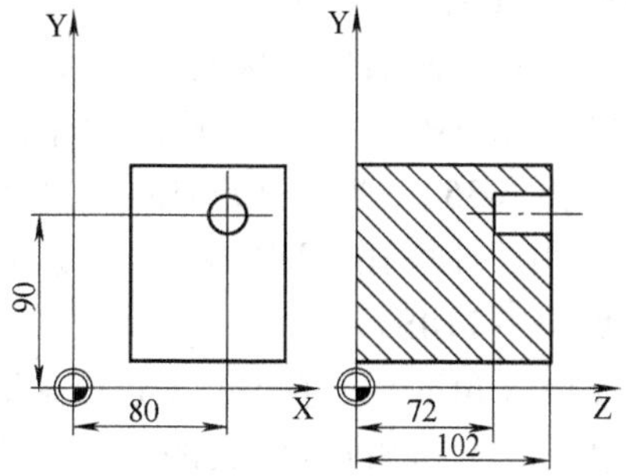

图 6-34 CYCLE89 加工实例

其加工程序如下：

RFP = 102 RTP = 107 DP = 72 DTB = 3;	赋值
N10 G90 G17 F100 S450 M4;	工艺值的规定
N20 G0 X80 Y90 Z107;	回到钻孔位置
N30 CYCLE89 (RTP, RFP, 5, DP,, DTB)	
N40 M02	

13. 排孔系循环 HOLES1

(1) 书写格式 HOLES1 (SPCA, SPCO, STA1, FDIS, DBH, NUM)

(2) 参数 见表 6-11 与图 6-35。

表 6-11 HOLES1 的参数

参 数	性 质	说 明
SPCA	实数	直线（绝对值）上一基准点的平面的第一坐标轴（横坐标）坐标
SPCO	实数	此基准点（绝对值）平面的第二坐标轴（纵坐标）坐标
STA1	实数	与平面第一坐标轴（横坐标）的角度值域：−180° < STA1 < = 180°
FDIS	实数	第一个孔到基准点的距离（输入时不带正负号）
DBH	实数	孔间距（输入时不带正负号）
NUM	整数	孔的数量

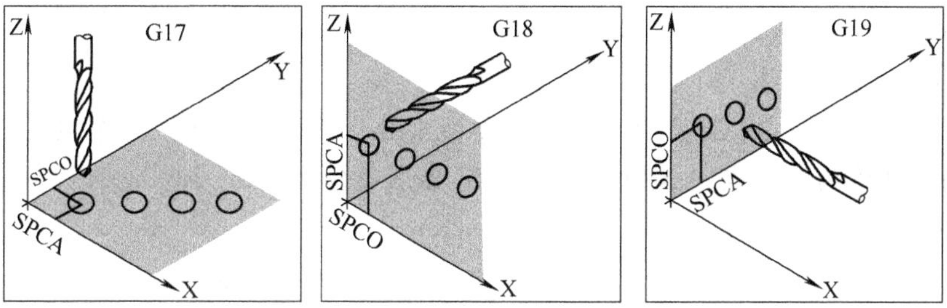

图 6-35 HOLES1 参数

说明：

1）此循环可以用来钻削一排孔，即沿直线分布的一些孔或网格孔。孔的类型由已被调用的钻孔循环决定。

2）为了避免不必要的空行程，通过平面轴的实际位置和此排孔的几何分布，循环计算出是从第一孔还是最后一孔开始加工，随后依次快速达到钻孔位置。

3）SPCA 和 SPCO（平面的第一坐标轴和第二坐标轴的基准点见图 6-36）。把排孔形成的直线上的某一点定义成基准点，用于计算孔之间的距离，定义从基准点到第一个孔的距离（FDIS）。

4）STA1（角度）。直线可以定义在平面中的任何位置。它是由 SPCA 和 SPCO 定义的点以及直线和循环调用时有效的工件坐标系平面中的第一坐标轴间形成的角度来确定的。角度值以度数输入 STA1 下。

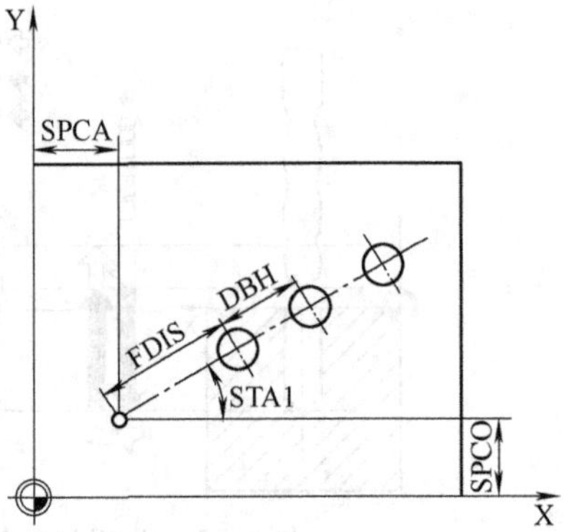

图 6-36 基准点

5）FDIS 和 DBH（距离）。使用 FDIS 对第一孔和由 SPCA 和 SPCO 定义的基准点间的距离进行规定。参数 DBH 定义了任何两孔间的距离。

6）NUM（数量）。参数 NUM 用来定义孔的数量。

例 6-14 加工如图 6-37 所示的零件。该零件上有平行于 ZX 平面中 Z 轴的 5 个螺纹孔（排孔），并且孔间距是 20mm。排孔的起始点位于 Z20 X30 处，第一孔距离此点 10mm。首先，使用 CYCLE82 进行钻孔，然后使用 CYCLE84（无补偿夹具攻螺纹）进行攻螺纹。孔深为 80mm（参考平面和最后钻孔深度间的距离）。

其程序如下：

```
N10  G90  F30  S500  M3  T10  D1;                    加工步骤的工艺值规定
N20  G17  G90  X20  Z105  Y30;                       回到起始位置
N30  MCALL  CYCLE82 (105, 102, 2, 22, 0, 1);         钻孔循环的模态调用
N40  HOLES1 (20, 30, 0, 10, 20, 5);                  调用排孔循环，循环从第一孔开始加工
N50  MCALL;                                          取消模态调用
N55  T11  D1;                                        更换刀具
N60  G90  G0130  Z110  Y105;                         移到第 5 孔的下一个位置
N70  MCALL  CYCLE84 (105, 102, 2, 22, 0,, 3,, 4.2,, 300,);
                                                     模态调用攻螺纹循环
N80  HOLES1 (20, 30, 0, 10, 20, 5);                  从第 5 孔开始调用排孔循环
N90  MCALL;                                          取消模态调用
N100  M2;                                            程序结束
```

例 6-15 加工如图 6-38 所示的网格孔，包括 5 行，每行 5 个孔，分布在 XY 平面中，孔间距为 10mm。网格的起始点在 X30 Y20 处，用 R 参数编程。

其程序如下：

```
R10 = 102;                                           参考平面
R11 = 105;                                           返回平面
```

```
R12 = 2;                                              安全间隙
R13 = 75;                                             钻孔深度
R14 = 30;                                             基准点：平面第一坐标轴的排孔
R15 = 20;                                             基准点：平面第二坐标轴的排孔
R16 = 0;                                              起始角度
R17 = 10;                                             第一孔到基准点的距离
R18 = 10;                                             孔间距
R19 = 5;                                              每行孔的数量
R20 = 5;                                              行数
R21 = 0;                                              行计数
R22 = 10;                                             行间距
N10  G90  F300  S500  M3  T10  D1;                    工艺值的规定
N20  G17  G0  X = R14  Y = R15  Z105;                 回到起始位置
N30  MCALL  CYCLE82 (R11, R10, R12, R13, 0, 1);       钻孔循环的模态调用
N40  LABEL1:                                          调用排孔循环
N41  HOLES1 (R14, R15, R16, R17, R18, R19);
N50  R15 = R15 + R22;                                 计算下一行的 Y 值
N60  R21 = R21 + 1;                                   增量行计数
N70  IF R21 < R20 GOTOB LABEL1;                       如果条件满足，返回 LABEL1
N80  MCALL;                                           取消模态调用
N90  G90  G0  X30  Y20  Z105;                         回到起始位置
N100  M2;                                             程序结束
```

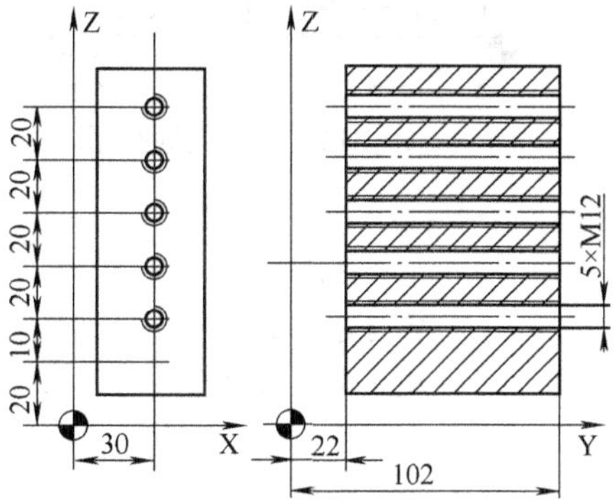

图 6-37　零件图

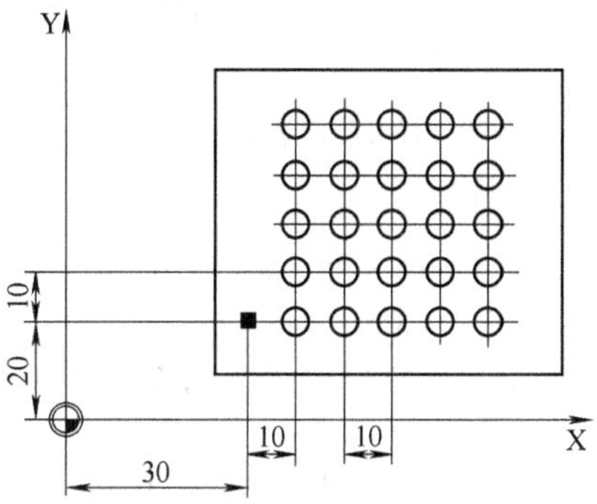

图 6-38　网格孔

14. 圆周孔 HOLES2

（1）书写格式　HOLES2（CPA，CPO，RAD，STA1，INDA，NUM）

（2）参数　见表 6-12 与图 6-39。

表 6-12　HOLES2 的参数

参　数	性　质	说　明
CPA	实数	圆周孔的圆心（绝对值），平面的第一坐标轴
CPO	实数	圆周孔的圆心（绝对值），平面的第二坐标轴
RAD	实数	圆周孔的半径（输入时不带正负号）
STA1	实数	起始角值域：－180° < STA1 < =180°
INDA	实数	增量角度
NUM	整数	孔的数量

说明：

1）CPA、CPO 和 RAD（圆心位置和半径）。加工平面中的圆周孔位置是由圆心（参数 CPA 和 CPO）和半径（参数 RAD）决定的，半径只允许是正值。

2）STA1 和 INDA（起始角和增量角）。参数 STA1 定义了循环调用前有效的工件坐标系中第一坐标轴的正方向（横坐标）与第一孔之间的旋转角。参数 INDA 定义了从一个孔到下一个孔的旋转角。如果参数 INDA 的值为零，循环则会根据孔的数量内部算出所需的角度，使之均匀分布在圆弧上。

3）NUM（数量）。参数 NUM 定义了孔的数量。

例 6-16 加工如图 6-40 所示的圆周孔，使用 CYCLE82 来加工 4 个孔，孔深为 30mm，最后钻孔深度定义成参考平面的相对值。圆弧由平面中的圆心 X70 Y60 和半径 42mm 决定，起始角为 33°。钻孔轴 Z 的安全间隙为 2mm，编制其加工程序。

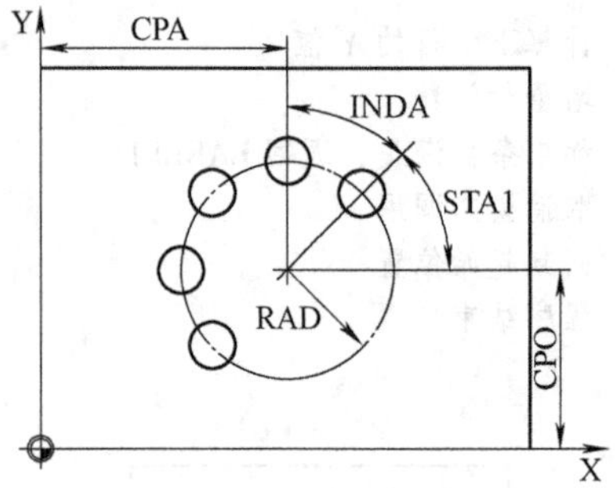

图 6-39 HOLES2 参数

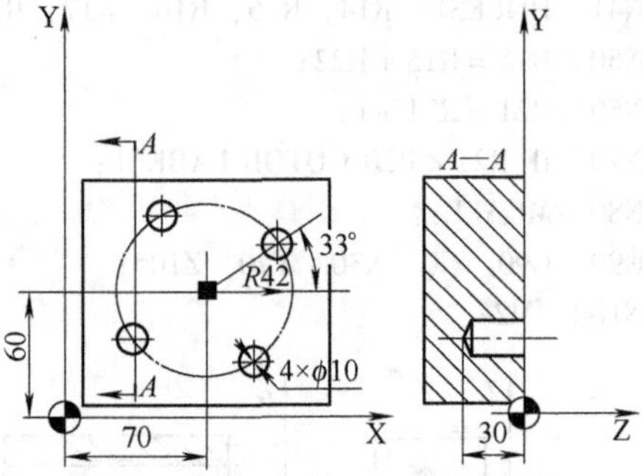

图 6-40 加工圆周孔系

其程序如下：

N10 G90 F140 S170 M3 T10 D1；	工艺值的规定
N20 G17 G0 X50 Y45 Z2；	回到起始位置
N30 MCALL CYCLE82（2，0，2，，30，0）；	钻孔循环的模态调用，无停留时间，未编程
N40 HOLES2（70，60，42，33，0，4）；	调用圆周孔系统循环
N50 MCALL；	取消模态调用
N60 M2；	程序结束

任务实施

一、机床选择

选用 CH6145A 车削中心机床，SIEMENS 802D 系统。

二、刀具选择

选用 ϕ6mm 钻头。

三、程序编制

加工本例工件时，先铣削加工端面轮廓，再进行钻孔加工。钻孔加工时，应注意钻孔加工指令为非模态指令。本例工件的加工程序如下：

```
AA447.MPF
G90  G94  G40  G17  G54  T1D1  SPOS=0;        程序初始化
SETMS (2);                                     设定主轴为铣削主轴
TRANSMIT;                                      激活端面铣削功能
G55;                                           设定端面铣削加工时的工件坐标系
M03  S600
G00  X-35.0  Y-20.0
     Z5.0
G01  Z-6.0  F100;                              开始铣削加工轮廓
G41  G01  X-20.0
     Y8.0
G02  X0  CR=10.0
G03  X14.0  CR=7.0
G01  X20.0
     Y-10.0
     X-30.0
G40  G01  X-35.0  Y20.0
G00  Z50.0
T2D1;                                          换钻头进行钻孔加工
G00  X-10.0  Y8.0
     Z20.0
CYCLE82 (20.0, 0, 3.0,, 22.0)
G00  X7.0  Y8.0
CYCLE82 (20.0, 0, 3.0,, 22.0)
G00  Z50.0
M05
TRAFOOF;                                       取消端面铣削
SETMS;                                         恢复主主轴为旋转轴
G18  G00  X100.0  Z100.0  SPOS=0
M30
```

[任务巩固]

1. HOLES1、HOLES2 的书写格式是怎样的？其中各参数的含义是什么？
2. CYCLE81 与 CYCLE82 有什么区别？各有什么用处？

3. 完成图 6-41 所示零件加工程序（使用 SIEMENS 802D 车削中心）的编制，有条件的情况下完成该零件的加工。

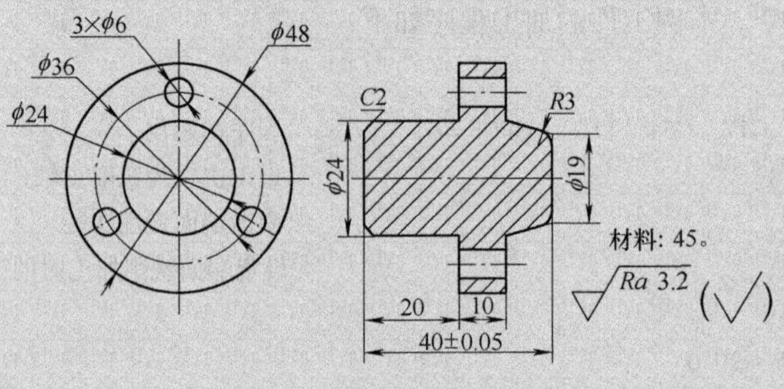

a)

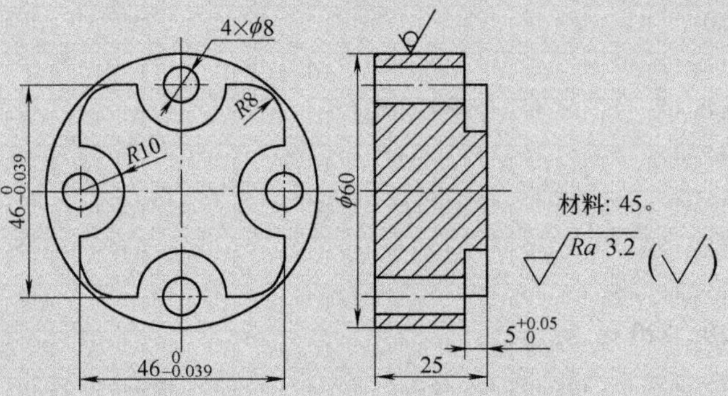

b)

图 6-41　孔加工零件图

任务三　数控车床/车削中心上的在线检测

工作任务

如图 6-42 所示，该零件是在 SIEMENS 系统数控车床上加工的，试采用数控车床上的测量装置对其进行在线检测。

在线检测也称实时检测，是在加工的过程中实时对刀具和工件进行检测，并依据检测的结果做出相应的处理。在线检测是一种基于计算机自动控制的检测技术，其检测过程由数控程序来控制。

安装了测头系统的数控机床上，工件经过一次装夹后即可完成加工与测量，省时省力，还能降低测量成本，也避免了二次装夹误差，还可以降低废品率，避免造成加工浪费。

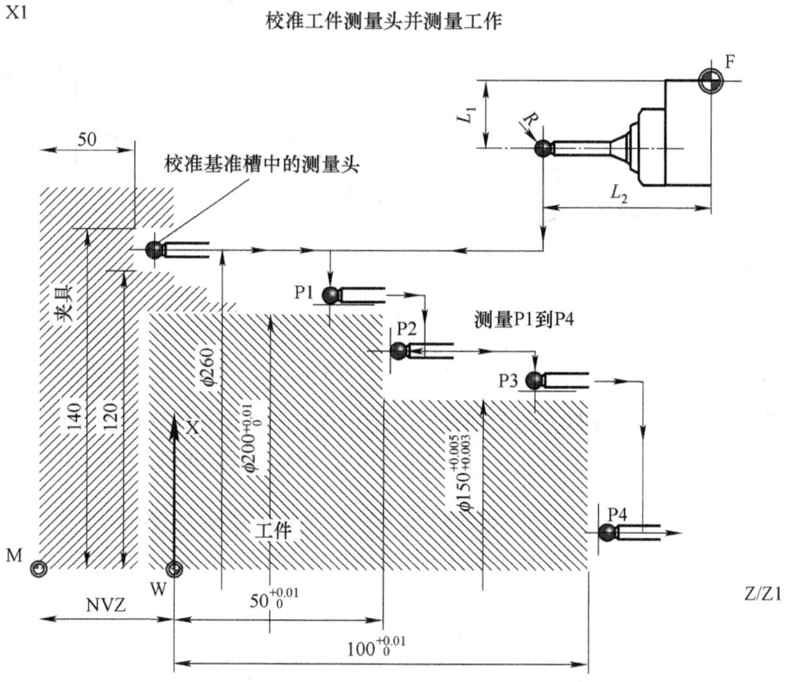

图 6-42　工件的测量

任务目标

一、知识目标

1）掌握校准刀具与工件测量头测量程序的编制方法。
2）掌握车刀测量与工件测量程序的编制方法。

二、技能目标

1）能对刀具与工件测量头进行校准。
2）掌握刀具与工件测量的技巧。

任务准备

一、刀具的测量

1. 校准刀具测量头（与机床相关）

（1）校准方法　借助校准刀具循环可以测定机床零点与测量头触发点之间的实际距离，并自动将其装载进数据模块 GUD6 中相应的数据区里（_TP [ ] 区）。如图 6-43 所示，当没有特殊的校准刀具可供使用时，也可以用刀沿位置 SL = 3 的车刀从测量头的两侧进行校准，如图 6-44 所示。该刀具在调用测量循环时必须是被激活的。指定的刀具类型必须为车刀（5XY），刀沿位置必须是 SL = 3。

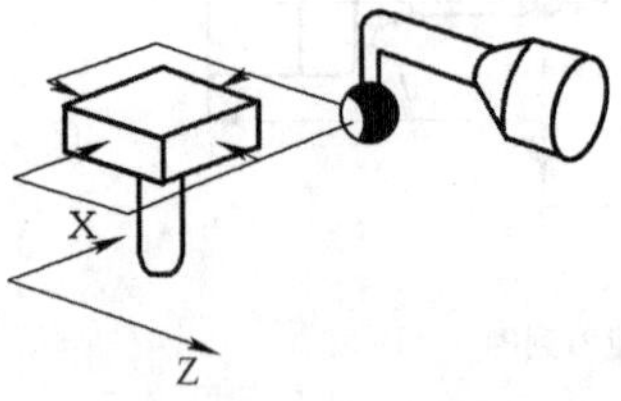

图 6-43　校准测量头

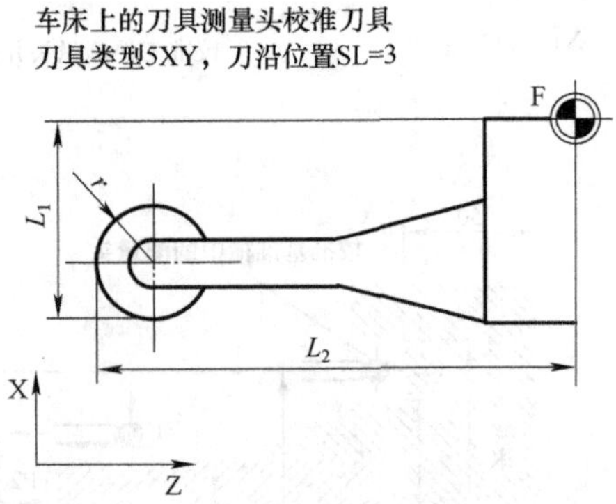

图 6-44　刀具测量校准刀具

放置测量头方块，使其侧面与机器坐标轴 Z1、X1（横坐标与纵坐标）相平行。根据机床零点，在开始校准前将刀具测量头的大致坐标 PRNUM 记录到数据区_ TP ［_ PRNUM－1，0］至_TP［_PRNUM－1，3］中，如图 6-45 所示，应在总测量路径 2͂ _FA 的范围内到达测量头。

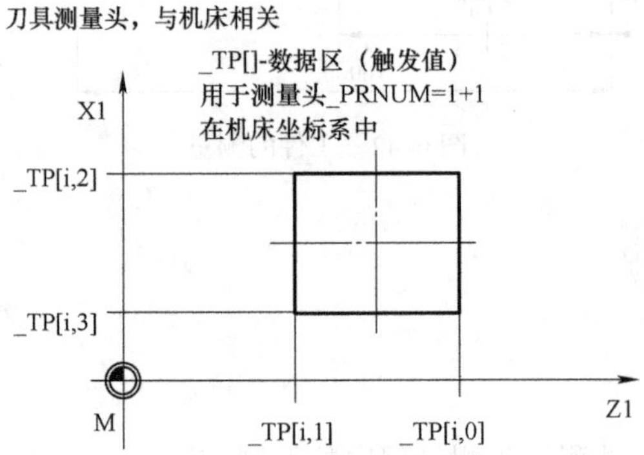

图 6-45　测量头方块

（2）编程

1）循环。

```
CYCLE982（_TZL，_PRNUM，_VMS，_NMSP，_MVAR，_MA，_TSA，_FA）
```

2）参数及说明见表 6-13。

测量循环调用前的位置如图 6-48 所示，对校准刀具进行预定位。测量循环自动计算出每个测量头的中心和到达路径，并生成所需要的过程语句。在校准过程结束之后，校准刀具位于测量平面对面_ FA 距离的位置上，如图 6-49 所示。

3）程序举例：校准刀具测量头（与机床相关）。

刀具测量头 1 位置固定并提供一个开关信号。在转塔中将校准刀具设置为刀具 T7。刀具 T7 D1 的值如下：

刀具类型（DP1）：500；切削位置：（DP2）3；长度 1，几何尺寸（DP3）：$L_1=10$；长度 2，几何尺寸（DP4）：$L_2=40$；半径几何尺寸（DP6）：R＝5。

在为_ TP［0，1］，_ TP［0，3］校准选择初始位置时，要考虑到半径（到测量头的距离扩大 $2R$）。

表 6-13 参数及说明

参 数	数 值	说 明
_TZL	公差参数：实数	≥0：零补偿①②
_PRNUM	整数	测量头号码
_VMS	变量测量速度	_VMS =0 时，规定进给速度的标准值为：若 FA =1，则进给速度为 150mm/min；若 FA >1 时，进给速度值自动提高到 300mm/min。用寸制时为 5.9055in/min 或 11.811in/min
_NMSP	整数	同一地点测量次数：测量值或者额定值与实际值的差值 Si（i =1... n），以算术平均方式表示
_MVAR	0	校准刀具测量头（与机床相关）
_MA	1，2	测量轴（图 6-46）
_TSA	公差参数：实数	>0：置信区域
_FA	测量路径	测量行程 _FA：给定测量头起始位置至期望的切换点（额定位置）之间的距离（图 6-47）。_FA 来自数据类型为实数且值 >0

① 仅对于带有自动刀具补偿的工件测量。

② 也对于刀具测量。

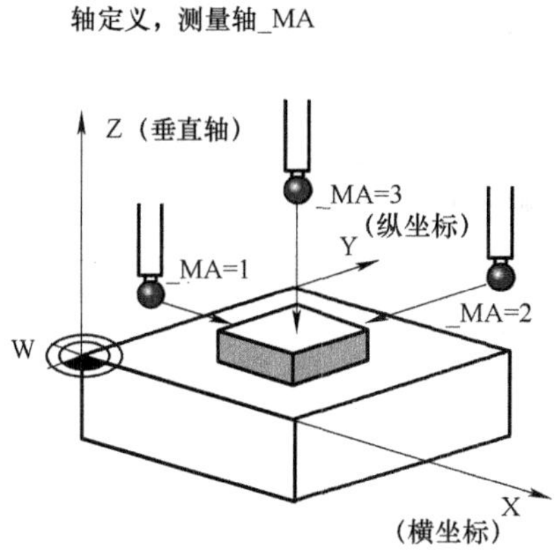

图 6-46 测量轴

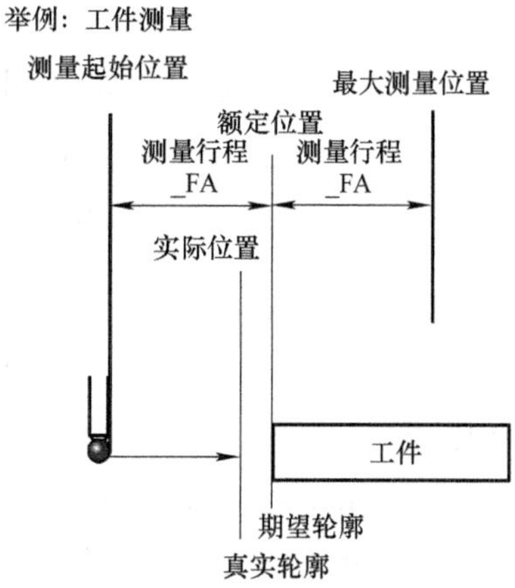

图 6-47 测量路径

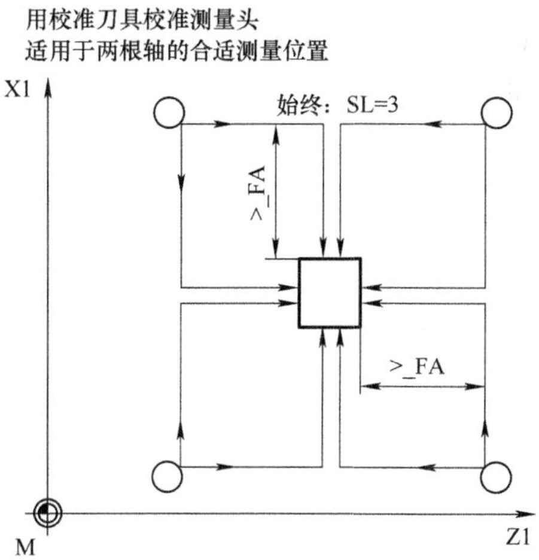

图 6-48 测量循环调用前的位置

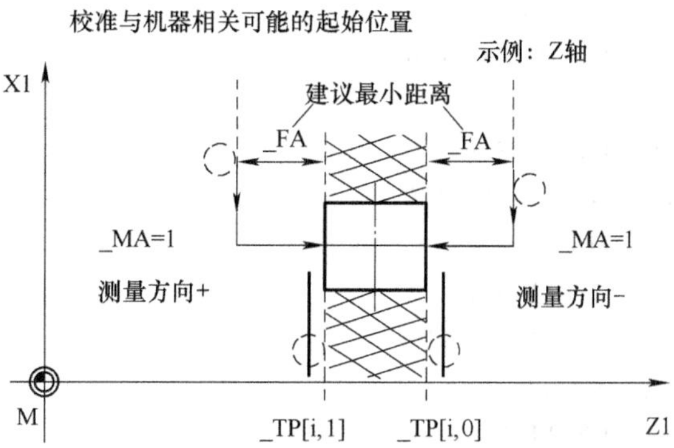

图6-49 校准过程结束后的位置（网格区域为不允许的范围）

数据模块 GUD6 中刀具测量头 1 的值，要先用手动方式将其准确核定到 5mm（取决于机床零点）：

_TP［.0］ =50

_TP［.1］ =20

_TP［.2］ =70

_TP［.3］ =40

为了能够达到 1mm 的最小测量路径，要设计一个程序测量路径 _FA =（1+5）mm = 6mm（最大总测量路径 =12mm），如图 6-50 所示。

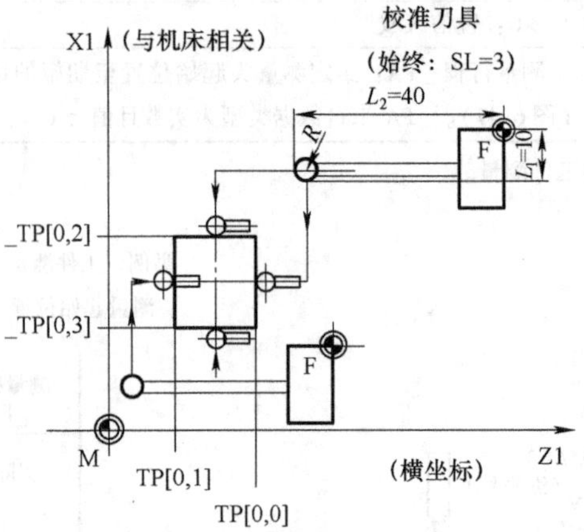

图 6-50 校准刀具测量头

其程序如下：

```
%_N_KALIBRIEREN_MTWZ_MPF
N05  G94  G90  DIAMOF
N10  T7  D1;                               校准刀具
N15  G0  SUPA  Z300  X240;                 X 轴负方向的初始位置，在关掉 NV 时运行
N20 _TZL=0.001 _PRNUM=1 _VMS=0 _NMSP=1 _MVAR=0 _MA=2 _TSA=5 _FA=6;
                                           用于校准循环的参数
N30  CYCLE982;                             X 轴负方向上的校准
N35  G0  SUPA  Z60;                        返回新的初始位置
N38 _MA=1;                                 选择其他的测量轴
N40  CYCLE982;                             Z 轴负方向上的校准
N45  G0  SUPA  X20;                        返回新的初始位置
N48 _MA=2
N50  CYCLE982;                             X 轴正方向上的校准
N55  G0  SUPA  Z0;                         返回新的初始位置
N58 _MA=1
N60  CYCLE982;                             Z 轴正方向上的校准
N65  G0  SUPA  X240;                       返回轴方式变换位置
```

N70　SUPA　Z300

N99　M2

2. 车刀测量（与机床相关）

（1）测量　测量刀具的磨损或其他原因（如变形）是否超过了范围。如图 6-51 所示，也就是测量得到的刀具长度（L_1 或 L_2）与标准刀具长度间的差值是否处在定义好的范围内。

上限：范围_TSA 和尺寸差值控制_TDIF；下限：零校准区域_TZL，若满足该区域条件，新的刀具长度会被记录到刀具校准中，否则报警。

刀具的首次测量（_CHBIT［3］=0）：将几何尺寸和损耗中的刀具校准值替代掉，对每个长度的几何分量分别进行校准，将损耗分量去除。

刀具的再测量（_CHBIT［3］=1）：将所得到的差值在刀具的损耗分量（长度）中进行校准。

测量时必须对刀具测量头进行校准，要测量的刀具、连同它的刀具校准值在循环调用时必须是当前有效的。

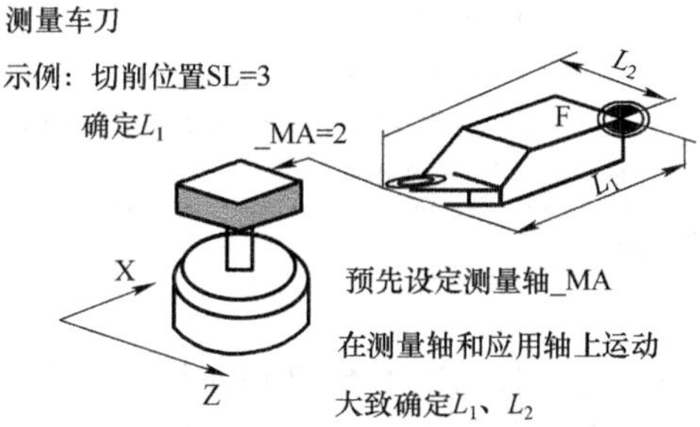

图 6-51　车刀测量

（2）编程

1）循环。

CYCLE982（_TZL，_PRNUM，_VMS，_NMSP，_MVAR，_MA，_TSA，_FA，_TDIF，_EVNUM）

2）参数及说明见表 6-14。

表 6-14　参数及说明

参　数	数　值	说　明
_TZL	公差参数：实数	≥0：零补偿①②
_PRNUM	整数	测量头号码
_VMS	变量测量速度	_VMS = 0 时，规定进给速度的标准值为：若 FA = 1，则进给速度为 150mm/min；若 FA > 1，进给速度值自动提高到 300mm/min。用寸制时为 5.9055in/min 或 11.811 in/min
_NMSP	整数	同一地点测量次数：测量值或者额定值与实际值的差值 Si（i=1... n）以算术平均方式表示
_MVAR	1	测量刀具（与机床相关）
_MA	1，2	测量轴（图 6-45）

（续）

参数	数值	说明
_TSA	公差参数：实数	>0：置信区域
_FA	测量路径	测量行程 _FA：给定测量头起始位置至期望的切换点（额定位置）之间的距离（图 6-46）。_FA 来自数据类型为实数且值 >0。
_TDIF	实数	>0，尺寸差异检查①②
_EVNUM	实数	=0：不带经验值与平均值存储器 0～9999：经验值存储器号码 = 平均值存储器号码 >9999：_EVNUM 的上面 4 个位置用作平均值存储器号码，下面 4 个位置用作经验值存储器号码 举例 _EVNUM = 11 →EW 存储器：11 →_EV［10］ →MW 存储器：11 →_MV［10］ _EVNUM = 90012 →EW 存储器：12 →_EV［11］ →MW 存储器：9 →_MV［8］ 由 _EVNUM 中的值形成 _EV 和 _MV 栏索引 经验值和平均值自行存储在数据块（GUD5）的_EV［ ］经验值栏和_MV［ ］平均值栏中

① 仅对于带有自动刀具补偿的工件测量。

② 也对于刀具测量。

3）动作过程。在循环调用之前，必须按图 6-52 所示确定刀尖的初始位置，测量循环自行计算出测量头的各个中心及其相应的运动路径，生成必要的过程语句，将切削半径中心（S）定位于测量头的中心上。测量循环结束后的位置是在校准过程结束之后刀尖位于距测量平面_ FA 的位置上，如图 6-53 所示。

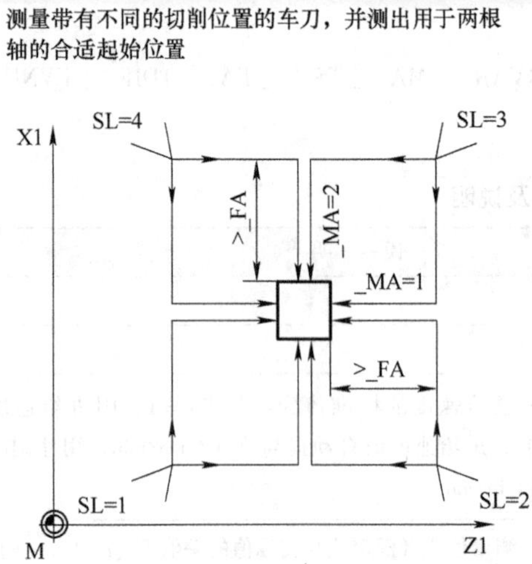

图 6-52　测量前的位置

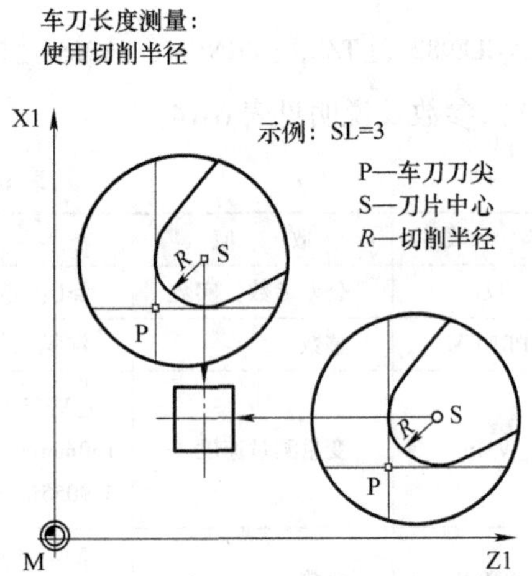

图 6-53　刀具测量

4）程序举例。校准刀具测量头并接着对车刀进行测量（与机床相关）。先用校准刀具 T7、D1 对刀具测量头的全部四个面进行校准，如图 6-54 所示；接着用车刀在车刀 T3、D1

两个长度 L_1 和 L_2 上进行测量（得出损耗值），如图 6-55 所示。

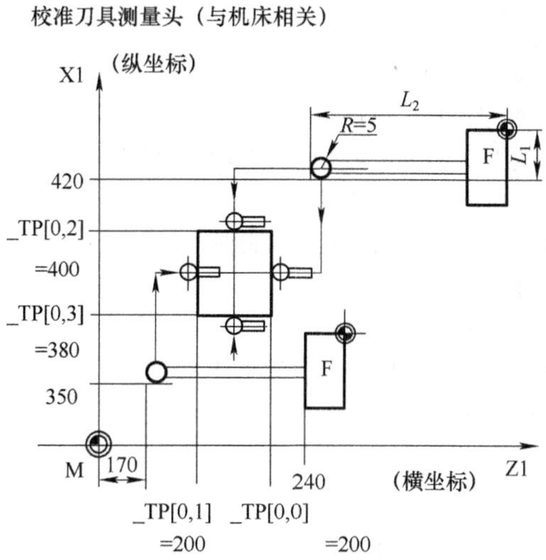

图 6-54　测量头校准

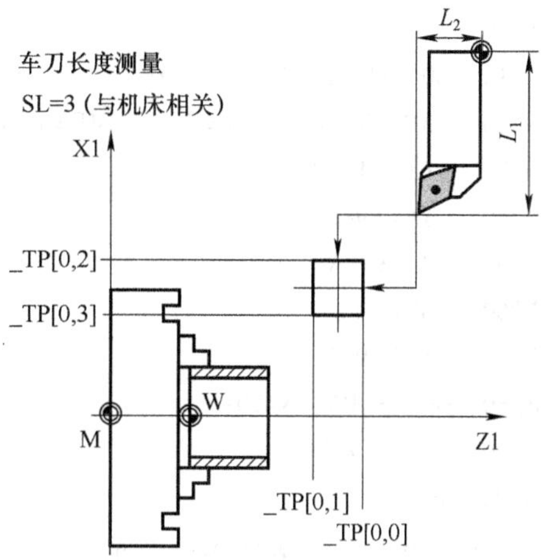

图 6-55　测量刀具

在长度 L_1、L_2 和半径 $R=5.0$mm 上对校准刀具 T7 进行精确测量，并将测量值记录进校准区域 D1 中。刀沿位置为 SL = 3。

在数据模块 GUD6 中，以容差约为 1mm 将刀具测量头的值预置为：_TP［.0］ = 220；_TP［.1］ = 200；_TP［.2］ = 400；_TP［.3］ = 380。

在校准过后再将分别测量出的值（校准值）代入。确定要测量的刀具 T3、D1 的长度，对损耗进行再测量。刀具类型（DP1）：500；刀沿（DP2）：3；长度 1，几何量（DP3）：$L_1=100.65$；长度 2，几何量（DP4）：$L_2=60.32$；半径（DP6）：$R=2.000$；长度 1，磨损（DP12）：0；长度 2，磨损（DP13）：0。

其程序如下：

```
%_N_T3_MESSEN_MPF;                       校准
N10  G0  G18  G94  G90  DIAMOF
N20  T7  D1;                             调用校准刀具
N30  SUPA  Z240  X420;                   用于校准的初始位置
N40 _TZL=0.001 _PRNUM=1 _VMS=0 _NMSP=1 _MVAR=0 _FA=1 _TSA=1 _MA=2;
                                         定义参数
N60  CYCLE982;                           X 轴负方向上的校准
N70  G0  SUPA  Z240;                     新的初始位置
N80  _MA=1;                              放入其他的测量轴（Z）
N90  CYCLE982;                           Z 轴负方向上的校准
N100  G0  SUPA  X350;                    新的初始位置
N110 _MA=2;                              放入其他的测量轴（X）
N120  CYCLE982;                          X 轴正方向上的校准
N130  G0  SUPA  Z170;                    新的初始位置
N140  _MA=1;                             放入其他的测量轴（Z）
N150  CYCLE982;                          Z 轴正方向上的校准
```

```
N160  G0  SUPA  X350;                              用于刀具转换位置的轴方式
N170  SUPA  Z520;                                  开动
N180  SUPA  X420;                                  测量:
N200  T3  D1;                                      选择要测量的刀具
N210  G0  SUPA  Z240  X420;                        用于测量的初始位置
N220  _MVAR=1  _MA=2  _TDIF=0.8;                   用于测量的参数定义变更，其他的和校准时一样
N230  _CHBIT[3]=1;                                 损耗中的校准（再测量）
N240  CYCLE982;                                    X轴负方向上（L1）的刀具测量
N250  G0  SUPA  Z240;                              新的初始位置
N260  _MA=1;                                       放入其他的测量轴（Z）
N270  CYCLE982;                                    Z轴负方向上（L2）的刀具测量
N280  G0  SUPA  X420;                              轴方式退回
N290  SUPA  Z520
N300  M2
```

为了该程序设计范例能准确地进行，建议采用下列参数设置。

1）校准。

_TZL=0.001：零点校准范围；
_TSA=1：置信区域；
_FA=1：测量路径。

2）刀具的首次测量。

_TZL=0.001：零点校准范围；
_TDIF=3：尺寸差值控制；
_TSA=3：置信区域；
_FA=3：测量路径。

3）刀具的再测量。

_TZL=0.001：零点校准范围；
_TDIF=0.3：尺寸差值监控；
_TSA=1：置信区域；
_FA=1：测量路径；

二、在车床上测量工件

1. 工件测量头

对于车床，工件测量头刀具类型为5XY，刀沿位置（SL）为5～8，应输入在刀具存储器中。如图6-56所示，车床上工件测量头与球心有关。不同的刀沿输入的参数类似，如SL7输入的参数如下：刀具类型（DP1）：5XY；刀沿长度（DP2）：7；长度：1，几何尺寸：L_1；长度：2，几何尺寸：L_2；半径（DP6）：R；长度1，公称尺寸（DP21）与长度2，公称尺寸（DP22）仅需要时输入；磨损和其他刀具参数都置零。

使用测量头前必须校准。校准时确定触发器点（切换点）、磨削位置（位置偏差）和工件测量头准确的球直径，并将其输入到数据模块GUD6.DEF规定的数据栏_WP［］中。在

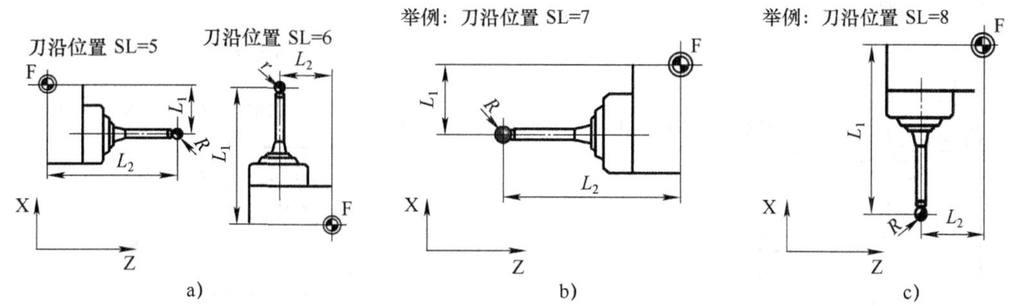

图 6-56　车床工件测量头

标准设置中有三个测量头的数据栏，最大可以为 99 个。

车床上工件测量头的校准一般通过校准体（参考槽）进行。已知参考槽准确的尺寸并输入在数据模块 GUD6. DEF 的附属数据栏 _ KB [ ] 中。在标准设置中有三个校准体的数据栏。在程序中通过变量_ CALNUM 实现校准体的选择。

2. CYCLE973 校准工件测量头

对不同切削位置的工件测量头进行校准，可在一个基准槽中或者在一个平面上进行，如图 6-57 所示。在平面上校准时，平面取决于工件，只能在选出的、平面前面垂直的轴和方向上进行校准。在基准槽中的校准，要按相关机床进行。工件测量头的切削位置只能为 SL = 7 或者 SL = 8，如图 6-58 所示。

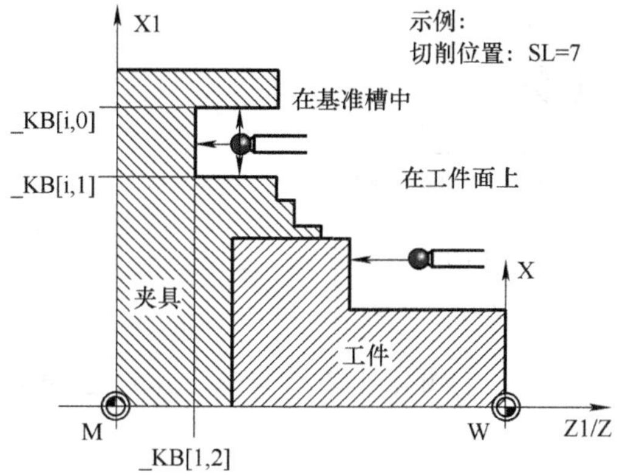

图 6-57　校准工件测量头

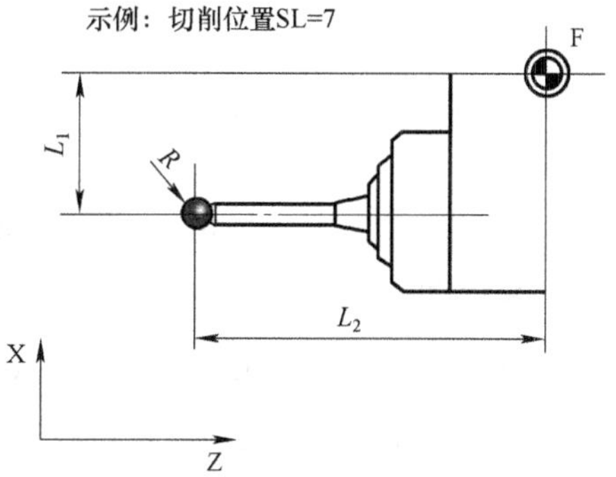

图 6-58　切削位置

（1）根据基准槽校准　利用测量循环和测量方案_ MVAR = xxx13，能够在基准槽中对切削位置为 SL = 7 或 SL = 8 的工件测量头按相关机器在平面坐标轴内（横坐标、纵坐标）进行校准，如图 6-59 所示，可以进行在一个方向上的校准（_ MVAR = x1x13），如图 6-60 所示，也可以在一条轴的两个方向进行校准（_ MVAR = x2x13），还可以在两个方向上校准的同时，测得测量头的倾斜位置和测量球的有效直径，如图 6-61 所示。通过_ PRNUM 来选择所要校准的工件测量头，数据模块 GUD6. DEF 的相应数据区_ WP [ ] 为_ WP [_ PRNUM −1，…]。通过_ CALNUM 来选择基准槽，数据模块 GUD6. DEF 的相应数据区_ KB [ ] 为_ KB [_ PRNUM − 1，…]。在校准前应通过_ CALNUM 选出槽，其基准槽的大小必须已经保存在数据模块 UD6. DEF 的数据区_ KB [ ] 中。必须将工件测量头作为带有相应刀具校准的刀具进行调用。

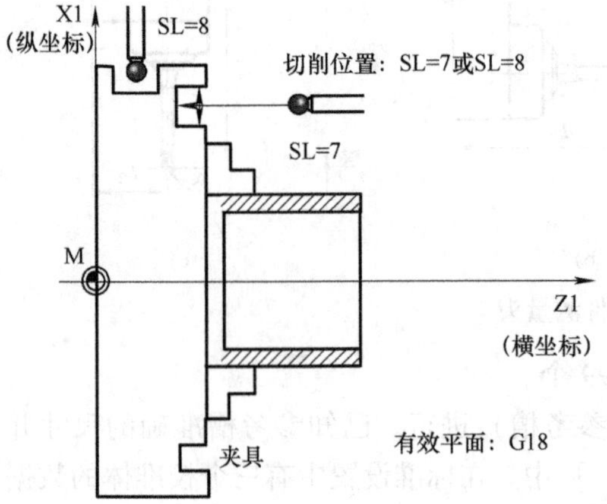

图 6-59 根据基准槽校准

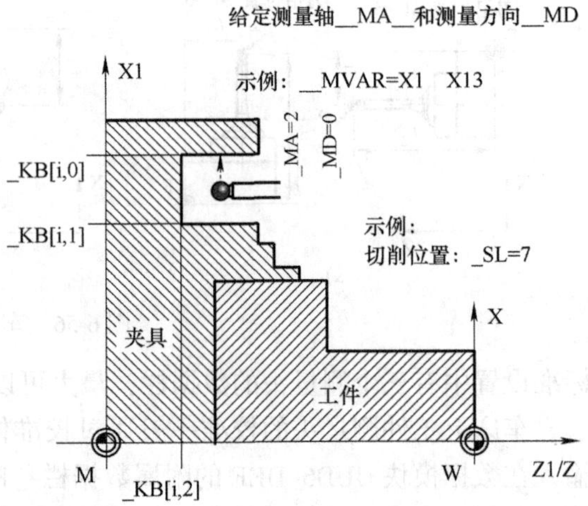

图 6-60 单方向校准

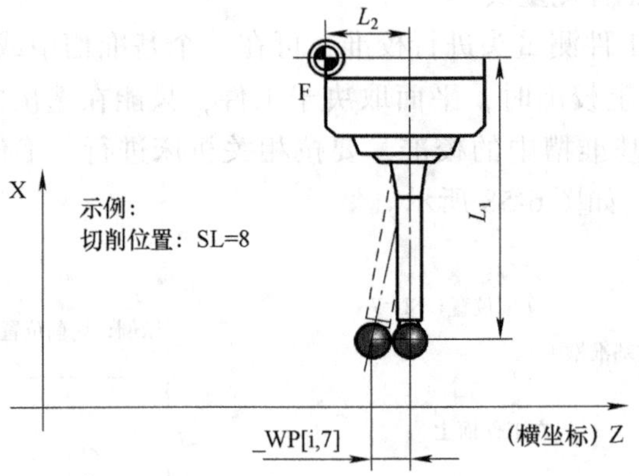

图 6-61 静止状态下实际工件测量头的倾斜位置

1）编程循环。

CYCLE973（_MVAR，_MA，_MD，_CALNUM，_PRNUM，_VMS，_TZL，_TSA，_FA，_NMSP）

2）参数及说明见表 6-15。

表 6-15 参数及说明

参 数	数 值	说 明					
		位					说明
_MVAR	校准方案				1	3	基准槽中的校准（与机床相关）
		0			1	3	不测定测量头的倾斜位置
		1			1	3	测定测量头的倾斜位置
			1		1	3	第 1 轴方向（给出测量轴_MA 和轴方向_MD）
			2		1	3	第 2 轴方向（给出测量轴_MA）
				0	1	3	不测定测量球的直径
				1	1	3	测定测量球的直径
_MA	1，2	测量轴					

（续）

参　数	数　值	说　明
_MD	整数	测量方向（仅在_MVAR = x1x13 时），0：正的轴方向；1：负的轴方向
_CALNUM	整数	基准槽号码（校准槽）
_PRNUM	整数	测量头号码
_VMS	变量测量速度	_VMS = 0 时，规定进给速度的标准值为：若 FA = 1，则进给速度为 150mm/min；若 FA > 1 时，进给速度值自动提高到 300mm/min。用寸制时为 5.9055 in/min 或 11.811 in/min
_TZL	公差参数：实数	≥0：零补偿
_TSA	公差参数：实数	>0：置信区域
_FA	测量路径	测量行程 _FA：给定测量头起始位置至期望的切换点（额定位置）之间的距离。_FA 来自数据类型为实数且值 >0
_NMSP	整数	同一地点测量次数：测量值或者额定值与实际值的差值 Si（$i = 1 \cdots n$）以算术平均方式表示

在第一次校准时要将测量头的数据区预置为“0”，所以对_ TSA > 测量球半径进行编程，以避免出现“超出置信区域”的报警。

测量循环调用前的位置：选取的工件测量头在循环中沿最短路径与坐标轴平行运动到通过_ CALNUM 选定的基准槽当中，不发生碰撞，并按当前有效的切削位置进行定位。测量循环结束后的位置：在校准过程结束后，测量头处于距校准面_ FA 的位置。

3）程序举例。在基准槽中校准工件测量头。

如图 6-62 所示，在基准槽 1 中的两根轴上以及在 X 轴的两个方向上，对切削位置 SL = 7 的工件测量头 1 进行校准。测量头被设置为刀具 T8、D1。测量头长度 L_1 和 L_2 始终取决于测量球的中心点，并且在测量循环调用前记录到刀具校正存储器中。T8，D1 的数据如下：刀具类型（DP1）：580；刀沿（DP2）：7；长度 1，几何量（DP3）：$L_1 = 40.123$；长度 2，几何量（DP4）：$L_2 = 100.456$；半径，几何量（DP6）：$R = 3.000$；基准槽 1 的数据已经被输入：_KB [0，0] = 60.123，_KB [0，1] = 50.054，_KB [0，2] = 15.021。

其程序如下：

```
%_N_KALIBRIEREN_IN_NUT_MPF
N10  T8  D1;                                   测量头的刀具校准
N20  G0  SUPA  G90  DIAMOF  Z125  X95;         循环调用前的位置（起始位置），不带 NV 的定位
N30 _TZL = 0 _TSA = 1 _VMS = 0 _NMSP = 1 _FA = 3_PRNUM = 1 _MVAR = 13 _MA = 1 _MD = 1 _CA-
LNUM = 1;                                      设置用于校准的参数，Z 轴负方向
N40  CYCLE973;                                 循环调用
N50  _MVAR = 02013 _MA = 2;                    在 X 轴上，两个方向
N60  CYCLE973;                                 循环调用
N70  G0  SUPA  Z125;                           返回到 Z 轴
N80  SUPA  X95;                                返回到 X 轴
N100  M2;                                      程序结束
```

说明：循环从起始位置自动运行到基准槽 1 的中心，并在两个轴以及 X 轴的两个方向上，

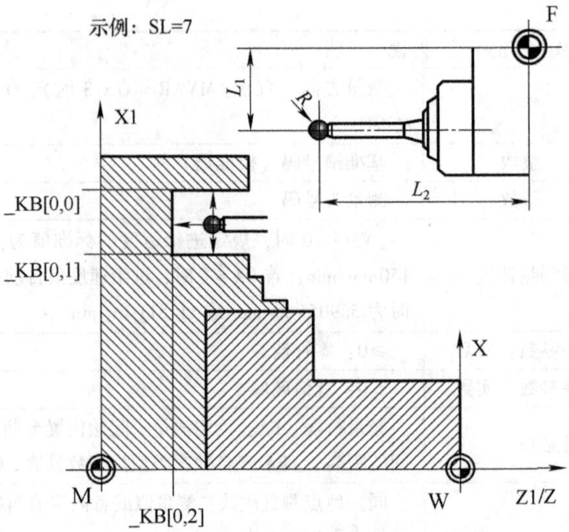

图 6-62 在基准槽中校准工件测量头

在两次循环调用中进行校准。算出工件测量头 1 的数据中的新触发值_ WP［0，1］，_ WP［0，3］，_ WP［0，4］，最后保存在结果区_ OVR［ ］的是第 2 次循环调用的值。

（2）在平面上校准工件测量头 利用测量循环和测量方案 _ MVAR = 0，能够在平面上（与工件相关）对切削位置 SL = 5 ~ 8 的工件测量头进行校准，并且进而测出测量头的触发点，如图 6-63 所示。通过刀具坐标系中的_ SETVAL 预先给定出平面的位置。通过_ PRNUM 来选择所要校准的工件测量头。在数据模块 GUD6. DEF 的相应数据区_ WP［ ］为_ WP［_ PRNUM - 1，. . . ］。

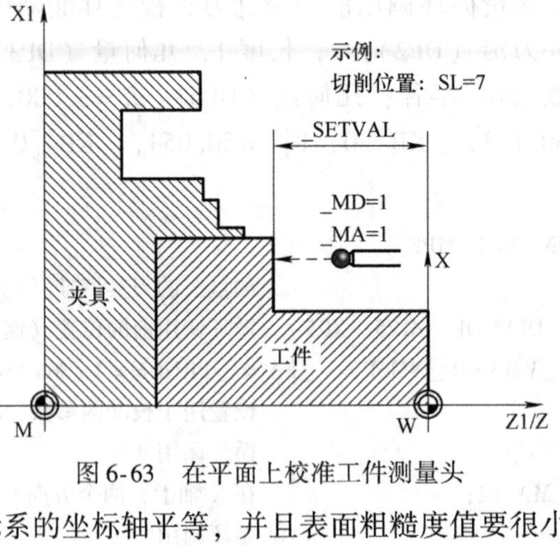

图 6-63 在平面上校准工件测量头

平面必须与工件坐标系的坐标轴平等，并且表面粗糙度值要很小。工件测量头被作为带有刀具校准的刀具进行调用，并且按照校准平面进行定位。相关的刀具类型为 5XY。

1）编程循环。

CYCLE973（_ MVAR，_ SETVAL，_ MA，_ MD，_ CALNUM，_ PRNUM，_ VMS，_ TZL，_ TSA，_ FA，_ NMSP）

2）参数及说明见表 6-16。

表 6-16 参数及说明

参 数	数 值	说 明
_MVAR	0	平面上的校准（与工件相关）
_SETVAL	实型	额定值取决于工件零点，平面轴的直径内（DIAMON）
_MA	1，2，3	测量轴
_MD	整数	测量方向（仅在_MVAR = x1x13 时），0：正的轴方向；1：负的轴方向
_CALNUM	整数	基准槽号码（校准槽）
_PRNUM	整数	测量头号码
_VMS	变量测量速度	_VMS = 0 时，规定进给速度的标准值为：若 FA = 1，则进给速度为 150mm/min；若 FA > 1 时，进给速度值自动提高到 300mm/min。用寸制时为 5.9055 in/min 或 11.811 in/min
_TZL	公差参数：实数	≥0：零补偿①②
_TSA	公差参数：实数	>0：置信区域
_FA	测量路径	测量行程 _FA：给定测量头起始位置至期望的切换点（额定位置）之间的距离。_FA 来自数据类型为实数且值 >0
_NMSP	整数	同一地点测量次数：测量值或者额定值与实际值的差值 *Si*（*i* = 1…*n*）以算术平均方式表示

① 仅对于带有自动刀具补偿的工件测量。

② 也对于刀具测量。

在第一次校准时，要将测量头的数据区预置为“0”，所以对_ TSA > 测量球半径进行编程，以避免出现“超出置信区域”的报警。

起始点必须到达相对校准平面的位置上。在校准过程结束后，测量头处于距校准面_ FA 的位置。

3）程序举例。在平面上校准测量头 1，在 Z 轴负方向上 Z = －18mm 的平面上对切削位置 SL =7 工件测量头进行校准，如图 6-64 所示。测量头被设置为刀具 T9、D1。测量头长度 L_1 和 L_2 始终取决于测量球的中心点，并且在测量循环调用前记录到刀具校准存储器当中，T9，D1：刀具类型（DP1）：580；刀沿（DP2）：7，长度 1，几何量（DP3）：L_1 =40. 123；长度 2，几何量（DP4）：L_2 = 100. 456；半径，几何量（DP6）：3. 000。

带有可调节 NV G54 的零点位移：NVz。

其程序如下：

```
%_N_KALIBRIEREN_IN_Z_MPF
N10  G54  G90  G0  X66  Z90  T9  D1  DIAMON;        激活 NV，选择测量头的刀具校准，循
                                                    环调用前的位置
N20 _MVAR =0 _SETVAL = -18 _MA =1 _MD =1 _TZL =0_TSA =1 _PRNUM =1 _VMS =0 _NMSP =
1 _FA =3;                                           在 Z 轴负方向上设置用于校准的参数，
                                                    _SETVAL 为负
N30  CYCLE973;                                      循环调用
N40  G0  Z90;                                       返回到 Z 轴
N50  X146;                                          返回到 X 轴
N100  M2;                                           程序结束
```

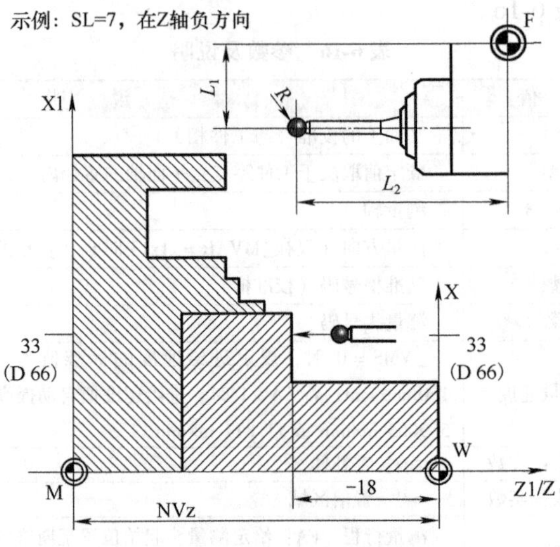

图 6-64 在平面上校准测量头 1

说明：

向位于 Z 轴负方向上 Z = −18mm 处的平面（_SETVAL = −18，_MA = 1，_MD = 1）进给。本身的校准过程从距离平面_FA = 3mm 的地方开始进行，随后对工件测量头进行校准，在结束时重新回到平面前_FA 距离的位置上。将 Z 轴负方向上的触发值记录到测量头 1 _WP [0，1] 的数据以及结果区_OVR [ ] 当中，在语句 N40 和 N50 中重新返回到出发位置上。

3. CYCLE974 工件：1 点测量

在不同的测量方案中，通过 1 点测量来测出工件的尺寸，如图 6-65 所示，还可以测出零点位移（NV）或进行自动刀具校正，如图 6-66 所示。测量循环可进行 1 点测量和 NV 测定；1 点测量和刀具校准；带有转换的 1 点测量和刀具校准。测量循环根据所选测量轴_MA 上的工件零点来确定工件的实际值，并计算其与预先给定的额定值间的差值（额定值 - 实

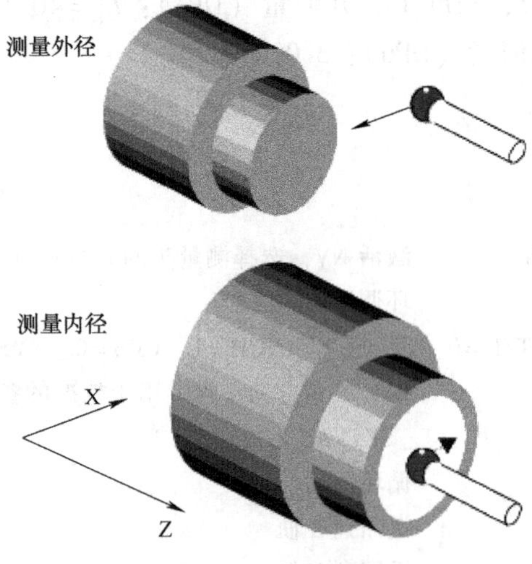

图 6-65 1 点测量

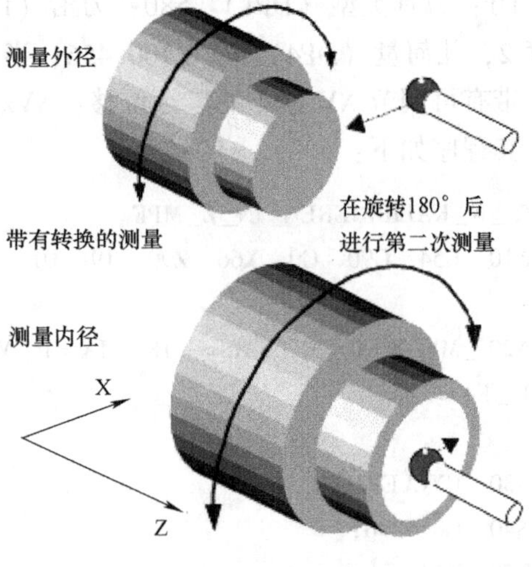

图 6-66 二次测量

际值)。可使用保存在数据模块 GUD5 中的经验值。在“带刀具校准”的方案中还可以另外计算出多个部分的平均值。测量循环将检查所测得的偏差值是否在预先给定的公差范围内，并自动对通过_ KNUM 所选定的 NV 存储器或者刀具校准存储器进行校准。在_ KNUM =0 时不进行校准。

必须在测量方向上对测量头进行校准，并将其当做带刀具校准的刀具进行调用。刀具类型为 5XY，刀沿位置为 5 ~8mm，必须与测量任务相匹配。

可用于不同测量任务的初始位置：循环调用前的初始位置取决于测量任务，工件测量头的额定值_ SETAVL、测量轴以及刀沿位置（SL）的数值，如图 6-67 所示。将测量头定位在要测量的点前，通过测量轴_ MA 的方向运行在循环中达到额定值。由参数_ SETVAL 预先给出额定值（点的位置），可以在所用工件测量头的“刀沿位置”允许的、与轴平行的轴方向上进行测量。

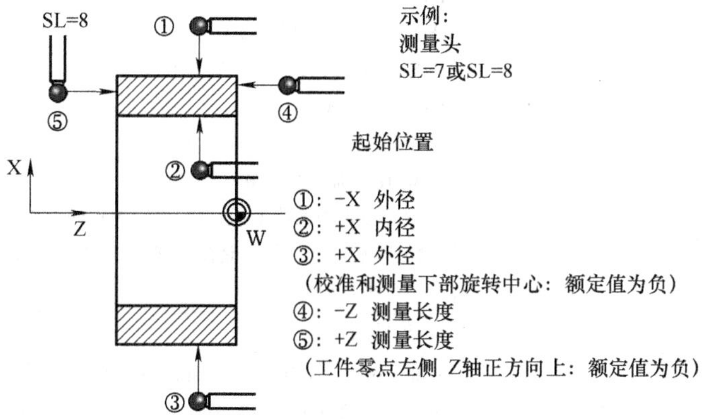

图 6-67　不同的初始位置

（1）1 点测量和 NV 测定　利用 CYCLE974 测量循环和测量方案_ MVAR =100，可以根据位于所选测量轴_ MA 上的工件零点来测定工件的实际值。如果可能，将工件在循环调用前用 SPOS 定位到主轴正确的角位置上。

1）编程循环。

CYCLE974（_MVAR，_SETVAL，_MA，_KNUM，_EVNUM，_PRNUM，_VMS，_TSA，_FA，_NMSP）

2）参数及说明见表 6-17。

调用测量循环前必须将测量头定位于所要测量平面的对面。在校准过程结束后，测量头处于校准面对面距离为_ FA 的位置。

精确的测量需要一个在测量条件下校准过的测量头，也就是说，测量和校准时的工作平面和测量速度要一致。在主轴中使用测量头用于开动的刀具时，也要注意主轴的校准，偏差可能会导致另外的测量错误。

3）程序举例。在工件上测定 NV，如图 6-70 所示。

表 6-17 参数及说明

参 数	数 值	说 明
_MVAR	100	1 点测量和 NV 测定
_SETVAL	实型①	额定值，取决于工件零点
_MA	1，2，3①	测量轴
_KNUM	整数	0：没有自动 NV 校准；>0：带有自动 NV 校准 可以接受最大 7 位数的数值，如图 6-68 所示（对于特殊的 MD 设置也可为 9 位数的数值，见图 6-69）
_EVNUM	实数	=0：不带经验值与平均值存储器 0 ~ 9999：经验值存储器号码 = 平均值存储器号码 >9999：_EVNUM 的上面 4 个位置用作平均值存储器号码，下面 4 个位置用作经验值存储器号码 举例 _EVNUM = 11 →EW 存储器：11 →_EV [10] →MW 存储器：11 →_MV [10] _EVNUM = 90012 →EW 存储器：12 →_EV [11] →MW 存储器：9→_MV [8] 由 _EVNUM 中的值形成 _EV 和 _MV 栏索引 经验值和平均值自行存储在数据块（GUD5）的_EV [ ] 经验值栏和_MV [ ] 平均值栏中
_PRNUM	整数	测量头号码
_VMS	变量测量速度	_VMS = 0 时，规定进给速度的标准值为：若 FA = 1，则进给速度为 150mm/min；若 FA > 1 时，进给速度值自动提高到 300mm/min。用寸制时为 5.9055 in/min 或 11.811 in/min
_TSA	公差参数：实数	>0：置信区域
_FA	测量路径	测量行程 _FA：给定测量头起始位置至期望的切换点（额定位置）之间的距离。_FA 来自数据类型为实数且值 >0
_NMSP	整数	同一地点测量次数：测量值或者额定值与实际值的差值 Si（$i = 1 \cdots n$）以算术平均方式表示

① 也可以在平面的第 3 个轴（Y 轴 G18 处）上进行校准，只要该轴存在。此外，如果在 GUD6 模块设置有_CHBIT [19] =1，在 G18 有效平面的第 3 个轴上进行测量（在 Y 轴上测量）时，可以像在 X 轴（平面轴）上测量一样，根据额定值来确定参数。这种情况下，随后也要在所选定的 NV 存储器的 X 部分中进行校准。

将工件测量头 1 当做刀具 T8、D1 安装在固定好的工件上，来测出 Z 轴上的零点位移。所测得的位置在新工件坐标系中与 G54 保持 60mm 的值。在 G54 上也进行同样的测量。测量头已经经过校准，刀具值已经记录到 T8、D1 中。刀具类型（DP1）：580；刀沿位置（DP2）：7；长度 1，几何量（DP3）：$L_1 = 40.123$；长度 2，几何量（DP4）：$L_2 = 100.456$；半径，几何量（DP6）：3.000。

带有可调节 NV G54 的零点位移：NVz。

其程序如下：

```
%_N_NV_ERMITTLUNG_1_MPF
```

6 MODULE

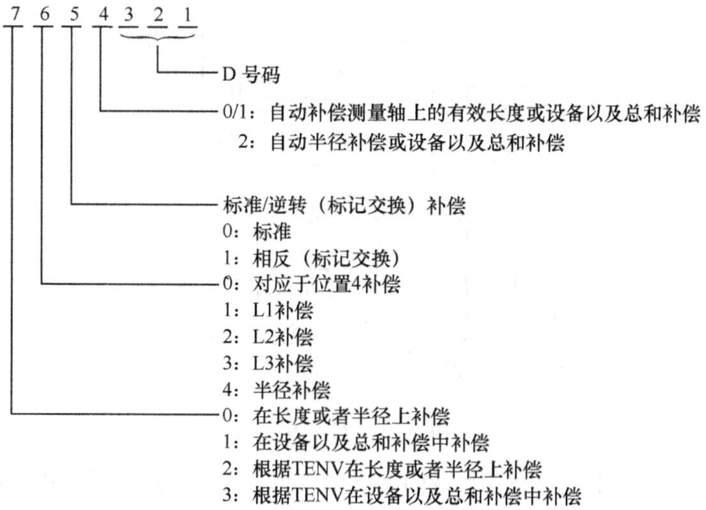

图 6-68 _KNUM 七位的意义

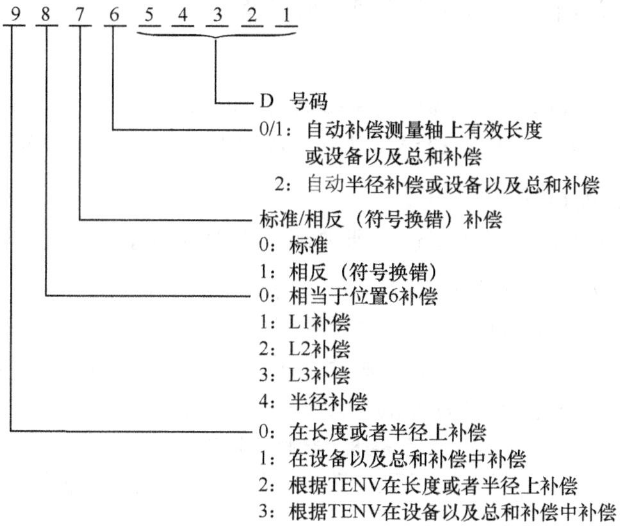

图 6-69 _KNUM 九位的意义

N10 G54 G90 G18 DIAMON T8 D1； 调用 NV，刀具 = 测量头

N20 G0 X36 Z100； 循环调用前的初始位置

N30 _MVAR = 100 _SETVAL = 60 _MA = 1 _TSA = 1 _KNUM = 1_EVNUM = 0 _PRNUM = 1 _VMS = 0 _NMSP = 1 _FA = 1； 用于循环调用的参数

N40 CYCLE974； Z 方向上的测量

N50 G0 Z100； 返回到 Z 轴

N60 X114； 返回到 X 轴

N100 M2； 程序结束

参数_VMS 的值为 0，则可以使用测量循环标准值用于可变测量速度。在_FA = 1 时，进给速度为 150mm/min；在_FA > 1 时，进给速度为 300mm/min。

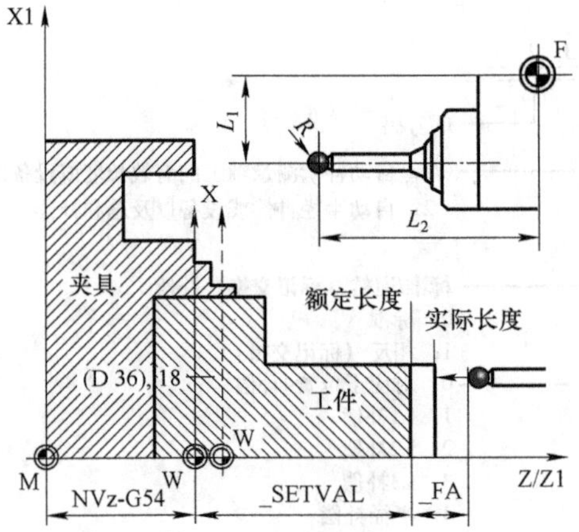

图 6-70　在工件上测定 NV

（2）1 点测量和刀具校正　利用 CYCLE974 测量循环和测量方案_ MVAR = 0；可以根据位于所选测量轴上的工件零点来测定工件的实际值。另外，与此相关的刀具也是可校准的。该刀具在_ TNUM 或_ TNAME 中给定。D 号码和校准方式在变量_ KNUM 中编码给定。如果可能，将工件在循环调用前用 SPOS 定位到主轴正确的角位置上。

1）编程循环。

CYCLE974（_MVAR，_SETVAL，_MA，_KNUM，_TNUM，_TNAME，_DLNUM，_TENV，_VMS，_TZL，_TMV，_TUL，_TLL，_TDIF，_TSA，_FA，_PRNUM，_EVNUM，_NMSP，_K）

2）参数及说明见表 6-18。

调用测量循环前必须将测量头定位于所要测量平面的对面。在校准过程结束后，测量头处于校准面对面距离为_ FA 的位置。

精确的测量需要一个在测量条件下校准过的测量头，也就是说，测量和校准时的工作平面和测量速度要一致。在主轴中使用测量头用于移动的刀具时，也要注意主轴的校准，如图 6-71 所示。偏差可能会导致另外的测量错误。

表 6-18　参数及说明

参　数	数　值	说　明
_MVAR	0	1 点测量和刀具校准
_SETVAL	实型①	额定值（根据符号）；在平面轴（X）和直径程序设计时为直径尺寸
_MA	1，2，3②	测量轴
_KNUM	整数	0：不带自动刀具校准；>0：带有自动刀具校正；单独的数值
_TNUM	整型，≥0	用于自动刀具校准的刀具号码
_TNAME	字符串［32］	用于自动刀具校准的刀具名称（在刀具管理有效时，可代用_TNUM）
_DLNUM	整型，≥0	用于总量和调整校准的 DL 号码
_TENV	字符串［32］	用于自动刀具测量的刀具范围名称
_VMS	变量测量速度	_VMS = 0 时，规定进给速度的标准值为：若 FA = 1，则进给速度为 150mm/min；若 FA > 1 时，进给速度值自动提高到 300mm/min。用寸制时为 5.9055 in/min 或 11.811in/min。
_TZL	实数	≥0：零补偿
_TMV	实数	>0：带有补偿的平均值形成

（续）

参　数	数　值	说　明
TUL⁄_TLL	公差参数：实数	≥0：零补偿 参数_TUL⁄_TLL 根据激活的单位系统规定为米制（mm）或者寸制（in）并以符号标记 如果选择非对称值用于公差参数 _TUL、_TLL（工件公差），则在循环内部将修正额定值（_SETVAL），使其位于新的对称公差带中间。该变更的值在结果参数中显示：OVR ［0］ – 额定值，OVR ［8］ –公差上限，OVR ［12］ –公差下限。供给参数自行（_TUL、_TLL、_SETVAL）保持不变 举例 _TUL＝0. 0 _TLL＝ –0. 004 _SETVAL＝10 在结果中显示：OVR ［8］ ＝0.002 OVR ［12］ ＝ –0.002 OVR ［0］ ＝ 9.998
_TDIF	实数 ＞0	尺寸差异检查③
_TSA	公差参数：实数	＞0：置信区域
_FA	测量路径	测量行程_FA：给定测量头起始位置至期望的切换点（额定位置）之间的距离。_FA 来自数据类型为实数且值＞0
_PRNUM	整数	测量头号码
_EVNUM	实数	＝0：不带经验值与平均值存储器 0～9999：经验值存储器号码＝平均值存储器号码 ＞9999：_EVNUM 的上面 4 个位置用作平均值存储器号码，下面 4 个位置用作经验值存储器号码 由_EVNUM 中的值形成_EV 和_MV 栏索引 经验值和平均值自行存储在数据块（GUD5）的_EV ［ ］ 经验值栏和_MV ［ ］ 平均值栏中
_NMSP	整数	同一地点测量次数：测量值或者额定值与实际值的差值 Si（i＝1... n）以算术平均方式表示
K	函数	生成平均值的加权函数

① 通过使用同样可以进行参数化，与在 X 轴上进行测量时一样（平面轴）。这种情况下也要在 L_1（X 轴上的有效长度）上进行刀具校准，只要没有通过_KNUM 给定其他值。

② 也可以在平面的第 3 个轴（Y 轴 G18 处）上进行校准，只要该轴存在。

③ 仅对于带有自动刀具补偿的工件测量。

3）程序举例。外径和内径上带有刀具校正的 1 点测量在一个工件上用刀具 T7、D1 加工外径，用刀具 T8、D1 来加工内径，如图 6-72 所示。额定直径的尺寸与图中一致。所测出的差值＞0. 002mm 时，应当对各个刀具的长度（在测量轴_ MA 上）自动进行损耗校准。可以接受的最大偏差值为 0. 5mm，允许最大公差为 0. 04mm。为了达到 0. 5mm 的最小测量路径，对测量路径用_ FA＝0. 5mm＋0. 5mm＝1mm 进行编程（最大总测量路径＝2mm）。

在校准时可以考虑使用用于 T7 的存储器_ EV ［12］，或者用于 T8 的存储器_ EV ［13］当中的经验值，同样在_ MV ［12］ 或者_ MV ［13］ 生成平均值并进行计算。

该刀具校准会对完成下一个工件，或者在进行可能的精加工时产生影响。

工件的装夹可采用带有可调节 NV G54 的零点位移：NVz。

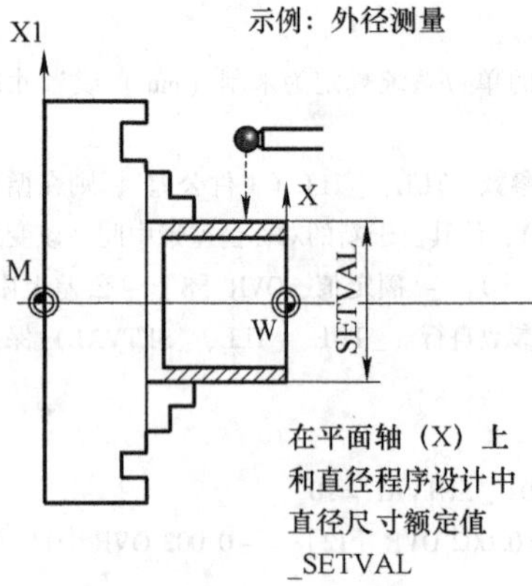

图 6-71 主轴旋转

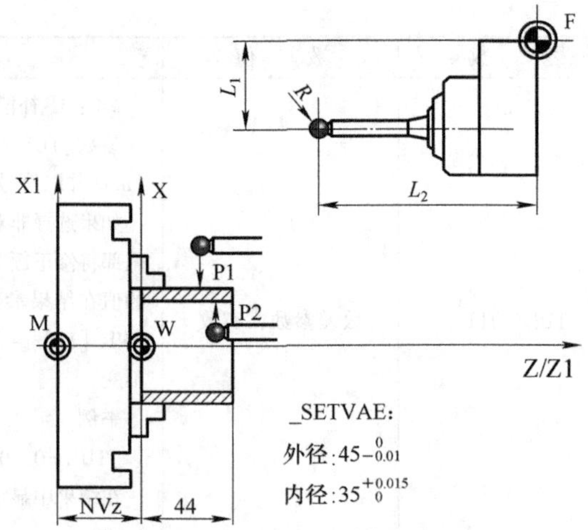

图 6-72 内、外径的测量

作为测量头，工件测量头 1 被设置成刀具 T9、D1 使用，并已经对测量头进行过校准。工件测量头 1 的数据区：_WP［0,...］在刀具校准存储器中，在 T9、D1 时设定为：刀具类型（DP1）：580；刀沿位置（DP2）：7；长度 1，几何量（DP3）：$L_1=40.123$；长度 2，几何量（DP4）：$L_2=100.456$；半径，几何量（DP6）：3.000。

其程序如下：

```
%_N_EIN_PUNKT_MESSEN_MPF
N10  G54  G18  G90  T9  D1  DIAMON;        调用 NV，刀具=测量头
N20  G0  Z30  X90;                         预先定位测量头
N25 _CHBIT［4］=1;                          带有平均值生成
N30 _TZL=0.002 _TMV=0.005 _TDIF=0.04 _TSA=0.5_PRNUM=1 _VMS=0 _NMSP=1 _FA=1
_MVAR=0 _SETVAL=45 _TUL=0 _TLL=-0.01_TNUM=7 _KNUM=1 _EVNUM=13 _K=2 _MA=2;
                                           用于循环调用的参数
N40  CYCLE974;                             外径上的测量
N50  G0  Z60;                              将测量头置于 P2 的对面
N60  X0
N70  Z40
N80 _SETVAL=35 _TUL=0.015 _TLL=0 _TNUM=8_EVNUM=14
N90  CYCLE974;                             内径上的测量
N100  G0 Z110;                             返回到 Z 轴
N110  X90;                                 返回到 X 轴
N200  M2;                                  程序结束
```

说明：

① 测量外径并校准 T7。测量外径并校准 T7，实际值与额定值之间的差值，通过经验值存储器_EV［12］中的经验值来进行校准，并与容差参数进行比较。

a. 如果大于 0.5mm（_TSA），则发出“超出置信区域”的报警并且程序处理也不能继续进行下去。

b. 如果大于0.04mm（_TDIF），则不进行校准，并且显示出“超出容许尺寸差值”的报警，程序继续运行。

c. 在低于或者超出_TUL=-0.01，_TLL=0的值时，则对T7、D1进行关于这个差值的100%长度校正。显示出“尺寸余量”或“尺寸不足”的报警时，程序继续运行。

d. 在超出0.005mm（_TMV）时，对T7、D1进行关于这个差值的100%长度校准。

e. 如果小于0.005mm（_TMV），则从平均值存储器_MV［12］中调入（只有在_CHBIT［4］=1时才配有平均值存储器）平均值来生成一个平均值，并要考虑到重要因素（_K=2）。

所生成的平均值>0.002mm（_TZL）时，对T7、D1按平均值/2进行长度1的衰减校准，并将_MV［12］的平均值去除。平均值<0.002mm（_TZL）时不进行校准，但在平均值存储（_CHBIT［4］=1）有效时，要将其保存在平均值存储器_MV［12］中，结果被记录到结果区_OVR［ ］。

如果需要进行改变，要对T7、D1长度L_1的损耗进行计算。

② 测量内径并校准T8。与“测量外径”一样，利用相应的变化过的值_EV［13］，_MV［13］（E）VNUM=14，_TUL，_TLL，_SETVAL对T8进行校准。

(3) 带有转换的1点测量和刀具修正　利用CYCLE974测量循环和测量方案_MVAR=1000，可以通过获得两个在直径上相对的点来测出工件的实际值，这与测量轴上的工件零点有关。

在首次测量前循环用SPOS将工件定位到参数_STA1中编程设计的角位置上，并且自动在循环的第二次测量前进行180°的转换，从两个测量值生成一个平均值，如图6-73所示。

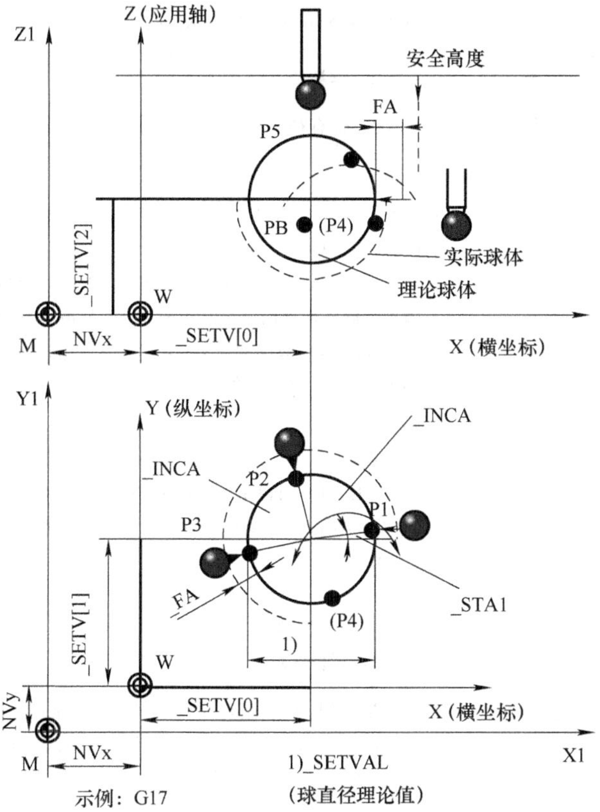

图6-73　起始角

1）编程循环。

CYCLE974（_MVAR，_SETVAL，_MA，_STA1，_KNUM，_TNUM，_TNAME，_DLNUM，_TENV，_VMS，_TZL，_TMV，_TUL，_TLL，_TDIF，_TSA，_FA，_PRNUM，_EVNUM，_NMSP，_K）

2）参数及说明见表6-19。

表6-19　参数及说明

参　数	数　值	说　明
_MVAR	1000	带有转换的1点测量和刀具校准
_SETVAL	实型①	额定值（根据符号）：在平面轴（X）和DIAMON时为直径尺寸
_MA	1，2，3②	测量轴
_STA1	实型	≥0：起始角（主轴位置）
_KNUM	整数	0：不带自动刀具校准；>0：带有自动刀具校准；单独的数值
_TNUM	整型	≥0：用于自动刀具校准的刀具号码
_TNAME	字符串［32］	用于自动刀具校准的刀具名称（在刀具管理有效时，可代用_TNUM）
_DLNUM	整型	≥0：用于总量和调整校准的DL号码
_TENV	字符串［32］	用于自动刀具测量的刀具范围名称
_VMS	变量测量速度	_VMS=0时，规定进给速度的标准值为：若FA=1，则进给速度为150mm/min；若FA>1时，进给速度值自动提高到300mm/min。用寸制时为5.9055in/min或11.811in/min
_TZL	实数	≥0：零补偿
_TMV	实数	>0：带有补偿的平均值形成
_TUL/_TLL	公差参数：实数	≥0：零补偿 参数_TUL/_TLL根据激活的单位系统规定为米制（mm）或者英制（in），并以符号标记 如果选择非对称值用于公差参数_TUL、_TLL（工件公差），则在循环内部将修正额定值（_SETVAL），使其位于新的对称公差带中间。该变更的值在结果参数中显示：OVR［0］-额定值，OVR［8］-公差上限，OVR［12］-公差下限。供给参数自行（_TUL、_TLL、_SETVAL）保持不变 举例 _TUL=0.0_TLL=-0.004_SETVAL=10 在结果中显示：OVR［8］=0.002OVR［12］=-0.002OVR［0］=9.998
_TDIF	实数>0	尺寸差异检查③
_TSA	公差参数：实数	>0：置信区域
_FA	测量路径	测量行程_FA：给定测量头起始位置至期望的切换点（额定位置）之间的距离。_FA来自数据类型为实数且值>0
_PRNUM	整数	测量头号码

（续）

参　数	数　值	说　明
_EVNUM	实数	=0：不带经验值与平均值存储器 0～9999：经验值存储器号码 = 平均值存储器号码 >9999：_EVNUM 的上面 4 个位置用作平均值存储器号码，下面 4 个位置用作经验值存储器号码 经验值和平均值自行存储在数据块（GUD5）的_EV［ ］经验值栏和_MV［ ］平均值栏中
_NMSP	整数	同一地点测量次数：测量值或者额定值与实际值的差值 Si（$i=1\cdots n$）以算术平均方式表示
_K	函数	生成平均值的加权函数

① 通过使用同样可以进行参数化，与在 X 轴上进行测量时一样（平面轴）。

② 也可以在平面的第 3 个轴（Y 轴 G18 处）上进行校准，只要该轴存在。

③ 仅对于带有自动刀具补偿的工件测量，也对于刀具测量。

3）程序举例。

① 工件。外直径上的 1 点测量带有转换的测量，如图 6-74 所示。在工件上用刀具 T7、D1 对外径进行加工。额定直径的尺寸与图中一致，将通过转换来测量这个外径。主轴是有 SPOS 能力的。

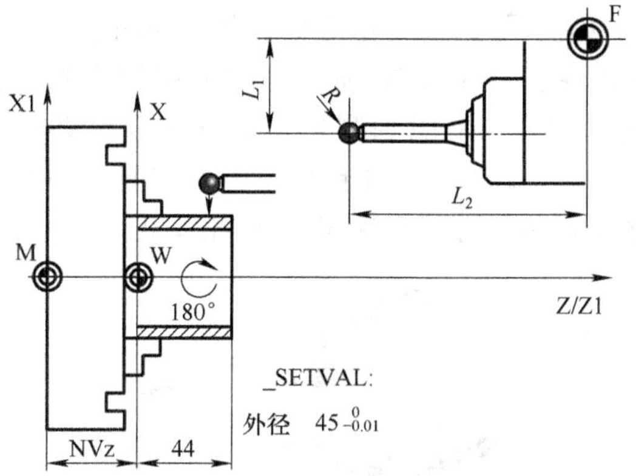

带有主轴转换的外径测量

图 6-74　外直径上的 1 点测量带有转换的测量

所测出的差值 >0.002mm 时，应当对刀具的长度（在测量轴_MA 上）自动进行损耗校正。可以接受的最大偏差值为 1mm。允许最大公差为 0.4mm。为了达到 1mm 的最小测量路径，对测量路径用_FA = 1mm + 1mm = 2mm 进行编程（最大总测量路径 = 4mm）。

在校正时不用考虑经验值，也不生成和使用平均值。

② 工件的紧固。带有可调节 NV G54 的零点位移：NVz。

③ 测量头。作为测量头，工件测量头 1 被设置成刀具 T9、D1 使用。已经对测量头进行过校准。工件测量头 1 的数据区：_WP［0,...］在刀具校准存储器中，在 T9、D1 时设定为：刀具类型（DP1）：580；刀沿位置（DP2）：7；长度 1，几何量（DP3）：L_1 = 40.123；长度 2，几何量（DP4）：L_2 = 100.456；半径，几何量（DP6）：3.000。

其程序如下：

```
%_N_UMSCHLAGMESSEN_MPF
N10  G54  G90  G18  T9  D1  DIAMON;          调用 NV，刀具=测量头
N20  G0  Z30  X90;                           预先定位测量头
N30 _MVAR=1000 _SETVAL=45 _TUL=0 _TLL=-0.01_MA=2 _STA1=0 _KNUM=1 _TNUM=7
_EVNUM=0_TZL=0.002 _TDIF=0.4 _TSA=1 _PRNUM=1 _VMS=0_NMSP=1 _FA=2;
                                             用于循环调用的参数
N40  CYCLE974;                               测量循环调用
N50  G0  Z110;                               返回到 Z 轴
N60  X90;                                    返回到 X 轴
N100  M2;                                    程序结束
```

4. CYCLE994 工件：两点测量

利用 CYCLE994 测量循环能够在不同的测量方案中通过两点测量来测定工件的尺寸。另外，还可以进行自动的刀具校准。测量循环根据所选测量轴_ MA 上的工件零点来确定工件的实际值，并计算其与预先给定的额定值间的差值（额定值 - 实际值），可以使用保存在数据模块 GUD5 中的经验值，还可以计算出多个部分的平均值。循环将检查所测得的偏差值是否在预先给定的公差范围内，并自动对通过_ KNUM 所选定的刀具校准存储器进行校准，在_ KNUM = 0 时不进行校准。

测量轴_ MA 上两个相对的测量点，对称地到达距工件零点距离为额定值_ SETVAL 的位置上，如图 6-75 所示。第一测量点在正方向，第二测量点在负方向。通过参数_ SZA 和_ SZO 编定一个保护区程序，如图 6-76 所示。在采用相应测量方案的运行过程时，需要对其进行考虑。使用者必须另外考虑到测量头的球半径，必须在测量方向上对测量头进行校准（如果_ CHBIT [7] =0），并将其当做带有刀具校准的刀具进行调用。刀具类型为 5XY，刀沿位置为 5 ~ 8mm，必须与测量任务相匹配。

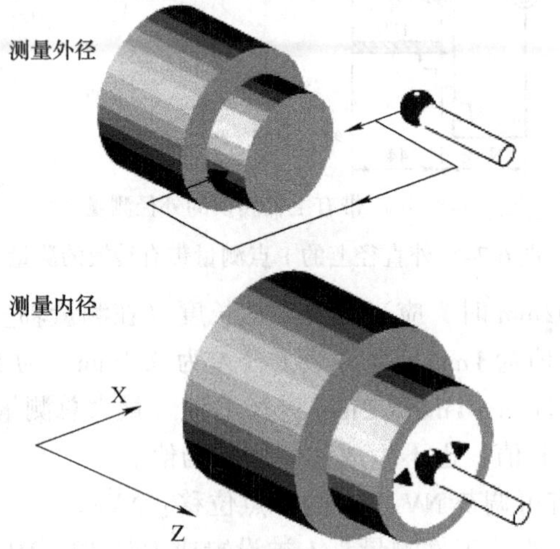

图 6-75 对称地到达工件零点

该测量循环可以用于没有预先进行校准的测量。除了_ WP [ ] 中的触发值之外，还要将测量头数据区_ PRNUM (_ WP [_ PRNUM - 1, 0]) 中记录的测量头直径引入到计算当中。通过位对功能进行控制。_ CHBIT [7] =1：没有对测量头进行校准（不使用触发值），使用测

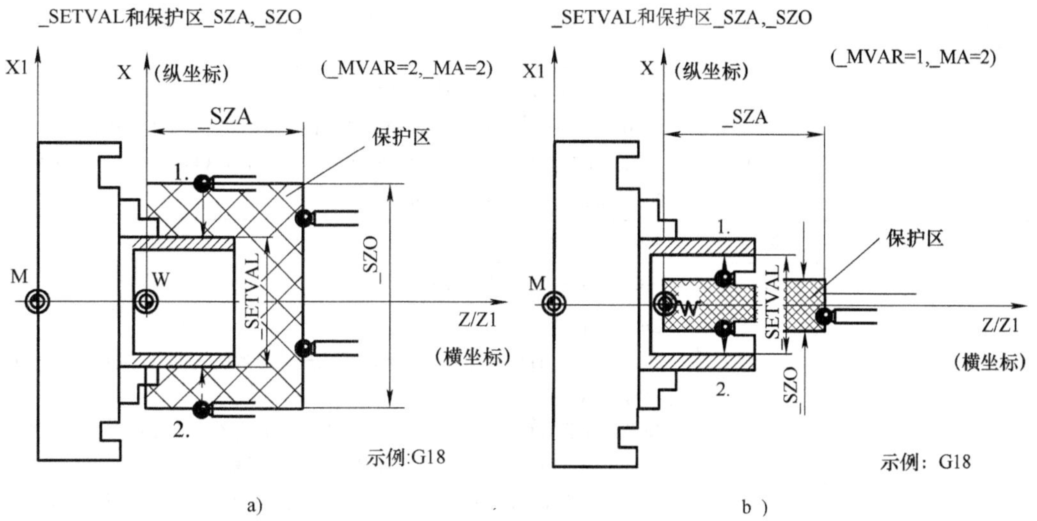

图 6-76 保护区

a）测量外径 b）测量内径

量头球体直径_WP [_PRNUM-1, 0]); _CHBIT [7] =0：已经校准过测量头，使用_WP [_PRNUM-1,...] 中的触发值。在加工中要校正的刀具可在_TNUM 或_TNAME 中给定，D 号码和校准方式在变量_KNUM 中编码给定。

（1）编程循环

CYCLE974 (_MVAR, _SETVAL, _MA, _SZA, _SZO, _KNUM, _TNUM, _TNAME, _DLNUM, _TENV, _VMS, _TZL, _TMV, _TUL, _TLL, _TDIF, _TSA, _FA, _PRNUM, _EVNUM, _NMSP, _K)

（2）参数及说明见表 6-20。

表 6-20 参数及说明

参 数	数 值	说 明
_MVAR	1 或 2	1：内径，带有保护区的两点测量 2：两点测量，保护区仅用于外径
_SETVAL	实型①	额定值 在平面轴中进行测量并且直径编程（DIAMON）有效时，_SETVAL 为直径尺寸值，否则就是绕工件零点的半径尺寸值
_MA	1，2，3②	测量轴
_SZA	实型	工件上横坐标①中的保护区在平面轴中的横坐标和直径编程（DIAMON）有效时，_SZA 为直径尺寸值，否则就是绕工件零点的半径尺寸值
_SZO	实型	工件上纵坐标①中的保护区在平面轴中的纵坐标和直径编程（DIAMON）有效时，_SZO 为直径尺寸值，否则就是绕工件零点的半径尺寸值
_KNUM	整数	0：不带自动刀具校准；>0：带有自动刀具校准；单独的数值
_TNUM	整型	≥0：用于自动刀具校准的刀具号码
_TNAME	字符串 [32]	用于自动刀具校准的刀具名称（在刀具管理有效时，可代用_TNUM）
_DLNUM	整型	≥0：用于总量和调整校准的 DL 号码

（续）

参　数	数　值	说　明
_TENV	字符串［32］	用于自动刀具测量的刀具范围名称
_VMS	变量测量速度	_VMS = 0 时，规定进给速度的标准值为：若 FA = 1，则进给速度为 150mm/min；若 FA > 1 时，进给速度值自动提高到 300mm/min。用寸制时为 5.9055 in/min 或 11.811 in/min
_TZL	实数	≥0：零补偿
_TMV	实数	>0：带有补偿的平均值形成
_TUL/_TLL	公差参数：实数	≥0：零补偿 参数_TUL/_TLL 根据激活的单位系统规定为米制（mm）或者寸制（in），并以符号标记 如果选择非对称值用于公差参数 _TUL、_TLL（工件公差），则在循环内部将修正额定值（_SETVAL），使其位于新的对称公差带中间。该变更的值在结果参数中显示：OVR［0］ - 额定值，OVR［8］ - 公差上限，OVR［12］ - 公差下限。供给参数自行（_TUL、_TLL、_SETVAL）保持不变 举例 _TUL = 0.0 _TLL = -0.004 _SETVAL = 10 在结果中显示：OVR［8］ =0.002 OVR［12］ = -0.002 OVR［0］ =9.998
_TDIF	实数 >0	尺寸差异检查
_TSA	公差参数：实数	>0：置信区域
_FA	测量路径	测量行程 _FA；给定测量头起始位置至期望的切换点（额定位置）之间的距离。_FA 来自数据类型为实数且值 >0
_PRNUM	整数	测量头号码
_EVNUM	实数	=0：不带经验值与平均值存储器 0 ~ 9999：经验值存储器号码 = 平均值存储器号码 >9999：_EVNUM 的上面 4 个位置用作平均值存储器号码，下面 4 个位置用作经验值存储器号码 举例 _EVNUM = 11 →EW 存储器：11 →_EV［10］ →MW 存储器：11 →_MV［10］ _EVNUM = 90012 →EW 存储器：12 →_EV［11］ →MW 存储器：9→_MV［8］ 由_EVNUM 中的值形成 _EV 和 _MV 栏索引 经验值和平均值自行存储在数据块（GUD5）的_EV［ ］经验值栏和_MV［ ］平均值栏中
_NMSP	整数	同一地点测量次数：测量值或者额定值与实际值的差值 Si（$i=1\cdots n$）以算术平均方式表示
_K	函数	生成平均值的加权函数

① 在第 3 根轴（在 Y 轴中 G18 处），该轴中 _SZO 有效，如图 6-77 所示。_SZA 总是在平面的第 1 根轴上起作用（Z 轴 G18 处）。在平面的第 1 根轴上（Z 轴 G18 处）进行校准。

② 也可以在平面上第 3 根轴上进行校准，只要该轴存在（_MA = 3：在 Y 轴 G18 处）。

通过在 GUD6 模块中使用_ CHBIT［19］=1，可以在平面上的第 3 根轴上进行测量时，在 G18 有效时（在 Y 轴上测量）按额定值和保护区设置参数，就像在 X 轴（平面轴）上进行测量一样，然后在 L_1 上进行刀具校准，只要_ KNUM 没有给定其他值。

测量循环调用前必须将测量头定位到正的测量点的对面。在测量过程结束后，测量头停在距负测量点_ FA 距离的位置，如图 6-78 所示。

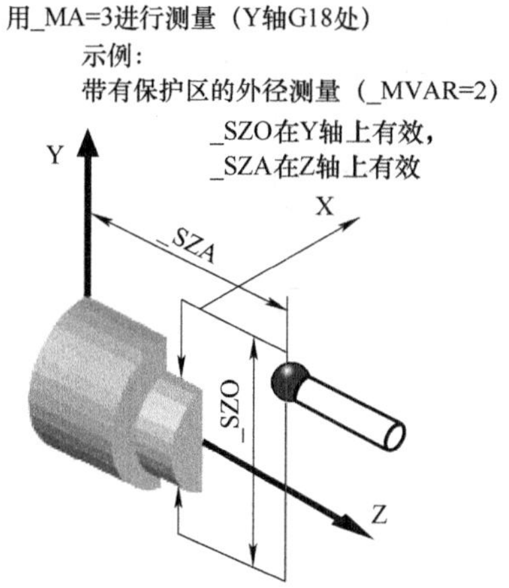

图 6-77　带有 Y 轴的数控车床

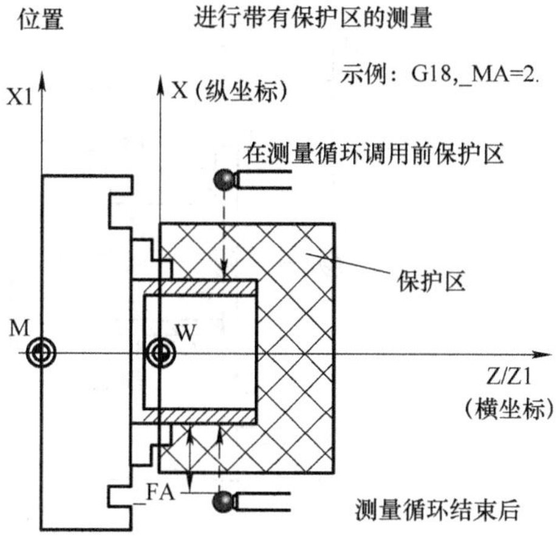

图 6-78　测量循环结束前后测量头的位置

精确的测量需要一个在测量条件下校准过的测量头，也就是说，测量和校准时的工作平面和测量速度要一致。在主轴中使用测量头用于开动的刀具时，也要注意主轴的校准。偏差可能会导致另外的测量错误。

当_ MVAR=2，_ MA=2 时，外径测量的工作流程（保护区_ SZA，_ SZO 有效）如图 6-79 所示：1 为外径的到达路径（使用者）；2～7 为循环中用到的运行路径，用于考虑到保护区_ SZA，_ SZO（4～6）的外径测量；8～9 为返回出发点（使用者）。

当_ MVAR=2，_ MA=2 时，内径测量的工作流程（没有保护区起作用）如图 6-80 所示：1、2 为内径的到达路径（使用者）；3～5 为循环中用到的运行路径，用于内径上的测量；6 为返回出发点（使用者）。

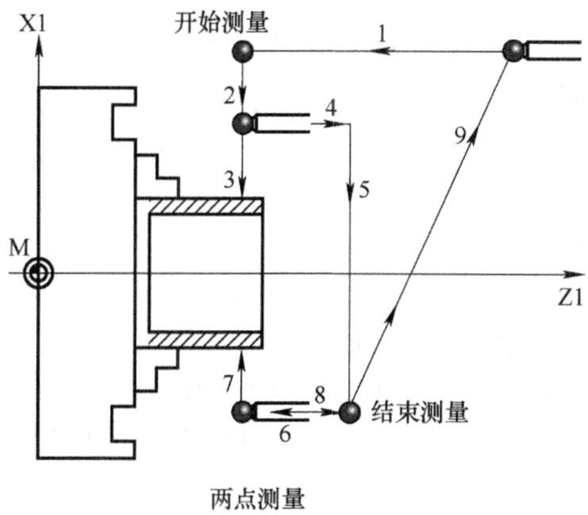

图 6-79　外径测量

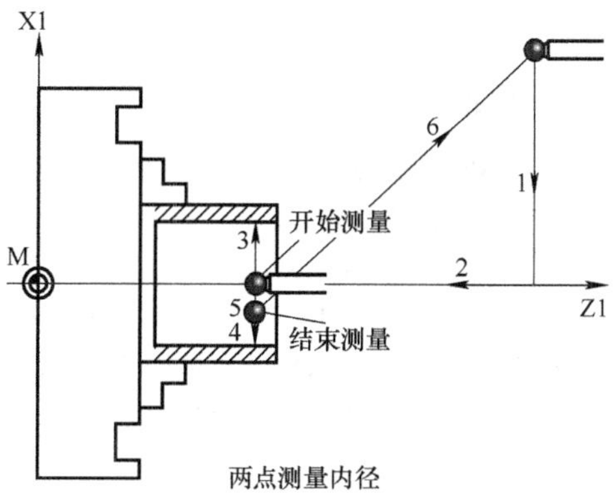

图 6-80　内径测量

(3) 程序举例 如图6-81所示，在一个工件上用刀具T8、D1加工外径，用刀具T9、D1来加工内径。额定直径的尺寸与图中一致。所测出的差值>0.002mm时，应当对各个刀具的长度（在测量轴_MA上）自动进行损耗校准。可以接受的最大偏差值为0.5mm，允许最大公差为0.04mm。

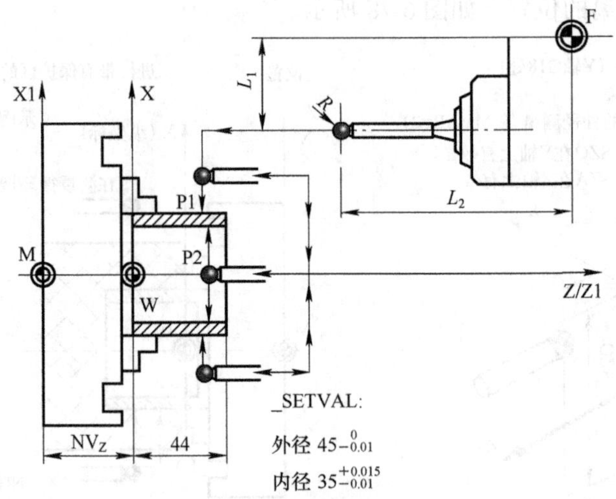

图6-81 外径和内径两点测量

为了达到0.5mm的最小测量路径，对测量路径用_FA=0.5mm+0.5mm=1mm进行编程（最大总测量路径=2mm）。

在校准时可以考虑使用用于T8的存储器_EV［2］，或者用于T9的存储器_EV［3］当中的经验值，同样在_MV［2］或者_MV［3］生成平均值并进行计算。

该刀具校准会对完成下一个工件或者在进行可能的精加工时产生影响。

1）夹紧。

工件的紧固：带有可调节NV G54的零点位移，NVz。

2）测头。

作为测量头，工件测量头1被设置成刀具T1、D1使用，已经对测量头进行过校准。工件测量头1的数据区：_WP［0,...］在刀具校准存储器中，在T1、D1时设定为：刀具类型（DP1）：580；刀沿位置（DP2）：7；长度1，几何量（DP3）：L_1=40.123；长度2，几何量（DP4）：L_2=100.456；半径，几何量（DP6）：3.000。

其程序如下：

```
%_N_ZWEI_PUNKT_MESSUNG_MPF
N10  T1  D1  DIAMON;                          调用刀具=测量头（MT）
N20  G0  G54  Z30  X60;                       NV选择，将测量头定位在P1对面
N25 _CHBIT［4］=1 _CHBIT［7］=0;              采用平均值，校准MT
N30 _TLL=-0.01 _MA=2 _SZA=55 _SZO=55 _KNUM=1_K=3 _TZL=0.002 _TMV=0.005 _TDIF=
0.04 _TSA=0.5_VMS=0 _NMSP=1 _FA=1 _MVAR=2 _SETVAL=45 _TUL=0 _TNUM=8 _EVNUM=3;
                                              对第1个循环调用提供参数外径测量
N40  CYCLE994;                                外径两点测量，带有保护区（P1）
N50  G0  Z55;                                 将测量头定位于P2的对面
```

```
N60  X20
N70  Z30
N80 _SETVAL=35 _TUL=0.015 _TNUM=9 _EVNUM=4;
                                        对第2个循环调用进行参数变更（内径测量）
N90  CYCLE994;                          内径两点测量，不带保护区（P2）
N100  G0  Z110;                         返回到Z轴
N110  X60;                              返回到X轴
N200  M2;                               程序结束
```

说明：

测量外径并校准T8时，实际值与额定值之间的差值，通过经验值存储器_EV［2］中的经验值来进行校准，并与容差参数进行比较，并按以下方法进行结果处理。

1）如果大于0.5mm（_TSA），则发出“超出置信区域”的报警并且程序处理也不能继续进行下去。

2）如果大于0.04mm（_TDIF），则不进行校准，并且显示出“超出容许尺寸差值”的报警，程序继续运行。

3）在低于或者超出_TUL=-0.01，_TLL=0的值时，则对T8、D1进行关于这个差值的100%长度校准。显示出“尺寸余量”或“尺寸不足”的报警时，程序继续运行。

4）在超出0.005mm（_TMV）时，对T8、D1进行关于这个差值的100%长度校准。

5）如果小于0.005mm（_TMV），则从平均值存储器_MV［2］中调入（只有在_CHBIT［4］=1时才配有平均值存储器）平均值来生成一个平均值，并要考虑到重要因素（_K=3）。所生成的平均值>0.002mm（_TZL）时，对T8、D1按平均值/2进行长度1的衰减校准，并将_MV［2］的平均值去除；平均值<0.002mm（_TZL）时，不进行校正，但在平均值存储（_CHBIT［4］=1）有效时，要将其保存在平均值存储器_MV［2］中。

结果被记录到结果区OVR［ ］中。如果需要进行改变，要对T8、D1长度L_1的损耗进行计算。

测量内径并校准T9时，利用相应的变化过的值_EV［3］，_MV［3］（EVNUM=4），_TUL，_SETVAL对T8进行校准。

工件公差参数_TUL、_TLL的值在范例中是不对称选定的。这里在结果中进行不对称化处理。

任务实施

如图6-42所示，将刀沿位置为7的工件测量头1根设置为刀具T8、D1，在CYCLE974中对图中所示工件进行测量。预先使用CYCLE973在两根轴负方向上的基准槽1中对该刀具测量头进行校准。测量点P1到P4分别用不同的刀具T1、D1到T4、D1进行加工。根据各自的长度（与测量轴_MA相对应）分别对这些刀具自动进行校准，不使用经验值和平均值。采用CYCLE973对工件测量头进行校准，采用CYCLE974进行工件测量。

其程序如下：

```
%_N_TEIL_1_MESSEN_MPF
```

```
N10  T8  D1  DIAMON;              刀具 = 选择测量头
N20  SUPA  G0  X300  Z150;        到达 X 轴和 Z 轴上的起始位置，由此可无碰撞地运行到进行校正
                                  的基准槽当中
N30 _MVAR = 13 _MA = 1 _MD = 1 _CALNUM = 1 _TZL = 0_TSA = 1 _PRNUM = 1 _VMS = 0 _NMSP =
1 _FA = 1;                        基准槽中校准用参数
N40  CYCLE973;                    校准 Z 轴负方向上的测量头
N50  _MA = 2;                     其他的测量轴
N60  CYCLE973;                    校准 X 轴负方向上的测量头
N70  G54  G0  Z40;                选择零点位移，在 Z 轴上运行到测量点
N80  X220;                        将测量头定位于 P1 对面
N100 _TUL = 0 _TLL = -0.01 _TZL = 0.002 _EVNUM = 0_TDIF = 0.2 _TSA = 0.3 _PRNUM = 1 _MVAR =
0_SETVAL = 200 _MA = 2 _TNUM = 1 _KNUM = 1;
                                  定义用于测量的参数
N110  CYCLE974;                   测量 P1
N120  G0  Z70;                    将测量头定位于 P2 的对面
N130  X175
N140 _MA = 1_SETVAL = 50 _TUL = 0.01 _TNUM = 2_KNUM = 1;
                                  定义其他轴上用于测量的参数
N150  CYCLE974;                   测量 P2
N160  G0  Z180;                   将测量头定位于 P3 对面
N170 _MA = 2 _SETVAL = 150 _TUL = 0.005 _TLL = -0.003_TNUM = 3 _KNUM = 1;
                                  改变用于测量的参数
N180  CYCLE974;                   测量 P3
N190  G0  Z150;                   将测量头定位于 P4 对面
N200  X50
N210 _MA = 1 _SETVAL = 100 _TUL = 0.01 _TLL = -0.01_TNUM = 4 _KNUM = 1;
                                  改变用于测量的参数
N220  CYCLE974;                   测量 P4
N230  G0  SUPA  Z250;             返回到 Z 轴
N240  SUPA  X280;                 返回到 X 轴
N300  M2;                         程序结束
```

[任务巩固]

1. 为什么要对测量头进行校准？
2. 对刀具进行在线测量有什么意义？
3. 有条件的情况下对前面几个任务加工的零件进行在线测量。

附 录

附录 A　FANUC 系统功能指令

表 A-1　FANUC 0i 准备功能一览表

G 代码			组	功　能
A	B	C		
▲G00	▲G00	▲G00	01	定位（快速）
G01	G01	G01		直线插补（切削进给）
G02	G02	G02		顺时针圆弧插补
G03	G03	G03		逆时针圆弧插补
G04	G04	G04	00	暂停
G07.1 (G107)	G07.1 (G107)	G07.1 (G107)		圆柱插补
▲G10	G10	G10		可编程数据输入
G11	G11	G11		可编程数据输入方式取消
G12.1 (G112)	G12.1 (G112)	G12.1 (G112)	21	极坐标插补方式
▲G13.1 (G113)	▲G13.1 (G113)	▲G13.1 (G113)		极坐标插补方式取消
G17	G17	G17	16	XpYp 平面选择
▲G18	▲G18	▲G18		ZpXp 平面选择
G19	G19	G19		YpZp 平面选择
G20	G20	G70	06	寸制输入
G21	G21	G71		米制输入
▲G22	▲G22	▲G22	09	存储行程检查接通
G23	G23	G23		存储行程检查断开
▲G25	▲G25	▲G25	08	主轴速度波动检测断开
G26	G26	G26		主轴速度波动检测接通
G27	G27	G27	00	返回参考点检查
G28	G28	G28		返回参考位置
G30	G30	G30		返回第 2、第 3 和第 4 参考点
G31	G31	G31		跳转功能
G32	G33	G33	01	螺纹切削
G34	G34	G34		变螺距螺纹切削

（续）

G代码			组	功　能
A	B	C		
G36	G36	G36	00	自动刀具补偿 X
G37	G37	G37		自动刀具补偿 Z
▲G40	▲G40	▲G40	07	刀尖圆弧半径补偿取消
G41	G41	G41		刀尖圆弧半径左补偿
G42	G42	G42		刀尖圆弧半径右补偿
G50	G92	G92	00	坐标系设定或最大主轴速度设定
G50.3	G92.1	G92.1		工件坐标系预置
▲G50.2 (G250)	▲G50.2 (G250)	▲G50.2 (G250)	20	多边形车削取消
G51.2 (G251)	G51.2 (G251)	G51.2 (G251)		多边形车削
G52	G52	G52	00	局部坐标系设定
G53	G53	G53		机床坐标系设定
▲G54	▲G54	▲G54	14	选择工件坐标系 1
G55	G55	G55		选择工件坐标系 2
G56	G56	G56		选择工件坐标系 3
G57	G57	G57		选择工件坐标系 4
G58	G58	G58		选择工件坐标系 5
G59	G59	G59		选择工件坐标系 6
G65	G65	G65	00	宏程序调用
G66	G66	G66	12	宏程序模态调用
▲G67	▲G67	▲G67		宏程序模态调用取消
G70	G70	G72	00	精加工循环
G71	G71	G73		粗车外圆循环
G72	G72	G74		粗车端面循环
G73	G73	G75		多重车削循环
G74	G74	G76		排屑钻端面孔
G75	G75	G77		外径、内径钻孔
G76	G76	G78		多头螺纹循环
▲G80	▲G80	▲G80	10	固定钻孔循环取消
G83	G83	G83		钻孔循环
G84	G84	G84		攻螺纹循环
G85	G85	G85		正面镗循环
G87	G87	G87		侧钻循环
G88	G88	G88		侧攻螺纹循环
G89	G89	G89		侧镗循环
G90	G77	G20	01	外径、内径车削循环
G92	G78	G21		螺纹切削循环
G94	G79	G24		端面车削循环

（续）

G代码			组	功能
A	B	C		
G96	G96	G96	02	恒表面切削速度控制
▲G97	▲G97	▲G97		恒表面切削速度控制取消
G98	G94	G94	05	每分进给
▲G99	▲G95	▲G95		每转进给
	▲G90	▲G90	03	绝对值编程
	G91	G91		增量值编程
	G98	G98	11	返回到起始平面
	G99	G99		返回到R平面

关于FANUC 0i系统准备功能的说明：

1）G代码有A、B和C三种系列。

2）当电源接通或复位时，CNC进入清零状态，此时的开机默认代码在表中以符号"▲"表示。但此时，原来的G21或G20保持有效。

3）除了G10和G11以外的00组G代码都是非模态G代码。

4）当指定了没有在列表中的G代码时，显示P/S010报警。

5）不同组的G代码在同一程序段中可以指令多个。如果在同一程序段中指令了多个同组的G代码，仅执行最后指定的G代码。

6）如果在固定循环中指令了01组的G代码，则固定循环取消。该功能与指令G80相同。

7）G代码按组号显示。

表A-2 FANUC数控系统的辅助功能——M代码及其功能

M代码	用于数控车床的功能	附注
M00	程序停止	非模态
M01	程序选择停止	非模态
M02	程序结束	非模态
M03	主轴顺时针旋转	模态
M04	主轴逆时针旋转	模态
M05	主轴停止	模态
M08	切削液打开	模态
M09	切削液关闭	模态
M10	接料器前进	模态
M11	接料器退回	模态
M13	1号压缩空气吹管打开	模态
M14	2号压缩空气吹管打开	模态
M15	压缩空气吹管关闭	模态
M17	两轴变换	模态
M18	三轴变换	模态
M19	主轴定向	模态
M20	自动上料器工作	模态

（续）

M代码	用于数控车床的功能	附　注
M30	程序结束并返回	非模态
M31	旁路互锁	非模态
M38	右中心架夹紧	模态
M39	右中心架松开	模态
M50	棒料送料器夹紧并送进	模态
M51	棒料送料器松开并退回	模态
M52	自动门打开	模态
M53	自动门关闭	模态
M58	左中心架夹紧	模态
M59	左中心架松开	模态
M68	液压卡盘夹紧	模态
M69	液压卡盘松开	模态
M74	错误检测功能打开	模态
M75	错误检测功能关闭	模态
M78	尾架套筒送进	模态
M79	尾架套筒退回	模态
M80	机内对刀器送进	模态
M81	机内对刀器退回	模态
M88	主轴低压夹紧	模态
M89	主轴高压夹紧	模态
M90	主轴松开	模态
M98	子程序调用	模态
M99	子程序调用返回	模态

附录B　SIEMENS 802D系统功能指令

表B-1　SIEMENS 802D车床数控系统准备功能一览表

G指令	组　别	功　能	程序格式及说明
G00	01（模态）	快速点定位	G00　X＿　Z＿
G01*		直线插补	G01　X＿　Z＿　F＿
G02		顺时针圆弧插补	G02　X＿　Z＿　CR=＿　F＿
G03		逆时针圆弧插补	G02　X＿　Z＿　I＿　K＿　F＿ G02　AR=＿　I＿　K＿　F＿ G02　AR=＿　X＿　Z＿　F＿ G03……，其他与G02相同
G04	02（非模态）	暂停	G04　F＿或G04　S＿
G74		回参考点	G74　X1=0　Z1=0
G75		回固定点	G75　X1=0　Z1=0
CIP	01（模态）	通过中间点的圆弧	CIP　X＿　Z＿　I1＿　K1＿　F＿
CT		带切线过渡圆弧	N10…… N20　CT　X＿　Z＿　F＿

（续）

G 指令	组　别	功　能	程序格式及说明
G17	06（模态）	选择 XY 平面（TRANSMIT 铣削用）	G17
G18 *		选择 ZX 平面（标准车削加工）	G18
G19		选择 YZ 平面（TACYL 铣削时用）	G19
G25	03（非模态）	主轴转速下限或工作区域下限	G25　S _ G25　X _　Z _
G26		主轴高速限制或工作区域上限	G26　S _ G26　X _　Z _
TRANS		可编程偏置	TRANS　X _　Z _
SCALE		可编程比例系数	SCALE　X _　Z _
ROT		可编程旋转	ROT RPL = _
MIRROR		可编程镜像功能	MIRROR　X0
ATRANS		附加轴的编程偏置	ATRANS　X _　Z _
ASCALE		附加轴的可编程比例系数	ASCALE　X _　Z _
AROT		附加轴的可编程旋转	AROT　RPL = _
AMIRROR		附加轴的可编程镜像功能	AMIRROR　X0
G33	01（模态）	恒螺距螺纹切削	G33　Z _　K _　SF = _ G33　X _　I _　SF = _ G33　Z _　X _　K _　SF = _ G33　Z _　X _　I _　SF = _
G34		变螺距，螺距增加	G33　Z _　K _　SF = _ G34　Z _　K _　F _
G35		变螺距，螺距减小	G33　Z _　K _　SF = _ G35　Z _　K _　F _
G331		螺纹插补	N10　SPOS = _ N20　G331　Z _　K _　S _
G332		螺纹插补——退刀	G332　Z _　K _
G40 *	07（模态）	刀尖圆弧半径补偿取消	G40
G41		刀尖圆弧半径左补偿	G41　G01　X _　Z _
G42		刀尖圆弧半径右补偿	G42　G01　X _　Z _
G53 *	9（非模态）	取消零点偏置	G53
G153		按程序段取消零点偏置，包括基本框架	G153
G500 *	8（模态）	取消零点偏置	G500
G54 ~ G59		第一 ~ 第六可设定零点偏置	G54 或 G55 等
G64	10（模态）	连续路径加工	G64
G60 *		准确定位	G60
G09	11（非模态）	准确定位	G09
G601 *	12（模态）	在 G60、G09 方式下精准确定位	G601
G602		在 G60、G09 方式下粗准确定位	G602

（续）

G 指令	组　别	功　能	程序格式及说明
G70	13（模态）	寸制	G70
G71*		米制	G71
G700		寸制，也用于 F	G700
G710		米制，也用于 F	G710
G90*	14（模态）	绝对值编程	G90 G01 X_ Z_ F_
AC			G91 G01 X_ Z=AC（_） F_
G91		增量值编程	G91 G01 X_ Z_ F_
IC			G90 G01 X=AC（_） Z_ F_
G94		每分钟进给	mm/min
G95*		每转进给	mm/r
G96		恒线速度	G96 S500 LIMS=_ （500m/min）
G97		取消恒线速度	G97 S800（800r/min）
G450*	18（模态）	圆角过渡拐角方式	G450
G451		尖角过渡拐角方式	G451
BRISK*	21（模态）	轨迹跳跃加速	
SOFT		轨迹平滑加速	
FFWOF*	24（模态）	预控关闭	
FFWON		预控打开	
WALIMON*	28（模态）	工作区域限制生效	
WALIMOF		工作区域限制取消	
DIAMOF	29（模态）	半径量方式	DIAMOF
DIAMON*		直径量方式	DIAMON
G290*	47（模态）	西门子方式	
G291		外部方式（不适用于 802D bi）	
CYCLE82	孔加工固定循环	钻、锪孔循环	CALL CYCLE8_（RTP，RFP，SDIS，DP，DPR，…）
CYCLE83		深孔加工循环	
CYCLE84		刚性攻螺纹循环	
CYCLE840		柔性攻螺纹循环	
CYCLE85		铰孔循环	
CYCLE86		精镗孔循环	
CYCLE88		镗孔循环	
CYCLE93	车削循环	切槽	CALL CYCLE9_（ ） LCYC9_
CYCLE94		退刀槽（E 型和 F 型）切削	
CYCLE95		毛坯切削	
CYCLE96	车削循环	螺纹退刀槽	
CYCLE97		螺纹切削	
TRACY（d）	铣削循环	外圆铣削加工（不适用 802D bi）	TRACY（____）
TRANSMIT		端面铣削加工（不适用 802D bi）	TRANSMIT 或 TRANSMIT（1）
TRAFOOF		关闭铣削加工（不适用 802D bi）	TRAFOOF

关于准备功能的说明：

1）表中带“ * ”的功能在程序启动时生效。

2）802D 系统有很多指令与 802C/S 系统不同，在编程过程中要特别注意两种系统的不同之处。

3）不同组的 G 指令在同一程序段中可以指令多个。如果在同一程序段中指令了多个同组的 G 指令，仅执行最后指定的那一个。

表 B-2　SIEMENS 802D 车床数控系统辅助功能一览表

M 指令	功　能	说　明	程序格式
M00	程序暂停	用 M00 停止程序的执行；按“启动”键后加工继续执行	M00
M01	程序选择停止	“任选停止”开关生效时与 M00 一样，“任选停止”开关无效时，数控系统对 M01 不理睬	M01
M02	程序结束	在程序的最后一段被写入	M02
M30	程序结束	在程序的最后一段被写入	M30
M17	子程序结束	在子程序的最后一段被写入	M17
M03	主轴顺时针旋转（用于主主轴）		M03
M04	主轴逆时针旋转（用于主主轴）		M04
M05	主轴停止（用于主主轴）		M05
Mn = 3	主轴顺时针旋转（用于主轴 n）	n = 1 或 = 2	M2 = 3
Mn = 4	主轴逆时针旋转（用于主轴 n）	n = 1 或 = 2	M2 = 4
Mn = 5	主轴停止（用于主轴 n）	n = 1 或 = 2	M2 = 5
M06	更换刀具	仅在通过用 M06 激活机床数据时换刀，否则直接用 T 命令换刀	M06
M40	自动传动级变速机构（用于主主轴）		
Mn = 40	自动传动级变速机构（用于主轴 n）	n = 1 或 = 2	M1 = 40
M41 ~ M45	传动级 1 至传动级 5（用于主主轴）		
Mn = 41 ~ Mn = 45	传动级 1 至传动级 5（用于主轴 n）	n = 1 或 = 2	
M70、M19	—	预定，没用	
M…	其他的 M 功能	这些 M 功能没有定义，可由机床生产厂家自由设定	

注：一个程序段中最多有 5 个 M 功能。

表 B-3　SIEMENS 802D 车床数控系统常用的计算功能

功　能	格　式	示　例
定义、转换	Ri = Rj	R1 = R2；R1 = 30
加法	Ri = Rj + Rk	R1 = R1 + R2
减法	Ri = Rj − Rk	R1 = 100 − R2
乘法	Ri = Rj * Rk	R1 = R1 * R2
除法	Ri = Rj/Rk	R1 = R1/30
正弦，单位/（°）	Ri = SIN（Rj）	R10 = SIN（R1）
余弦，单位/（°）	Ri = COS（Rj）	R10 = COS（36.3 + R2）

（续）

功　能	格　式	示　例
正切，单位/（°）	Ri = TAN（Rj）	R11 = TAN（53.4）
反正弦	Ri = ASIN（Rj）	R10 = ASIN（R1）
反余弦	Ri = ACOS（Rj）	R10 = ACOS（R2）
平方根	Ri = SQRT（Rj）	R10 = SQRT（R1 * R1 - 100）
反正切	Ri = ATAN2（Ri，Rj）	R11 = ATAN2（30.5，80.1）
平方值	Ri = POT（Rj）	R12 = POT（R13）
绝对值	Ri = ABS（Rj）	R9 = ABS（R8）
取整	Ri = TRUNC（Rj）	R10 = TRUNC（R2）
自然对数	Ri = LN（Rj）	R12 = LN（R9）
指数对数	Ri = EXP（Rj）	R8 = EXP（R7）

参考文献

[1] 顾京．数控机床加工程序编制［M］．北京：机械工业出版社，2001.
[2] 张超英，罗学科．数控加工综合实训［M］．北京：化学工业出版社，2003.
[3] 张超英．数控车床［M］．北京：化学工业出版社，2003.
[4] 王平．数控机床与编程实用教程［M］．北京：化学工业出版社，2004.
[5] 黄卫．数控技术与数控编程［M］．北京：机械工业出版社，2004.
[6] 明兴祖．数控加工技术［M］．北京：化学工业出版社，2002.
[7] 韩鸿鸾．数控加工实用手册［M］．北京：机械工业出版社，2014.
[8] 韩鸿鸾．数控加工工艺学［M］．北京：中国劳动社会保障出版社，2005.
[9] 龚仲华．数控机床编程与操作［M］．北京：机械工业出版社，2004.
[10] 韩鸿鸾．数控加工工艺［M］．北京：人民邮电出版社，2005.
[11] 沈建峰，虞俊．数控车床［M］．北京：机械工业出版社，2006.
[12] 徐伟．数控车削实训［M］．上海：华东师范大学出版社，2008.
[13] 韩鸿鸾．数控编程［M］．济南：山东科学技术出版社，2005.
[14] 韩鸿鸾．数控车削工艺与编程一体化教程［M］．北京：高等教育出版社，2009.
[15] 沈建峰．数控车床编程与操作［M］．北京：中国劳动社会保障出版社，2011.